"十三五"国家重点出版物出版规划项目

量子科学出版工程（第一辑）

Dissipation and
Diffusion of
Quantum Light Field

范洪义　胡利云　著

量子光场的
衰减和扩散

中国科学技术大学出版社

内容简介

本书旨在发现新光场进而探索光的本性,指出量子衰减过程和扩散过程会导致新光场的出现.作者用自己发明的有序算符内的积分理论和算符排序法,结合纠缠态表象来研究若干光场的演化,发现其终态密度算符以某种算符排序规则排列后,就能以特殊函数的面貌呈现,成为理论量子光学的一部分.此方法之所以有效,是因为密度算符有序的排列,理论上使得光场的熵取极小值,从而成为值得关注的有径可循的新光场.书中介绍了作者另辟蹊径发明的方法所给出的新结果,别开生面、自成体系,具有理论物理的美感.

本书可供学习量子力学、量子光学和量子信息的师生和研究人员欣赏、参考和借鉴.

图书在版编目(CIP)数据

量子光场的衰减和扩散/范洪义,胡利云著. —合肥:中国科学技术大学出版社,2020.6
(量子科学出版工程.第一辑)
国家出版基金项目
"十三五"国家重点出版物出版规划项目
ISBN 978-7-312-04909-5

Ⅰ.量… Ⅱ.①范… ②胡… Ⅲ.①量子光学—衰减—研究 ②量子光学—扩散—研究 Ⅳ.O431.2

中国版本图书馆 CIP 数据核字(2020)第 047899 号

出版	中国科学技术大学出版社
	安徽省合肥市金寨路 96 号,230026
	http://press.ustc.edu.cn
	https://zgkxjsdxcbs.tmall.com
印刷	合肥华苑印刷包装有限公司
发行	中国科学技术大学出版社
经销	全国新华书店
开本	787 mm×1092 mm 1/16
印张	16.5
字数	332 千
版次	2020 年 6 月第 1 版
印次	2020 年 6 月第 1 次印刷
定价	68.00 元

前言

光的本性至今未能全知.爱因斯坦于1917年将辐射跃迁分为受激吸收、自发辐射和受激辐射三类,他在1917年写道:"我的余生将反思光究竟是什么."时隔34年,他又说:"整整50年的有意识的沉思并没有使我接近此问题的答案.当然,如今每一个自以为自己知道了答案的人,其实都是在自欺欺人."

对光的科学探索始于伽利略,他是第一个制造了望远镜并用于观测太阳系的行星及其卫星的人;稍后是费马,他提出光行走的规律——路径最短原理;而后是惠更斯和牛顿争论光是波还是粒子;杨氏的双缝实验、马吕斯的光的偏振现象、菲涅尔的衍射理论和麦克斯韦的电动力学支持光的波动说.意外的是,对光的研究居然促进了狭义相对论的诞生,迈克尔孙的光行差实验表明地球的旋转不影响光速,使得爱因斯坦抛弃了"以太"的概念.迈克尔孙热爱光学实验,他说:"如果一个诗人同时也是物理学家的话,他也许能向旁人表达被这门学科激起的乐趣、享受以及抒发近于崇敬的情怀.我承认,这门学科的美学内容对我无论如何也是不缺乏吸引力的,特别是在研究光的这一领域中我感受到了它的魅力."

对光的辐射理论的研究始于基尔霍夫,此理论与玻尔兹曼的熵理论帮助普朗克发现了量子.爱因斯坦从光电效应的角度提出光子的概念,由此光的波粒二象性促进了德布罗意的物质波理论的诞生.

用量子力学研究原子的光辐射起于玻尔(20世纪初),后来狄拉克用量子力学和量子场论的方法深化了爱因斯坦的受激辐射和自发辐射.尽管光的波粒二象性促进了光子说的发展,但量子光学真正成为一门学科是由于20世纪60年代在实验室里诞生了激光,应运而生的有单模光场与两能级原子的Jaynes-Cummings模型以及相干态与压缩态光场理论;压缩光的非经典性质也促进了量子统计力学的发展.量子光学是以辐射的量子理论来研究光的非经典性质(即不能用经典光学和经典电动力学来解释的性质),光与原子的相互作用,光的产生、传播和检测的学科.相干态与压缩态所描述的光具有其独特的性质,这启迪人们进一步去发现新的光场,来深刻揭示光的本性.

发现光场的新量子态并研究其非经典性质是量子光学的一个重要课题.我们的研究表明,扩散过程和衰减过程会导致新光场的出现,故而写下本书.我用自己发明的算符排序论,结合纠缠态表象,来研究某些光场的扩散过程和衰减过程,将算符进行适当的排列,使描写光场演化的密度算符有序化,就得到了可以用特殊函数表达的新光场.此方法之所以有效,是因为有序的排列使得光场的熵取极值,增加了形成新光场的机会.反之,不将其有序化,则不能见其"庐山真面目".

我本人发明的有序算符内的积分理论是对玻恩海森伯的矩阵论、狄拉克的符号法的补充和发展,对量子力学的算符排序、表象的扩充与变换理论的多样化、密度算符的主方程的求解都有裨益.

我在写作时,谨记古人的教诲:"文章当自出机杼,成一家风骨,不可寄人篱下."但限于水平,本书应该借用元好问的诗句"枯槐聚蚁无多地,秋水鸣蛙自一天"来品味,尤其是这"自一天"的境遇仅当读者理解了有序算符内的积分理论才能体验到.

每当我的一本新书即将完成时,总要想起父母对自己的教诲与期待,做事情不能侥幸于一时,哗众而沽名,相反,要踏踏实实,载道为文,穷理尽性,"只令文字传青简,不使功名上景钟".

范洪义

2019年2月

目录

前言 —— i

第1章
用有序算符内积分方法研究量子光学表象 —— 001

1.1 光子数表象 —— 002
1.2 真空测量算符的理论 —— 004
1.3 相干态表象 —— 006
1.4 正规乘积内的积分方法 —— 010
1.5 反正规乘积内的积分方法 —— 011
1.6 坐标表象完备性及其纯高斯积分形式的应用 —— 012
1.7 x-p 相空间中混合态构成的完备性 —— 015
1.8 Weyl-排序的引入和相干态 $|z\rangle\langle z|$ 的 Weyl-排序形式 —— 017
1.9 算符 Hermite 多项式的引入及光场 Hermite 态 —— 018
1.10 压缩态作为偶数阶 Hermite 态的叠加 —— 020
1.11 导出新的 Hermite 多项式的母函数公式 —— 021

1.12　相干态表象中的双变量 Hermite 多项式和 Laguerre 多项式的出现 —— 023

第 2 章
场算符正规乘积化的捷径 —— 026

2.1　将 $f(X)$ 变为 $:f(X):$ 的微商运算 —— 026

2.2　将反正规排列的密度算符 ρ 正规乘积化的微商运算 —— 029

2.3　纠缠态表象和将 $G(a+b^\dagger, a^\dagger+b)$ 变为 $:G(a+b^\dagger, a^\dagger+b):$ 的微商运算 —— 032

2.4　化算符为反正规乘积排序的公式 —— 036

2.5　宇称算符和 Wigner 算符的反正规乘积形式 —— 038

2.6　广义二项式定理 —— 039

2.7　双变量 Hermite 多项式的新母函数公式及物理应用 —— 042

第 3 章
用有序算符内的积分法求混合态相应的纯态（热真空态）—— 045

3.1　混沌光场对应的热真空态和熵的计算 —— 045

3.2　二项式热真空态的期望值定理 —— 048

3.3　热不变相干态 —— 050

3.4　光场负二项式态作为光子扣除混沌场 —— 052

3.5　负二项式光场的正规乘积形式 —— 054

3.6　负二项式光场相应的热真空态 —— 055

3.7　负二项式态的期望值定理 —— 057

3.8　压缩混沌光的热真空态 —— 058

3.9　光子扣除单模压缩态的归一化 —— 062

3.10　光子扣除单模压缩混沌光的热真空态 —— 065

　　3.10.1　光子扣除压缩混沌光密度算符的反正规乘积 —— 066

　　3.10.2　光子扣除压缩混沌光场密度算符的归一化系数 —— 066

　　3.10.3　光子扣除压缩混沌光对应的热真空态 —— 068

　　3.10.4　利用热真空态计算平均光子数 —— 069

3.11　双模光子扣除压缩态的归一化 —— 070

3.12 双模等光子扣除压缩态 —— 072

3.13 求和公式 $\sum_{m,n=0}^{\infty} \frac{s^m t^n}{m!n!} H_{m,n}(x,y) H_{m,n}(x',y')$ —— 075

第 4 章
从 Weyl-排序到 s-排序以及 Wigner 算符的 Radon 变换 —— 077

4.1 化算符为 Weyl-排序的公式 —— 077

4.2 Weyl-排序算符化为其他排序 —— 079

4.3 量子光学相算符的经典对应 —— 081

4.4 相算符的本征态 —— 083

4.5 双模相算符 —— 087

4.6 化算符为 s-排序的公式 —— 088

4.7 单模 Wigner 算符的 Radon 变换导致坐标-动量中介态表象的建立 —— 089

4.8 双模 Wigner 算符的 Radon 变换导致纠缠态表象的建立 —— 090

4.9 热 Wigner 函数 —— 093

第 5 章
由扩散引起的光场 —— 097

5.1 从经典扩散导出量子扩散方程 —— 097

5.2 相空间中 Wigner 函数所满足的扩散方程 —— 099

5.3 量子扩散方程的解 —— 101

5.4 Wigner 算符在扩散过程中的演化 —— 103

5.5 相干光场的扩散 —— 107

5.6 对应相干光场扩散后的热真空态 —— 108

5.7 Laguerre 多项式权重混沌光场光子数态的扩散 —— 110

5.8 Laguerre 多项式权重混沌光场的光子计数 —— 112

5.9 混沌光的扩散 —— 113

5.10 压缩混沌光场的扩散 —— 116

5.11 热真空光场在单模扩散通道中的演化 —— 121

5.12 受迫振子在扩散通道中的演化 —— 123

5.13 受迫振子初始相干态在扩散通道中的演化 —— 126

第6章
由量子耗散导致的光场 —— 130

6.1 从相干态的耗散看量子耗散遵循的演化方程 —— 130
6.2 耗散过程中 Wigner 函数的演化 —— 131
6.3 将耗散主方程化为类薛定谔方程 —— 132
6.4 平移 Fock 态在耗散通道中的演化 —— 134
6.5 光子增混沌光场的衰减 —— 139
6.6 衰减机制在相空间中的描述 —— 143
6.7 用光束分离器和条件测量制备 Laguerre 多项式权重相干态 —— 146

第7章
用二项式和负二项式表征的光场 —— 153

7.1 用二项式态表征 Fock 空间完备性 —— 153
7.2 奇二项式态和偶二项式态 —— 154
7.3 用负二项式态表征 Fock 空间完备性 —— 155
7.4 二项式态作为粒子数态在振幅衰减通道中的演化 —— 157
7.5 负二项式态在振幅衰减通道中的演化 —— 159
7.6 光子增双模压缩态的部分求迹导致的负二项式态 —— 161
    7.6.1 光子增双模压缩态的归一化 —— 161
    7.6.2 对比态的增光子模的部分求迹 —— 163

第8章
高斯增强型混沌光场 —— 165

8.1 高斯增强型混沌光场的归一化 —— 165
8.2 高斯增强型混沌光场的热真空态 $|\varphi(\beta)\rangle_s$ —— 166
8.3 用 $\psi(\beta)_s$ 计算高斯增强型混沌光场的光子数 —— 168
8.4 高斯增强型混沌光场的光子数涨落 —— 169

第 9 章
压缩混沌光场的衰减和简并参量放大器的量子衰减机制 —— 171

9.1 维持压缩的演化算符 —— 172
9.2 压缩混沌光场算符作为相空间的二维正态分布算符 —— 177
9.3 压缩混沌光场的光子数分布 —— 179
9.4 压缩混沌光场的反正规形式 —— 180
9.5 压缩混沌光场的衰减 —— 181
9.6 压缩混沌光仍然衰减为压缩混沌光 —— 182
9.7 两个表征衰减的物理参数和衰减定理 —— 183
   9.7.1 耗散中的时间不变量 —— 184
   9.7.2 压缩混沌光的光子数分布的耗散 —— 184
   9.7.3 量子涨落的时间演化 —— 185
9.8 简并参量放大器的密度算符 —— 187
9.9 表征密度算符在耗散通道演化的主方程解 —— 189
9.10 能量的变化 —— 191
9.11 对应简并参量放大器密度算符的热真空态 —— 192
9.12 简并参量放大器内能分布的计算 —— 193
9.13 双模压缩态的单模衰减 —— 194
9.14 光子增混沌态的衰减 —— 196
9.15 $a^{\dagger s}e^{\lambda a^{\dagger}a}a^{s}$ 的反正规排序 —— 197
9.16 衰减结果 —— 198
9.17 单模光子增加双模压缩态的衰减 —— 201
   9.17.1 单模光子增双模压缩真空态作为一个负二项式态 —— 202
   9.17.2 l-光子增双模压缩真空态在单模衰减通道中的演化 —— 203

第 10 章
衰减的光子计数公式及 Wigner 函数演化 —— 209

10.1 光子计数公式的积分形式 —— 209

10.2 热场动力学中的光子计数公式 —— 211
  10.2.1 式(10.17)的证明 —— 212
  10.2.2 矩阵元 $\langle \eta | e^{(1-\varepsilon)a^\dagger \tilde{a}^\dagger} | m, \tilde{m} \rangle$ 的计算 —— 214
10.3 对双模压缩态的单模光子计数 —— 216
10.4 衰减通道中的光子计数公式 —— 218
10.5 衰减通道中的 Wigner 函数的演化 —— 221
  10.5.1 Wigner 函数在热态表象中的表示 —— 221
  10.5.2 振幅衰减通道中的 Wigner 函数的演化 —— 222

第 11 章
Hermite 多项式激发态及相应的新母函数 —— 224

11.1 Hermite 多项式激发相干态 —— 224
11.2 Hermite 多项式激发压缩态 —— 228
11.3 新的特殊函数 1 —— 232
11.4 新的特殊函数 2 —— 237

第 12 章
混沌光在激光通道中的演化 —— 241

12.1 混沌光的演化 —— 242
12.2 激光通道主方程的算符和形式解 —— 244
12.3 负二项式态在激光通道中的演化 —— 245

后记 —— 250

第1章

用有序算符内积分方法研究量子光学表象

要用量子力学观点了解光的本性,必须有一套描述量子光场的理论,其中一个基础理论是表象理论. 可观察量在量子力学中用 Hermite 算符表示,其完备的本征态构成表象,即每个表象都有其函数基,常用的有 Hermite 多项式和双变量 Hermite 多项式(与 Laguerre 多项式密切相关,范洪义曾证明 Laguerre 多项式可以由 Hermite 多项式推出)以及 Legendre 多项式、Bessel 函数. 表象理论由狄拉克以符号法的方式引入到量子论,它抽象难懂,像一堆积木,可望而不可触及. 20 世纪 70 年代,范洪义发明的有序算符内积分方法使得符号法灵动起来、好用起来. 本章用正规乘积算符、反正规乘积算符和 Weyl-排序算符内的积分方法把表象的完备性表示成纯高斯积分形式,对于发展经典–量子对应理论和发展、丰富量子光场的算符理论,具有别开生面的效果.

物理理论是需要欣赏的,会欣赏者才可对其谈研究.

理论物理欣赏与文学欣赏不同. 就文学而论,有"人心贵直,文心贵曲"的说法,含蓄蕴藉、委婉波折之言容易被读者接受. 而在物理理论欣赏方面,给人的感觉是越简洁越好. 单纯的直觉物理,还谈不上欣赏. 就理论物理而言,欣赏是经历形象思维(有时靠数学推导帮助)到掌握规律的过程,是逐步深化的过程,也是一种审美情趣的提升.

1.1 光子数表象

把光看作光子,起源于爱因斯坦对光电效应的解释,每个光场模对应于电磁场的一个振子. 后来狄拉克把电磁辐射当作作用于原子体系的外部微扰所引起的原子能态的跃迁,在跃迁时可以吸收或发射量子,这从量子力学观点解释了爱因斯坦 1917 年关于光的受激辐射的动力学机制,使得该理论更为充实了.(值得指出的是:由于受激辐射的爱因斯坦系数涉及一种非常弱的效应,起初在提出这种效应时根本没有什么希望观察到它,但后来人们找到了增强该效应的方法,从而开创了激光理论的先河.)可见,想要认知光的量子本性,首先要有一个描述光子的产生和湮灭的表象. 而经典光学讨论的主要是光在介质中传播的行为,如干涉、衍射和偏振. 麦克斯韦的经典电动力学进了一步,把光认同为电磁场,把光看作是由电磁波组成的,把每一个波作为一个振子来处理,这体现了光的波动说,但并没有讨论光的产生和湮灭机制. 就像我们看到电闪雷鸣是在浩瀚的天空中发生的那样,阐述光的产生和湮灭也要有一个人们构想的理论"空间",这就是光子数表象. 所谓表象,是一个算符在它自身的本征态构成的集合中可以用数来描写,有完备性关系的态矢量集合构成一个表象. 描述光的产生和湮灭机制的表象称为光子数表象 [或福克 (Fock) 表象].

在认可了玻尔的光的产生和湮灭是与原子的能级跃迁有关的观点以后,天才物理学家海森伯就以可观察的光谱线的频率和强度为研究起点,和玻恩等发现了 $[\hat{Q}, \hat{P}] = \mathrm{i}\hbar$. 以他的思考模式为楷模,我们鉴于实验能够观察到光的产生和湮灭,觉得要向读者直观地介绍光子数表象,以谐振子的量子化(量子的产生和湮灭机制)为例来阐述是比较容易被接受的. 这样做是因为考虑到从谐振子的经典振动本征模式容易过渡为量子能级. 经典力学中弦振动是一种典型的谐振子运动,固定弦的两端称为波节,若两端固定的弦的长度为 L,则弦长必须是振荡波半波长的整数倍. 只有这样,整个弦长才正好嵌入整数个半波长. 另外,弦的振动有基频与泛频,因此谐振子的量子化既能保持与经典情形类似的特性,又符合德布罗意波的特征. 虽然经典光学中没有光产生和湮灭的理论,但谐振子的振动可产生波. 若将此与德布罗意的波粒二象性相参照,光波的产生就对应产生光子(或牵强地说,粒子伴随着一个波),所以要使理论能描述光量子的产生和湮灭,就得把谐振子各种本征振动模式比拟为一个"光子库". 这可用以下方式完成:将经典谐振子的哈密顿量 $h = \dfrac{1}{2m}p^2 + \dfrac{1}{2}m\omega^2 q^2$ 加上量子化条件

$$[Q,P] = i\hbar \tag{1.1}$$

过渡为算符

$$\hat{H} = \frac{1}{2m}\hat{P}^2 + \frac{1}{2}m\omega^2\hat{Q}^2 \tag{1.2}$$

用 $\hat{Q}, \hat{P}$ 的组合定义算符 a 和 $a^\dagger$:

$$a = \frac{1}{\sqrt{2}}\left(\sqrt{\frac{m\omega}{\hbar}}\hat{Q} + i\frac{\hat{P}}{\sqrt{m\hbar\omega}}\right) \tag{1.3}$$

$$a^\dagger = \frac{1}{\sqrt{2}}\left(\sqrt{\frac{m\omega}{\hbar}}\hat{Q} - i\frac{\hat{P}}{\sqrt{m\hbar\omega}}\right) \tag{1.4}$$

根据式 (1.1) 易得

$$[a, a^\dagger] = 1 \tag{1.5}$$

由此可知式 (1.2) 有因式分解:

$$\hat{H} = \left(N + \frac{1}{2}\right)\hbar\omega, \quad N = a^\dagger a \tag{1.6}$$

鉴于经典谐振子有它的本征振动模式, 按整数标记, 所以量子谐振子也应有它的本征振动模式, 记为 $|n\rangle$[|⟩(Ket). 这个符号是狄拉克发明的, 称为 "右矢", 而 $\langle|$(Bra) 称为 "左矢"], n 是零或正整数, $|n\rangle$ 的集合就是谐振子的 "量子库". (当 $n = 0$ 时仍有 $\frac{1}{2}\hbar\omega$ 存在, 称为零点能, 这是经典力学所没有的.) 定义 $|n\rangle$ 是 $\hat{H}$ 的本征振动模式 (本征态), 记为

$$N|n\rangle = n|n\rangle \tag{1.7}$$

打个比方, 把 $|n\rangle$ 看作一个装 n 元钱的口袋, $a^\dagger a$ 就表示 "数" 钱的操作 (算符). 具体来说, 对 $|n\rangle$ 以 a 作用, 表示从口袋里取出 1 元钱, $n \to n-1$ 再将这 1 元钱放回口袋里去 (此操作以 $a^\dagger$ 对 $|n-1\rangle$ 作用表示), 口袋里的钱又变回到 n 元. 可见, 取出一次又放回去相当于 "数" 钱的操作, 口袋里还是 n 元钱. 所以 a 是湮灭算符, $a^\dagger$ 是产生算符. 当口袋里没有钱 (以 $|0\rangle$ 表示, 称为 Fock 真空态) 时, 就无法再从中取钱, 所以

$$a|0\rangle = 0 \tag{1.8}$$

从 $a^\dagger a|n\rangle = n|n\rangle$ 这个方程可以解出

$$a|n\rangle = \sqrt{n}|n-1\rangle \tag{1.9}$$

$$a^\dagger|n\rangle = \sqrt{n+1}|n+1\rangle \tag{1.10}$$

由此又可得到 $|n\rangle$ 是在 $|0\rangle$ 上产生 n 次的结果：

$$|n\rangle = \frac{a^{\dagger n}}{\sqrt{n!}}|0\rangle \tag{1.11}$$

此式容易理解，因为它满足式（1.9）和式（1.10）. 再从 $\langle n|a^\dagger a|n\rangle = n$，以及

$$\langle n|a^\dagger a|n\rangle = \langle n|a^\dagger \sqrt{n}|n-1\rangle \tag{1.12}$$

可知，必有

$$(a|n\rangle)^\dagger = \langle n|a^\dagger = \sqrt{n}\langle n-1| \tag{1.13}$$

式中，$\langle n-1|$ 是 $|n-1\rangle$ 的共轭虚量，所以 $a|n\rangle$ 在"镜中"的共轭虚量是 $\langle n|a^\dagger$，记为

$$(a|n\rangle)^\dagger = [\sqrt{n}|n-1\rangle]^\dagger = \sqrt{n}\langle n-1| = \langle n|a^\dagger \tag{1.14}$$

操作 "†" 称为 Hermite 共轭. 量子谐振子的本征态的全体是完备的，要求

$$\sum_{n=0}^{\infty} |n\rangle\langle n| = 1 \tag{1.15}$$

我们将其称为完备性关系，即本征值 $n = 0, 1, 2, \cdots$ 的集合完备. 以后我们还将进一步证明式（1.15）的合理性. 集合 $|n\rangle$，作为力学量 $a^\dagger a$ 的本征函数系是抽象空间的一组基矢，构成光子数表象. 此表象的特点是光子数算符在它自身的本征态构成的表象中可以用正整数来描写. 式（1.15）也被称为单位 1 的分解，$|n\rangle\langle n|$ 是纯态，以后还要介绍单位 1 的混合态分解.

狄拉克发明的符号简洁地表示了表象，反映了他的才能，这就是为什么有人说："他是完全能够独立工作的极少数科学家之一，如果他有一个图书馆，他可能连一本书和期刊都用不到."

1.2 真空测量算符的理论

在 $a^\dagger a$ 的本征态集合中，我们首先要考虑真空态，即没有光子存在的态，$|0\rangle\langle 0|$ 是真空测量算符. 然而，真空并非绝对的一无所有，$|0\rangle\langle 0|$ 是算符 N 的函数，由 $|0\rangle\langle 0|0\rangle = |0\rangle$，及 0^0 是个不定型，可以猜测

$$|0\rangle\langle 0| = 0^N = (1-1)^N = \sum_{l=0}^{\infty} C_N^l (-1)^l$$

$$= 1 - N + \frac{1}{2!}N(N-1) - \frac{1}{3!}N(N-1)(N-2) + \cdots$$

$$= \sum_{l=0}^{\infty} \frac{(-1)^l}{n!} N(N-1)\cdots(N-l+1) \tag{1.16}$$

从式（1.15）和式（1.9）得到

$$N(N-1)\cdots(N-l+1) = \sum_{m=0}^{\infty} a^{\dagger l} |m\rangle\langle m| a^l = a^{\dagger l} a^l \tag{1.17}$$

所以

$$|0\rangle\langle 0| = \sum_{l=0}^{\infty} \frac{(-1)^l}{l!} a^{\dagger l} a^l \tag{1.18}$$

这里，$a^{\dagger l}$ 排在 a^l 的左边，称为正规乘积，以 $:\ :$ 标记之. 在 $:\ :$ 的内部，a 与 $a^\dagger$ 是可以交换的（因为无论它们在内部如何任意地交换，当要撤去 $:\ :$ 时，所有的 $a^\dagger$ 必须排在 a 的左边，在 $:\ :$ 内部，a 与 $a^\dagger$ 的任何交换不会改变其最终结果），所以 $a^{\dagger l}a^l =\ :a^{\dagger l}a^l:\ $，有

$$|0\rangle\langle 0| = \sum_{l=0}^{\infty} \frac{(-1)^l}{l!} : a^{\dagger l} a^l : \ =\ : \mathrm{e}^{-a^\dagger a} : \tag{1.19}$$

这样我们就简洁地得到 $|0\rangle\langle 0|$ 的正规排序形式.

在一个由 a 与 $a^\dagger$ 函数所组成的单项式中，若所有的 a 都排在 $a^\dagger$ 的左边，则称其为已被排好为反正规乘积了，以 $\vdots\ \vdots$ 标记之. 那么 $|0\rangle\langle 0|$ 的反正规排序是什么？将式 (1.19) 写为积分：

$$|0\rangle\langle 0| = \ :\mathrm{e}^{-a^\dagger a}:\ = \int \frac{\mathrm{d}^2\xi}{\pi} : \mathrm{e}^{\mathrm{i}\xi^* a^\dagger + \mathrm{i}\xi a - |\xi|^2} : \tag{1.20}$$

对 $\mathrm{d}^2\xi$ 积分时，在 $:\ :$ 内部 a 与 $a^\dagger$ 可以被视为积分参量，这就是有序算符内积分（Integration Within Ordered Product of Operators, IWOP）方法. 设法将 Ket-Bra 组成的算符纳入某种有序的排列，在此序中，原先不对易的成分就可以互换了（但并未失去算符的本性），于是对其直接实行积分成为可能. 用量子论中常用的 Baker-Hausdorff 公式可将 $\mathrm{e}^{\mathrm{i}\xi^* a^\dagger} \mathrm{e}^{\mathrm{i}\xi a}$ 重排为

$$|0\rangle\langle 0| = \int \frac{\mathrm{d}^2\xi}{\pi} \mathrm{e}^{\mathrm{i}\xi^* a^\dagger} \mathrm{e}^{\mathrm{i}\xi a - |\xi|^2} = \int \frac{\mathrm{d}^2\xi}{\pi} \mathrm{e}^{\mathrm{i}\xi a} \mathrm{e}^{\mathrm{i}\xi^* a^\dagger} = \pi \delta(a) \delta(a^\dagger) \tag{1.21}$$

最后一步用了 δ 函数的 Fourier 变换式. 这里 $\delta(a)$ 排在 $\delta(a^\dagger)$ 左面，表示先产生后湮灭（常说的自生自灭，而不是自灭自生），这符合真空的直观意思，即哪里有光子产生 [用 δ 函数 $\delta(a^\dagger)$ 表示]，哪里就湮灭它 [用 $\delta(a)$ 表示]. 可见在 Fock 空间中时刻要注意算符的排序问题.

由 $|0\rangle\langle 0|$ 的正规乘积展开式可检验完备性：

$$\sum_{n=0}^{\infty} |n\rangle\langle n| = \sum_{n=0}^{\infty} \frac{a^{\dagger n}}{\sqrt{n!}} |0\rangle\langle 0| \frac{a^n}{\sqrt{n!}} = \sum_{n=0}^{\infty} \frac{1}{n!} : (a^\dagger a)^n \mathrm{e}^{-a^\dagger a} : \ = 1 \tag{1.22}$$

并得到关于正规乘积的一个算符恒等式，即

$$e^{\lambda a^\dagger a} = \sum_{n=0}^{\infty} e^{\lambda n} |n\rangle \langle n| = \sum_{n=0}^{\infty} e^{\lambda n} \frac{a^{\dagger n}}{\sqrt{n!}} |0\rangle \langle 0| \frac{a^n}{\sqrt{n!}}$$

$$= \sum_{n=0}^{\infty} : \frac{1}{n!} \left(e^{\lambda} a^\dagger a\right)^n e^{a^\dagger a} : = : \exp\left[\left(e^{\lambda} - 1\right) a^\dagger a\right] : \tag{1.23}$$

该公式对于去掉 : : 记号非常有用，如

$$: \exp\left(\lambda a^\dagger a\right) : = \exp\left[a^\dagger a \ln(\lambda + 1)\right] \tag{1.24}$$

在第 5 章我们将指出完备性 [式（1.22）] 还可以用别的光场态来组成.

显然

$$: \exp\left(-2 a^\dagger a\right) : = \exp\left[a^\dagger a \ln(-1)\right] = \exp\left(\mathrm{i}\pi a^\dagger a\right) = (-1)^N \tag{1.25}$$

是宇称算符，于是有

$$(-1)^N |n\rangle = (-1)^n |n\rangle, \quad (-1)^N a (-1)^N = -a \tag{1.26}$$

1.3　相干态表象

本节介绍激光（单色性好）由什么量子态来表示的问题. 引入所谓的平移算符 $D(z) = e^{z a^\dagger - z^* a}$，由

$$e^A B e^{-A} = \left(1 + A + \frac{A^2}{2!} + \frac{A^3}{3!} + \cdots\right) B \left(1 - A + \frac{A^2}{2!} - \frac{A^3}{3!} + \cdots\right)$$

$$= B + [A, B] + \frac{1}{2!}[A, [A, B]] + \frac{1}{3!}[A, [A, [A, B]]] + \cdots \tag{1.27}$$

得到

$$D(z) a D^{-1}(z) = a - z \tag{1.28}$$

故结合式（1.21）和 $|0\rangle\langle 0| = : e^{-a^\dagger a} :$ 得到

$$D(z) |0\rangle \langle 0| D^\dagger(z) = \pi \delta(a - z) \delta\left(a^\dagger - z^*\right)$$

$$= \int \frac{\mathrm{d}^2 \xi}{\pi} e^{\mathrm{i}\xi(a - z)} e^{\mathrm{i}\xi^*\left(a^\dagger - z^*\right)}$$

$$= \int \frac{d^2\xi}{\pi} e^{i\xi^*(a^\dagger - z^*)} e^{i\xi(a-z) - |\xi|^2}$$

$$= \int \frac{d^2\xi}{\pi} : e^{i\xi^*(a^\dagger - z^*) + i\xi(a-z) - |\xi|^2} :$$

$$= : e^{-(a^\dagger - z^*)(a-z)} :$$

$$= |z\rangle \langle z| \tag{1.29}$$

其中

$$|z\rangle = e^{-\frac{|z|^2}{2} + za^\dagger} |0\rangle = D(z) |0\rangle \tag{1.30}$$

是 a 的本征态, 即

$$a|z\rangle = e^{-\frac{1}{2}|z|^2} \left[a, e^{za^\dagger}\right] |z\rangle = z|z\rangle, \quad z = |z| e^{i\theta} \tag{1.31}$$

称为相干态, 因为它是由无数不同粒子数态叠加而成的, 即

$$|z\rangle = e^{-\frac{1}{2}|z|^2} \sum_{n=0}^{\infty} \frac{|z|^n e^{i\theta n}}{\sqrt{n!}} |n\rangle \tag{1.32}$$

由式 (1.30) 计算得到内积:

$$\langle z' | z \rangle = e^{-\frac{1}{2}(|z|^2 + |z'|^2)} \langle 0 | e^{z'^* a} e^{za^\dagger} | 0 \rangle = e^{-\frac{1}{2}(|z|^2 + |z'|^2) + z'^* z} \tag{1.33}$$

说明相干态是非正交的. 用式（1.21）和正规乘积排序算符内的积分方法得到

$$\int \frac{d^2 z}{\pi} |z\rangle \langle z| = \int \frac{d^2 z}{\pi} e^{-|z|^2} e^{za^\dagger} |0\rangle \langle 0| e^{z^* a}$$

$$= \int \frac{d^2 z}{\pi} : \exp\left(-|z|^2 + za^\dagger + z^* a - a^\dagger a\right) :$$

$$= \int \frac{d^2 z}{\pi} : e^{-(z^* - a^\dagger)(z-a)} : \ = \int \frac{d^2 z}{\pi} e^{-z^* z} = 1 \tag{1.34}$$

即 $|z\rangle$ 组成超完备性（$|z\rangle$ 与 $|z'\rangle$ 不正交）, 于是任意光场算符可以用相干态表象来展开. 式（1.34）还可以用来检验当 $[[A,B],A] = [[A,B],B] = 0$ 时, $e^A e^B = e^B e^A e^{[A,B]}$, 即考虑

$$e^{fa} e^{ga^\dagger} = \int \frac{d^2 z}{\pi} e^{fa} |z\rangle \langle z| e^{ga^\dagger}$$

$$= \int \frac{d^2 z}{\pi} : \exp\left(fz + gz^* - |z|^2 + za^\dagger + z^* a - a^\dagger a\right) :$$

$$= : \exp\left[(a^\dagger + f)(a + g) - a^\dagger a\right] : \ = e^{ga^\dagger} e^{fa} e^{[fa, ga^\dagger]} \tag{1.35}$$

检验毕. 用积分公式

$$\int \frac{d^2 z}{\pi} \exp\left(\zeta |z|^2 + \xi z + \eta z^* + w' z^2 + v' z^{*2}\right)$$

$$= \frac{1}{\sqrt{\zeta^2 - 4w'v'}} \exp\left(\frac{-\zeta\xi\eta + \xi^2 v' + \eta^2 w'}{\zeta^2 - 4w'v'}\right) \tag{1.36}$$

其收敛条件是

$$\mathrm{Re}\left(\frac{\zeta^2 - 4w'v'}{\xi - w' - v'}\right) < 0, \quad \mathrm{Re}\left(\xi - w' - v'\right) < 0$$

或

$$\mathrm{Re}\left(\frac{\zeta^2 - 4w'v'}{\xi + w' + v'}\right) < 0, \quad \mathrm{Re}\left(\xi + w' + v'\right) < 0$$

可以导出下面的范氏算符恒等式:

$$\begin{aligned}
\mathrm{e}^{fa^2}\mathrm{e}^{ga^{\dagger 2}} &= \int \frac{\mathrm{d}^2 z}{\pi} \mathrm{e}^{fa^2} |z\rangle\langle z| \mathrm{e}^{ga^{\dagger 2}} \\
&= \int \frac{\mathrm{d}^2 z}{\pi} : \exp\left[-|z|^2 + za^\dagger + z^*a + fz^2 + gz^{*2} - a^\dagger a\right] : \\
&= \frac{1}{\sqrt{1-4fg}} \exp\left(\frac{ga^{\dagger 2}}{1-4fg}\right) \exp\left[-a^\dagger a \ln(1-4fg)\right] \exp\left(\frac{fa^2}{1-4fg}\right)
\end{aligned} \tag{1.37}$$

由式(1.32)得到

$$|\langle n|z\rangle|^2 = \mathrm{e}^{-|z|^2} \frac{|z|^{2n}}{n!}$$

这是在相干态中出现 n 个光子的概率,恰为泊松分布.

由 $\langle z|N|z\rangle = |z|^2, \langle z|N^2|z\rangle = |z|^2 + |z|^4$,可见处于相干态时,光子数的起伏为

$$\Delta N = \sqrt{\langle N^2\rangle - \langle N\rangle^2} = |z|, \quad \frac{\Delta N}{\langle N\rangle} = \frac{1}{|z|} \tag{1.38}$$

这表明,当平均光子数多($|z|$大)时起伏变小,接近经典光场. Mandel 曾引入一个参数,记为

$$\mathfrak{M} = \frac{\langle N^2\rangle - \langle N\rangle^2}{\langle N\rangle} - 1 \tag{1.39}$$

对于相干态而言,$\mathfrak{M} = 0$. 若对于某种光场 $\mathfrak{M} > 0$,则称其光子数分布为超泊松分布;反之,称为亚泊松分布(属于非经典效应).

实验发现,激光在激发度高的情形下,其光子统计趋近于泊松分布,因此相干态是描述激光的量子态,其重要性可见一斑. 当 $|z|$ 很小时,有

$$|z\rangle \to \frac{1}{\sqrt{1+|z|^2}}\left(|0\rangle + z|1\rangle\right) \equiv |\mathfrak{z}\rangle \tag{1.40}$$

此态是归一化的,测得单光子态的概率是

$$\langle \mathfrak{z}|a^\dagger a|\mathfrak{z}\rangle = \frac{|z|^2}{1+|z|^2} = \frac{\langle N\rangle}{1+\langle N\rangle} \tag{1.41}$$

这表明, 当 $|z|$ 很小时, 得到 $|1\rangle$ 这个单光子态的概率很小, 所以想通过弱激光的衰减得到稳定的单光子源似乎很困难.

再计算光场中一对互为共轭的正交分量 $X_1 = \frac{1}{2}(a^\dagger + a)$ 和 $X_2 = \frac{1}{2\mathrm{i}}(a - a^\dagger)$ 在相干态中的量子涨落, $[X_1, X_2] = \frac{\mathrm{i}}{2}$, 由

$$\langle z|X_1|z\rangle = \frac{1}{2}(z + z^*), \quad \langle z|X_2|z\rangle = \frac{1}{2\mathrm{i}}(z - z^*) \tag{1.42}$$

$$\langle z|X_1^2|z\rangle = \frac{1}{4}(z^2 + z^{*2} + 2|z|^2 + 1), \quad \langle z|X_2^2|z\rangle = \frac{1}{4}(z^2 + z^{*2} - 2|z|^2 - 1) \tag{1.43}$$

均方差为

$$\begin{cases} (\Delta X_1)^2 = \langle z|X_1^2|z\rangle - (\langle z|X_1|z\rangle)^2 = \frac{1}{4} \\ (\Delta X_2)^2 = \langle z|X_2^2|z\rangle - (\langle z|X_2|z\rangle)^2 = \frac{1}{4} \end{cases} \tag{1.44}$$

于是

$$\Delta X_1 \Delta X_2 = \frac{1}{4} \tag{1.45}$$

注意到, $X_1 = \frac{1}{\sqrt{2}}X$, $X_2 = \frac{1}{\sqrt{2}}P$, $[X, P] = \mathrm{i}$, 处于相干态的情形下, 有

$$\Delta X \Delta P = \frac{1}{2} \tag{1.46}$$

所以, 相干态 $|z\rangle$ 是使得坐标-动量不确定关系取极小值的态. 让 $z = \frac{1}{\sqrt{2}}(x + \mathrm{i}p)$, $\langle z|X|z\rangle = x, \langle z|P|z\rangle = p$, 在坐标 x-动量 p 相空间中, 代表相干态的不是一个点, 而是一个面积为 $\frac{1}{2}$ 的小圆, 圆心处在 (x, p) 点, 因此描述经典相点的运动理论 (经典 Liuville 定理) 也要做相应的修改.

本节最后指出: 产生谐振子的相干态的动力学哈密顿量是

$$\hat{H}_0 = \omega a^\dagger a + \mathrm{i}fa - \mathrm{i}f^* a^\dagger \tag{1.47}$$

请读者自己证明这一点.

1.4 正规乘积内的积分方法

以上我们已经算过了几个正规乘积算符内的积分,可以将它发展为对 Ket-Bra 算符实现积分的理论. 现在列出正规乘积算符的其他性质:

(1) 正规乘积算符的 $:F(a^\dagger,a):$ 满足

$$\langle z|:F(a^\dagger,a):|z'\rangle = F(z^*,z')\langle z|z'\rangle \tag{1.48}$$

(2) 算符 $a, a^\dagger$ 在正规乘积内是对易的, 即有

$$:a^\dagger a: \, = \, :aa^\dagger: \, = a^\dagger a \tag{1.49}$$

(3) 数 C 可以自由出入正规乘积记号,并且可以对正规乘积内的数 C 进行积分或微分运算,前者要求积分收敛.

(4) 正规乘积内部的正规乘积记号可以取消, 即有

$$:f(a^\dagger,a):g(a^\dagger,a)::\, = \, :f(a^\dagger,a)g(a^\dagger,a): \tag{1.50}$$

(5) 正规乘积与正规乘积的和满足

$$:f(a^\dagger,a): + :g(a^\dagger,a): \, = \, :[f(a^\dagger,a)+g(a^\dagger,a)]: \tag{1.51}$$

(6) Hermite 共轭操作可以进入 : : 内部进行, 即有

$$:(W\cdots V):^\dagger \, = \, :(W\cdots V)^\dagger: \tag{1.52}$$

(7) 正规乘积内部以下两个等式成立:

$$:\frac{\partial}{\partial a}f(a,a^\dagger): \, = \, [:f(a,a^\dagger):, a^\dagger] \tag{1.53}$$

$$:\frac{\partial}{\partial a^\dagger}f(a,a^\dagger): \, = \, [:f(a,a^\dagger):, a] \tag{1.54}$$

对于多模情形,以上两式可推广为

$$:\frac{\partial}{\partial a_i}\frac{\partial}{\partial a_j}f(a_i,a_i^\dagger,a_j,a_j^\dagger): \, = \, [[:f(a_i,a_i^\dagger,a_j,a_j^\dagger):, a_j^\dagger], a_i^\dagger] \tag{1.55}$$

正规乘积算符内的积分的一个应用是研究平移 Fock 态, 它由 $D(z)$ 作用于粒子态得到:

$$D(z)|m\rangle = \frac{1}{\sqrt{m!}}\left(a^\dagger - z^*\right)^m D(z)|0\rangle = \frac{1}{\sqrt{m!}}\left(a^\dagger - z^*\right)^m |z\rangle \tag{1.56}$$

用 IWOP 方法考察其完备性, 得到:

$$\begin{aligned}
&\int \frac{\mathrm{d}^2 z}{\pi} D(z)|m\rangle\langle n| D^{-1}(z) \\
&= \int \frac{\mathrm{d}^2 z}{\pi} \frac{1}{\sqrt{m!n!}} \left(a^\dagger - z^*\right)^m |z\rangle\langle z| (a-z)^n \\
&= \int \frac{\mathrm{d}^2 z}{\pi} \frac{1}{\sqrt{m!n!}} : \left(a^\dagger - z^*\right)^m (a-z)^n \exp\left[-\left(a^\dagger - z^*\right)(a-z)\right] : \\
&= \frac{1}{\sqrt{m!n!}} \int \frac{\mathrm{d}^2 z}{\pi} z^{*m} z^n \mathrm{e}^{-|z|^2} (-1)^{m+n} = \delta_{m,n}
\end{aligned} \tag{1.57}$$

1.5 反正规乘积内的积分方法

若由算符 $a, a^\dagger$ 构成的单项式, 所有的 a 都排在 $a^\dagger$ 的左边, 则称其为已被排好为反正规乘积了, 以 $\vdots\ \vdots$ 标记. 算符的反正规乘积, 其性质是:

(1) 算符 $a, a^\dagger$ 在反正规乘积内是对易的, 即有 $\vdots a^\dagger a \vdots = \vdots aa^\dagger \vdots = aa^\dagger$.

(2) 数 C 可以自由出入反正规乘积记号, 并且可以对反正规乘积内的数 C 进行积分或微分运算, 前者要求积分收敛.

(3) 反正规乘积算符在相干态表象中表示为

$$\vdots g\left(a, a^\dagger\right) \vdots = \int \frac{\mathrm{d}^2 z}{\pi} g(z, z^*) |z\rangle\langle z| \tag{1.58}$$

例如, 可以证明

$$\begin{aligned}
\mathrm{e}^{-\lambda} \vdots \mathrm{e}^{(1-\mathrm{e}^{-\lambda})a^\dagger a} \vdots &= \mathrm{e}^{-\lambda} \vdots \mathrm{e}^{(1-\mathrm{e}^{-\lambda})a^\dagger a} \vdots \int \frac{\mathrm{d}^2 z}{\pi} |z\rangle\langle z| \\
&= \mathrm{e}^{-\lambda} \int \frac{\mathrm{d}^2 z}{\pi} \mathrm{e}^{(1-\mathrm{e}^{-\lambda})|z|^2} |z\rangle\langle z| \\
&= \mathrm{e}^{-\lambda} \int \frac{\mathrm{d}^2 z}{\pi} : \exp\left[-\mathrm{e}^{-\lambda}|z|^2 + za^\dagger + z^*a - a^\dagger a\right] :
\end{aligned}$$

$$=:\exp\left[\left(e^\lambda-1\right)a^\dagger a\right]:=e^{\lambda a^\dagger a} \tag{1.59}$$

对照式（1.23）可知

$$:e^{\lambda aa^\dagger}:=(1-\lambda)^{-1}:\exp\left(\frac{-\lambda a^\dagger a}{\lambda-1}\right): \tag{1.60}$$

再利用 Laguerre 多项式的母函数公式

$$(1-z)^{-1}\exp\left(\frac{zx}{z-1}\right)=\sum_{l=0}^{\infty}L_n(x)z^n \tag{1.61}$$

将式（1.60）变为

$$:e^{\lambda aa^\dagger}:=\sum_{l=0}^{\infty}\lambda^l L_l\left(-a^\dagger a\right): \tag{1.62}$$

这是一个新的算符恒等式.

1.6 坐标表象完备性及其纯高斯积分形式的应用

表象是能将任意算符以普通数表示的一组完备基矢的集合，它是由狄拉克首先引入的. 法国雕塑家罗丹说："所谓大师就是这样的人，他们用自己的眼睛去看别人看过的东西，在别人司空见惯的东西上能发现出美来." 另有人说："天才唯一的要点，就是人人不能表现，或难以表现的，他能将其表现出来." 狄拉克就是这么一位天才，量子力学在萌芽时期，缺乏能表现其本质的数学符号，这让海森伯等很是为难. 狄拉克发明了符号法，既统一了海森伯的矩阵力学表述和薛定谔的波动力学表述，又能体现德布罗意的波粒二象性；有了狄拉克的 Ket-Bra 符号，就可建立量子力学表象完备性和变换理论，这使其最终成为量子力学的语言而不朽. 所以，狄拉克在晚年时说："符号法是我的至爱，拿什么来换都不换."

狄拉克的符号法有平淡简洁的特点，无雕琢之痕迹，后人很难仿效，正如陶渊明的平淡出于自然，后人学他平淡，便相去远矣.

那么如何对 Ket-Bra 符号积分呢？这个问题狄拉克没有想到，与他并肩的物理大师及其佼佼弟子们在符号法问世后的半个世纪内也没有想到. 倒是一个中国人在年轻时自学量子力学时感悟到了，并提出了解决办法（有序算符内的积分方法），用它可以极大地发展量子力学表象论与变换论.

1. 坐标表象

最常用的是坐标表象, 以 $|x\rangle$ 表示, 坐标算符 $\hat{x}$ 在此表象中仅表现为一个普通的数. 于是有本征态方程

$$\hat{X}|x\rangle = x|x\rangle \tag{1.63}$$

由 $|x\rangle$ 与 $\langle x|$ 拼成的 $|x\rangle\langle x|$ 是一个算符, 它起到一个投影算符的作用, 也可以认为是一个测量坐标得到值为 x 的算符, 因此它也可以用狄拉克发明的 δ 函数表示为

$$|x\rangle\langle x| = \delta(x - \hat{X}), \quad \hat{X} = \frac{a + a^\dagger}{\sqrt{2}} \tag{1.64}$$

δ 函数是狄拉克在工科学校学习如何计算固体结构的应用时萌发的一个念头. 当考虑工程中结构负载的时候, 有些负载是分布型的, 而有时负载集中在一个点上, 从本质上要把这两种情况统一起来处理, 就导致了 δ 函数的产生. 式 (1.64) 中的 δ 函数就反映了用 X 测粒子坐标得到值 (集中在一点上), 代表测量的算符是 $|x\rangle\langle x|$, 用 δ 函数的 Fourier 变换得

$$\delta(x - \hat{X}) = \frac{1}{2\pi}\int_{-\infty}^{+\infty} dp\, e^{ip(x-\hat{X})} = \frac{1}{2\pi}\int_{-\infty}^{+\infty} dp\, e^{ip\left(x - \frac{a+a^\dagger}{\sqrt{2}}\right)} \tag{1.65}$$

用 IWOP 方法积分就有

$$\delta(x - \hat{X}) = \frac{1}{2\pi}\int_{-\infty}^{+\infty} dp :e^{-\frac{p^2}{4} + ip\left(x - \frac{a^\dagger}{\sqrt{2}}\right) - ip\frac{a}{\sqrt{2}}}:$$
$$= \frac{1}{\sqrt{\pi}} :\exp\left[-\left(x - \frac{a+a^\dagger}{\sqrt{2}}\right)^2\right]: \tag{1.66}$$

注意: 由于在 : : 内部 a 与 $a^\dagger$ 对易, 故在积分时可以把它们看作参量, 关于这一点我们在下面要反复强调. 利用 $|0\rangle\langle 0| =: e^{-a^\dagger a}:$, 我们可以把式 (1.66) 分解为

$$\delta(x - \hat{X}) = |x\rangle\langle x|$$
$$= \frac{1}{\pi^{1/2}} e^{-\frac{x^2}{2} + \sqrt{2}xa^\dagger - \frac{a^{\dagger 2}}{2}} |0\rangle\langle 0| e^{-\frac{x^2}{2} + \sqrt{2}xa - \frac{a^2}{2}} \tag{1.67}$$

从而得到 $|x\rangle$ 在 Fock 空间的表示:

$$|x\rangle = \pi^{-\frac{1}{4}} \exp\left(-\frac{x^2}{2} + \sqrt{2}xa^\dagger - \frac{a^{\dagger 2}}{2}\right)|0\rangle \tag{1.68}$$

于是, 坐标表象的完备性就可写成纯高斯积分的形式:

$$\int_{-\infty}^{+\infty} dx\, |x\rangle\langle x| = \int_{-\infty}^{+\infty} \frac{dx}{\sqrt{\pi}} :e^{-(x-X)^2}: = 1 \tag{1.69}$$

而积分 $\int_{-\infty}^{+\infty} \frac{\mathrm{d}x}{\sqrt{\mu}} \mathrm{d}x \left|\frac{x}{\mu}\right\rangle \langle x|$ 也是志在必得的:

$$\int_{-\infty}^{+\infty} \frac{\mathrm{d}x}{\sqrt{\mu}} \left|\frac{x}{\mu}\right\rangle \langle x| = \frac{1}{\pi^{1/2}} \int_{-\infty}^{+\infty} \mathrm{e}^{-\frac{x^2}{2\mu^2} + \sqrt{2}xa^\dagger/\mu - \frac{a^{\dagger 2}}{2}} |0\rangle \langle 0| \mathrm{e}^{-\frac{x^2}{2} + \sqrt{2}xa - \frac{a^2}{2}}$$

$$= \mathrm{e}^{-\frac{a^{\dagger 2}}{2}\tanh\lambda} \mathrm{e}^{(a^\dagger a + \frac{1}{2})\ln\mathrm{sech}\lambda} \mathrm{e}^{\frac{a^2}{2}\tanh\lambda}, \quad \mu = \mathrm{e}^\lambda \tag{1.70}$$

这被称为单模压缩算符(是经典尺度变换 $\hat{x} \to \frac{\hat{x}}{\mu}$ 的量子对应),其中 a^2, $\left(a^\dagger a + \frac{1}{2}\right)$ 和 $a^{\dagger 2}$ 组成了 $SU(1,1)$ 李代数.

$$\mathrm{sech}\lambda \mathrm{e}^{-\frac{a^{\dagger 2}}{2}\tanh\lambda} |0\rangle \tag{1.71}$$

被称为压缩真空态. 用式 (1.69) 的另一好处是可导出算符恒等式:

$$\mathrm{e}^{fX^2} = \int_{-\infty}^{+\infty} \mathrm{d}x \mathrm{e}^{fx^2} |x\rangle \langle x| = \int_{-\infty}^{+\infty} \frac{\mathrm{d}x}{\sqrt{\pi}} : \mathrm{e}^{-(x-X)^2 + fx^2} :$$

$$= \frac{1}{\sqrt{1-f}} : \mathrm{e}^{-\frac{f}{f-1}X^2} : \tag{1.72}$$

以上公式表明,有了 IWOP 方法,如同瞥见了量子力学的"柳暗花明又一村",就可与同行"把酒话桑麻". 它丰富了量子光学的内容.

2. 动量表象

记 $|p\rangle$ 是动量算符的本征态, $\hat{P}|p\rangle = p|p\rangle$, $\hat{P} = \frac{a - a^\dagger}{\sqrt{2}\mathrm{i}}$. 类似于式 (1.65) ~ 式 (1.69) 的推导, 我们有

$$|p\rangle \langle p| = \delta(p - \hat{P}) = \frac{1}{\sqrt{\pi}} : \exp\left[-\left(p - \frac{a - a^\dagger}{\sqrt{2}\mathrm{i}}\right)^2\right] : \tag{1.73}$$

再用 $|0\rangle \langle 0| =: \mathrm{e}^{-a^\dagger a} :$ 分拆上式, 得 $|p\rangle$ 的表达式:

$$|p\rangle = \pi^{-\frac{1}{4}} \exp\left(-\frac{p^2}{2} + \sqrt{2}\mathrm{i}p a^\dagger + \frac{a^{\dagger 2}}{2}\right) |0\rangle \tag{1.74}$$

其高斯型完备性是

$$\int_{-\infty}^{+\infty} \mathrm{d}p |p\rangle \langle p| = \int_{-\infty}^{+\infty} \frac{\mathrm{d}p}{\sqrt{\pi}} : \mathrm{e}^{-(p-P)^2} : = 1 \tag{1.75}$$

从以上的分析,我们揭示了狄拉克符号的深层次的优美,狄拉克发明的 $|\rangle\langle|$ 在合适的排序下会展现高斯型. 这符合他写在《量子力学原理》中的预言:"符号法,以抽象的方式直接处理具有基本重要性的量,……,然则,它似乎更深入事物的本质. 它使人们能以简洁明了的方式表达物理规律,并且在将来随着人们对它的理解加深,以及其自身的数学得到发展时,它也许会有日益增多的应用."

1.7 x-p 相空间中混合态构成的完备性

结合式（1.69）和式（1.75），我们推广得到

$$\frac{1}{\pi}\iint_{-\infty}^{+\infty}\mathrm{d}x\mathrm{d}p:\mathrm{e}^{-(x-X)^2-(p-P)^2}:=1 \tag{1.76}$$

它给出了 x-p 相空间的完备性, 而

$$\frac{1}{\pi}:\mathrm{e}^{-(x-X)^2-(p-P)^2}:\equiv\Delta(x,p) \tag{1.77}$$

在此处引入是十分自然的. 注意：$\Delta(x,p)$ 不能写成纯态 $|\ \rangle\langle\ |$ 的形式, 它属于混合态表象. 但 $\Delta(x,p)$ 的边缘积分导致纯态, $\int\mathrm{d}x\Delta(x,p)\to\frac{1}{\sqrt{\pi}}:\mathrm{e}^{-(p-P)^2}:=|p\rangle\langle p|$, $\int\mathrm{d}p\Delta(x,p)\to\frac{1}{\sqrt{\pi}}:\mathrm{e}^{-(x-X)^2}:=|x\rangle\langle x|$. 鉴于完备性, 任意算符可以用 $\Delta(x,p)$ 展开：

$$H(X,P)=\iint_{-\infty}^{+\infty}\mathrm{d}x\mathrm{d}p\Delta(x,p)h(x,p) \tag{1.78}$$

展开函数 $h(x,p)$ 是 $H(X,P)$ 的一种经典对应, 恰为 Weyl-Wigner 对应, 鉴于历史原因, 称 $\Delta(x,p)$ 是 Wigner 算符, 但是以前并不是以式（1.76）的正规乘积方式引入它的. 令

$$a=\frac{X+\mathrm{i}P}{\sqrt{2}},\quad a^\dagger=\frac{X-\mathrm{i}P}{\sqrt{2}} \tag{1.79}$$

则

$$\Delta(x,p)\longrightarrow\Delta(\alpha,\alpha^*)=\frac{1}{\pi}:\mathrm{e}^{-2(a-\alpha)(a^\dagger-\alpha^*)}:$$

$$=\frac{1}{\pi}\mathrm{e}^{2\alpha a^\dagger}:\mathrm{e}^{-2a^\dagger a}:\mathrm{e}^{2\alpha^* a-2|\alpha|^2} \tag{1.80}$$

其中

$$:\mathrm{e}^{-2a^\dagger a}:=(-1)^{a^\dagger a} \tag{1.81}$$

是宇称算符. $\langle\psi|\Delta(x,p)|\psi\rangle$ 称为态 $|\psi\rangle$ 的 Wigner 函数, 由于 $(-1)^{a^\dagger a}|n\rangle=(-1)^n|n\rangle$, 故而 Wigner 函数并不总是正定的.

下面介绍 Wigner 算符的相干态表象.

利用 IWOP 方法和 $|0\rangle\langle0|=:\mathrm{e}^{-a^\dagger a}:$, 可以改写式（1.80）为

$$\Delta(\alpha,\alpha^*)=\frac{1}{\pi}:\mathrm{e}^{-2(a-\alpha)(a^\dagger-\alpha^*)}:$$

$$\begin{aligned}
&= \int \frac{d^2 z}{\pi^2} : \exp\left[-|z|^2 + z(a^\dagger - \alpha^*) + (\alpha - a)z^* + \alpha a^\dagger + \alpha^* a - a^\dagger a - |\alpha|^2\right] : \\
&= \int \frac{d^2 z}{\pi^2} : \exp\left[-|z|^2 + (\alpha + z)a^\dagger + (\alpha^* - z^*)a - a^\dagger a + \alpha z^* - z\alpha^* - |\alpha|^2\right] : e^{\alpha z^* - z\alpha^*} \\
&= \int \frac{d^2 z}{\pi^2} e^{-|\alpha+z|^2/2 + (\alpha+z)a^\dagger} |0\rangle \langle 0| e^{-|\alpha-z|^2/2 + (\alpha-z)a} e^{\alpha z^* - z\alpha^*}
\end{aligned} \tag{1.82}$$

再用相干态的定义 $|z\rangle = e^{-|z|^2/2} e^{z a^\dagger} |0\rangle$ 可得

$$\Delta(\alpha, \alpha^*) = \int \frac{d^2 z}{\pi^2} |\alpha + z\rangle \langle \alpha - z| e^{\alpha z^* - z\alpha^*} \tag{1.83}$$

这就是 Wigner 算符的相干态表象.

将式（1.78）改写为

$$H(a^\dagger, a) = 2\int d^2\alpha \Delta(\alpha, \alpha^*) h(\alpha, \alpha^*) \tag{1.84}$$

由式（1.80）和式（1.33）可算出

$$\begin{aligned}
&\text{tr}[\Delta(\alpha, \alpha^*)\Delta(\alpha', \alpha'^*)] \\
&= \text{tr}\left[\int \frac{d^2 z}{\pi^2} |\alpha + z\rangle \langle \alpha - z| e^{\alpha z^* - z\alpha^*} \Delta(\alpha', \alpha'^*)\right] \\
&= \int \frac{d^2 z}{\pi^2} \langle \alpha - z| \Delta(\alpha', \alpha'^*) |\alpha + z\rangle e^{\alpha z^* - z\alpha^*} \\
&= \int \frac{d^2 z}{\pi^3} \langle \alpha - z| : e^{-2(a-\alpha')(a^\dagger - \alpha'^*)} : |\alpha + z\rangle e^{\alpha z^* - z\alpha^*} \\
&= \frac{1}{4\pi} \delta(\alpha - \alpha') \delta(\alpha^* - \alpha'^*)
\end{aligned} \tag{1.85}$$

再用式（1.84）式可导出

$$\begin{aligned}
&2\pi \text{tr}[\Delta(\alpha, \alpha^*) H(a^\dagger, a)] \\
&= 4\pi \int d^2\alpha' \text{tr}[\Delta(\alpha, \alpha^*)\Delta(\alpha', \alpha'^*)] h(\alpha', \alpha'^*) \\
&= \int d^2\alpha' \delta(\alpha - \alpha') \delta(\alpha^* - \alpha'^*) h(\alpha', \alpha'^*) \\
&= h(\alpha, \alpha^*)
\end{aligned} \tag{1.86}$$

这是求算符 $H(a^\dagger, a)$ 的经典 Weyl 对应函数 $h(\alpha, \alpha^*)$ 的公式.

1.8 Weyl-排序的引入和相干态 $|z\rangle\langle z|$ 的 Weyl-排序形式

经典函数 $e^{z\alpha^*}e^{-z^*\alpha}$ 量子化为算符时,有多种选择,或是 $e^{za^\dagger}e^{-z^*a}$(正规排序),或是 $e^{-z^*a}e^{za^\dagger}$(反正规排序),或是 $e^{za^\dagger-z^*a}$. 第三种称为 Weyl 量子化方案,每一种方案对应一种算符排序. 在 $e^{za^\dagger-z^*a}$ 中,$za^\dagger$ 与 z^*a 在指数上相加减,这本身就称为 Weyl-排序,以符号 $\vdots\ \vdots$ 标记:

$$e^{za^\dagger-z^*a} = \vdots e^{za^\dagger-z^*a} \vdots \equiv D(z) \tag{1.87}$$

在符号 $\vdots\ \vdots$ 内部, $a^\dagger$ 与 a 可交换,所以也可以用 IWOP 方法. 那么真空投影算符 $|0\rangle\langle 0|$ 的 Weyl-排序形式是什么样的呢? 由

$$|0\rangle\langle 0| = :e^{-a^\dagger a}: \tag{1.88}$$

及 IWOP 方法改写为

$$|0\rangle\langle 0| = \int \frac{d^2z}{\pi} :e^{-|z|^2+za^\dagger-z^*a}: = \int \frac{d^2z}{\pi} D(z) e^{-|z|^2/2} \tag{1.89}$$

再用式(1.87)得到

$$|0\rangle\langle 0| = \int \frac{d^2z}{\pi} \vdots e^{za^\dagger-z^*a} \vdots e^{-|z|^2/2} = 2 \vdots e^{-2a^\dagger a} \vdots \tag{1.90}$$

这就是真空投影算符 $|0\rangle\langle 0|$ 的 Weyl-排序形式. 类似地,我们导出相干态 $|z\rangle\langle z|$ 的 Weyl-排序形式:

$$\begin{aligned} |z\rangle\langle z| &= \int \frac{d^2z'}{\pi} :e^{-|z'|^2+z'(a^\dagger-z^*)+z'^*(z-a)}: \\ &= \int \vdots e^{z'(a^\dagger-z^*)+z'^*(z-a)} \vdots e^{-|z'|^2/2} \frac{d^2z'}{\pi} \\ &= 2 \vdots e^{-2(a^\dagger-z^*)(a-z)} \vdots \end{aligned} \tag{1.91}$$

此形式保留了完备性:

$$\int \frac{d^2z}{\pi} |z\rangle\langle z| = 2\int \frac{d^2z}{\pi} \vdots e^{-2(a^\dagger-z^*)(a-z)} \vdots = 1 \tag{1.92}$$

1.9 算符 Hermite 多项式的引入及光场 Hermite 态

在"数学物理方程"这门课程中,我们已经知道 Hermite 多项式的集合可以组成 Hilbert 空间,也具有完备正交性. 这里,我们要指出算符化了的 Hermite 多项式对于描述某些量子光场有独到的便利.

虽然学过"初等量子力学"的人接触过 Hermite 多项式,但这里是从其母函数来定义的:

$$e^{2\lambda x - \lambda^2} = \sum_{n=0}^{\infty} \frac{\lambda^n}{n!} H_n(x) \tag{1.93}$$

利用级数求和的操作技巧

$$\sum_{n=0}^{\infty} \sum_{m=0}^{\infty} A(m,n) = \sum_{n=0}^{\infty} \sum_{m=0}^{[n/2]} A(m, n-2m) \tag{1.94}$$

我们可以重写为

$$\sum_{n=0}^{\infty} \frac{(2\lambda)^n}{n!} x^n = e^{2\lambda x} = \sum_{m=0}^{\infty} \frac{\lambda^{2m}}{m!} \sum_{n=0}^{\infty} \frac{\lambda^n H_n(x)}{n!} = \sum_{n=0}^{\infty} \sum_{m=0}^{[n/2]} \frac{\lambda^n H_{n-2m}(x)}{m!(n-2m)!} \tag{1.95}$$

比较其两边 λ^n 的系数,我们可看出 x^n 用 $H_n(x)$ 展开的公式:

$$x^n = \sum_{m=0}^{[n/2]} \frac{n! H_{n-2m}(x)}{2^n m!(n-2m)!} \tag{1.96}$$

那么它的逆关系是什么呢?为了方便地解决此问题,我们转而考虑以坐标算符 $\hat{X}$ 为宗量的算符 Hermite 多项式 $H_n(X)$,X 与 $(a, a^\dagger)$ 的联系是

$$\hat{X} = \sqrt{\frac{\hbar}{2m\omega}} (a + a^\dagger), \quad [a, a^\dagger] = 1 \tag{1.97}$$

以下为讨论方便起见,令 $\hbar = 1, m = 1, \omega = 1$,于是有

$$\sum_{n=0}^{\infty} \frac{\lambda^n}{n!} H_n(X) = e^{2\lambda X - \lambda^2} = e^{\sqrt{2}(a+a^\dagger)\lambda - \lambda^2}$$

$$= e^{\sqrt{2} a^\dagger \lambda} e^{\sqrt{2} a \lambda} =: e^{\sqrt{2} a^\dagger \lambda} e^{\sqrt{2} a \lambda}:$$

$$=: e^{2\lambda X} := \sum_{n=0}^{\infty} \frac{(2\lambda)^n}{n!} X^n : \tag{1.98}$$

比较两边 λ^n 的系数, 得到
$$H_n(X) = 2^n : X^n : \tag{1.99}$$

这是一个容易记忆的算符恒等式. 联合式（1.96）和式（1.99），给出
$$X^n = \sum_{m=0}^{[n/2]} \frac{n! H_{n-2m}(X)}{2^n m!(n-2m)!} = \sum_{m=0}^{[n/2]} \frac{n! : X^{n-2m} :}{2^{2m} m!(n-2m)!} \tag{1.100}$$

另一方面, 又有
$$\sum_{n=0}^{\infty} \frac{(-\lambda)^n X^n}{n!} = e^{-\lambda X} = : e^{\lambda^2/4 - \lambda X} : = \sum_{n=0}^{\infty} \frac{(i\lambda/2)^n}{n!} : H_n(iX) : \tag{1.101}$$

比较两边 λ^n 的系数, 得出
$$X^n = (2i)^{-n} : H_n(iX) : \tag{1.102}$$

让式 (1.100) 和式 (1.102) 相等, 可看到
$$(2i)^n \sum_{m=0}^{[n/2]} \frac{n! : X^{n-2m} :}{2^{2m} m!(n-2m)!} = : H_n(iX) : \tag{1.103}$$

这表明
$$H_n(x) = 2^n \sum_{k=0}^{[n/2]} \frac{(-1)^k n!}{2^{2k} k!(n-2k)!} x^{n-2k} \tag{1.104}$$

这就是式（1.96）的逆关系 (有的文献将其作为 Hermite 多项式的定义式). 作为算符 Hermite 多项式的一个应用, 考虑用场的正交分量（如电场算符）来激发真空态:
$$C_n X^n |0\rangle = (2i)^{-n} : H_n\left(i\frac{a+a^\dagger}{\sqrt{2}}\right) : |0\rangle = (2i)^{-n} H_n\left(\frac{ia^\dagger}{\sqrt{2}}\right) |0\rangle \tag{1.105}$$

得到的是一个 Hermite 态, 其中归一化系数 C_n 由下式决定:
$$1 = |C_n|^2 \langle 0| X^{2n} |0\rangle = |C_n|^2 (2i)^{-2n} \langle 0| : H_{2n}(iX) : |0\rangle = |C_n|^2 (2i)^{-2n} H_{2n}(0) \tag{1.106}$$

值得指出, 在压缩真空态中湮灭 m 个光子, 也会导致光场 Hermite 态. 为了说明这一点, 先用 IWOP 方法和式（1.36）导出一个算符恒等式:

$$\begin{aligned}
a^m e^{\nu a^{\dagger 2}} &= \int \frac{d^2 z}{\pi} z^m e^{\nu z^{*2}} |z\rangle \langle z| \\
&= \int \frac{d^2 z}{\pi} z^m : \exp\left(-|z|^2 + za^\dagger + z^* a + \nu z^{*2} - a^\dagger a\right) : \\
&= \frac{\partial^m}{\partial \lambda^m} \int \frac{d^2 z}{\pi} : \exp\left[-|z|^2 + z(a^\dagger + \lambda) + z^* a + \nu z^{*2} - a^\dagger a\right] : \Big|_{\lambda=0} \\
&= \frac{\partial^m}{\partial \lambda^m} : \exp\left[(a^\dagger + \lambda) a + \nu (a^\dagger + \lambda)^2 - a^\dagger a\right] : \Big|_{\lambda=0}
\end{aligned}$$

$$\begin{align}
&= e^{\nu a^{\dagger 2}} \frac{\partial^m}{\partial \lambda^m} : \exp\left[\lambda\left(2a^{\dagger}\nu + a\right) + \nu\lambda^2\right] : \Big|_{\lambda=0} \\
&= (i\sqrt{\nu})^m e^{\nu a^{\dagger 2}} \frac{\partial^m}{\partial (i\sqrt{\nu}\lambda)^m} : \exp\left[2(i\sqrt{\nu}\lambda)\frac{2a^{\dagger}\nu + a}{2i\sqrt{\nu}} - (i\sqrt{\nu}\lambda)^2\right] : \Big|_{\lambda=0} \\
&= (i\sqrt{\nu})^m e^{\nu a^{\dagger 2}} : H_m\left(\frac{2a^{\dagger}\nu + a}{2i\sqrt{\nu}}\right) :
\end{align} \tag{1.107}$$

所以在压缩真空态中湮灭 m 个光子的结果是

$$a^m e^{\nu a^{\dagger 2}} |0\rangle = (i\sqrt{\nu})^m e^{\nu a^{\dagger 2}} H_m\left(-i\sqrt{\nu} a^{\dagger}\right) |0\rangle \tag{1.108}$$

这是一个光场 Hermite 态.

1.10 压缩态作为偶数阶 Hermite 态的叠加

由式（1.99）和式（1.72）得到

$$\sum_{m=0}^{\infty} \frac{t^m}{m!} H_{2m}(X) = \sum_{m=0}^{\infty} \frac{t^m}{m!} 4^m : X^{2m} : = : e^{4tX^2} : = \sqrt{\frac{1}{1+4t}} e^{\frac{4t}{1+4t}X^2} \tag{1.109}$$

由于

$$H_{2m}(X)|0\rangle = 2^{2m} : X^{2m} : |0\rangle = 2^m a^{\dagger 2m} |0\rangle \tag{1.110}$$

故

$$\sum_{m=0}^{\infty} \frac{t^m}{m!} H_{2m}(X)|0\rangle = \sum_{m=0}^{\infty} \frac{t^m}{m!} 2^m a^{\dagger 2m} |0\rangle = e^{2ta^{\dagger 2}} |0\rangle \tag{1.111}$$

对照式（1.71），可见式 (1.111) 中 $e^{2ta^{\dagger 2}}|0\rangle$ 代表一个压缩态, 是偶数阶 Hermite 态 $H_{2m}(X)|0\rangle$ 的叠加. 用 IWOP 方法对此态归一化, 得到

$$\sqrt{1-16t^2} e^{2ta^{\dagger 2}} |0\rangle \tag{1.112}$$

令 $t = \frac{1}{4}\tanh\lambda$, 得到

$$\operatorname{sech}^{\frac{1}{2}}\lambda e^{\frac{1}{2}a^{\dagger 2}\tanh\lambda} |0\rangle = \operatorname{sech}^{\frac{1}{2}}\lambda \sum_{m=0}^{\infty} \frac{1}{m!}\left(\frac{1}{4}\tanh\lambda\right)^m H_{2m}(X)|0\rangle \tag{1.113}$$

于是我们得到它的波函数

$$\operatorname{sech}^{\frac{1}{2}}\lambda \langle x| e^{\frac{1}{2}a^{\dagger 2}\tanh\lambda} |0\rangle$$

$$= \operatorname{sech}^{\frac{1}{2}} \lambda \mathrm{e}^{-\frac{x^2}{2}} \sum_{m=0}^{\infty} \frac{1}{m!} \left(\frac{1}{4} \tanh \lambda \right)^m H_{2m}(x)$$

$$= \mathrm{e}^{-\frac{\lambda}{2}} \mathrm{e}^{-\frac{x^2}{2}} \mathrm{e}^{\frac{\tanh \lambda}{1+\tanh \lambda} x^2} \tag{1.114}$$

1.11 导出新的 Hermite 多项式的母函数公式

利用 $H_n(X) = 2^n : X^n :$ 我们可以方便地导出一些 Hermite 多项式新的母函数公式, 它们会不时地在研究新光场的物理性质时起作用. 例如, 从

$$\begin{aligned}
\sum_{k=0}^{\infty} \frac{z^k}{k!} H_{n+k}(X) &= 2^n \sum_{k=0}^{\infty} \frac{2^k z^k}{k!} : X^{n+k} : = 2^n : \mathrm{e}^{2zX} X^n : \\
&= 2^n \mathrm{e}^{\sqrt{2}za^\dagger} : X^n : \mathrm{e}^{\sqrt{2}za} \\
&= \mathrm{e}^{\sqrt{2}za^\dagger} H_n(X) \mathrm{e}^{\sqrt{2}za} \\
&= \mathrm{e}^{\sqrt{2}za^\dagger} \mathrm{e}^{\sqrt{2}za} \mathrm{e}^{-\sqrt{2}za} H_n\left(\frac{a^\dagger + a}{\sqrt{2}}\right) \mathrm{e}^{\sqrt{2}za} \\
&= \mathrm{e}^{\sqrt{2}za^\dagger} \mathrm{e}^{\sqrt{2}za} H_n\left(\frac{a^\dagger + a - \sqrt{2}z}{\sqrt{2}}\right) \\
&= \mathrm{e}^{2zX - z^2} H_n(X - z)
\end{aligned} \tag{1.115}$$

直接看出一个新的 Hermite 多项式的母函数公式为

$$\sum_{k=0}^{\infty} \frac{z^k}{k!} H_{n+k}(x) = H_n(x - z) \mathrm{e}^{2zx - z^2} \tag{1.116}$$

接着就有

$$\sum_{n=0}^{\infty} \frac{t^n}{2^n n!} H_n(X) H_{n+l}(y) = \sum_{n=0}^{\infty} \frac{t^n : X^n :}{n!} H_{n+l}(y)$$

$$=: H_l(y - tX) \mathrm{e}^{2tyX - t^2 X^2} : \tag{1.117}$$

然后我们考虑

$$S \equiv \sum_{l=0}^{\infty} \frac{z^l}{l!} \sum_{n=0}^{\infty} \frac{t^n}{2^n n!} H_n(X) H_{n+l}(y) \tag{1.118}$$

代入式（1.101），得到

$$S = \sum_{l=0}^{\infty} \frac{z^l}{l!} : H_l(y-tX) e^{2ytX-t^2X^2} :$$

$$=\, : e^{2z(y-tX)-z^2} e^{2ytX-t^2X^2} :$$

$$=\, : e^{2(y-z)tX-t^2X^2} : e^{2zy-z^2} \tag{1.119}$$

鉴于式（1.72），可见

$$: e^{2(y-z)tX-t^2X^2} : = \frac{1}{\sqrt{1-t^2}} \exp\left[\frac{2t(y-z)X - t^2X^2 - t^2(y-z)^2}{1-t^2}\right] \tag{1.120}$$

故式 (1.119) 变成

$$S = \frac{1}{\sqrt{1-t^2}} \exp\left[\frac{2t(y-z)X - t^2X^2 - t^2(y-z)^2}{1-t^2} + 2zy - z^2\right] \tag{1.121}$$

$$= \exp\left(\frac{2tyX - t^2X^2 - t^2y^2}{1-t^2}\right) \times \exp[f(z)]$$

这里

$$f(z) \equiv \frac{2Xtz - 2yz + z^2}{t^2 - 1} \tag{1.122}$$

根据式（1.93）可知

$$\exp[f(z)] = \exp\left[-\left(\frac{z}{\sqrt{1-t^2}}\right)^2 + 2\frac{y-Xt}{\sqrt{1-t^2}}\frac{z}{\sqrt{1-t^2}}\right] \tag{1.123}$$

$$= \sum_{l=0}^{\infty} \frac{z^l}{\sqrt{(1-t^2)^l}\, l!} H_l\left(\frac{y-Xt}{\sqrt{1-t^2}}\right)$$

所以式（1.118）变成

$$S = \sum_{l=0}^{\infty} \frac{z^l}{l!} \sum_{n=0}^{\infty} \frac{t^n}{2^n n!} H_n(X) H_{n+l}(y)$$

$$= \frac{1}{\sqrt{1-t^2}} \sum_{l=0}^{\infty} \frac{z^l}{\sqrt{(1-t^2)^l}\, l!} H_l\left(\frac{y-Xt}{\sqrt{1-t^2}}\right) \exp\left(\frac{2tyX - t^2X^2 - t^2y^2}{1-t^2}\right) \tag{1.124}$$

对照两边 z^l 的系数，可看出

$$\sum_{n=0}^{\infty} \frac{t^n}{2^n n!} H_n(x) H_{n+l}(y)$$

$$= \frac{1}{\sqrt{(1-t^2)^{l+1}}} H_l\left(\frac{y-xt}{\sqrt{1-t^2}}\right) \exp\left(\frac{2tyx - t^2x^2 - t^2y^2}{1-t^2}\right) \tag{1.125}$$

特别地,当 $l=0$ 时,式 (1.125) 约化为

$$\sum_{n=0}^{\infty}\frac{t^n}{2^n n!}H_n(x)H_n(y)=\frac{1}{\sqrt{(1-t^2)}}\exp\left(\frac{2tyx-t^2x^2-t^2y^2}{1-t^2}\right) \tag{1.126}$$

此式可见于数学手册,但以往的文献中见不到式(1.125).

1.12 相干态表象中的双变量 Hermite 多项式和 Laguerre 多项式的出现

我们已经知道相干态 $|z\rangle\langle z|$ 的正规乘积形式是

$$|z\rangle\langle z|=:\exp(-|z|^2+za^\dagger+z^*a-a^\dagger a): \tag{1.127}$$

对照一种展开式:

$$\exp(-tt'+t\zeta+t'\zeta^*)=\sum_{m,n=0}^{\infty}\frac{t^m t'^n}{m!n!}H_{m,n}(\zeta,\zeta^*) \tag{1.128}$$

$H_{m,n}(\zeta,\zeta^*)$ 待定,它是单变数 Hermite 多项式母函数式 (1.93) 的非简并推广,所以称 $H_{m,n}(\zeta,\zeta^*)$ 为双变量 Hermite 多项式,通过直接微商得其级数表示:

$$\begin{aligned}H_{m,n}(\zeta,\zeta^*)&=\frac{\partial^{n+m}}{\partial t^m \partial t'^n}\exp(-tt'+t\zeta+t'\zeta^*)|_{t=t'=0}\\&=\sum_{l=0}^{\min(m,n)}\frac{n!m!(-1)^l}{l!(m-l)!(n-l)!}\zeta^{m-l}\zeta^{*n-l}\end{aligned} \tag{1.129}$$

于是式(1.127)就可以展开为

$$|z\rangle\langle z|=\mathrm{e}^{-|z|^2}\sum_{m,n=0}^{\infty}:\frac{a^{\dagger m}a^n}{m!n!}H_{m,n}(z,z^*): \tag{1.130}$$

故而相干态的完备性可表示成

$$\begin{aligned}1&=\int\frac{\mathrm{d}^2 z}{\pi}|z\rangle\langle z|=\int\frac{\mathrm{d}^2 z}{\pi}:\mathrm{e}^{-(z^*-a^\dagger)(z-a)}:\\&=\int\frac{\mathrm{d}^2 z}{\pi}\mathrm{e}^{-|z|^2}\sum_{m,n=0}^{\infty}:\frac{a^{\dagger m}a^n}{m!n!}H_{m,n}(z,z^*):\end{aligned}$$

这表明存在积分公式

$$\int \frac{\mathrm{d}^2 z}{\pi} \mathrm{e}^{-|z|^2} H_{m,n}(z,z^*) = \delta_{m,0}\delta_{n,0} \tag{1.131}$$

利用式（1.130）和

$$a^n |l\rangle = \sqrt{\frac{l!}{(l-n)!}} |l-n\rangle, \quad |l\rangle = \frac{a^{\dagger l}}{\sqrt{l!}} |0\rangle \tag{1.132}$$

计算得

$$\langle l|z\rangle\langle z|l\rangle = \mathrm{e}^{-|z|^2} \langle l| \sum_{m,n=0}^{\infty} \frac{a^{\dagger m} a^n}{m!n!} H_{m,n}(z,z^*) |l\rangle$$

$$= \mathrm{e}^{-|z|^2} \langle l-m| \sum_{m,n=0}^{l} \frac{1}{m!n!} \sqrt{\frac{l!l!}{(l-m)!(l-n)!}} H_{m,n}(z,z^*) |l-n\rangle$$

$$= \mathrm{e}^{-|z|^2} \sum_{n=0}^{l} \frac{l!}{(l-n)!} \frac{H_{n,n}(z,z^*)}{n!n!} \tag{1.133}$$

其中

$$H_{n,n}(z,z^*) = n! \sum_{k=0}^{n} \frac{n!(-1)^k}{k!(n-k)!(n-k)!} |z|^{2(n-k)}$$

$$= n! \sum_{k=0}^{n} \frac{n!(-1)^{n-k}}{k!k!(n-k)!} |z|^{2k}$$

$$= n!(-1)^n L_n\left(|z|^2\right) \tag{1.134}$$

$L_n(x)$ 是 Laugerre 多项式，其表达式可写为

$$L_n(x) = \sum_{k=0}^{n} (-1)^k \binom{n}{n-k} \frac{x^k}{k!} \tag{1.135}$$

另一方面，容易知道

$$\langle l|z\rangle\langle z|l\rangle = \mathrm{e}^{-|z|^2} \frac{|z|^{2l}}{l!} \tag{1.136}$$

比较式（1.133）、式（1.134）和式（1.136），就有

$$\sum_{n=0}^{l} (-1)^n \binom{l}{n} L_n\left(|z|^2\right) = \frac{|z|^{2l}}{l!} \tag{1.137}$$

令 $x = |z|^2$，容易看出

$$\sum_{n=0}^{l} (-1)^n \binom{l}{n} L_n(x) = \frac{x^l}{l!} \tag{1.138}$$

这是式（1.135）的逆关系，在以往的数学手册中没有记载. 所以，从相干态表象我们看到了 Laguerre 多项式的新性质. 用它们可以导出 Hermite 多项式的新关系：

$$\sum_{n=0}^{l}(-1)^n \binom{l}{n}\sum_{k=0}^{n}\binom{n}{k}\frac{(-1)^k}{2^k k!}H_k(x) = \frac{1}{2^l l!}H_l(x) \tag{1.139}$$

证明 在式 (1.139) 中做替换 $x \to X$，就有

$$\sum_{n=0}^{l}(-1)^n \binom{l}{n}\sum_{k=0}^{n}\binom{n}{k}\frac{(-1)^k}{2^k k!}H_k(X) = \frac{1}{2^l l!}H_l(X) \tag{1.140}$$

所以我们可以以之代替证明式（1.139）. 注意

$$\sum_{k=0}^{n}\binom{n}{k}\frac{(-1)^k}{2^k k!}H_k(X) = \sum_{k=0}^{n}\binom{n}{k}\frac{(-1)^k}{k!}:X^k: \ =:L_n(X): \tag{1.141}$$

在正规乘积内利用了 Laguerre 多项式的求和表示式 (1.135)，以及算符型求和公式 [由式 (1.138) 可知]

$$\sum_{n=0}^{\infty}(-1)^n \binom{l}{n}L_n(X) = \frac{X^l}{l!} \tag{1.142}$$

因此，式 (1.140) 左边变为

$$\sum_{n=0}^{l}(-1)^n \binom{l}{n}\sum_{k=0}^{n}\binom{n}{k}\frac{(-1)^k}{k!}:X^k: = \sum_{n=0}^{l}(-1)^n \binom{l}{n}:L_n(X):$$
$$=:\frac{X^l}{l!}:\ = \frac{1}{2^l l!}H_l(X) \tag{1.143}$$

式 (1.140) 即证明完成.

以上推导也说明了 Laguerre 多项式是可以从 Hermite 多项式推导出来的.

第 2 章

场算符正规乘积化的捷径

在讨论光场的性质时,场算符的适当排序可以使场的"庐山真面目"得以显现,而在求算符的相干态期望值时,经常要将算符正规乘积化. 故在 2.1 节我们讨论场的正交分量算符 $\hat{X}$ 的函数 $f(\hat{X})$ 的正规乘积化,这可以通过一种微商运算来实现. 在 2.2 节我们们讨论将反正规排列的密度算符 ρ 正规乘积化的微商运算,以及给出两个重要的算符恒等式. 在 2.3 节我们将正规乘积化推广到双模情形.

2.1 将 $f(X)$ 变为 $:f(X):$ 的微商运算

场的正交分量算符 $\hat{X} = \dfrac{a + a^\dagger}{\sqrt{2}}$,如何将 $f(X) \to :f(X):$ 呢?其中 $f(X)$ 可以展开

为 X^n 的幂级数. 为此先考虑以下微分 – 积分关系:

$$\exp\left(\tau\frac{\partial^2}{\partial x^2}\right)f(x) = \sum_{n=0}^{\infty}\frac{\tau^n}{n!}\int_{-\infty}^{\infty}\mathrm{d}sf(s)\left(\frac{\partial^2}{\partial x^2}\right)^n\delta(x-s)$$

$$= \sum_{n=0}^{\infty}\frac{\tau^n}{n!}\frac{1}{2\pi}\int_{-\infty}^{\infty}\mathrm{d}sf(s)\int_{-\infty}^{\infty}\mathrm{d}t\left(-t^2\right)^n\mathrm{e}^{-\mathrm{i}(x-s)t}$$

$$= \frac{1}{2\pi}\int_{-\infty}^{\infty}\mathrm{d}sf(s)\int_{-\infty}^{\infty}\mathrm{d}t\exp\left(-\tau t^2 - \mathrm{i}xt + \mathrm{i}st\right)$$

$$= \sqrt{\frac{1}{4\pi\tau}}\int_{-\infty}^{\infty}\mathrm{d}sf(s)\exp\left[-\frac{(x-s)^2}{4\tau}\right] \tag{2.1}$$

特别地, 当 $\tau = \dfrac{1}{4}$ 时, 上式变成

$$\exp\left(\frac{1}{4}\frac{\partial^2}{\partial x^2}\right)f(x) = \sqrt{\frac{1}{\pi}}\int_{-\infty}^{\infty}\mathrm{d}sf(s)\exp\left[-(x-s)^2\right] \tag{2.2}$$

再取 $f(x) = H_n(x)$, 即 Hermite 多项式, 就有

$$\exp\left(\frac{1}{4}\frac{\partial^2}{\partial x^2}\right)H_n(x) = \sqrt{\frac{1}{\pi}}\int_{-\infty}^{\infty}\mathrm{d}sH_n(s)\exp\left[-(x-s)^2\right]$$

$$= \sqrt{\frac{1}{\pi}}\int_{-\infty}^{\infty}\mathrm{d}s\frac{\mathrm{d}^n}{\mathrm{d}t^n}\mathrm{e}^{-t^2+2ts}|_{t=0}\exp\left[-(x-s)^2\right]$$

$$= 2^n x^n \tag{2.3}$$

所以

$$\exp\left(-\frac{1}{4}\frac{\partial^2}{\partial x^2}\right)x^n = 2^{-n}H_n(x) \tag{2.4}$$

直接微商, 确实与式 (1.104) 一致, 有

$$\exp\left(-\frac{1}{4}\frac{\partial^2}{\partial x^2}\right)x^n = \sum_{k=0}^{[n/2]}\frac{1}{k!}\left(-\frac{1}{4}\frac{\partial^2}{\partial x^2}\right)^k x^n$$

$$= \sum_{k=0}^{[n/2]}\frac{(-1)^k n!}{2^{2k}k!(n-2k)!}x^{n-2k}$$

$$= 2^{-n}H_n(x) \tag{2.5}$$

现在把 x 换成算符 X, 得到

$$\exp\left(-\frac{1}{4}\frac{\partial^2}{\partial X^2}\right)X^n = 2^{-n}H_n(X) \tag{2.6}$$

已经知道 $H_n(X) = 2^n : X^n :$，所以

$$\exp\left(-\frac{1}{4}\frac{\partial^2}{\partial X^2}\right) X^n =: X^n : \qquad (2.7)$$

对于可以展开为 X^n 的幂级数的 $f(X)$，就有

$$\exp\left(-\frac{1}{4}\frac{\partial^2}{\partial X^2}\right) f(X) =: f(X) : \qquad (2.8)$$

这是将 $f(X) \to : f(X):$ 正规乘积化的捷径. 再演绎下去, 就得到

$$\exp\left(-\frac{1}{4}\frac{\partial^2}{\partial X^2}\right) X^n =: X^n := 2^{-n} H_n(X)$$

$$= \sum_{k=0}^{[n/2]} \frac{(-1)^k n!}{2^{2k} k!(n-2k)!} X^{n-2k}$$

$$= n! \sum_{k=0}^{[n/2]} \frac{1}{k!(n-2k)!} 2^{-n} : H_{n-2k}(X) : \qquad (2.9)$$

可见

$$: X^n := n! \sum_{k=0}^{[n/2]} \frac{1}{k!(n-2k)!} 2^{-n} : H_{n-2k}(X) : \qquad (2.10)$$

这与式（1.95）一致.

例如, 从式（2.8）得到

$$\exp\left(-\frac{1}{4}\frac{\partial^2}{\partial X^2}\right) e^{-(x-X)^2} =: e^{-(x-X)^2} : \qquad (2.11)$$

而

$$\frac{1}{\sqrt{\pi}} : e^{-(x-X)^2} := |x\rangle\langle x| = \delta(x-X) \qquad (2.12)$$

所以

$$\frac{1}{\sqrt{\pi}} \exp\left(-\frac{1}{4}\frac{\partial^2}{\partial X^2}\right) e^{-(x-X)^2} = \delta(x-X) \qquad (2.13)$$

再如, 从式（2.8）可知

$$\exp\left(-\frac{1}{4}\frac{\partial^2}{\partial X^2}\right) e^{-\lambda X^2} =: e^{-\lambda X^2} : \qquad (2.14)$$

另一方面, 由坐标表象完备性和 IWOP 方法可得

$$e^{-\lambda X^2} = \int_{-\infty}^{\infty} dx\, |x\rangle\langle x| e^{-\lambda x^2} = \frac{1}{\sqrt{\pi}} \int_{-\infty}^{\infty} dx :e^{-(x-X)^2 - \lambda x^2}:$$

$$= \frac{1}{\sqrt{1+\lambda}} : \exp\left(\frac{-\lambda}{1+\lambda}X^2\right) : \tag{2.15}$$

令 $\dfrac{\lambda}{1+\lambda} = t, \lambda(1-t) = t, \lambda = \dfrac{t}{1-t}, 1+\lambda = \dfrac{1}{1-t}$，上式变为

$$: \exp\left(-tX^2\right) : = \frac{1}{\sqrt{1-t}} e^{-\frac{t}{1-t}X^2} \tag{2.16}$$

故有

$$\exp\left(-\frac{1}{4}\frac{\partial^2}{\partial X^2}\right) e^{-tX^2} = : \exp\left(-tX^2\right) : = \frac{1}{\sqrt{1-t}} e^{-\frac{t}{1-t}X^2} \tag{2.17}$$

或

$$\exp\left(-\frac{1}{4}\frac{\partial^2}{\partial x^2}\right) e^{-tx^2} = \frac{1}{\sqrt{1-t}} e^{-\frac{t}{1-t}x^2} \tag{2.18}$$

再则，从式（2.15）得到

$$e^{-\lambda X^2} = \frac{1}{\sqrt{1+\lambda}} : \sum_{n=0}^{\infty} \frac{1}{n!} \left(\frac{-\lambda}{1+\lambda}\right)^n X^{2n} : \tag{2.19}$$

所以也有

$$e^{-\lambda x^2} = \frac{1}{\sqrt{1+\lambda}} \sum_{n=0}^{\infty} \frac{1}{2^{2n} n!} \left(\frac{-\lambda}{1+\lambda}\right)^n H_{2n}(x) \tag{2.20}$$

2.2 将反正规排列的密度算符 ρ 正规乘积化的微商运算

对照将 $f(X)$ 变为 $:f(X):$ 的微商运算式 $\exp\left(-\dfrac{1}{4}\dfrac{\partial^2}{\partial X^2}\right) f(X) =: f(X):$，我们导出将反正规排列的密度算符 ρ 正规乘积化的微商运算式

$$\rho = : \exp\left(\frac{\partial^2}{\partial z \partial z^*}\right) P(z, z^*)|_{z^* \to a^\dagger, z \to a} : \tag{2.21}$$

其中，$P(z, z^*)$ 是 ρ 在相干态表象中的 P-表示

$$\rho = \int \frac{\mathrm{d}^2 z}{\pi} P(z, z^*) |z\rangle \langle z| \tag{2.22}$$

证明 用 IWOP 方法将 $|z\rangle\langle z|$ 写为

$$|z\rangle\langle z| = \int \frac{\mathrm{d}^2\beta}{\pi} : \exp\left[-|\beta|^2 + \mathrm{i}\beta\left(a^\dagger - z^*\right) + \mathrm{i}\beta^*\left(a - z\right)\right]: \tag{2.23}$$

鉴于 $\dfrac{\partial z}{\partial z^*} = 0$,有

$$\exp\left(-|\beta|^2 - \mathrm{i}z^*\beta - \mathrm{i}\beta^* z\right) = \exp\left(\frac{\partial^2}{\partial z \partial z^*}\right) \exp\left(-\mathrm{i}z^*\beta - \mathrm{i}\beta^* z\right) \tag{2.24}$$

于是

$$|z\rangle\langle z| = \exp\left(\frac{\partial^2}{\partial z \partial z^*}\right) \int \frac{\mathrm{d}^2\beta}{\pi} : \exp\left[\mathrm{i}\beta\left(a^\dagger - z^*\right) + \mathrm{i}\beta^*\left(a - z\right)\right] :$$

$$= \exp\left(\frac{\partial^2}{\partial z \partial z^*}\right) \delta\left(a^\dagger - z^*\right) \delta^*(a - z) \tag{2.25}$$

将式(2.25)代入式(2.22)得到式(2.21).特别地,当 $\rho = a^n a^{\dagger m}$, $P(z, z^*) = z^n z^{*m}$ 时,直接微商得

$$a^n a^{\dagger m} = : \exp\left(\frac{\partial^2}{\partial z \partial z^*}\right) z^n z^{*m}|_{z^* \to a^\dagger, z \to a} :$$

$$= : \sum_{l=0}^{\min(m,n)} \frac{1}{l!} \left(\frac{\partial^2}{\partial z \partial z^*}\right)^l z^n z^{*m}|_{z^* \to a^\dagger, z \to a} :$$

$$= \sum_{l=0}^{\min(m,n)} \frac{m!n!}{l!(m-l)!(n-l)!} a^{\dagger m - l} a^{n - l} \tag{2.26}$$

对照式(1.129)可以看出

$$a^n a^{\dagger m} = : \exp\left(\frac{\partial^2}{\partial z \partial z^*}\right) z^n z^{*m}|_{z^* \to a^\dagger, z \to a} :$$

$$= (-\mathrm{i})^{m+n} : H_{m,n}\left(\mathrm{i}a^\dagger, \mathrm{i}a\right) : \tag{2.27}$$

此即反正规乘积算符的正规乘积表示.也可以用以下方法:用式(1.128)和式(1.129)可以导出

$$\sum_{n,m=0}^{\infty} \frac{\tau^n t^m}{n!m!} a^n a^{\dagger m} = \mathrm{e}^{\tau a} \mathrm{e}^{t a^\dagger} = : \exp\left(\tau a + t a^\dagger + \tau t\right) :$$

$$= : \exp\left[-(-\mathrm{i}\tau)(-\mathrm{i}t) + (-\mathrm{i}t)(\mathrm{i}a^\dagger) + (-\mathrm{i}\tau)(\mathrm{i}a)\right] :$$

$$= \sum_{n,m=0}^{\infty} \frac{(-\mathrm{i}\tau)^n (-\mathrm{i}t)^m}{n!m!} : H_{n,m}\left(\mathrm{i}a, \mathrm{i}a^\dagger\right) : \tag{2.28}$$

即得到将反正规 $a^n a^{\dagger m}$ 化为正规乘积的表示：

$$a^n a^{\dagger m} = (-\mathrm{i})^{m+n} : H_{m,n}\left(\mathrm{i}a^\dagger, \mathrm{i}a\right) : \tag{2.29}$$

另一方面，从

$$\begin{aligned}
a^{\dagger m} a^n &= \frac{\partial^{n+m}}{\partial t^m \partial \tau^n} \mathrm{e}^{ta^\dagger} \mathrm{e}^{\tau a} \big|_{t=0,\tau=0} \\
&= \frac{\partial^{n+m}}{\partial t^m \partial \tau^n} \mathrm{e}^{\tau a} \mathrm{e}^{ta^\dagger} \mathrm{e}^{-t\tau} \big|_{t=0,\tau=0} \\
&= \frac{\partial^{n+m}}{\partial t^m \partial \tau^n} : \mathrm{e}^{ta^\dagger + \tau a - t\tau} : \big|_{t=0,\tau=0} \\
&= : H_{m,n}\left(a^\dagger, a\right) : \\
&= : H_{n,m}\left(a, a^\dagger\right) :
\end{aligned} \tag{2.30}$$

可得将正规变为反正规的算符恒等式，有

$$a^{\dagger m} a^n = : H_{n,m}\left(a, a^\dagger\right) : \tag{2.31}$$

这是容易记忆的公式，由范洪义首先给出。用上式可以验证（1.21）式。即从

$$|0\rangle\langle 0| = \sum_{m=0}^{\infty} \frac{(-1)^m}{m!} : a^{\dagger m} a^m : = \sum_{m=0}^{\infty} \frac{(-1)^m}{m!} a^{\dagger m} a^m$$

和

$$a^{\dagger m} a^m = : H_{m,m}\left(a^\dagger, a\right) : = m!(-1)^m : L_m\left(aa^\dagger\right) :$$

以及 Laguerre 多项式的母函数公式

$$(1-z)^{-1} \mathrm{e}^{\frac{zx}{z-1}} = \sum_{m=0}^{\infty} L_m(x) z^m \tag{2.32}$$

可知真空态投影算符的反正规展开是

$$\begin{aligned}
|0\rangle\langle 0| &= \sum_{m=0}^{\infty} \vdots L_m\left(aa^\dagger\right) \vdots 1^m \\
&= \lim_{z \to 1} \vdots (1-z)^{-1} \mathrm{e}^{\frac{z}{z-1} aa^\dagger} \vdots \\
&= \vdots \pi \delta\left(aa^\dagger\right) \vdots \\
&= \pi \delta(a) \delta\left(a^\dagger\right)
\end{aligned} \tag{2.33}$$

2.3 纠缠态表象和将 $G(a+b^\dagger, a^\dagger+b)$ 变为 $:G(a+b^\dagger, a^\dagger+b):$ 的微商运算

本节将以上的讨论推广到双模情形,引入第二个模的湮灭算符 b 和产生算符 $b^\dagger$,$[b,b^\dagger]=1$,而

$$[a+b^\dagger, a^\dagger+b] = 0 \tag{2.34}$$

所以存在 $a+b^\dagger$ 与 $a^\dagger+b$ 的共同本征态,它可以用 IWOP 方法进行简单的导出. 即仿照相干态的完备性,有

$$\int \frac{\mathrm{d}^2 z}{\pi} |z\rangle\langle z| = \int \frac{\mathrm{d}^2 z}{\pi} : \exp[-|z|^2 + za^\dagger + z^* a - a^\dagger a] :$$
$$= \int \frac{\mathrm{d}^2 z}{\pi} : \mathrm{e}^{-(z^*-a^\dagger)(z-a)} : = 1 \tag{2.35}$$

我们认定单位 1 有以下的积分表示:

$$\int \frac{\mathrm{d}^2 \xi}{\pi} : \mathrm{e}^{-[\xi^* - (a^\dagger + b)][\xi - (a + b^\dagger)]} : = 1 \tag{2.36}$$

注意:这是在正规乘积内的积分. 用真空投影算符的正规乘积表示

$$|00\rangle\langle 00| = : \mathrm{e}^{-a^\dagger a - b^\dagger b} : \tag{2.37}$$

可将上式 (2.36) 分拆为

$$1 = \int \frac{\mathrm{d}^2 \xi}{\pi} : \mathrm{e}^{-[\xi^* - (a^\dagger + b)][\xi - (a + b^\dagger)]} : = \int \frac{\mathrm{d}^2 \xi}{\pi} |\xi\rangle\langle\xi| \tag{2.38}$$

其中

$$|\xi\rangle = \exp\left(-\frac{1}{2}|\xi|^2 + \xi a^\dagger + \xi^* b^\dagger - a^\dagger b^\dagger\right)|00\rangle \tag{2.39}$$

满足完备性 $\int \mathrm{d}^2\xi |\xi\rangle\langle\xi|/\pi = 1$ 和本征方程

$$(a^\dagger + b)|\xi\rangle = \xi^*|\xi\rangle, \quad (a + b^\dagger)|\xi\rangle = \xi|\xi\rangle \tag{2.40}$$

所以 $|\xi\rangle$ 构成一个新表象(称之为纠缠态表象). 用 IWOP 方法将 $|\xi\rangle\langle\xi|$ 写为

$$|\xi\rangle\langle\xi| = \int \frac{\mathrm{d}^2 \beta}{\pi} : \exp\left[-|\beta|^2 + \mathrm{i}\beta(a^\dagger + b - \xi^*) + \mathrm{i}\beta^*(a + b^\dagger - \xi)\right] : \tag{2.41}$$

鉴于 $\frac{\partial \xi}{\partial \xi^*} = 0$ 和

$$\exp\left(-|\beta|^2 - \mathrm{i}\xi^*\beta - \mathrm{i}\beta^*\xi\right) = \exp\left(\frac{\partial^2}{\partial\xi\partial\xi^*}\right)\exp\left(-\mathrm{i}\xi^*\beta - \mathrm{i}\beta^*\xi\right) \tag{2.42}$$

式（2.41）可写为

$$|\xi\rangle\langle\xi| = \exp\left(\frac{\partial^2}{\partial\xi\partial\xi^*}\right)\int\frac{\mathrm{d}^2\beta}{\pi}:\exp\left[\mathrm{i}\beta\left(a^\dagger+b-\xi^*\right)+\mathrm{i}\beta^*\left(a+b^\dagger-\xi\right)\right]:$$

$$= \exp\left(\frac{\partial^2}{\partial\xi\partial\xi^*}\right):\delta\left(a^\dagger+b-\xi^*\right)\delta^*\left(a+b^\dagger-\xi\right): \tag{2.43}$$

将算符 $G(a^\dagger+b, a+b^\dagger)$ 在 $|\xi\rangle\langle\xi|$ 中展开, 并将式（2.43）代入可得

$$G\left(a^\dagger+b, a+b^\dagger\right) = \int\frac{\mathrm{d}^2\xi}{\pi}G(\xi,\xi^*)|\xi\rangle\langle\xi|$$

$$= \int\frac{\mathrm{d}^2\xi}{\pi}G(\xi,\xi^*)\exp\left(\frac{\partial^2}{\partial\xi\partial\xi^*}\right):\delta\left(a^\dagger+b-\xi^*\right)\delta\left(a+b^\dagger-\xi\right):$$

$$=:\exp\left(\frac{\partial^2}{\partial\xi\partial\xi^*}\right)G(\xi,\xi^*)\Big|_{(\xi\mapsto a+b^\dagger)(\xi^*\mapsto a^\dagger+b)}: \tag{2.44}$$

特别地, 当 $G = (a+b^\dagger)^n (a^\dagger+b)^m$, $G(\xi,\xi^*) = \xi^n\xi^{*m}$ 时, 有

$$\left(a+b^\dagger\right)^n\left(a^\dagger+b\right)^m =:\exp\left(\frac{\partial^2}{\partial\xi\partial\xi^*}\right)\xi^n\xi^{*m}\Big|_{(a+b^\dagger\mapsto\xi)(a^\dagger+b\mapsto\xi^*)}:$$

$$= (-\mathrm{i})^{m+n}:H_{n,m}\left[\mathrm{i}(a+b^\dagger),\mathrm{i}(a^\dagger+b)\right]: \tag{2.45}$$

此式可由以下推导验证, 用双变量厄密多项式的母函数公式 (1.128) 有

$$\sum_{m,n=0}^{\infty}\frac{t^n t'^m}{n!m!}\left(a+b^\dagger\right)^n\left(a^\dagger+b\right)^m$$

$$= \mathrm{e}^{t(a+b^\dagger)}\mathrm{e}^{t'(a^\dagger+b)}$$

$$= \mathrm{e}^{tt'}:\mathrm{e}^{tb^\dagger}\mathrm{e}^{t'a^\dagger}\mathrm{e}^{ta}\mathrm{e}^{t'b}:$$

$$= \mathrm{e}^{-(-\mathrm{i}t)(-\mathrm{i}t')}:\mathrm{e}^{-\mathrm{i}t[\mathrm{i}(a+b^\dagger)]}\mathrm{e}^{-\mathrm{i}t'[\mathrm{i}(a^\dagger+b)]}:$$

$$= \sum_{m,n=0}^{\infty}\frac{(-\mathrm{i}t)^n(-\mathrm{i}t')^m}{n!m!}:H_{n,m}[\mathrm{i}(a+b^\dagger),\mathrm{i}(a^\dagger+b)]: \tag{2.46}$$

比较两边的幂次, 即得

$$\left(a+b^\dagger\right)^n\left(a^\dagger+b\right)^m = (-\mathrm{i})^{m+n}:H_{n,m}[\mathrm{i}(a+b^\dagger),\mathrm{i}(a^\dagger+b)]: \tag{2.47}$$

验证式（2.45）或式（2.47）的另一种途径是利用纠缠态表象 $|\xi\rangle$ 的完备性关系以及本征方程 (2.40) 和 IWOP 方法, 即

$$\left(a+b^\dagger\right)^n\left(a^\dagger+b\right)^m = \int\frac{\mathrm{d}^2\xi}{\pi}\left(a+b^\dagger\right)^n|\xi\rangle\langle\xi|\left(a^\dagger+b\right)^m$$

$$= \int \frac{\mathrm{d}^2\xi}{\pi} \xi^n \xi^{*m} : \mathrm{e}^{-(\xi^* - a^\dagger - b)(\xi - a - b^\dagger)} : \qquad (2.48)$$

积分上式即可得到式（2.47）中右边的正规乘积表示. 联合式 (2.47) 和式 (2.48) 可得积分公式

$$\mathrm{e}^{-zz^*} \int \frac{\mathrm{d}^2\xi}{\pi} \xi^n \xi^{*m} \mathrm{e}^{-|\xi|^2 + \xi^* z + z^* \xi} = (-\mathrm{i})^{m+n} H_{n,m}(\mathrm{i}z, \mathrm{i}z^*) \qquad (2.49)$$

或

$$H_{m,n}(\xi, \xi^*) = \mathrm{i}^{m+n} \mathrm{e}^{|\xi|^2} \int \frac{\mathrm{d}^2 z}{\pi} z^n z^{*m} \exp(-|z|^2 - \mathrm{i}\xi z - \mathrm{i}\xi^* z^*) \qquad (2.50)$$

将它代入

$$H_{m,n}(a + b^\dagger, a^\dagger + b) = \int \frac{\mathrm{d}^2\xi}{\pi} H_{m,n}(\xi, \xi^*) |\xi\rangle\langle\xi| \qquad (2.51)$$

积分可得

$$H_{m,n}(a + b^\dagger, a^\dagger + b) = : (a + b^\dagger)^m (a^\dagger + b)^n : \qquad (2.52)$$

类比于式（2.27）有

$$\exp\left[\frac{\partial^2}{\partial(a + b^\dagger)\partial(a^\dagger + b)}\right] (a + b^\dagger)^n (a^\dagger + b)^m$$
$$= (-\mathrm{i})^{m+n} H_{n,m}\left[\mathrm{i}(a + b^\dagger), \mathrm{i}(a^\dagger + b)\right] \qquad (2.53)$$

故而得到

$$\exp\left[\frac{\partial^2}{\partial(a + b^\dagger)\partial(a^\dagger + b)}\right] (a + b^\dagger)^n (a^\dagger + b)^m$$
$$= (-\mathrm{i})^{m+n} \int \frac{\mathrm{d}^2\xi}{\pi} H_{n,m}(\mathrm{i}\xi, \mathrm{i}\xi^*) |\xi\rangle\langle\xi|$$
$$= (-\mathrm{i})^{m+n} \int \frac{\mathrm{d}^2\xi}{\pi} H_{n,m}(\mathrm{i}\xi, \mathrm{i}\xi^*) : \exp\{-[\xi^* - (a^\dagger + b)][\xi - (a + b^\dagger)]\} :$$
$$= : (a + b^\dagger)^n (a^\dagger + b)^m : \qquad (2.54)$$

于是一般公式为

$$\exp\left[\frac{\partial^2}{\partial(a + b^\dagger)\partial(a^\dagger + b)}\right] G(a + b^\dagger, a^\dagger + b) = : G(a + b^\dagger, a^\dagger + b) : \qquad (2.55)$$

例如

$$\exp\left[\frac{\partial^2}{\partial(a + b^\dagger)\partial(a^\dagger + b)}\right] H_{m,n}(a + b^\dagger, a^\dagger + b) = : H_{m,n}(a + b^\dagger, a^\dagger + b) : \qquad (2.56)$$

和

$$\exp\left[\frac{\partial^2}{\partial(a + b^\dagger)\partial(a^\dagger + b)}\right] \exp\{-[\xi^* - (a^\dagger + b)][\xi - (a + b^\dagger)]\}$$

$$=: \exp\left\{-\left[\xi^* - \left(a^\dagger + b\right)\right]\left[\xi - \left(a + b^\dagger\right)\right]\right\}:$$

$$= |\xi\rangle\langle\xi|$$

$$= \delta\left[\xi^* - \left(a^\dagger + b\right)\right]\delta\left[\xi - \left(a + b^\dagger\right)\right] \tag{2.57}$$

还有

$$\exp\left[\frac{\partial^2}{\partial\left(a + b^\dagger\right)\partial\left(a^\dagger + b\right)}\right] e^{-\lambda\left(a + b^\dagger\right)\left(a^\dagger + b\right)} =: e^{-\lambda\left(a + b^\dagger\right)\left(a^\dagger + b\right)}: \tag{2.58}$$

另一方面，用纠缠态表象完备性和 IWOP 方法得到

$$e^{-\lambda\left(a + b^\dagger\right)\left(a^\dagger + b\right)} = \int \frac{d^2\xi}{\pi} e^{-\lambda|\xi|^2} |\xi\rangle\langle\xi|$$

$$= \int \frac{d^2\xi}{\pi} : e^{-(1+\lambda)|\xi|^2 + \xi^*\left(a + b^\dagger\right) + \xi\left(a^\dagger + b\right) - \left(a + b^\dagger\right)\left(a^\dagger + b\right)} :$$

$$= \frac{1}{1+\lambda} : \exp\left[\frac{-\lambda}{1+\lambda}\left(a + b^\dagger\right)\left(a^\dagger + b\right)\right] : \tag{2.59}$$

因此，令 $\frac{\lambda}{1+\lambda} = t, \lambda(1-t) = t, \lambda = \frac{t}{1-t}, 1 + \lambda = \frac{1}{1-t}$，则上式变为

$$: \exp\left[-t\left(a + b^\dagger\right)\left(a^\dagger + b\right)\right] : = (1-t)e^{-\frac{t}{1-t}\left(a + b^\dagger\right)\left(a^\dagger + b\right)} \tag{2.60}$$

故有

$$\exp\left[\frac{\partial^2}{\partial\left(a + b^\dagger\right)\partial\left(a^\dagger + b\right)}\right] e^{-\lambda\left(a + b^\dagger\right)\left(a^\dagger + b\right)} =: e^{-\lambda\left(a + b^\dagger\right)\left(a^\dagger + b\right)} :$$

$$= (1-\lambda)e^{-\frac{\lambda}{1-\lambda}\left(a + b^\dagger\right)\left(a^\dagger + b\right)} \tag{2.61}$$

我们发现

$$\exp\left[\frac{\partial^2}{\partial\left(a + b^\dagger\right)\partial\left(a^\dagger + b\right)}\right] G\left(a + b^\dagger, a^\dagger + b\right) =: G\left(a + b^\dagger, a^\dagger + b\right): \tag{2.62}$$

它是单模情况

$$\exp\left(-\frac{1}{4}\frac{\partial^2}{\partial X^2}\right) f(X) =: f(X):$$

的推广. 由式（2.52）还可得到

$$: \left(a + b^\dagger\right)^n \left(a^\dagger + b\right)^m :$$

$$= H_{n,m}\left(a + b^\dagger, a^\dagger + b\right)$$

$$= \sum_{l=0}^{\min(m,n)} \frac{n!m!(-1)^l}{l!(m-l)!(n-l)!} \left(a + b^\dagger\right)^{n-l}\left(a^\dagger + b\right)^{m-l}$$

$$= (-i)^{m+n} \sum_{l=0}^{\min(m,n)} \frac{n!m!}{l!(m-l)!(n-l)!} : H_{n-l,m-l}\left[i\left(a + b^\dagger\right), i\left(a^\dagger + b\right)\right] : \tag{2.63}$$

所以联立式(2.47)和(2.63)有展开式

$$x^n y^m = (-\mathrm{i})^{m+n} \sum_{l=0}^{\min(m,n)} \frac{n!m!}{l!(m-l)!(n-l)!} H_{n-l,m-l}(\mathrm{i}x, \mathrm{i}y) \tag{2.64}$$

显然式 (2.66) 是

$$H_{m,n}(x,y) = \sum_{l=0}^{\min(m,n)} \frac{n!m!(-1)^l}{l!(m-l)!(n-l)!} x^{m-l} y^{n-l} \tag{2.65}$$

的逆展开.

2.4 化算符为反正规乘积排序的公式

在第 1 章, 我们已知用相干态完备性可以将任一算符展开, 如下式:

$$\begin{aligned}\rho &= \int \frac{\mathrm{d}^2 z}{\pi} P(z) |z\rangle\langle z| \\ &= \int \frac{\mathrm{d}^2 z}{\pi} P(z) : \exp\left[-(z^* - a^\dagger)(z-a)\right] : \end{aligned} \tag{2.66}$$

其中, 展开函数 $P(z)$ 称为密度矩阵的 P- 表示. 例如, 当 $\rho = \pi\delta(a)\delta(a^\dagger)$ 时, 有

$$\begin{aligned}\pi\delta(a)\delta(a^\dagger) &= \pi \int \frac{\mathrm{d}^2 z}{\pi} \delta(a)|z\rangle\langle z|\delta(a^\dagger) \\ &= \int \mathrm{d}^2 z \delta(z)|z\rangle\langle z|\delta(z^*) \\ &= |0\rangle\langle 0| \end{aligned} \tag{2.67}$$

可见

$$|0\rangle\langle 0| = \pi\delta(a)\delta(a^\dagger) \tag{2.68}$$

而相干态 $|z\rangle\langle z|$ 的反正规乘积形式 (记 $\vdots\ \vdots$ 是反正规乘积) 为

$$\begin{aligned}|z\rangle\langle z| &= D(z)|0\rangle\langle 0|D^\dagger(z) \\ &= \pi\delta(a-z)\delta(a^\dagger - z^*) \end{aligned} \tag{2.69}$$

以下我们给出化算符为反正规乘积的范氏公式. 注意到两相干态的内积为

$$\langle z|\beta\rangle = \exp\left[-\frac{1}{2}(|z|^2 + |\beta|^2) + z^*\beta\right] \tag{2.70}$$

就有

$$\begin{aligned}\langle -\beta | \rho(a,a^\dagger) | \beta \rangle &= \int \frac{\mathrm{d}^2 z}{\pi} P(z) \langle -\beta | z \rangle \langle z | \beta \rangle \\ &= \int \frac{\mathrm{d}^2 z}{\pi} P(z) \exp\left(-|z|^2 + \beta^* z - \beta z^* - |\beta|^2\right)\end{aligned} \quad (2.71)$$

此式中 $\exp(\beta^* z - \beta z^*)$ 是一个 Fourier 积分变换核，故其逆变换给出

$$P(z) = \mathrm{e}^{|z|^2} \int \frac{\mathrm{d}^2 \beta}{\pi} \langle -\beta | \rho(a,a^\dagger) | \beta \rangle \exp\left(|\beta|^2 + \beta^* z - \beta z^*\right) \quad (2.72)$$

鉴于

$$|z\rangle \langle z| = \,:\exp(-|z|^2 + za^\dagger + az^* - a^\dagger a): = \pi \vdots \delta(z-a) \delta(z^* - a^\dagger) \vdots$$

所以将式（2.72）和式（2.73）代入式（2.66）得到

$$\begin{aligned}\rho(a,a^\dagger) &= \int \mathrm{d}^2 z \mathrm{e}^{|z|^2} \int \frac{\mathrm{d}^2 \beta}{\pi} \langle -\beta | \rho(a,a^\dagger) | \beta \rangle \exp\left(|\beta|^2 + \beta^* z - \beta z^*\right) \\ &\quad \times \vdots \delta(z-a) \delta(z^* - a^\dagger) \vdots \\ &= \int \frac{\mathrm{d}^2 \beta}{\pi} \vdots \langle -\beta | \rho(a,a^\dagger) | \beta \rangle \exp\left(|\beta|^2 + \beta^* a - \beta a^\dagger + a^\dagger a\right) \vdots\end{aligned} \quad (2.73)$$

这里 $|\beta\rangle$ 也是一个相干态，$a|\beta\rangle = \beta|\beta\rangle$，$\vdots \ \vdots$ 标记反正规序. 这是把正规乘积排序变为反正规乘积排序的公式，由范洪义首先给出. 特别地，若 $\rho = 1, \langle -z | z \rangle = \exp[-2|z|^2]$，则由式 (2.73) 得

$$\int \frac{\mathrm{d}^2 \beta}{\pi} \vdots \exp\left(-|\beta|^2 + \beta^* a - \beta a^\dagger + a^\dagger a\right) \vdots = 1 \quad (2.74)$$

这一结果也说明了式 (2.73) 的正确性. 当 $\rho = a^{\dagger m} a^n$ 时，由式 (2.73) 立即得到

$$\begin{aligned}a^{\dagger m} a^n &= \int \frac{\mathrm{d}^2 \beta}{\pi} \vdots \langle -\beta | a^{\dagger m} a^n | \beta \rangle \exp\left(|\beta|^2 + \beta^* a - \beta a^\dagger + a^\dagger a\right) \vdots \\ &= \vdots \int \frac{\mathrm{d}^2 \beta}{\pi} (-1)^m z^{*m} z^n \exp\left(-|\beta|^2 + \beta^* a - \beta a^\dagger + a^\dagger a\right) \vdots \\ &= \vdots H_{m,n}(a^\dagger, a) \vdots \\ &= \vdots H_{n,m}(a, a^\dagger) \vdots\end{aligned} \quad (2.75)$$

此即算符 $a^{\dagger m} a^n$ 的反正规乘积——双变量 Hermite 多项式.

2.5 宇称算符和 Wigner 算符的反正规乘积形式

在第 1 章已经给出宇称算符的正规乘积

$$(-1)^N = \sum_{n=0}^{\infty} (-1)^n |n\rangle \langle n| = :e^{-2a^\dagger a}: \tag{2.76}$$

若将宇称算符 (2.76) 的正规乘积代入式（2.73），则积分过程中将出现积分发散的问题. 为绕开这个问题，将宇称算符按照正规乘积展开，并利用式 (2.75)，则有

$$(-1)^N = \sum_{n=0}^{\infty} \frac{(-2)^n a^{\dagger n} a^n}{n!} = \sum_{n=0}^{\infty} \frac{(-2)^n}{n!} :H_{n,n}(a, a^\dagger): \tag{2.77}$$

注意到 Laguerre 多项式 L_n 与双变量 Hermite 多项式 $H_{n,n}(x,y)$ 的关系：

$$L_n(xy) = \frac{(-1)^n}{n!} H_{n,n}(x,y) \tag{2.78}$$

式（2.81）可以通过比较二者的求和表示［式（1.129）和式（1.135）］得到，再利用 Laguerre 多项式 L_n 的求和公式（2.32），则从式（2.77）得

$$(-1)^N = \sum_{n=0}^{\infty} 2^n \vdots L_n(aa^\dagger) \vdots = -\vdots e^{2aa^\dagger} \vdots \tag{2.79}$$

此即宇称算符的反正规乘积.

利用式（2.79）可直接导出 Wigner 算符的反正规乘积. 由第 1 章得到的 Wigner 算符的表达式 $\Delta(\alpha, \alpha^*) = D(\alpha)(-1)^N D^\dagger(\alpha)$ 和算符恒等式

$$(-1)^N a = -a(-1)^N \tag{2.80}$$

就有

$$\Delta(\alpha, \alpha^*) = \frac{1}{\pi} e^{2|\alpha|^2} e^{-2\alpha^* a} (-1)^N e^{-2\alpha a^\dagger} \tag{2.81}$$

$$= -\frac{1}{\pi} e^{2|\alpha|^2} e^{-2\alpha^* a} \vdots e^{2aa^\dagger} \vdots e^{-2\alpha a^\dagger}$$

$$= -\frac{1}{\pi} \vdots e^{2(\alpha^* - a^\dagger)(\alpha - a)} \vdots$$

即 Wigner 算符的反正规乘积.

2.6 广义二项式定理

二项式定理是指
$$(y+z)^n = \sum_{l=0}^{n} \binom{n}{l} y^l z^{n-l} \tag{2.82}$$

当把 y^l 换成双变量 Hermite 多项式 $H_{n-l,l}(x,y)$ 时, 会得到什么结果呢？

我们要证明：
$$\sum_{l=0}^{n} \binom{n}{l} z^{n-l} H_{n-l,l}(x,y) = \sqrt{z^n} H_n\left(\frac{zx+y}{2\sqrt{z}}\right) \tag{2.83}$$

为了实现目标, 我们先将 $H_{n-l,l}(x,y)$ 换成反正规乘积算符 $\vdots H_{n-l,l}(a,a^\dagger) \vdots$, 用式 (2.75) 计算

$$\sum_{l=0}^{n} \binom{n}{l} z^{n-l} \vdots H_{n-l,l}(a,a^\dagger) \vdots = \sum_{l=0}^{n} \binom{n}{l} z^{n-l} \vdots a^{\dagger l} a^{n-l} \vdots = \vdots (a^\dagger + za)^n \vdots \tag{2.84}$$

再构造下式求和, 可得

$$\sum_{n=0}^{\infty} \frac{t^n}{n!} \vdots (a^\dagger + za)^n \vdots = \vdots e^{t(a^\dagger + za)} \vdots = e^{ta^\dagger} e^{tza}$$

$$= \vdots e^{tza+ta^\dagger} \vdots e^{[ta^\dagger, tza]} = \vdots e^{tza+ta^\dagger} \vdots e^{-t^2 z}$$

$$= \vdots e^{2\left(\frac{\sqrt{z}a + a^\dagger/\sqrt{z}}{2}\right)(t\sqrt{z})} \vdots e^{-(t\sqrt{z})^2}$$

$$= \sum_{n=0}^{\infty} \frac{t^n \sqrt{z^n}}{n!} \vdots H_n\left(\frac{\sqrt{z}a + a^\dagger/\sqrt{z}}{2}\right) \vdots \tag{2.85}$$

比较 t^n 的相同幂次可得

$$\vdots (a^\dagger + za)^n \vdots = \sqrt{z^n} \vdots H_n\left(\frac{\sqrt{z}a + a^\dagger/\sqrt{z}}{2}\right) \vdots \tag{2.86}$$

联立式 (2.84) 和式 (2.86) 得

$$\sum_{l=0}^{n} \binom{n}{l} z^{n-l} \vdots H_{n-l,l}(a,a^\dagger) \vdots = \sqrt{z^n} \vdots H_n\left(\frac{\sqrt{z}a + a^\dagger/\sqrt{z}}{2}\right) \vdots \tag{2.87}$$

由于式（2.87）两边都处于反正规乘积中，且 a 与 $a^\dagger$ 在 $\vdots\ \vdots$ 内是可对易的，得到广义二项式定理

$$\sum_{l=0}^{n}\binom{n}{l}z^{n-l}H_{n-l,l}(x,y)=\sqrt{z}^{n}H_{n}\left(\frac{zx+y}{2\sqrt{z}}\right) \tag{2.88}$$

另一方面，利用将正规乘积转换为反正规乘积 [公式（2.73）]，式（2.86）

$$\begin{aligned}
\vdots(a^\dagger+za)^n\vdots &= \int\frac{\mathrm{d}^2\beta}{\pi}\vdots\langle-\beta|:(a^\dagger+za)^n:|\beta\rangle\exp\left(|\beta|^2+\beta^*a-\beta a^\dagger+a^\dagger a\right)\vdots \\
&= \int\frac{\mathrm{d}^2\beta}{\pi}\vdots(-\beta^*+z\beta)^n\exp\left(-|\beta|^2+\beta^*a-\beta a^\dagger+a^\dagger a\right)\vdots \\
&= \sqrt{z}^n\vdots H_n\left(\frac{\sqrt{z}a+a^\dagger/\sqrt{z}}{2}\right)\vdots
\end{aligned} \tag{2.89}$$

由此，得到一个新积分公式

$$\int\frac{\mathrm{d}^2\beta}{\pi}(z\beta-\beta^*)^n\exp\left(-|\beta|^2+\beta^*\lambda-\beta\lambda^*\right)=\sqrt{z}^nH_n\left(\frac{\sqrt{z}\lambda+\lambda^*/\sqrt{z}}{2}\right)\mathrm{e}^{-|\lambda|^2} \tag{2.90}$$

更一般的公式是

$$\sum_{l=0}^{n}\binom{n}{l}z^{n-l}q^l H_{l,m}(x,y)=q^n H_{n,m}\left(\frac{z}{q}+x,y\right)$$

按照算符 Hermite 多项式方法，考虑

$$\sum_{l=0}^{n}\binom{n}{l}z^{n-l}q^l\vdots H_{l,m}(a,a^\dagger)\vdots=\sum_{l=0}^{n}\binom{n}{l}z^{n-l}q^l:a^{\dagger m}a^l:\ =\ :a^{\dagger m}(z+qa)^n: \tag{2.91}$$

由此构建求和

$$\begin{aligned}
\sum_{m,n=0}^{\infty}\frac{s^m t^n}{m!n!}:a^{\dagger m}(z+qa)^n:\ &=\mathrm{e}^{sa^\dagger}\mathrm{e}^{(z+qa)t}=\vdots\mathrm{e}^{(\frac{z}{q}+a)tq}\mathrm{e}^{sa^\dagger}\mathrm{e}^{-stq}\vdots \\
&=\sum_{n,m=0}^{\infty}\frac{s^m(tq)^n}{m!n!}\vdots H_{n,m}\left(\frac{z}{q}+a,a^\dagger\right)\vdots
\end{aligned} \tag{2.92}$$

故而比较等式两边 $s^m t^n$ 的同次幂，得

$$:a^{\dagger m}(z+qa)^n:\ =q^n\vdots H_{n,m}\left(\frac{z}{q}+a,a^\dagger\right)\vdots \tag{2.93}$$

联立式 (2.91) 和式 (2.29)，得

$$\sum_{l=0}^{n}\binom{n}{l}z^{n-l}q^l\vdots H_{l,m}(a,a^\dagger)\vdots=q^n\vdots H_{n,m}\left(\frac{z}{q}+a,a^\dagger\right)\vdots \tag{2.94}$$

很明显，上式左右两边均在反正规乘积下，因此有公式

$$\sum_{l=0}^{n}\binom{n}{l}z^{n-l}q^{l}H_{l,k}(x,y)=q^{n}H_{n,k}\left(\frac{z}{q}+x,y\right) \tag{2.95}$$

特别地，当 $q=1$ 时，式（2.95）变成

$$\sum_{l=0}^{n}\binom{n}{l}t^{n-l}H_{l,k}(x,y)=H_{n,k}(t+x,y) \tag{2.96}$$

有趣的是，将式（2.96）与单变量 Hermite 多项式 $H_l(x)$ 的二项式定理

$$\sum_{l=0}^{n}\binom{n}{l}z^{n-l}H_{l}(x)=H_{n}(z+x) \tag{2.97}$$

相比较，可以加深印象. 式（2.96）可以推广为双变量的 Hermite 多项式的二项式定理：

$$\sum_{r=0}^{l}\sum_{q=0}^{k}\binom{l}{r}\binom{k}{q}H_{r,q}(x,y)t^{l-r}s^{k-q}=H_{r,q}(x+t,y+s) \tag{2.98}$$

实际上，算符 Hermite 多项式方法不但能导出新的二项式公式，而且有助于发现特殊函数的新关系. 比如，考虑

$$\sum_{l=0}^{n}\binom{n}{l}z^{n-l}q^{l}\!:\!H_{l+k,m}(a,a^{\dagger})\!:=\sum_{l=0}^{n}\binom{n}{l}z^{n-l}q^{l}:a^{\dagger m}a^{l+k}:$$
$$=:a^{\dagger m}(z+qa)^{n}a^{k}: \tag{2.99}$$

则构造如下求和表示：

$$\sum_{m,n=0}^{\infty}\frac{s^{m}t^{n}}{m!n!}:a^{\dagger m}(z+qa)^{n}a^{k}:$$
$$=\mathrm{e}^{sa^{\dagger}}\mathrm{e}^{(z+qa)t}a^{k}$$
$$=(a-s)^{k}:\mathrm{e}^{\left(\frac{z}{q}+a\right)tq}\mathrm{e}^{sa^{\dagger}}\mathrm{e}^{-stq}:$$
$$=\sum_{j=0}^{k}\binom{k}{j}a^{k-j}s^{j}\sum_{n,m=0}^{\infty}\frac{s^{m'}(tq)^{n}}{m'!n!}:H_{n,m'}\left(\frac{z}{q}+a,a^{\dagger}\right): \tag{2.100}$$

就有

$$:a^{\dagger m}(z+qa)^{n}:a^{k}$$
$$=q^{n}\sum_{j=0}^{k}\binom{k}{j}a^{k-j}:H_{n,m-j}\left(\frac{z}{q}+a,a^{\dagger}\right):\frac{m!}{(m-j)!}$$

$$= q^n \sum_{j=0}^{k} \frac{k!m!}{(m-j)!(k-j)!j!} a^{k-j} :H_{n,m-j}\left(\frac{z}{q}+a, a^\dagger\right): \tag{2.101}$$

联立式 (2.99) 和式 (2.101), 得

$$\sum_{l=0}^{n} \binom{n}{l} z^{n-l} q^l :H_{l+k,m}(a, a^\dagger):$$

$$= q^n :\sum_{j=0}^{k} \frac{k!m!}{(m-j)!(k-j)!j!} a^{k-j} :H_{n,m-j}\left(\frac{z}{q}+a, a^\dagger\right): \tag{2.102}$$

由于式（2.102）左右均为算符的反正规乘积表示, 则

$$\sum_{l=0}^{n} \binom{n}{l} z^{n-l} q^l H_{l+k,m}(x,y)$$

$$= q^n \sum_{j=0}^{k} \frac{k!m!}{(m-j)!(k-j)!j!} x^{k-j} H_{n,m-j}\left(\frac{z}{q}+x, y\right) \tag{2.103}$$

特别地, 若 $q=1, z=0, n=l$, 则可得双变量 Hermite 多项式的新关系：

$$\sum_{j=0}^{k} \frac{k!m!}{j!(m-j)!(k-j)!} x^{k-j} H_{l,m-j}(x,y) = H_{l+k,m}(x,y) \tag{2.104}$$

2.7　双变量 Hermite 多项式的新母函数公式及物理应用

再考察 Hermite 多项式的新求和形式: $\sum_{n,m=0}^{\infty} \frac{s^m t^n}{m!n!} H_{m+l,n+k}(x,y) = ?$ 为此, 利用算符 Hermite 多项式方法以及式 (2.75), 有

$$\sum_{n,m=0}^{\infty} \frac{s^m t^n}{m!n!} :H_{m+l,n+k}(a^\dagger, a):$$

$$= \sum_{n=0}^{\infty} \frac{s^m t^n}{m!n!} a^{\dagger m+l} a^{n+k} = a^{\dagger l} :\mathrm{e}^{sa^\dagger + ta}: a^k$$

$$= \mathrm{e}^{-st} a^{\dagger l} \mathrm{e}^{ta} \mathrm{e}^{sa^\dagger} a^k = \mathrm{e}^{-st} \mathrm{e}^{ta} \left(a^\dagger - t\right)^l (a-s)^k \mathrm{e}^{sa^\dagger} \tag{2.105}$$

用二项式公式并利用式（2.75），得

$$(a^\dagger-t)^l(a-s)^k = \sum_{r,q=0}^\infty \binom{l}{r} a^{\dagger r}(-t)^{l-r}\binom{k}{q} a^q(-s)^{k-q}$$

$$= \sum_{r,q=0}^\infty \binom{l}{r}\binom{k}{q} \colon H_{r,q}(a^\dagger,a)\colon (-t)^{l-r}(-s)^{k-q}$$

$$= \colon H_{l,k}(a^\dagger-t,a-s)\colon \qquad (2.106)$$

因此，式（2.105）变成

$$\sum_{n,m=0}^\infty \frac{s^m t^n}{m!n!}\colon H_{m+l,n+k}(a^\dagger,a)\colon = \colon e^{-st}e^{ta}H_{l,k}(a^\dagger-t,a-s)e^{sa^\dagger}\colon \qquad (2.107)$$

注意到上式两边均在反正规乘积内，由此可得如下双变量 Hermite 多项式的新产生函数公式：

$$\sum_{n,m=0}^\infty \frac{s^m t^n}{m!n!} H_{m+l,n+k}(x,y) = e^{-st+sx+ty} H_{l,k}(x-t,y-s) \qquad (2.108)$$

当 $l=k=0$ 时，式（2.108）退化为式（1.128），这正是所期望的.

下面，考虑式（2.108）在量子光学中的一个应用. 将双模纠缠态 $|\xi\rangle$ 按照双变量 Hermite 多项式展开：

$$|\xi\rangle = \exp(-\frac{1}{2}|\xi|^2 + a^\dagger\xi + \xi^* b^\dagger - a^\dagger b^\dagger)|00\rangle$$

$$= e^{-|\xi|^2/2}\sum_{m,n=0}^\infty \frac{a^{\dagger m}b^{\dagger n}}{m!n!} H_{m,n}(\xi,\xi^*)|00\rangle \qquad (2.109)$$

其中，$[b,b^\dagger]=1$. 当 $|\xi\rangle$ 态的光子数被算符的双变量 Hermite 多项式湮灭算符 $H_{l,k}(a,b)$ 扣除时，即将 $H_{l,k}(a,b)$ 作用于 $|\xi\rangle$，注意到 $|\xi\rangle$ 满足以下本征方程：

$$(a+b^\dagger)|\xi\rangle = \xi|\xi\rangle, \quad (a^\dagger+b)|\xi\rangle = \xi^*|\xi\rangle \qquad (2.110)$$

以及

$$H_{l,k}(\xi-b^\dagger,\xi^*-a^\dagger)|\xi\rangle$$
$$= e^{-\frac{1}{2}|\xi|^2}e^{a^\dagger\xi+\xi^* b^\dagger-b^\dagger a^\dagger} H_{l,k}(\xi-b^\dagger,\xi^*-a^\dagger)|00\rangle \qquad (2.111)$$

故而

$$H_{l,k}(a,b)|\xi\rangle = H_{l,k}(\xi-b^\dagger,\xi^*-a^\dagger)|\xi\rangle \qquad (2.112)$$

利用式（2.108）得

$$e^{a^\dagger\xi+\xi^* b^\dagger-b^\dagger a^\dagger} H_{l,k}(\xi-b^\dagger,\xi^*-a^\dagger)|00\rangle$$

$$= \sum_{n,m=0}^{\infty} \frac{a^{\dagger m} b^{\dagger n}}{m!n!} H_{m+l,n+k}(\xi,\xi^*)|00\rangle$$

$$= \sum_{n,m=0}^{\infty} \frac{H_{m+l,n+k}(\xi,\xi^*)}{\sqrt{m!n!}} |m,n\rangle \tag{2.113}$$

其中, $|m,n\rangle = a^{\dagger m} b^{\dagger n} |00\rangle / \sqrt{m!n!}$. 综合以上四个方程, 得

$$H_{l,k}(a,b)|\xi\rangle = \mathrm{e}^{-|\xi|^2/2} \sum_{n,m=0}^{\infty} \frac{H_{m+l,n+k}(\xi,\xi^*)}{\sqrt{m!n!}} |m,n\rangle \tag{2.114}$$

因此, 在 Fock 空间中, 态 $H_{l,k}(a,b)|\xi\rangle$ 的波函数可由上式直接给出, 即

$$\langle m,n| H_{l,k}(a,b)|\xi\rangle = \mathrm{e}^{-\frac{1}{2}|\xi|^2} \frac{H_{m+l,n+k}(\xi,\xi^*)}{\sqrt{m!n!}} \tag{2.115}$$

以上我们利用算符 Hermite 多项式方法, 导出了一些新的二项式理论以及包括双变量 Hermite 多项式的广义母函数, 并给出了若干应用, 该方法在寻找新的量子光场态中将发挥作用.

第 3 章

用有序算符内的积分法求混合态相应的纯态 (热真空态)

鉴于光场是多自由度系统,一般用密度算符表示,是混合态. 一个问题是：对于密度算符 ρ (或称为混合态), 求相应的纯态 $|\psi(\beta)\rangle$, 使得求混合态的系综平均值可以转化为对 $|\psi(\beta)\rangle$ 求纯态平均. 换言之, $|\psi(\beta)\rangle$ 应该满足什么条件呢？我们先从混沌光场说起.

3.1 混沌光场对应的热真空态和熵的计算

混沌光场的密度算符 $\rho_c = \left(1 - e^{-\frac{\hbar\omega}{kT}}\right) e^{-\frac{\hbar\omega}{kT} a^\dagger a}$, 或记为

$$\rho_c = \gamma(1-\gamma)^{a^\dagger a}, \quad \gamma = 1 - e^{-\frac{\hbar\omega}{kT}}, \quad \mathrm{tr}\rho_c = 1 \tag{3.1}$$

令 $\tanh\theta = \exp\left(-\dfrac{\hbar\omega}{2\kappa T}\right)$，则上式可改为

$$\rho_c = \operatorname{sech}^2\theta\, e^{a^\dagger a \ln\tanh^2\theta} = \operatorname{sech}^2\theta :\mathrm{e}^{-a^\dagger a\operatorname{sech}^2\theta}: \tag{3.2}$$

它的二阶相干度 $g^{(2)} = 2$. 一般而言，Bose 系统的密度算符 $\rho = \dfrac{\mathrm{e}^{-\beta H}}{Z}$，$Z = \operatorname{tr} \mathrm{e}^{-\beta H}$ 是配分函数，其中 $\beta = \dfrac{1}{\kappa T}$，$\kappa$ 是 Bolzmann 常数.

能否将关于混合态 ρ_c 的计算化为对纯态 $|\psi(\beta)\rangle$ 计算呢？我们需引入虚空间作为真实系统自由度的伴，$|\psi(\beta)\rangle$ 定义在扩大的空间中. 定义 $\operatorname{Tr} = \operatorname{tr}\tilde{\operatorname{tr}}$ 为对实-虚两个空间都求迹的记号，tr 只对实空间求迹，$\tilde{\operatorname{tr}}$ 只对虚空间求迹，那么对于现实的力学量 A 有

$$\langle A\rangle = \langle\psi(\beta)|A|\psi(\beta)\rangle = \operatorname{Tr}[A|\psi(\beta)\rangle\langle\psi(\beta)|] = \operatorname{tr}\{A[\tilde{\operatorname{tr}}|\psi(\beta)\rangle\langle\psi(\beta)|]\} \tag{3.3}$$

鉴于 $|\psi(\beta)\rangle$ 涉及实-虚两个空间，故而需注意下式：

$$\tilde{\operatorname{tr}}|\psi(\beta)\rangle\langle\psi(\beta)| \neq \langle\psi(\beta)||\psi(\beta)\rangle \tag{3.4}$$

对照系综的平均值 $\langle A\rangle = \operatorname{tr}(A\rho)$ 和式（3.3）可见，待求的 $|\psi(\beta)\rangle$ 应该满足如下公式：

$$\tilde{\operatorname{tr}}|\psi(\beta)\rangle\langle\psi(\beta)| = \rho \tag{3.5}$$

例如，对于混沌光场 ρ_c [见式 (3.1)]，可写成

$$\begin{aligned}\rho_c &= \sum_{m=0}^{\infty} \gamma(1-\gamma)^m |m\rangle\langle m| \\ &= \sum_{m'=0}^{\infty}\sqrt{\gamma(1-\gamma)^{m'}}\sum_{m=0}^{\infty}\sqrt{\gamma(1-\gamma)^m}|m'\rangle\langle m|\langle\tilde{m}|\tilde{m}'\rangle \\ &= \tilde{\operatorname{tr}}\sum_{m'=0}^{\infty}\sqrt{\gamma(1-\gamma)^{m'}}|m'\rangle|\tilde{m}'\rangle\sum_{m=0}^{\infty}\sqrt{\gamma(1-\gamma)^m}\langle m|\langle\tilde{m}| \end{aligned} \tag{3.6}$$

这里，$|\tilde{m}\rangle = \dfrac{\tilde{a}^{\dagger m}}{\sqrt{m!}}|\tilde{0}\rangle$，$|\tilde{0}\rangle$ 由 $\tilde{a}$ 湮灭，将式 (3.6) 与 $\tilde{\operatorname{tr}}|0(\beta)\rangle\langle 0(\beta)|$ 相比较，可见

$$|0(\beta)\rangle = \sum_{m=0}^{\infty}\sqrt{\gamma(1-\gamma)^m}|m,\tilde{m}\rangle \tag{3.7}$$

根据其数学形式，称其为二项式热真空态，或

$$|0(\beta)\rangle = \operatorname{sech}\theta \exp\left(a^\dagger \tilde{a}^\dagger \tanh\theta\right)|0,\tilde{0}\rangle \tag{3.8}$$

即在扩大的 Fock 空间中纯态 $|0(\beta)\rangle\langle 0(\beta)|$ 对应混沌光场. 由此算得粒子数算符 $a^\dagger a$ 的平均值

$$\langle 0(\beta)|a^\dagger a|0(\beta)\rangle = \left(1-\mathrm{e}^{-\frac{\hbar\omega}{\kappa T}}\right)\sum_{m=0}^{\infty}\mathrm{e}^{-m\frac{\hbar\omega}{\kappa T}}\langle m|a^\dagger a|m\rangle$$

$$= \frac{\mathrm{e}^{-\frac{\hbar\omega}{\kappa T}}}{1-\mathrm{e}^{-\frac{\hbar\omega}{\kappa T}}} = \frac{1-\gamma}{\gamma} \equiv n_\mathrm{c} \tag{3.9}$$

此即反映了普朗克的光子分布公式.

另一个求光场的热真空态的做法是用 IWOP 方法. 用 IWOP 方法和相干态将式（3.2）改写为

$$\rho_\mathrm{c} = \mathrm{sech}^2\theta \int \frac{\mathrm{d}^2 z}{\pi} : \mathrm{e}^{-|z|^2 + a^\dagger z^* \tanh\theta + az \tanh\theta - a^\dagger a} :$$
$$= \mathrm{sech}^2\theta \int \frac{\mathrm{d}^2 z}{\pi} \mathrm{e}^{a^\dagger z^* \tanh\theta} |0\rangle \langle 0| \mathrm{e}^{az \tanh\theta} \mathrm{e}^{-|z|^2} \tag{3.10}$$

引入虚模相干态 $|\tilde{z}\rangle$:

$$\mathrm{e}^{-|z|^2/2} = \langle \tilde{0}||\tilde{z}\rangle \tag{3.11}$$

再有虚模相干态的完备性:

$$\int \frac{\mathrm{d}^2 z}{\pi} |\tilde{z}\rangle\langle\tilde{z}| = 1, \quad \tilde{a}|\tilde{z}\rangle = z|\tilde{z}\rangle \tag{3.12}$$

则式（3.10）变成

$$\rho_\mathrm{c} = \mathrm{sech}^2\theta \int \frac{\mathrm{d}^2 z}{\pi} \langle \tilde{z}| \mathrm{e}^{a^\dagger z^* \tanh\theta} |0,\tilde{0}\rangle \langle 0,\tilde{0}| \mathrm{e}^{az \tanh\theta} |\tilde{z}\rangle$$
$$= \mathrm{sech}^2\theta \int \frac{\mathrm{d}^2 z}{\pi} \langle \tilde{z}| \mathrm{e}^{a^\dagger \tilde{a}^\dagger \tanh\theta} |0,\tilde{0}\rangle \langle 0,\tilde{0}| \mathrm{e}^{a\tilde{a} \tanh\theta} |\tilde{z}\rangle \tag{3.13}$$

令

$$|0(\beta)\rangle = \mathrm{sech}\,\theta\, \mathrm{e}^{a^\dagger \tilde{a}^\dagger \tanh\theta} |0,\tilde{0}\rangle \tag{3.14}$$

式 (3.13) 化为

$$\rho_\mathrm{c} = \int \frac{\mathrm{d}^2 z}{\pi} \langle \tilde{z}| 0(\beta)\rangle \langle 0(\beta)|\tilde{z}\rangle$$
$$= \mathrm{tr}\tilde{} \left[\int \frac{\mathrm{d}^2 z}{\pi} |\tilde{z}\rangle\langle\tilde{z}| 0(\beta)\rangle \langle 0(\beta)| \right]$$
$$= \mathrm{tr}\tilde{}\, |0(\beta)\rangle \langle 0(\beta)| \tag{3.15}$$

即满足式（3.5），所以式（3.14）为所求, 这与式（3.8）一致. 而且, 从 $\mathrm{tr}\rho_\mathrm{c} = 1$, 得到 $\mathrm{tr}\,\mathrm{tr}\tilde{}\,|0(\beta)\rangle\langle 0(\beta)| = \mathrm{Tr}\,|0(\beta)\rangle\langle 0(\beta)| = \langle 0(\beta)|0(\beta)\rangle = 1$. 现在, 计算混沌场光子数平均值可以用式（3.14）. 鉴于

$$a|0(\beta)\rangle = \mathrm{sech}\,\theta \left[a, \mathrm{e}^{\tilde{a}^\dagger a^\dagger \tanh\theta}\right] |0\tilde{0}\rangle = \tilde{a}^\dagger \tanh\theta |0(\beta)\rangle \tag{3.16}$$

所以

$$\langle 0(\beta)|a^\dagger a|0(\beta)\rangle = \tanh^2\theta \langle 0(\beta)|\tilde{a}\tilde{a}^\dagger|0(\beta)\rangle$$

$$= \tanh^2\theta\left[\langle 0(\beta)|\tilde{a}^\dagger\tilde{a}|0(\beta)\rangle + 1\right] \tag{3.17}$$

考虑到 $|0(\beta)\rangle$ 关于 $\tilde{a}^\dagger$ 与 $a^\dagger$ 是对称的,有

$$\langle 0(\beta)|a^\dagger a|0(\beta)\rangle = \langle 0(\beta)|\tilde{a}^\dagger\tilde{a}|0(\beta)\rangle \equiv x \tag{3.18}$$

所以式(3.17)就是

$$x = \tanh^2\theta(x+1) = \mathrm{e}^{-\beta\hbar\omega}(x+1) \tag{3.19}$$

其解是

$$\langle 0(\beta)|a^\dagger a|0(\beta)\rangle = x = \sinh^2\theta = \frac{1}{1-\mathrm{e}^{-\beta\hbar\omega}}\mathrm{e}^{-\beta\hbar\omega} = \left(\mathrm{e}^{\beta\hbar\omega}-1\right)^{-1} \tag{3.20}$$

这就是 Bose-Einstein 分布.

我们再用 $|0(\beta)\rangle$ 计算混沌光场的熵,根据量子熵的表达式 $S = -k\mathrm{tr}(\rho_\mathrm{c}\ln\rho_\mathrm{c})$ 有

$$\begin{aligned}
S &= -k\langle 0(\beta)|\ln\rho_\mathrm{c}|0(\beta)\rangle \\
&= -k\langle 0(\beta)|\ln\left[(1-\mathrm{e}^{-\beta\hbar\omega})\mathrm{e}^{-\beta\hbar\omega a^\dagger a}\right]|0(\beta)\rangle \\
&= -k\ln\left(1-\mathrm{e}^{-\beta\hbar\omega}\right) + k\beta\hbar\omega\langle 0(\beta)|a^\dagger a|0(\beta)\rangle
\end{aligned} \tag{3.21}$$

直接代入式(3.20)的结果,立即得到

$$S = -k\left[\ln\left(1-\mathrm{e}^{-\beta\hbar\omega}\right) + \frac{\beta\hbar\omega\mathrm{e}^{-\beta\hbar\omega}}{\mathrm{e}^{-\beta\hbar\omega}-1}\right] \tag{3.22}$$

可见,将混合态转换为纯态的方式,不但提供了一种物理思路,而且给计算带来了便利.

3.2 二项式热真空态的期望值定理

本节我们将推导二项式热真空态的期望值定律. 根据负二项式定理:

$$(1+x)^{-(s+1)} = \sum_{n=0}^\infty \frac{(n+s)!}{n!s!}(-x)^n \tag{3.23}$$

以及式(3.20),得

$$\left[\langle 0(\beta)|a^\dagger a|0(\beta)\rangle\right]^p = \mathrm{e}^{-p\frac{\hbar\omega}{\kappa T}}\left(1-\mathrm{e}^{-\frac{\hbar\omega}{\kappa T}}\right)^{-p}$$

$$= \left(1 - e^{-\frac{\hbar\omega}{\kappa T}}\right) \sum_{m=0}^{\infty} e^{-(m+p)\frac{\hbar\omega}{\kappa T}} \frac{(m+p)!}{m!p!} \tag{3.24}$$

注意到

$$a^p |m\rangle = \sqrt{\frac{m!}{(m-p)!}} |m-p\rangle \tag{3.25}$$

则

$$\langle m | a^{\dagger p} a^p | m \rangle = \frac{m!}{(m-p)!} \tag{3.26}$$

因此，$a^{\dagger p} a^p$ 在热真空态下的平均值可写成

$$\langle 0(\beta) | a^{\dagger p} a^p | 0(\beta) \rangle = \left(1 - e^{-\frac{\hbar\omega}{\kappa T}}\right) \sum_{m=0}^{\infty} e^{-m\frac{\hbar\omega}{\kappa T}} \langle m | a^{\dagger p} a^p | m \rangle$$

$$= \gamma \sum_{m=0}^{\infty} (1-\gamma)^{m+p} \frac{(m+p)!}{m!} \tag{3.27}$$

比较式（3.24）和式（3.27），可得

$$\langle 0(\beta) | a^{\dagger p} a^p | 0(\beta) \rangle = p! \left[\langle 0(\beta) | a^\dagger a | 0(\beta) \rangle\right]^p \tag{3.28}$$

此即二项式热真空态的期望值定律.

另一方面，利用 $|0(\beta)\rangle$ 在扩展空间中的表示，即 $|0(\beta)\rangle = \sum_{m=0}^{\infty} \sqrt{\gamma(1-\gamma)^m} |m, \tilde{m}\rangle$，有

$$\langle 0(\beta) | a^{\dagger p'} a^p | 0(\beta) \rangle = \sum_{m'=0}^{\infty} \sqrt{\gamma(1-\gamma)^{m'}} \langle m', \tilde{m}' | a^{\dagger p'} a^p \sum_{m=0}^{\infty} \sqrt{\gamma(1-\gamma)^m} |m, \tilde{m}\rangle$$

$$= \sum_{m'=0}^{\infty} \sqrt{\gamma(1-\gamma)^{m'}} \langle m' | a^{\dagger p'} a^p \sum_{m=0}^{\infty} \sqrt{\gamma(1-\gamma)^m} |m\rangle \delta_{m,m'}$$

$$= \sum_{m=0}^{\infty} \gamma(1-\gamma)^m \langle m | a^{\dagger p'} a^p | m \rangle$$

$$= \sum_{m=0}^{\infty} \gamma(1-\gamma)^m \langle m-p' | \sqrt{\frac{m!m!}{(m-p')!(m-p)!}} |m-p\rangle$$

$$= \sum_{m=0}^{\infty} \gamma(1-\gamma)^m \sqrt{\frac{m!m!}{(m-p')!(m-p)!}} \delta_{p',p} \tag{3.29}$$

因此

$$\langle 0(\beta) | e^{fa^\dagger} e^{ga} | 0(\beta) \rangle = \sum_{p,p'=0}^{\infty} \frac{1}{p!p'!} \langle 0(\beta) | (fa^\dagger)^{p'} (ga)^p | 0(\beta) \rangle$$

$$\begin{aligned}
&= \sum_{p,p'=0}^{\infty} \frac{1}{p!p'!} f^{p'} g^p \sum_{m=0}^{\infty} \gamma(1-\gamma)^m \sqrt{\frac{m!}{(m-p')!}} \sqrt{\frac{m!}{(m-p)!}} \delta_{p',p} \\
&= \sum_{p=0}^{\infty} \frac{1}{p!p!} (fg)^p \sum_{m=0}^{\infty} \gamma(1-\gamma)^m \frac{m!}{(m-p)!} \\
&= \sum_{p=0}^{\infty} \frac{1}{p!p!} (fg)^p \langle 0(\beta)| a^{\dagger p} a^p |0(\beta)\rangle \\
&= \sum_{p=0}^{\infty} \frac{(fg)^p}{p!} \left[\langle 0(\beta)| a^\dagger a |0(\beta)\rangle\right]^p \\
&= \exp\left[fg \langle 0(\beta)| a^\dagger a |0(\beta)\rangle\right]
\end{aligned} \tag{3.30}$$

由于

$$\langle 0(\beta)| a^2 |0(\beta)\rangle = 0 \tag{3.31}$$

则从式（3.30）可以得到有关平移算符 $\mathrm{e}^{fa+ga^\dagger}$ 的热平均值理论为

$$\langle 0(\beta)| \mathrm{e}^{fa+ga^\dagger} |0(\beta)\rangle = \exp\left[\frac{1}{2} \langle 0(\beta)| (fa+ga^\dagger)^2 |0(\beta)\rangle\right] \tag{3.32}$$

或简写成

$$\langle \mathrm{e}^{fa+ga^\dagger}\rangle = \mathrm{e}^{\left\langle \frac{1}{2}(fa+ga^\dagger)^2\right\rangle} \tag{3.33}$$

3.3 热不变相干态

注意到湮灭对算符 $a\tilde{a}$ 与算符 $a^\dagger a - \tilde{a}^\dagger \tilde{a}$ 是可对易的，即

$$[a\tilde{a}, a^\dagger a - \tilde{a}^\dagger \tilde{a}] = 0 \tag{3.34}$$

因此它们有共同本征态，设其为 $|z, \mathfrak{N}\rangle$，即

$$a\tilde{a}|z, \mathfrak{N}\rangle = z|z, \mathfrak{N}\rangle \tag{3.35}$$

$$(a^\dagger a - \tilde{a}^\dagger \tilde{a})|z, \mathfrak{N}\rangle = \mathfrak{N}|z, \mathfrak{N}\rangle \tag{3.36}$$

其中，z 是复数，$\mathfrak{N}$ 是整数. 与相干态满足的本征方程 $a|z\rangle = z|z\rangle$ 相比较，可见 $|z, \mathfrak{N}\rangle$ 是一个广义的相干态，若将 $\tilde{a}^\dagger \tilde{a}$ 视为虚空间中负能粒子的数算符，那么量子态 $|z, \mathfrak{N}\rangle$ 表示

的物理意义在于：湮灭系统的一个实在粒子，同时湮灭虚空间中的一个虚粒子，该过程不会改变热平衡态的能量值（比例为 $\mathfrak{N}$），因此称该态为热不变相干态．

利用 $N=a^\dagger a$，知道

$$af(N)=f(N+1)a, \quad a^\dagger f(N)=f(N-1)a^\dagger \tag{3.37}$$

可得

$$\left[a\tilde{a}, \frac{1}{N}a^\dagger \tilde{a}^\dagger\right]=1 \tag{3.38}$$

以及

$$\left[a^\dagger a-\tilde{a}^\dagger \tilde{a}, \frac{1}{N}a^\dagger \tilde{a}^\dagger\right]=0 \tag{3.39}$$

因此，立即可得 $|z,\mathfrak{N}\rangle$ 的简洁表示式：

$$|z,\mathfrak{N}\rangle=C\exp\left(\frac{z}{N}a^\dagger \tilde{a}^\dagger\right)|\mathfrak{N},\tilde{0}\rangle \tag{3.40}$$

这里 $|\mathfrak{N},\tilde{0}\rangle=\frac{1}{\sqrt{\mathfrak{N}!}}a^{\dagger\mathfrak{N}}|0,\tilde{0}\rangle$，$C$ 为归一化常数．实际上，由式 (3.40) 可得

$$\tilde{a}|z,\mathfrak{N}\rangle=C\frac{z}{N}a^\dagger\exp\left(\frac{z}{N}a^\dagger \tilde{a}^\dagger\right)|\mathfrak{N},\tilde{0}\rangle=\frac{z}{N}a^\dagger|z,\mathfrak{N}\rangle \tag{3.41}$$

将湮灭算符 a 作用于上式，并利用式（3.37）得

$$a\tilde{a}|a,\mathfrak{N}\rangle=a\frac{z}{N}a^\dagger|z,\mathfrak{N}\rangle=z|z,\mathfrak{N}\rangle \tag{3.42}$$

另一方面，利用式 (3.40) 有

$$(a^\dagger a-\tilde{a}^\dagger \tilde{a})|z,\mathfrak{N}\rangle=C\exp\left(\frac{z}{N}a^\dagger \tilde{a}^\dagger\right)(a^\dagger a-\tilde{a}^\dagger \tilde{a})|\mathfrak{N},\tilde{0}\rangle=\mathfrak{N}|z,\mathfrak{N}\rangle \tag{3.43}$$

至此，就证明了式 (3.35) 和式 (3.36)．为了计算方便，式 (3.40) 在双模 Fock 态下常常写成

$$\begin{aligned}|z,\mathfrak{N}\rangle&=C\sum_{n=0}^{\infty}\frac{1}{n!}\left(\frac{z}{N}a^\dagger \tilde{a}^\dagger\right)^n|\mathfrak{N},\tilde{0}\rangle\\&=C_\mathfrak{N}\sum_{n=0}^{\infty}\frac{z^n}{\sqrt{n!(\mathfrak{N}+n)!}}|n+\mathfrak{N},\tilde{n}\rangle\end{aligned} \tag{3.44}$$

其中，$C_\mathfrak{N}=C\sqrt{\mathfrak{N}!}$．

3.4 光场负二项式态作为光子扣除混沌场

对于数理统计理论中的负二项式分布

$$\binom{n+s}{n}\gamma^{s+1}(1-\gamma)^n, \quad 0<\gamma<1,\ s\geqslant 0 \tag{3.45}$$

存在光场负二项式态 (它可以产生于热光子束被原子吸收 s 个光子的过程中)

$$\rho_s = \sum_{n=0}^{\infty}\frac{(n+s)!}{n!s!}\gamma^{s+1}(1-\gamma)^n |n\rangle\langle n| \tag{3.46}$$

光场负二项式态的应用很广泛, 例如: 单模粒子数态 $|m,0\rangle$ 经过双模压缩算符 $\exp\left[\lambda\left(a_1^\dagger a_2^\dagger - a_1 a_2\right)\right]$ 作用后变成

$$\begin{aligned}|\zeta\rangle_m &= \exp\left[\lambda\left(a_1^\dagger a_2^\dagger - a_1 a_2\right)\right]|m,0\rangle \\ &= (\mathrm{sech}\,\xi)^{1+m}\sum_{n=0}^{\infty}\sqrt{\frac{(n+m)!}{n!m!}}(\tanh\zeta)^n|n+m,n\rangle\end{aligned} \tag{3.47}$$

就呈现负二项式分布

$$(\mathrm{sech}^2\xi)^{1+m}\frac{(n+m)!}{n!m!}(\tanh^2\zeta)^n \tag{3.48}$$

处在负二项式态的光子数为

$$\begin{aligned}\mathrm{Tr}\left(\rho_s a^\dagger a\right) &= \gamma^{n+1}\sum_{m=0}^{n}\binom{n+m}{m}(1-\gamma)^m m \\ &= \gamma^{n+1}(1-\gamma)\frac{\partial}{\partial(1-\gamma)}\gamma^{-(n+1)} \\ &= \frac{(n+1)(1-\gamma)}{\gamma}\end{aligned} \tag{3.49}$$

验算 将 ρ_s 写成正规乘积形式:

$$\rho_s = \sum_{m=0}^{\infty}\binom{m+s}{m}\gamma^{s+1}(1-\gamma)^m :\frac{\left(a^\dagger a\right)^m}{m!}\mathrm{e}^{-a^\dagger a}: \tag{3.50}$$

由负二项式定理 [见式 (3.23)] 得到

$$\mathrm{tr}\rho_s = \gamma^{s+1}\sum_{n=0}^{\infty}\frac{(n+s)!}{n!s!}(1-\gamma)^n = 1 \tag{3.51}$$

利用 $a|m\rangle = \sqrt{m}|m-1\rangle$ 得到

$$\begin{aligned}\rho_s &= \frac{\gamma^{s+1}}{(1-\gamma)^s s!} a^s \sum_{m=0}^{\infty} (1-\gamma)^m |m\rangle\langle m| a^{\dagger s} \\ &= \frac{\gamma}{s! n_c^s} a^s e^{a^\dagger a \ln(1-\gamma)} a^{\dagger s} \\ &= \frac{1}{s! n_c^s} a^s \rho_c a^{\dagger s} \quad \left(n_c = \frac{1-\gamma}{\gamma}\right)\end{aligned} \qquad (3.52)$$

其中

$$\rho_c = \gamma e^{a^\dagger a \ln(1-\gamma)} = \frac{\gamma}{1-\gamma} : e^{\frac{-\gamma}{1-\gamma} a^\dagger a} : \qquad (3.53)$$

是混沌场. 这说明光子扣除混沌光场即是光场负二项式态. 用算符恒等式

$$e^{-\lambda} : e^{(1-e^{-\lambda}) a^\dagger a} : = e^{\lambda a^\dagger a} \qquad (3.54)$$

可得

$$\begin{aligned}\sum_{s=0}^{\infty} \rho_s &= \sum_{m=0}^{\infty} \left[\sum_{s=0}^{\infty} \binom{s+m}{s} \gamma^{s+1}\right] (1-\gamma)^m : \frac{(a^\dagger a)^m}{m!} e^{-a^\dagger a} : \\ &= \gamma \sum_{m=0}^{\infty} (1-\gamma)^{-m-1} (1-\gamma)^m : \frac{(a^\dagger a)^m}{m!} e^{-a^\dagger a} : \\ &= \gamma(1-\gamma)^{-1} \sum_{m=0}^{\infty} : \frac{(a^\dagger a)^m}{m!} e^{-a^\dagger a} : \\ &= \frac{\gamma}{1-\gamma}\end{aligned} \qquad (3.55)$$

或

$$\begin{aligned}\frac{1-\gamma}{\gamma} \sum_{s=0}^{\infty} \rho_s &= (1-\gamma) \sum_{s=0}^{\infty} \frac{1}{s! n_c^s} a^s : \frac{1}{1-\gamma} e^{(1-\frac{1}{1-\gamma}) a^\dagger a} : a^{\dagger s} \\ &= \sum_{s=0}^{\infty} \frac{1}{s! n_c^s} : a^s e^{(1-\frac{1}{1-\gamma}) a^\dagger a} a^{\dagger s} : = : e^{\frac{\gamma}{1-\gamma} a^\dagger a} e^{(1-\frac{1}{1-\gamma}) a^\dagger a} : = 1\end{aligned} \qquad (3.56)$$

验证 $1 = \frac{1-\gamma}{\gamma} \sum_{s=0}^{\infty} \rho_s$ 如下:

$$\frac{1-\gamma}{\gamma} \sum_{s=0}^{\infty} \rho_s = \sum_{s=0}^{\infty} \frac{1}{s! n_c^{s-1}} a^s \rho_c a^{\dagger s} = \sum_{s=0}^{\infty} \frac{1}{s! n_c^s} a^s : e^{\frac{-\gamma}{1-\gamma} a^\dagger a} : a^{\dagger s} = 1 \qquad (3.57)$$

3.5 负二项式光场的正规乘积形式

下面, 考虑负二项式光场的正规乘积形式. 利用 $\rho_c = (1-e^f)e^{fa^\dagger a}$ 以及相干态的完备性关系, 再借助 IWOP 方法, 可得

$$\begin{aligned}
\rho_s &= \frac{1}{s!n_c^s} a^s \rho_c a^{\dagger s} \\
&= \frac{1-e^f}{s!n_c^s} a^s e^{fa^\dagger a} a^{\dagger s} \\
&= \frac{1-e^f}{s!n_c^s} \int \frac{d^2 z}{\pi} a^s e^{fa^\dagger a} |z\rangle \langle z| a^{\dagger s} \\
&= \frac{1-e^f}{s!n_c^s} \int \frac{d^2 z}{\pi} e^{\frac{-|z|^2}{2}} a^s e^{fa^\dagger a} e^{za^\dagger} e^{-fa^\dagger a} |0\rangle \langle z| z^{*s} \\
&= \frac{1-e^f}{s!n_c^s} \int \frac{d^2 z}{\pi} e^{\frac{-|z|^2}{2}} a^s e^{za^\dagger e^f} |0\rangle \langle z| z^{*s} \\
&= \frac{1-e^f}{s!n_c^s} \int \frac{d^2 z}{\pi} (ze^f)^s z^{*s} : e^{-|z|^2 + za^\dagger e^f + z^* a - a^\dagger a} : \\
&= \frac{1-e^f}{s!n_c^s} e^{fs} : \sum_{l=0}^{\infty} e^{(e^f-1)a^\dagger a} \frac{(n!)^2 (a^\dagger a e^f)^{n-l}}{l! [(n-l)!]^2} : \\
&= (1-e^f)^{s+1} : e^{(e^f-1)a^\dagger a} L_s(-a^\dagger a e^f) : \\
&= \gamma^{s+1} : e^{-\gamma a^\dagger a} L_s[(\gamma-1)a^\dagger a] : \tag{3.58}
\end{aligned}$$

上式计算中用到了真空投影算符正规乘积 $|0\rangle\langle 0| = : e^{-a^\dagger a}:$, 以及 Laguerre 多项式的定义

$$L_s(x) = \sum_{l=0}^{s} \frac{(-x)^l n!}{(l!)^2 (n-l)!} \tag{3.59}$$

利用式 (3.58) 不难验证

$$\begin{aligned}
\frac{1-\gamma}{\gamma} \sum_{s=0}^{\infty} \rho_s &= (1-\gamma) \sum_{s=0}^{\infty} \gamma^s : e^{-\gamma a^\dagger a} L_s[(\gamma-1)a^\dagger a] : \\
&= 1 \tag{3.60}
\end{aligned}$$

3.6 负二项式光场相应的热真空态

下面考察负二项式光场对应的热真空态. 用 IWOP 方法, 先把 $a^s e^{\lambda a^\dagger a} a^{\dagger s}$ 纳入相干态表象, 即

$$a^s e^{\lambda a^\dagger a} a^{\dagger s} = \int \frac{\mathrm{d}^2 z}{\pi} a^s : \exp\left(-|z|^2 + z^* a^\dagger e^{\lambda/2} + z a e^{\lambda/2} - a^\dagger a\right) : a^{\dagger s}$$

$$= \int \frac{\mathrm{d}^2 z}{\pi} e^{-|z|^2} a^s \|z^* e^{\lambda/2}\rangle \langle z e^{\lambda/2}\| a^{\dagger s} \tag{3.61}$$

这里, $\|z^* e^{\lambda/2}\rangle$ 为未归一化的相干态. 注意到 $\langle \tilde{0} | \tilde{z} \rangle = e^{-|z|^2/2}$, 将式（3.61）化为

$$a^s e^{\lambda a^\dagger a} a^{\dagger s} = \int \frac{\mathrm{d}^2 z}{\pi} z^s z^{*s} e^{\lambda s} e^{z^* a^\dagger e^{\lambda/2}} |0\rangle \langle 0| e^{z a e^{\lambda/2}} \langle \tilde{z} | \tilde{0} \rangle \langle \tilde{0} | \tilde{z} \rangle$$

$$= \int \frac{\mathrm{d}^2 z}{\pi} \langle \tilde{z} | z^s z^{*s} e^{\lambda s} e^{z^* a^\dagger e^{\lambda/2}} |0, \tilde{0}\rangle \langle 0, \tilde{0}| e^{z a e^{\lambda/2}} |\tilde{z}\rangle$$

$$= \int \frac{\mathrm{d}^2 z}{\pi} \langle \tilde{z}| \tilde{a}^{\dagger s} e^{\lambda s} e^{\tilde{a}^\dagger a^\dagger e^{\lambda/2}} |0, \tilde{0}\rangle \langle 0, \tilde{0}| e^{\tilde{a} a e^{\lambda/2}} \tilde{a}^s |\tilde{z}\rangle$$

$$= e^{\lambda s} \tilde{\mathrm{tr}} \left(\int \frac{\mathrm{d}^2 z}{\pi} \tilde{a}^{\dagger s} e^{\tilde{a}^\dagger a^\dagger e^{\lambda/2}} |0, \tilde{0}\rangle \langle 0, \tilde{0}| e^{\tilde{a} a e^{\lambda/2}} \tilde{a}^s |\tilde{z}\rangle \langle \tilde{z}| \right)$$

$$= (1-\gamma)^s \tilde{\mathrm{tr}} \left(\tilde{a}^{\dagger s} e^{\tilde{a}^\dagger a^\dagger e^{\lambda/2}} |0, \tilde{0}\rangle \langle 0, \tilde{0}| e^{\tilde{a} a e^{\lambda/2}} \tilde{a}^s \right) \tag{3.62}$$

代入式（3.52）得到

$$\rho_s = \frac{\gamma}{s! n_c^s} a^s e^{\lambda a^\dagger a} a^{\dagger s} = \frac{\gamma^{s+1}}{s!} \tilde{\mathrm{tr}} \left(\tilde{a}^{\dagger s} e^{\tilde{a}^\dagger a^\dagger e^{\lambda/2}} |0, \tilde{0}\rangle \langle 0, \tilde{0}| e^{\tilde{a} a e^{\lambda/2}} \tilde{a}^s \right) \tag{3.63}$$

对照式 (3.5) 可知相应于光场负二项式态的热真空态为

$$|\psi(\beta)\rangle_s = \sqrt{\frac{\gamma^{s+1}}{s!}} \tilde{a}^{\dagger s} e^{\tilde{a}^\dagger a^\dagger \sqrt{1-\gamma}} |0, \tilde{0}\rangle \tag{3.64}$$

该热真空态是在混沌光场所对应的热真空态上的虚模激发, 这是对负二项式态的新看法. 注意: 相对于 $|\psi(\beta)\rangle_s$ 而言, 虚模激发等价于实模的湮灭, 这与 $a^s e^{\lambda a^\dagger a} a^{\dagger s}$ 的表达式自洽. 或者, 将式（3.64）改写为

$$|\psi(\beta)\rangle_s = \sqrt{\gamma^{s+1}} \sum_{n=0}^{\infty} \frac{(\tilde{a}^\dagger a^\dagger \sqrt{1-\gamma})^n}{n!} |0, \tilde{s}\rangle$$

$$= \sum_{n=0}^{\infty} \sqrt{\binom{n+s}{n} \gamma^{s+1}(1-\gamma)^n} |n, \tilde{s}+\tilde{n}\rangle \tag{3.65}$$

对照式（3.45）可见式（3.65）中的因子 $\sqrt{\binom{n+s}{n}\gamma^{s+1}(1-\gamma)^n}$ 恰好是负二项分布系数 $\binom{n+s}{n}\gamma^{s+1}(1-\gamma)^n$ 的 $\frac{1}{2}$ 次方，所以 $|\psi(\beta)\rangle_s$ 确实是一个负二项纯态. 所以我们得出结论：相应于负二项光场 $\rho_s = \sum_{n=0}^{\infty} \frac{(n+s)!}{n!s!}\gamma^{s+1}(1-\gamma)^n|n\rangle\langle n|$ 的热真空态为式（3.65），其中 $|n,\tilde{s}+\tilde{n}\rangle = \frac{\tilde{a}^{\dagger s+n}a^{\dagger n}|0,\tilde{0}\rangle}{\sqrt{n!(n+s)!}}$.

再由 $\mathrm{tr}\rho_s = 1$，可知

$$\mathrm{tr}\tilde{\mathrm{tr}}|\psi(\beta)\rangle_{ss}\langle\psi(\beta)| = \mathrm{Tr}|\psi(\beta)\rangle_{ss}\langle\psi(\beta)| = {}_s\langle\psi(\beta)|\psi(\beta)\rangle_s = 1 \tag{3.66}$$

这也可以用式（3.64）直接证明，即

$$\begin{aligned}
{}_s\langle\psi(\beta)|\psi(\beta)\rangle_s &= \frac{\gamma^{s+1}}{s!}\langle\tilde{0},0|\tilde{a}^s e^{\tilde{a}a\sqrt{1-\gamma}}\int\frac{\mathrm{d}^2z_1\mathrm{d}^2z_2}{\pi^2}|z_1z_2\rangle\langle z_1z_2|\tilde{a}^{\dagger s}e^{\tilde{a}^\dagger a^\dagger\sqrt{1-\gamma}}|0,\tilde{0}\rangle \\
&= \frac{\gamma^{s+1}}{s!}\int\frac{\mathrm{d}^2z_1\mathrm{d}^2z_2}{\pi^2}|z_2|^{2s}e^{z_1z_2\sqrt{1-\gamma}+z_1^*z_2^*\sqrt{1-\gamma}-|z_2|^2-|z_1|^2} \\
&= \frac{\gamma^{s+1}}{s!}\int\frac{\mathrm{d}^2z_2}{\pi}|z_2|^{2s}e^{-\gamma|z_2|^2} = 1
\end{aligned} \tag{3.67}$$

即纯态 $|\psi(\beta)\rangle_s$ 是归一化的.

用纯态 $|\psi(\beta)\rangle_s$ 的优点如下：

由负二项式态对应的热真空式（3.64）给出

$$\begin{aligned}
a|\psi(\beta)\rangle_s &= \sqrt{\frac{\gamma^{s+1}}{s!}}\sqrt{1-\gamma}\tilde{a}^{\dagger s+1}e^{\tilde{a}^\dagger a^\dagger\sqrt{1-\gamma}}|0,\tilde{0}\rangle \\
&= \sqrt{1-\gamma}\sqrt{\frac{s+1}{\gamma}}|\psi(\beta)\rangle_{s+1}
\end{aligned} \tag{3.68}$$

所以求 $a^\dagger a$ 的纯态平均立即可得光子数分布为

$$\begin{aligned}
{}_s\langle\psi(\beta)|a^\dagger a|\psi(\beta)\rangle_s &= (1-\gamma)\frac{s+1}{\gamma}{}_{s+1}\langle\psi(\beta)|\psi(\beta)\rangle_{s+1} \\
&= (1-\gamma)\frac{s+1}{\gamma} = (s+1)n_\mathrm{c}
\end{aligned} \tag{3.69}$$

注意到关系式

$$\begin{aligned}
a^2|\psi(\beta)\rangle_s &= \sqrt{\frac{\gamma^{s+1}}{s!}}(1-\gamma)\tilde{a}^{\dagger s+2}e^{\tilde{a}^\dagger a^\dagger\sqrt{1-\gamma}}|0,\tilde{0}\rangle \\
&= \frac{1-\gamma}{\gamma}\sqrt{(s+1)(s+2)}|\psi(\beta)\rangle_{s+2}
\end{aligned} \tag{3.70}$$

和

$$_s\langle\psi(\beta)|a^{\dagger 2}a^2|\psi(\beta)\rangle_s = \frac{(1-\gamma)^2}{\gamma^2}(s+1)(s+2)$$
$$= (s+1)(s+2)n_c^2 \tag{3.71}$$

可知, 处于负二项式态的光子数涨落为

$$_s\langle\psi(\beta)|(a^{\dagger}a)^2|\psi(\beta)\rangle_s - [_s\langle\psi(\beta)|a^{\dagger}a|\psi(\beta)\rangle_s]^2 = (s+1)(n_c+1)n_c \tag{3.72}$$

负二项式态的二阶相干度为

$$\frac{_s\langle\psi(\beta)|a^{\dagger 2}a^2|\psi(\beta)\rangle_s}{[_s\langle\psi(\beta)|a^{\dagger}a|\psi(\beta)\rangle_s]^2} = \frac{s+2}{s+1} > 1 \tag{3.73}$$

3.7 负二项式态的期望值定理

前面, 我们讨论了二项式热真空态的期望值定理. 这里自然要进一步考虑负二项式态的期望值情况. 利用式（3.65）, 得

$$a^p|\psi(\beta)\rangle_s = \left(\sqrt{\frac{1-\gamma}{\gamma}}\right)^p \sqrt{(s+1)(s+2)\cdots(s+p)}|\psi(\beta)\rangle_{s+p} \tag{3.74}$$

故而

$$_s\langle\psi(\beta)|a^{\dagger p}a^p|\psi(\beta)\rangle_s = \left(\frac{1-\gamma}{\gamma}\right)^p (s+1)(s+2)\cdots(s+p) = \frac{(s+p)!}{s!}n_c^p \tag{3.75}$$

对照式 (3.69), 可见

$$_s\langle\psi(\beta)|a^{\dagger p}a^p|\psi(\beta)\rangle_s = \frac{(s+p)!}{(s+1)^p s!}[_s\langle\psi(\beta)|a^{\dagger}a|\psi(\beta)\rangle_s]^p \tag{3.76}$$

此即负二项式态 $|\psi(\beta)\rangle_s$ 的平均值理论. 又从式（3.65）可知

$$_s\langle\psi(\beta)|a^{\dagger p}a^p|\psi(\beta)\rangle_s$$
$$= \sum_{n'=0}^{\infty} \sqrt{\gamma^{s+1}(1-\gamma)^{n'}\binom{n'+s}{s}}$$

$$\times \langle n', \tilde{s}+\tilde{n}'| a^{\dagger p} a^p \sum_{n''=0}^{\infty} \sqrt{\gamma^{s+1}(1-\gamma)^{n''}\binom{n''+s}{s}} |n'', \tilde{s}+\tilde{n}''\rangle$$

$$= \gamma^{s+1} \sum_{n'=0}^{\infty} \sum_{n''=0}^{\infty} \sqrt{(1-\gamma)^{n'+n''}\binom{n'+s}{s}\binom{n''+s}{s}} \langle n'| a^{\dagger p} a^p |n''\rangle \delta_{n'n''}$$

$$= \gamma^{s+1} \sum_{n=0}^{\infty} (1-\gamma)^n \binom{n+s}{s} \frac{n!}{(n-p)!} \tag{3.77}$$

与式（3.75）相比较得到

$$\gamma^{s+1} \sum_{n=0}^{\infty} (1-\gamma)^n \binom{n+s}{s} \frac{n!}{(n-p)!} = \left(\frac{1-\gamma}{\gamma}\right)^p (s+1)(s+2)\cdots(s+p) \tag{3.78}$$

3.8 压缩混沌光的热真空态

首先，考察压缩混沌光的热真空态．压缩混沌光的密度算符为

$$\rho_s = (1-\mathrm{e}^\lambda) S(r) \mathrm{e}^{\lambda a^\dagger a} S^{-1}(r) = S(r) \rho_c S^{-1}(r), \quad \lambda = -\frac{\hbar\omega}{kT} \tag{3.79}$$

其中，$S(r)$ 为单模压缩算符

$$S(r) = \exp\left[\frac{r}{2}\left(a^{\dagger 2} - a^2\right)\right] = \exp\left[-\frac{\mathrm{i}}{2}(QP+PQ)r\right] \tag{3.80}$$

$$Q = \frac{a^\dagger + a}{\sqrt{2}}, \quad P = \frac{a - a^\dagger}{\sqrt{2}\mathrm{i}} \tag{3.81}$$

相应的压缩变换为

$$SPS^{-1} = \mathrm{e}^r P, \quad SQS^{-1} = \mathrm{e}^{-r} Q \tag{3.82}$$

为推导 ρ_s 对应的热真空态，首先利用 IWOP 方法推导密度算符 ρ_s 的正规乘积．利用将任意算符 A 转换为 Weyl-排序的算符公式

$$A = 2\int \frac{\mathrm{d}^2\beta}{\pi} \genfrac{}{}{0pt}{}{:}{:} \langle -\beta| A |\beta\rangle \exp\left[2\left(\beta^* a - \beta a^\dagger + a^\dagger a\right)\right] \genfrac{}{}{0pt}{}{:}{:} \tag{3.83}$$

这里，$\genfrac{}{}{0pt}{}{:}{:}$ 表示 Weyl-排序符号，$|\beta\rangle = \exp\left(-\frac{1}{2}|\beta|^2 + \beta a^\dagger\right)|0\rangle$ 为相干态，可得 $\mathrm{e}^{\lambda a^\dagger a}$ 的 Weyl-排序为

$$\mathrm{e}^{\lambda a^\dagger a} = 2\int \frac{\mathrm{d}^2\beta}{\pi} \langle -\beta| : \exp\left[(\mathrm{e}^\lambda - 1) a^\dagger a\right] : |\beta\rangle \genfrac{}{}{0pt}{}{:}{:} \exp\left[2\left(\beta^* a - \beta a^\dagger + a^\dagger a\right)\right] \genfrac{}{}{0pt}{}{:}{:}$$

$$
\begin{aligned}
&= 2\int \frac{\mathrm{d}^2\beta}{\pi} : \exp\left[-\left(\mathrm{e}^\lambda+1\right)|\beta|^2 + 2\left(\beta^*a - \beta a^\dagger + a^\dagger a\right)\right] : \\
&= \frac{2}{\mathrm{e}^\lambda-1} : \exp\left(2\frac{\mathrm{e}^\lambda-1}{\mathrm{e}^\lambda+1} a^\dagger a\right) : \\
&= \frac{2}{\mathrm{e}^\lambda-1} : \exp\left[\frac{\mathrm{e}^\lambda-1}{\mathrm{e}^\lambda+1}\left(P^2+Q^2\right)\right] :
\end{aligned}
\tag{3.84}
$$

由于 Weyl-排序算符在相似变换下具备序不变性，因此利用式 (3.82) 和式 (3.84) 可得

$$
\begin{aligned}
\rho_s &= \left(1-\mathrm{e}^\lambda\right) S(r)\mathrm{e}^{\lambda a^\dagger a}S^{-1}(r) \\
&= \frac{2\left(1-\mathrm{e}^\lambda\right)}{\mathrm{e}^\lambda+1} : \exp\left[\frac{\mathrm{e}^\lambda-1}{\mathrm{e}^\lambda+1}\left(\mathrm{e}^{2r}P^2 + \mathrm{e}^{-2r}Q^2\right)\right] :
\end{aligned}
\tag{3.85}
$$

将上式算符 P,Q 分别用经典 c 数 p,q 取代，则 ρ_s 的经典 Weyl 对应为

$$
\frac{2\left(1-\mathrm{e}^\lambda\right)}{\mathrm{e}^\lambda+1}\exp\left[\frac{\mathrm{e}^\lambda-1}{\mathrm{e}^\lambda+1}\left(\mathrm{e}^{2r}p^2+\mathrm{e}^{-2r}q^2\right)\right] \equiv h(q,p)
\tag{3.86}
$$

这意味着 Weyl-排序算符 $\vdots h(Q,P) \vdots$ 的经典对应可以通过简单的替换 $Q \longrightarrow q, P \longrightarrow p$ 来获得. 因此，根据 Weyl 对应规则

$$
\rho_s = \iint_{-\infty}^{\infty} \mathrm{d}p\mathrm{d}q\, h(q,p)\Delta(q,p)
\tag{3.87}
$$

这里，$\Delta(q,p)$ 是 Wigner 算符，其正规乘积为

$$
\Delta(q,p) = \frac{1}{\pi} : \mathrm{e}^{-(q-Q)^2-(p-P)^2} :
\tag{3.88}
$$

将式 (3.86) 和式 (3.88) 代入式 (3.87)，可得压缩混沌光的正规乘积为

$$
\begin{aligned}
\rho_s &= \frac{2\left(1-\mathrm{e}^\lambda\right)}{\pi(\mathrm{e}^\lambda+1)}\iint_{-\infty}^{\infty}\mathrm{d}p\mathrm{d}q : \mathrm{e}^{-(q-Q)^2-(p-P)^2} : \exp\left[\frac{\mathrm{e}^\lambda-1}{\mathrm{e}^\lambda+1}\left(\mathrm{e}^{2r}p^2+\mathrm{e}^{-2r}q^2\right)\right] \\
&= \frac{1}{\tau_1\tau_2} : \exp\left(-\frac{Q^2}{2\tau_1^2} - \frac{P^2}{2\tau_2^2}\right) :
\end{aligned}
\tag{3.89}
$$

其中

$$
2\tau_1^2 = (2\bar{n}+1)\mathrm{e}^{2r}+1, \quad 2\tau_2^2 = (2\bar{n}+1)\mathrm{e}^{-2r}+1, \quad \bar{n} = \frac{1}{\mathrm{e}^{-\lambda}-1}
\tag{3.90}
$$

则式 (3.89) 又可表示为

$$
\begin{aligned}
\rho_s &= \frac{1}{\tau_1\tau_2}\mathrm{e}^{-\frac{a^{\dagger 2}}{4}\left(\frac{1}{\tau_1^2}-\frac{1}{\tau_2^2}\right)} : \exp\left[a^\dagger a\left(-\frac{1}{2\tau_1^2}-\frac{1}{2\tau_2^2}\right)\right] : \mathrm{e}^{-\frac{a^2}{4}\left(\frac{1}{\tau_1^2}-\frac{1}{\tau_2^2}\right)} \\
&= \frac{1}{\tau_1\tau_2}\mathrm{e}^{-\frac{a^{\dagger 2}}{4}\left(\frac{1}{\tau_1^2}-\frac{1}{\tau_2^2}\right)}\exp\left[a^\dagger a\ln\left(1-\frac{1}{2\tau_1^2}-\frac{1}{2\tau_2^2}\right)\right]\mathrm{e}^{-\frac{a^2}{4}\left(\frac{1}{\tau_1^2}-\frac{1}{\tau_2^2}\right)}
\end{aligned}
\tag{3.91}
$$

引入实模相干态

$$|z\rangle = \exp\left(-\frac{1}{2}|z|^2 + za^\dagger\right)|0\rangle = \exp\left(-\frac{1}{2}|z|^2\right)\|z\rangle, \quad \|z\rangle = \exp(za^\dagger)|0\rangle \quad (3.92)$$

则式 (3.91) 可表示为

$$\rho_s = \frac{1}{\tau_1\tau_2} e^{-\frac{a^{\dagger 2}}{4}\left(\frac{1}{\tau_1^2} - \frac{1}{\tau_2^2}\right)} \int \frac{\mathrm{d}^2 z}{\pi} : \exp\left(-|z|^2 - a^\dagger a\right)$$
$$\times \exp\left[(z^* a^\dagger + za)\sqrt{1 - \frac{1}{2\tau_1^2} - \frac{1}{2\tau_2^2}}\right] : e^{-\frac{a^2}{4}\left(\frac{1}{\tau_1^2} - \frac{1}{\tau_2^2}\right)} \quad (3.93)$$

注意到真空投影算符正规乘积为 $:e^{-a^\dagger a}: = |0\rangle\langle 0|$, 利用式 (3.92), 将式 (3.93) 变成

$$\rho_s = \frac{1}{\tau_1\tau_2} \int \frac{\mathrm{d}^2 z}{\pi} e^{-|z|^2} e^{-\frac{a^{\dagger 2}}{4}\left(\frac{1}{\tau_1^2} - \frac{1}{\tau_2^2}\right)}$$
$$\times \left\| z^*\sqrt{1 - \frac{1}{2\tau_1^2} - \frac{1}{2\tau_2^2}} \right\rangle \left\langle z\sqrt{1 - \frac{1}{2\tau_1^2} - \frac{1}{2\tau_2^2}} \right\| e^{-\frac{a^2}{4}\left(\frac{1}{\tau_1^2} - \frac{1}{\tau_2^2}\right)} \quad (3.94)$$

此外, 利用关系式

$$\int \frac{\mathrm{d}^2 z}{\pi} |\tilde{z}\rangle\langle \tilde{z}| = 1, \quad \langle \tilde{0}|\tilde{z}\rangle = e^{-|z|^2/2}, \quad \tilde{a}|\tilde{z}\rangle = z|\tilde{z}\rangle \quad (3.95)$$

其中, $|\tilde{z}\rangle$ 式虚模对应的相干态, 则式 (3.95) 可写成如下形式:

$$\rho_s = \frac{1}{\tau_1\tau_2} \int \frac{\mathrm{d}^2 z}{\pi} \langle \tilde{z}| e^{\tilde{a}^\dagger a^\dagger \sqrt{1 - \frac{1}{2\tau_1^2} - \frac{1}{2\tau_2^2}}} e^{-\frac{a^{\dagger 2}}{4}\left(\frac{1}{\tau_1^2} - \frac{1}{\tau_2^2}\right)} |0\tilde{0}\rangle\langle 0\tilde{0}|$$
$$\times e^{-\frac{a^2}{4}\left(\frac{1}{\tau_1^2} - \frac{1}{\tau_2^2}\right)} e^{\tilde{a}a\sqrt{1 - \frac{1}{2\tau_1^2} - \frac{1}{2\tau_2^2}}} |\tilde{z}\rangle$$
$$= \frac{1}{\tau_1\tau_2} \tilde{\mathrm{tr}}\left[e^{\tilde{a}^\dagger a^\dagger \sqrt{1 - \frac{1}{2\tau_1^2} - \frac{1}{2\tau_2^2}}} e^{-\frac{a^{\dagger 2}}{4}\left(\frac{1}{\tau_1^2} - \frac{1}{\tau_2^2}\right)} |0\tilde{0}\rangle\langle 0\tilde{0}| e^{-\frac{a^2}{4}\left(\frac{1}{\tau_1^2} - \frac{1}{\tau_2^2}\right)} e^{\tilde{a}a\sqrt{1 - \frac{1}{2\tau_1^2} - \frac{1}{2\tau_2^2}}}\right]$$
$$\equiv \tilde{\mathrm{tr}}[|\psi(\beta)\rangle_{ss}\langle\psi(\beta)|] \quad (3.96)$$

所以

$$|\psi(\beta)\rangle_s = \sqrt{\frac{1}{\tau_1\tau_2}} \exp\left[\tilde{a}^\dagger a^\dagger \sqrt{1 - \frac{1}{2\tau_1^2} - \frac{1}{2\tau_2^2}} - \frac{a^{\dagger 2}}{4}\left(\frac{1}{\tau_1^2} - \frac{1}{\tau_2^2}\right)\right]|0\tilde{0}\rangle \quad (3.97)$$

此即压缩混沌光的热真空态. 实际上, 式 (3.97) 中 $|\psi(\beta)\rangle_s$ 是实-虚空间中的一种单双模组合压缩态.

特别地, 当 $r=0$ 时, 即无压缩情况, 由式 (3.91) 可知 $\tau_1^2 = \tau_2^2 = \bar{n} + 1$, 则 $|\psi(\beta)\rangle_s$ 退化为 $|0(\beta)\rangle$, 即

$$\frac{1}{\sqrt{\bar{n}+1}} e^{\tilde{a}^\dagger a^\dagger \sqrt{\frac{\bar{n}}{\bar{n}+1}}} |0\tilde{0}\rangle = \sqrt{1 - e^\lambda} \exp\left(e^{\frac{\lambda}{2}} \tilde{a}^\dagger a^\dagger\right)|0\tilde{0}\rangle = |0(\beta)\rangle \quad (3.98)$$

这意味着压缩混沌态 ρ_s 变成混沌态 ρ_c, 也是所期望的.

热真空态 $|\psi(\beta)\rangle_s$ 是归一化的. 证明如下:

$$\begin{aligned}
{}_s\langle\psi(\beta)|\psi(\beta)\rangle_s &= \frac{1}{\tau_1\tau_2}\langle 0\tilde{0}|e^{\tilde{a}a\sqrt{1-\frac{1}{2\tau_1^2}-\frac{1}{2\tau_2^2}}-\frac{a^2}{4}\left(\frac{1}{\tau_1^2}-\frac{1}{\tau_2^2}\right)} \\
&\quad \times \int \frac{d^2z_1 d^2z_2}{\pi^2}|z_1\tilde{z}_2\rangle\langle z_1\tilde{z}_2|e^{a^\dagger \tilde{a}^\dagger\sqrt{1-\frac{1}{2\tau_1^2}-\frac{1}{2\tau_2^2}}-\frac{a^{\dagger 2}}{4}\left(\frac{1}{\tau_1^2}-\frac{1}{\tau_2^2}\right)}|0\tilde{0}\rangle \\
&= \frac{1}{\tau_1\tau_2}\int \frac{d^2z_1 d^2z_2}{\pi^2}\exp\left[-|z_1|^2-|z_2|^2\right. \\
&\quad \left. + (z_1^*z_2^*+z_1 z_2)\sqrt{1-\frac{1}{2\tau_1^2}-\frac{1}{2\tau_2^2}}-\left(\frac{z_1^2}{4}+\frac{z_1^{*2}}{4}\right)\left(\frac{1}{\tau_1^2}-\frac{1}{\tau_2^2}\right)\right] \\
&= \frac{1}{\tau_1\tau_2}\int \frac{d^2z_1}{\pi}\exp\left[-\left(\frac{1}{\tau_1^2}+\frac{1}{\tau_2^2}\right)\frac{|z_1|^2}{2}-\left(\frac{z_1^2}{4}+\frac{z_1^{*2}}{4}\right)\left(\frac{1}{\tau_1^2}-\frac{1}{\tau_2^2}\right)\right] \\
&= 1
\end{aligned} \tag{3.99}$$

这等价于

$${}_s\langle\psi(\beta)|\psi(\beta)\rangle_s = \text{tr}\left[\text{t}\tilde{\text{r}}|\psi(\beta)\rangle_{ss}\langle\psi(\beta)|\right] = \text{Tr}|\psi(\beta)\rangle_{ss}\langle\psi(\beta)| = 1 \tag{3.100}$$

实际上, $|\psi(\beta)\rangle_s$ 的引入对于计算统计平均是十分方便的. 下面, 利用热真空态 $|\psi(\beta)\rangle_s$ 计算压缩混沌光下的平均光子数. 利用式 (3.94) 和相干态的完备性关系 $\int \frac{d^2z}{\pi}|z\rangle\langle z| = 1$, 可得

$$\begin{aligned}
&{}_s\langle\psi(\beta)|aa^\dagger|\psi(\beta)\rangle_s \\
&= \frac{1}{\tau_1\tau_2}\int \frac{d^2z_1}{\pi}|z_1|^2\exp\left[-\left(\frac{1}{\tau_1^2}+\frac{1}{\tau_2^2}\right)\frac{|z_1|^2}{2}-\frac{z_1^2+z_1^{*2}}{4}\left(\frac{1}{\tau_1^2}-\frac{1}{\tau_2^2}\right)\right] \\
&= \frac{1}{\tau_1\tau_2}\frac{\partial^2}{\partial f \partial g}\int \frac{d^2z_1}{\pi}\exp\left[-\left(\frac{1}{\tau_1^2}+\frac{1}{\tau_2^2}\right)\frac{|z_1|^2}{2}+fz_1+gz_1^*\right.\\
&\quad\left.\left.-\frac{z_1^2+z_1^{*2}}{4}\left(\frac{1}{\tau_1^2}-\frac{1}{\tau_2^2}\right)\right]\right|_{f=g=0} \\
&= \frac{\partial^2}{\partial f \partial g}\exp\left[\frac{fg}{2}(\tau_1^2+\tau_2^2)+\frac{1}{4}(\tau_1^2-\tau_2^2)(f^2+g^2)\right]\bigg|_{f=g=0} \\
&= \frac{1}{2}(\tau_1^2+\tau_2^2) \\
&= \left(\bar{n}+\frac{1}{2}\right)\cosh 2r + \frac{1}{2}
\end{aligned} \tag{3.101}$$

因此, 平均光子数为

$$_s\langle\psi(\beta)|a^\dagger a|\psi(\beta)\rangle_s = \left(\bar{n}+\frac{1}{2}\right)\cosh 2r - \frac{1}{2} \tag{3.102}$$

这表明平均光子数随压缩参数 r 的增加而增大.

3.9　光子扣除单模压缩态的归一化

在 1.10 节我们已经指出 $\mathrm{sech}^{\frac{1}{2}}\lambda \mathrm{e}^{\frac{1}{2}a^{\dagger 2}\tanh\lambda}|0\rangle$ 是压缩态, 它可以写作 $S(\lambda)|0\rangle$, 其中 $S(\lambda) = \mathrm{e}^{\lambda(a^{\dagger 2}-a^2)/2}$ 是压缩算符, $|0\rangle$ 是真空态,

$$S(\lambda)|0\rangle = \mathrm{sech}^{1/2}\lambda \mathrm{e}^{(\tanh\lambda)a^{\dagger 2}/2}|0\rangle \equiv |\lambda\rangle \tag{3.103}$$

$S^\dagger(\lambda)$ 生成压缩变换

$$S^\dagger(\lambda) a S(\lambda) = a\cosh\lambda + a^\dagger\sinh\lambda \tag{3.104}$$

于是光子扣除单模压缩态为

$$a^m S(\lambda)|0\rangle = a^m|\lambda\rangle \equiv |\lambda\rangle_m \tag{3.105}$$

为了归一化量子态 $|\lambda\rangle_m$, 我们先计算 $(a\cosh\lambda + a^\dagger\sinh\lambda)^m$ 的正规乘积展开. 用 Baker-Hausdorff 算符恒等式

$$\mathrm{e}^A \mathrm{e}^B = \mathrm{e}^B \mathrm{e}^A \mathrm{e}^{[A,B]} \tag{3.106}$$

它在 $[[A,B],A] = [[A,B],B] = 0$ 时成立, 我们得到

$$\begin{aligned}
\exp\left[t(\mu a + \nu a^\dagger)\right] &= : \mathrm{e}^{t\nu a^\dagger}\mathrm{e}^{t\mu a}\exp\left\{\frac{-1}{2}[t\nu a^\dagger, t\mu a]\right\}: \\
&= : \mathrm{e}^{t\nu a^\dagger}\mathrm{e}^{t\mu a}\exp\left(\frac{t^2}{2}\mu\nu\right): \\
&= : \mathrm{e}^{-\sqrt{2}\mathrm{i}t\sqrt{\mu\nu}\frac{\mathrm{i}}{\sqrt{2\mu\nu}}(\nu a^\dagger+\mu a)}:\exp\left[-\frac{(-\mathrm{i}t\sqrt{\mu\nu})^2}{2}\right]
\end{aligned} \tag{3.107}$$

结合 Hermite 多项式的母函数展开可得

$$(\mu a + \nu a^\dagger)^m = \left(-\mathrm{i}\sqrt{\frac{\mu\nu}{2}}\right)^m : H_m\left(\mathrm{i}\sqrt{\frac{\mu}{2\nu}}a + \mathrm{i}\sqrt{\frac{\nu}{2\mu}}a^\dagger\right): \tag{3.108}$$

其中，H_m 是 m 阶 Hermite 多项式，所以算符 $(a\cosh\lambda + a^\dagger \sinh\lambda)^m$ 的正规乘积可表示为

$$(a\cosh\lambda + a^\dagger \sinh\lambda)^m$$
$$= (-\mathrm{i})^m \frac{(\sinh 2\lambda)^{m/2}}{2^m} : H_m\left(\mathrm{i}\sqrt{\frac{\coth\lambda}{2}}a + \mathrm{i}\sqrt{\frac{\tanh\lambda}{2}}a^\dagger\right) : \tag{3.109}$$

因此光子扣除压缩态又可写成

$$|\lambda\rangle_m = S(\lambda)S^\dagger(\lambda)a^m S(\lambda)|0\rangle$$
$$= S(\lambda)\left(a\cosh\lambda + a^\dagger \sinh\lambda\right)^m |0\rangle$$
$$= (-\mathrm{i})^m \frac{\sinh^{m/2} 2\lambda}{2^m} S(\lambda) H_m\left(\mathrm{i}\sqrt{\frac{\tanh\lambda}{2}}a^\dagger\right)|0\rangle \tag{3.110}$$

这说明光子扣除单模压缩态恰是压缩 Hermite 多项式激发态.

再用 Hermite 多项式函数关系

$$H_m(x) = \left.\frac{\partial^m}{\partial t^m}\exp\left(2xt - t^2\right)\right|_{t=0} \tag{3.111}$$

我们就有

$${}_m\langle\lambda|\lambda\rangle_m$$
$$= \frac{(\sinh 2\lambda)^{m/2}}{2^{2m}} \langle 0| H_m\left(-\mathrm{i}\sqrt{\frac{\tanh\lambda}{2}}a\right) H_m\left(\mathrm{i}\sqrt{\frac{\tanh\lambda}{2}}a^\dagger\right)|0\rangle$$
$$= \frac{(\sinh 2\lambda)^{m/2}}{2^{2m}} \frac{\partial^{2m}}{\partial t^m \partial \tau^m} \exp\left(-t^2 - \tau^2\right) \left.\langle 0|\mathrm{e}^{-\mathrm{i}\sqrt{2\tanh\lambda}at}\mathrm{e}^{\mathrm{i}\sqrt{2\tanh\lambda}a^\dagger\tau}|0\rangle\right|_{t,\tau=0}$$
$$= \frac{(\sinh 2\lambda)^{m/2}}{2^{2m}} \frac{\partial^{2m}}{\partial t^m \partial \tau^m} \left.\exp\left(-t^2 - \tau^2 + 2\tau t \tanh\lambda\right)\right|_{t,\tau=0} \tag{3.112}$$

其中

$$\left.\frac{\partial^{2m}}{\partial t^m \partial \tau^m}\exp\left(-t^2 - \tau^2 + 2x\tau t\right)\right|_{t,\tau=0}$$
$$= \sum_{n,l,k=0}^\infty \frac{(-)^{n+l}}{n!l!k!}(2x)^k \left.\frac{\partial^{2m}}{\partial t^m \partial \tau^m}\tau^{2n+k}t^{2l+k}\right|_{t,\tau=0}$$
$$= 2^m x^m m! \sum_{n=0}^{[m/2]} \frac{m!}{2^{2l}(l!)^2(m-2l)!}\left(\frac{1}{x^2}\right)^l \tag{3.113}$$

所以式 (3.112) 为

$${}_m\langle\lambda|\lambda\rangle_m = (\sinh\lambda)^{2m} \sum_{l=0}^{[m/2]} \frac{m!m!}{2^{2l}(l!)^2(m-2l)!}(\tanh\lambda)^{-2l} \tag{3.114}$$

范洪义等曾指出 Legendre 多项式有一个新形式的母函数：

$$x^m \sum_{l=0}^{[m/2]} \frac{m!}{2^{2l}(l!)^2(m-2l)!} \left(1-\frac{1}{x^2}\right)^l = P_m(x) \tag{3.115}$$

故而式 (3.114) 又可改写为如下简洁形式：

$$_m\langle\lambda|\lambda\rangle_m = (\sinh\lambda)^{2m} \sum_{l=0}^{[m/2]} \frac{m!m!}{2^{2l}(l!)^2(m-2l)!} \left(1-\frac{-1}{\sinh^2\lambda}\right)^l$$

$$= m!(-\mathrm{i}\sinh\lambda)^m P_m(\mathrm{i}\sinh\lambda) \tag{3.116}$$

于是归一化系数为

$$N_{\lambda,m} = [m!(-\mathrm{i}\sinh\lambda)^m P_m(\mathrm{i}\sinh\lambda)]^{-\frac{1}{2}} \tag{3.117}$$

归一化的态为

$$\|\lambda\rangle_m \equiv N_{\lambda,m}|\lambda\rangle_m \tag{3.118}$$

类似地，考虑光子增单模压缩态的归一化，可得

$$\langle 0|S^\dagger(\lambda)a^k a^{\dagger k}S(\lambda)|0\rangle = k!(\cosh\lambda)^k P_k(\cosh\lambda) \tag{3.119}$$

用算符恒等式

$$a^{\dagger k}a^k = {:}H_{k,k}(a,a^\dagger){:} \tag{3.120}$$

其中，${:}\ {:}$ 代表反正规乘积，$H_{k,k}$ 是双变量 Hermite 多项式

$${:}H_{k,k}(a,a^\dagger){:} = \sum_{l=0}^{k} \frac{k!k!}{(k-l)!l!(k-l)!}(-1)^l a^{m-l}a^{\dagger m-l} \tag{3.121}$$

故

$$_m\langle\lambda|\lambda\rangle_m = \langle 0|S^\dagger(\lambda)a^{\dagger m}a^m S(\lambda)|0\rangle$$

$$= \langle 0|S^\dagger(\lambda){:}H_{m,m}(a,a^\dagger){:}S(\lambda)|0\rangle$$

$$= \sum_{l=0}^{m} \frac{m!m!}{(m-l)!l!(m-l)!}(-1)^l \langle 0|S^\dagger(\lambda)a^{m-l}a^{\dagger m-l}S(\lambda)|0\rangle$$

$$= \sum_{l=0}^{m} \binom{m}{l}(-1)^l (\cosh\lambda)^{m-l} P_{m-l}(\cosh\lambda) \tag{3.122}$$

联立式 (3.116) 和式 (3.122)，可见

$$(-\mathrm{i}\sinh\lambda)^m P_m(\mathrm{i}\sinh\lambda) = \sum_{l=0}^{m} \binom{m}{l}(-1)^l (\cosh\lambda)^{m-l} P_{m-l}(\cosh\lambda) \tag{3.123}$$

这是一个包含 Legendre 函数的二项式定理

$$\sum_{l=0}^{m}\binom{m}{l}(-1)^l x^{m-l} P_{m-l}(x) = (-\mathrm{i}\sqrt{x-1})^m P_m(\mathrm{i}\sqrt{x-1}) \tag{3.124}$$

3.10 光子扣除单模压缩混沌光的热真空态

对于光子扣除压缩混沌光, 其热真空态是什么呢? 光子扣除压缩混沌光的密度算符为

$$\rho = C_{s,r} a^s (1-\mathrm{e}^\lambda) \left[S(r) \mathrm{e}^{\lambda a^\dagger a} S^{-1}(r) \right] a^{\dagger s} \tag{3.125}$$

其中, $C_{s,r}$ 由归一化条件 $\mathrm{Tr}\rho = 1$ 确定, $S(r)$ 为单模压缩算符. 式 (3.125) 中 [ ] 内的算符实际上是压缩混沌场, 即

$$(1-\mathrm{e}^\lambda) S(r) \mathrm{e}^{\lambda a^\dagger a} S^{-1}(r) = S(r) \rho_\mathrm{c} S^{-1}(r) \equiv \rho_s \tag{3.126}$$

$$\rho_\mathrm{c} = (1-\mathrm{e}^\lambda) \mathrm{e}^{\lambda a^\dagger a}, \quad \lambda = -\frac{\hbar\omega}{\kappa T} \tag{3.127}$$

另一方面, 当 $r = 0$, $C_{s,r=0}$ 的值应该能使得 $\rho \to \rho_\mathrm{su}$ 时, 其中, ρ_su 为光子扣除混沌光, 可得

$$\rho_\mathrm{su} = \frac{\gamma^{s+1}}{s!(1-\gamma)^s} a^s \rho_\mathrm{c} a^{\dagger s} \tag{3.128}$$

且满足 $\mathrm{Tr}\rho_\mathrm{su} = 1$.

利用式 (3.127)、数态完备性关系以及 $a|n\rangle = \sqrt{n}|n-1\rangle$, ρ_su 可表示成

$$\rho_\mathrm{su} = \sum_{n=0}^{\infty} \frac{(n+s)!}{n!s!} \gamma^{s+1}(1-\gamma)^n |n\rangle\langle n| \tag{3.129}$$

由于系数 $\frac{(n+s)!}{n!s!}\gamma^{s+1}(1-\gamma)^n$ 呈现负二项式分布, 所以 ρ_su 为负二项式态. 实验上, 当压缩混沌光的 s 个光子被原子系统吸收后, 输出量子态即为光子扣除压缩混沌光. 为了简化压缩混沌光场与负二项式光场态的系综平均值的计算, 我们进一步寻找光子扣除压缩混沌光对应的热真空态. 与上一节方法相同, 利用 IWOP 方法来实现.

3.10.1 光子扣除压缩混沌光密度算符的反正规乘积

令 $f = \dfrac{1}{2\tau_1^2}$, $g = \dfrac{1}{2\tau_2^2}$, 则由式 (3.89) 知压缩混沌光 ρ_s 的正规乘积为

$$\rho_s = 2\sqrt{fg}\,\colon \exp\left[\frac{1}{2}(g-f)\left(a^2 + a^{\dagger 2}\right) - (f+g)\,a^\dagger a\right]\colon \tag{3.130}$$

利用将任意算符转化为反正规乘积公式 (2.73), 可得

$$\begin{aligned}
\rho_s &= \int \frac{\mathrm{d}^2\beta}{\pi}\,\vdots\,\langle -\beta|\rho_s|\beta\rangle \exp\left(|\beta|^2 + \beta^* a - \beta a^\dagger + a^\dagger a\right)\,\vdots \\
&= 2\sqrt{fg}\int \frac{\mathrm{d}^2\beta}{\pi}\,\vdots\,\exp\left[-|\beta|^2 - \frac{f}{2}(\beta-\beta^*)^2 + \frac{g}{2}(\beta+\beta^*)^2 + \beta^* a - \beta a^\dagger + a^\dagger a\right]\,\vdots \\
&= 2\sqrt{fg}\int \frac{\mathrm{d}^2\beta}{\pi}\,\vdots\,\exp\left[(f+g-1)|\beta|^2 - \beta a^\dagger + \beta^* a + \frac{1}{2}(g-f)\left(\beta^2 + \beta^{*2}\right) + a^\dagger a\right]\,\vdots \\
&= 2\sqrt{\frac{fg}{D}}\,\vdots\,\exp\left[\frac{g-f}{2D}\left(a^2 + a^{\dagger 2}\right) + \frac{4fg - g - f}{D}\,aa^\dagger\right]\,\vdots
\end{aligned} \tag{3.131}$$

其中

$$D = (f + g - 1)^2 - (g - f)^2 = (2f - 1)(2g - 1) \tag{3.132}$$

因此, 光子扣除压缩混沌光密度算符的反正规乘积为

$$\begin{aligned}
\rho &= C_{r,s}\left(1 - \mathrm{e}^\lambda\right) a^s S \mathrm{e}^{\lambda a^\dagger a} S^{-1} a^{\dagger s} \\
&= 2C_{r,s}\sqrt{\frac{fg}{D}}\,\vdots\, a^s \exp\left[\frac{g-f}{2D}\left(a^2 + a^{\dagger 2}\right) + \frac{4fg - g - f}{D}\,aa^\dagger\right] a^{\dagger s}\,\vdots \\
&= 2C_{r,s}\sqrt{\frac{fg}{D}}\, a^s \mathrm{e}^{\frac{g-f}{2D}a^2}\,\vdots\,\mathrm{e}^{\frac{4fg-g-f}{D}aa^\dagger}\,\vdots\,\mathrm{e}^{\frac{g-f}{2D}a^{\dagger 2}} a^{\dagger s}
\end{aligned} \tag{3.133}$$

3.10.2 光子扣除压缩混沌光场密度算符的归一化系数

下面, 来确定归一化系数 $C_{r,s}$. 为方便, 令

$$\mathrm{e}^{ua}\mathrm{e}^{\frac{g-f}{2D}a^2}\,\vdots\,\mathrm{e}^{\frac{4fg-g-f}{D}aa^\dagger}\,\vdots\,\mathrm{e}^{\frac{g-f}{2D}a^{\dagger 2}}\mathrm{e}^{va^\dagger} \equiv W \tag{3.134}$$

则

$$\rho = 2C_{r,s}\sqrt{\frac{fg}{D}}\,\frac{\partial^s}{\partial u^s}\frac{\partial^s}{\partial v^s} W\bigg|_{u=0,v=0} \tag{3.135}$$

为求归一化系数, 需将 W 转化为正规乘积形式. 由式 (3.134) 可知算符 W 的 P-表示, 并利用相干态完备性的正规表示

$$\int \frac{\mathrm{d}^2 z}{\pi} |z\rangle \langle z| = \int \frac{\mathrm{d}^2 z}{\pi} : \exp\left(-|z|^2 + za^\dagger + z^*a - a^\dagger a\right) : = 1 \tag{3.136}$$

可将算符 W 写成

$$\begin{aligned} W &= \int \frac{\mathrm{d}^2 z}{\pi} \mathrm{e}^{uz} \mathrm{e}^{\frac{g-f}{2D}z^2} \mathrm{e}^{\frac{4fg-g-f}{D}|z|^2} \mathrm{e}^{\frac{g-f}{2D}z^{*2}} \mathrm{e}^{vz^*} |z\rangle \langle z| \\ &= \int \frac{\mathrm{d}^2 z}{\pi} \mathrm{e}^{uz} \mathrm{e}^{\frac{g-f}{2D}z^2} \mathrm{e}^{\frac{4fg-g-f}{D}|z|^2} \mathrm{e}^{\frac{g-f}{2D}z^{*2}} \mathrm{e}^{vz^*} : \exp\left(-|z|^2 + za^\dagger + z^*a - a^\dagger a\right): \\ &= \int \frac{\mathrm{d}^2 z}{\pi} : \exp\left[\frac{g+f-1}{D}|z|^2 + z\left(a^\dagger + u\right) + z^*(a+v)\right. \\ &\quad \left. + \left(z^2 + z^{*2}\right)\frac{g-f}{2D} - a^\dagger a\right]: \\ &= \sqrt{D} : \exp\left\{-(g+f-1)\left(a^\dagger + u\right)(a+v) + \frac{g-f}{2}\left[\left(a^\dagger + u\right)^2 \right.\right. \\ &\quad \left.\left. + (a+v)^2\right] - a^\dagger a\right\}: \end{aligned} \tag{3.137}$$

则由归一化条件以及式 (3.135) 可得

$$\begin{aligned} 1 = \mathrm{tr}\rho &= 2C_{r,s}\sqrt{\frac{fg}{D}}\frac{\partial^s}{\partial u^s}\frac{\partial^s}{\partial v^s}\mathrm{tr}[W]\bigg|_{u=0,v=0} \\ &= 2C_{r,s}\sqrt{fg}\frac{\partial^s}{\partial u^s}\frac{\partial^s}{\partial v^s}\mathrm{tr}\left[\int \frac{\mathrm{d}^2\alpha}{\pi}|\alpha\rangle\langle\alpha|\right. \\ &\quad \left. \times :\exp\left\{-(g+f-1)\left(a^\dagger+u\right)(a+v) + \frac{g-f}{2}\left[\left(a^\dagger+u\right)^2+(a+v)^2\right]-a^\dagger a\right\}:\right] \\ &= 2C_{r,s}\sqrt{fg}\frac{\partial^s}{\partial u^s}\frac{\partial^s}{\partial v^s}\int \frac{\mathrm{d}^2\alpha}{\pi}\exp\left\{-(g+f)|\alpha|^2 + \alpha u + \alpha^* v\right. \\ &\quad \left. + \frac{g-f}{2}\left(\alpha^{*2}+\alpha^2\right) - uv\right\}\bigg|_{u=0,v=0} \\ &= C_{r,s}\frac{\partial^s}{\partial u^s}\frac{\partial^s}{\partial v^s}\exp\left[\frac{g-f}{8gf}u^2 + \frac{g-f}{8gf}v^2 + \frac{uv}{4gf}(g+f-4gf)\right]\bigg|_{u=0,v=0} \\ &= C_{r,s}\left(\frac{f-g}{8gf}\right)^s 2^s s! \sum_{n=0}^{[s/2]} \frac{s!}{2^{2n}(n!)^2(s-2n)!}\left(\frac{g+f-4gf}{f-g}\right)^{s-2n} \\ &= C_{r,s}s!\left(\frac{g+f-4gf}{4gf}\right)^s \mathrm{P}_s(1) = C_{r,s}s!\left(\frac{g+f-4gf}{4gf}\right)^s \end{aligned} \tag{3.138}$$

其中 $\mathrm{P}_s(1) = 1$ 是 s 阶 Laguerre 多项式. 因此, 光子扣除压缩混沌光场归一化系数为

$$C_{r,s}^{-1} = s!\left(\frac{g+f-4gf}{4gf}\right)^s \tag{3.139}$$

3.10.3 光子扣除压缩混沌光对应的热真空态

利用算符恒等式公式

$$e^{\lambda a^\dagger a} = :\exp\left[\left(e^\lambda - 1\right)a^\dagger a\right]:$$

以及式 (3.133), 则光子扣除压缩混沌光可写成

$$\rho = \frac{2\sqrt{fgD}}{s!(1-g-f)}\left(\frac{4gf}{g+f-4gf}\right)^s a^s e^{\frac{g-f}{2D}a^2} : \exp\left[\left(\frac{D}{1-g-f}-1\right)a^\dagger a\right] : e^{\frac{g-f}{2D}a^{\dagger 2}} a^{\dagger s} \tag{3.140}$$

上式中算符部分中正规乘积内算符可用积分表示, 则

$$a^s e^{\frac{g-f}{2D}a^2} : \exp\left[\left(\frac{D}{1-g-f}-1\right)a^\dagger a\right] : e^{\frac{g-f}{2D}a^{\dagger 2}} a^{\dagger s}$$

$$= \int \frac{\mathrm{d}^2 z}{\pi} a^s e^{Aa^2} : \exp\left(-|z|^2 + z^* a^\dagger \sqrt{\frac{D}{1-g-f}} + za\sqrt{\frac{D}{1-g-f}} - a^\dagger a\right) : e^{Aa^{\dagger 2}} a^{\dagger s} \tag{3.141}$$

其中, $A = \frac{g-f}{2D}$. 利用 $:e^{-a^\dagger a}: = |0\rangle\langle 0|$ 以及为归一化相干态 $\|z\rangle = \exp(za^\dagger)|0\rangle$, 则式 (3.141) 右边变成

$$\int \frac{\mathrm{d}^2 z}{\pi} e^{-|z|^2} a^s e^{Aa^2} \left\|z^*\sqrt{\frac{D}{1-g-f}}\right\rangle\left\langle z^*\sqrt{\frac{D}{1-g-f}}\right\| e^{Aa^{\dagger 2}} a^{\dagger s}$$

$$= \int \frac{\mathrm{d}^2 z}{\pi} e^{-|z|^2} \left(z^*\sqrt{\frac{D}{1-g-f}}\right)^s e^{\frac{AD}{1-g-f}z^{*2}}$$

$$\times \left\|z^*\sqrt{\frac{D}{1-g-f}}\right\rangle\left\langle z^*\sqrt{\frac{D}{1-g-f}}\right\| e^{\frac{AD}{1-g-f}z^2} \left(z\sqrt{\frac{D}{1-g-f}}\right)^s \tag{3.142}$$

利用式 (3.95), 则式 (3.140) 改为

$$\rho = \frac{2\sqrt{fgD}}{s!(1-g-f)}\left[\frac{4gfD}{(g+f-4gf)(1-g-f)}\right]^s$$

$$\times \int \frac{\mathrm{d}^2 z}{\pi} \langle \tilde{z}|\tilde{0}\rangle z^{*s} e^{\frac{AD}{1-g-f}z^{*2}} e^{z^*a^\dagger \sqrt{\frac{D}{1-g-f}}} |0\rangle\langle 0| e^{za\sqrt{\frac{D}{1-g-f}}} z^s \langle \tilde{0}|\tilde{z}\rangle e^{\frac{AD}{1-g-f}z^2}$$

$$= \frac{2\sqrt{fgD}}{s!(1-g-f)}\left[\frac{4gfD}{(g+f-4gf)(1-g-f)}\right]^s$$

$$\times \int \frac{\mathrm{d}^2 z}{\pi} \langle \tilde{z}|\tilde{a}^{\dagger s} e^{\frac{AD}{1-g-f}\tilde{a}^{\dagger 2}} e^{\tilde{a}^\dagger a^\dagger \sqrt{\frac{D}{1-g-f}}} |0\tilde{0}\rangle\langle 0\tilde{0}| e^{\tilde{a}a\sqrt{\frac{D}{1-g-f}}} \tilde{a}^s e^{\frac{AD}{1-g-f}\tilde{a}^2} |\tilde{z}\rangle$$

$$= \frac{2\sqrt{fgD}}{s!(1-g-f)} \left[\frac{4gfD}{(g+f-4gf)(1-g-f)}\right]^s$$
$$\times \tilde{\text{tr}}\left[\tilde{a}^{\dagger s} e^{\frac{AD}{1-g-f}\tilde{a}^{\dagger 2}} e^{\tilde{a}^\dagger a^\dagger \sqrt{\frac{D}{1-g-f}}} |0\tilde{0}\rangle\langle 0\tilde{0}| e^{\tilde{a}a\sqrt{\frac{D}{1-g-f}}} \tilde{a}^s e^{\frac{AD}{1-g-f}\tilde{a}^2}\right]$$
$$\equiv \tilde{\text{tr}}[|\psi(\beta)\rangle_{rs\ rs}\langle\psi(\beta)|] \tag{3.143}$$

故而有

$$|\psi(\beta)\rangle_{rs} = \left\{\frac{2\sqrt{fgD}}{s!(1-g-f)}\left[\frac{4gfD}{(g+f-4gf)(1-g-f)}\right]^s\right\}^{1/2}$$
$$\times \tilde{a}^{\dagger s} e^{\frac{AD}{1-g-f}\tilde{a}^{\dagger 2}} e^{\tilde{a}^\dagger a^\dagger \sqrt{\frac{D}{1-g-f}}} |0\tilde{0}\rangle \tag{3.144}$$

此即光子扣除压缩混沌光对应的热真空态. 实际上, 式 (3.144) 表明 $|\psi(\beta)\rangle_{rs}$ 可看成是扩展空间里的光子增加单–双模组合压缩真空态.

特别地, 当 $r=0$ 即无压缩时, 由式 (3.9)、式 (3.90) 和式 (3.132) 可知, $\tau_1^2 = \tau_2^2 = \bar{n}+1, f=g=\frac{\gamma}{2}, D=(1-\gamma)^2$. 则 $|\psi(\beta)\rangle_{rs}$ 退化为负二项光场的热真空态 $|\psi(\beta)\rangle$

$$\sqrt{\frac{\gamma^{s+1}}{s!}} \tilde{a}^{\dagger s} e^{\tilde{a}^\dagger a^\dagger \sqrt{1-\gamma}} |0\tilde{0}\rangle = |\psi(\beta)\rangle \tag{3.145}$$

而当 $s=0$ 时, 由式(3.144)可知 $|\psi(\beta)\rangle_{rs}$ 变成了压缩混沌光的热真空态 $\left(\frac{2\sqrt{fgD}}{1-g-f}\right)^{1/2} \times$ $e^{\frac{AD}{1-g-f}\tilde{a}^{\dagger 2}} e^{\tilde{a}^\dagger a^\dagger \sqrt{\frac{D}{1-g-f}}} |0\tilde{0}\rangle \equiv |\psi(\beta)\rangle_s$, 这是 $|\psi(\beta)\rangle_s$ 的另一种表达形式.

3.10.4 利用热真空态计算平均光子数

如前面所说, 热真空态对于计算系综平均是方便的. 系统下的平均光子数可通过 $_{rs}\langle\psi(\beta)|a^\dagger a|\psi(\beta)\rangle_{rs}$ 计算. 利用热真空态 $|\psi(\beta)\rangle_{rs}$, 有

$$a|\psi(\beta)\rangle_{rs} = \sqrt{\frac{D}{1-g-f}} \left\{\frac{2\sqrt{fgD}}{s!(1-g-f)}\left[\frac{4gfD}{(g+f-4gf)(1-g-f)}\right]^s\right\}^{1/2}$$
$$\times \tilde{a}^{\dagger s+1} \exp\left(\frac{AD}{1-g-f}\tilde{a}^{\dagger 2}\right) e^{\tilde{a}^\dagger a^\dagger \sqrt{\frac{D}{1-g-f}}} |0\tilde{0}\rangle$$
$$= \sqrt{\frac{(s+1)(g+f-4gf)}{4gf}} |\psi(\beta)\rangle_{rs+1} \tag{3.146}$$

故而平均光子数为

$$_{rs}\langle\psi(\beta)|a^\dagger a|\psi(\beta)\rangle_{rs} = \frac{(s+1)(g+f-4gf)}{4gf} = (s+1)\left[\left(\bar{n}+\frac{1}{2}\right)\cosh 2r - \frac{1}{2}\right] \tag{3.147}$$

3.11 双模光子扣除压缩态的归一化

双模压缩算符 $S_2(\lambda) = \exp[\lambda(a^\dagger b^\dagger - ab)]$ 作用于 $|00\rangle$ 得到

$$S_2(\lambda)|00\rangle = \text{sech}\,\lambda \exp(a^\dagger b^\dagger \tanh\lambda)|00\rangle \tag{3.148}$$

其中, λ 为实数, a, b 是双模湮灭算符, $[a, a^\dagger] = [b, b^\dagger] = 1$. 将 a^m 和 b^n 连续作用到 $S_2(\lambda)|00\rangle$, 得

$$|\lambda, m, n\rangle = a^m b^n S_2(\lambda)|00\rangle \tag{3.149}$$

$|\lambda, m, n\rangle$ 并未归一化. 注意到双模压缩算符的变换关系:

$$S_2^\dagger(\lambda) a S_2(\lambda) = a\cosh\lambda + b^\dagger \sinh\lambda$$
$$S_2^\dagger(\lambda) b S_2(\lambda) = b\cosh\lambda + a^\dagger \sinh\lambda \tag{3.150}$$

就有

$$\begin{aligned}
|\lambda, m, n\rangle &= S_2(\lambda) S_2^\dagger(\lambda) a^m b^n S_2(\lambda)|00\rangle \\
&= S_2(\lambda)(a\cosh\lambda + b^\dagger \sinh\lambda)^m (b\cosh\lambda + a^\dagger \sinh\lambda)^n |00\rangle \\
&= S_2(\lambda) \sinh^{n+m}\lambda \sum_{l=0}^{m} \frac{m!\coth^l \lambda}{l!(m-l)!} b^{\dagger m-l} a^l a^{\dagger n} |00\rangle
\end{aligned} \tag{3.151}$$

鉴于 $a^{\dagger n}|0\rangle = \sqrt{n!}|n\rangle$, $a^l |n\rangle = \frac{\sqrt{n!}}{\sqrt{(n-l)!}}|n-l\rangle = \frac{\sqrt{n!}}{(n-l)!} a^{\dagger n-l}|0\rangle$, 故

$$a^l a^{\dagger n}|00\rangle = \frac{n!}{(n-l)!} a^{\dagger n-l}|00\rangle \tag{3.152}$$

所以

$$\begin{aligned}
|\lambda, m, n\rangle &= S_2(\lambda) \sinh^{n+m}\lambda \sum_{l=0}^{\min(m,n)} \frac{m!n!\coth^l \lambda}{l!(m-l)!(n-l)!} a^{\dagger n-l} b^{\dagger m-l}|00\rangle \\
&= \frac{\sinh^{(n+m)/2} 2\lambda}{(\mathrm{i}\sqrt{2})^{n+m}} S_2(\lambda) \sum_{l=0}^{\min(m,n)} \frac{(-1)^l n! m! \left(\mathrm{i}\sqrt{\tanh\lambda}\, b^\dagger\right)^{m-l} \left(\mathrm{i}\sqrt{\tanh\lambda}\, a^\dagger\right)^{n-l}}{l!(n-l)!(m-l)!}|00\rangle
\end{aligned}$$

$$= \frac{\sinh^{(n+m)/2} 2\lambda}{(i\sqrt{2})^{n+m}} S_2(\lambda) H_{m,n}\left(i\sqrt{\tanh\lambda}\, b^\dagger, i\sqrt{\tanh\lambda}\, a^\dagger\right)|00\rangle \tag{3.153}$$

可见, $|\lambda, m, n\rangle$ 等价于双模压缩双变量 Hermite 激发真空态.

为了推导 $|\lambda, m, n\rangle$ 的归一化系数 $N_{\lambda,m,n}$, 首先计算内积 $\langle \lambda, m+s, n+t |\lambda, m, n\rangle$. 为此, 利用式 (3.153) 以及双变量 Hermite 多项式定义式 (1.129) 可将态 $|\lambda, m, n\rangle$ 改写为

$$|\lambda, m, n\rangle = S_2(\lambda) \sum_{l=0}^{\min(m,n)} \frac{m!n!\sinh^{n+m}\lambda \coth^l \lambda}{l!\sqrt{(m-l)!(n-l)!}} |n-l, m-l\rangle \tag{3.154}$$

故而有

$$\langle \lambda, m+s, n+t |\lambda, m, n\rangle = m!(n+s)!\delta_{s,t}\sinh^{2n+2m+2s}\lambda$$
$$\times \sum_{l=0}^{\min(m,n)} \frac{(m+s)!n!\coth^{2l+s}\lambda}{l!(m-l)!(n-l)!(l+s)!} \tag{3.155}$$

其中 $\delta_{s,t}$ 为 Kronecker-Delta 函数. 不失一般性, 设 $m < n$ 并将式 (3.155) 与标准的 Jacobi 多项式比较, 即

$$P_m^{(\alpha,\beta)}(x) = \left(\frac{x-1}{2}\right)^m \sum_{k=0}^{m} \binom{m+\alpha}{k}\binom{m+\beta}{m-k}\left(\frac{x+1}{x-1}\right)^k \tag{3.156}$$

则式 (3.155) 可进一步写为

$$\langle \lambda, m+s, n+t |\lambda, m, n\rangle = m!(n+s)!\delta_{s,t}\sinh^{2n+s}\lambda \cosh^s\lambda P_m^{(n-m,s)}(\cosh 2\lambda) \tag{3.157}$$

即内积 $\langle \lambda, m+s, n+t |\lambda, m, n\rangle$ 与 Jacobi 多项式密切相关. 特别地, 当 $s = t = 0$ 时, 态 $|\lambda, m, n\rangle$ 的归一化系数 $N_{m,n,\lambda}$ 为

$$N_{\lambda,m,n} = \langle \lambda, m, n |\lambda, m, n\rangle = m!n!\sinh^{2n}\lambda P_m^{(n-m,0)}(\cosh 2\lambda) \tag{3.158}$$

当 $m = n$ 时, 上式将变成关于压缩参数 λ 的 Legendre 多项式, 这是因为 $P_n^{(0,0)}(x) = P_n(x)$, $P_0(x) = 1$; 而当 $n \neq 0$, $m = 0$ 时, 注意到 $P_0^{(n,0)}(x) = 1$, 有 $N_{\lambda,0,n} = n!\sinh^{2n}\lambda$. 因此, 归一化的双模光子扣除态为

$$\|\lambda, m, n\rangle \equiv \left[m!n!\sinh^{2n}\lambda P_m^{(n-m,0)}(\cosh 2\lambda)\right]^{-1/2} a^m b^n S_2(\lambda)|00\rangle \tag{3.159}$$

3.12 双模等光子扣除压缩态

本节我们考虑双模等光子扣除双模压缩态 $a^n b^n e^{a^\dagger b^\dagger \tanh \lambda} |00\rangle$. 鉴于

$$a^n b^n e^{a^\dagger b^\dagger \tanh \lambda} = \sum_{m=0}^{\infty} \frac{\tanh^m \lambda}{m!} a^n a^{\dagger m} b^n b^{\dagger m}$$

$$= (-1)^n \sum_{m=0}^{\infty} \frac{(-\tanh \lambda)^m}{m!} : H_{m,n}(ia^\dagger, ia) H_{m,n}(ib^\dagger, ib) : \quad (3.160)$$

所以我们要求证如下恒等式:

$$\sum_{m=0}^{\infty} \frac{s^m}{m!} H_{m,n}(x,y) H_{m,n}(x',y')$$

$$= (-s)^n H_{n,n} \left[i\left(\frac{y}{s} - x'\right), i(y' - sx) \right] e^{sx'x} \quad (3.161)$$

这是对于两个双变量 Hermite 多项式的乘积的一个指标的求和公式.

证明 重写双变量 Hermite 多项式的母函数公式为

$$\sum_{n=0}^{\infty} \frac{s^m t^n}{m! n!} H_{m,n}(x,y) = \exp[t(y-s) + sx]$$

$$= e^{sx} \sum_{n=0}^{\infty} \frac{t^n (y-s)^n}{n!} \quad (3.162)$$

比较两边 $\frac{t^n}{n!}$ 的系数得到对于一个双变量 Hermite 多项式的一个指标的求和公式

$$\sum_{m=0}^{\infty} \frac{s^m}{m!} H_{m,n}(x,y) = (y-s)^n e^{sx} \quad (3.163)$$

然后我们用算符 Hermite 多项式方法求下式之和

$$\sum_{m=0}^{\infty} \frac{s^m}{m!} H_{m,n}(x,y) \colon H_{m,n}(a^\dagger, a) \colon = ? \quad (3.164)$$

其中, $:H_{m,n}(a^\dagger,a):$ 是反正规排序,a 和 $a^\dagger$ 在 $: \ :$ 内部可以交换,用 $:H_{m,n}(a^\dagger,a): = :a^{\dagger m} a^n:$ 可以将式 (3.164) 改写为

$$\sum_{m=0}^{\infty} \frac{s^m}{m!} H_{m,n}(x,y) \colon H_{m,n}(a^\dagger, a) \colon$$

$$= \sum_{m=0}^{\infty} \frac{: s^m a^{\dagger m} a^n :}{m!} H_{m,n}(x,y)$$

$$=: (y-sa^\dagger)^n e^{sa^\dagger x} a^n : = (y-sa^\dagger)^n (a-sx)^n e^{sa^\dagger x} \qquad (3.165)$$

为比较上式左边第一式和右边最后一式，我们需要将式 (3.165) 右边算符改写成反正规乘积的形式。利用将算符 $\rho(a, a^\dagger)$ 转换为反正规乘积形式的公式（2.73），即

$$\rho(a, a^\dagger) = \int \frac{\mathrm{d}^2 \beta}{\pi} \vdots \langle -\beta | \rho(a, a^\dagger) | \beta \rangle \exp\left(|\beta|^2 + \beta^* a - \beta a^\dagger + a^\dagger a\right) \vdots \qquad (3.166)$$

其中, $|\beta\rangle = \exp\left(-\frac{|\beta|^2}{2} + \beta a^\dagger\right)|0\rangle$ 为相干态，且有 $\langle -\beta | \beta \rangle = \mathrm{e}^{-2|\beta|^2}$，可见算符 $(y-sa^\dagger)^n \times (a-sx)^n$ 可转换为反正规乘积形式:

$$(y-sa^\dagger)^n (a-sx)^n$$

$$= \int \frac{\mathrm{d}^2 \beta}{\pi} \vdots \langle -\beta | (y-sa^\dagger)^n (a-sx)^n | \beta \rangle \exp\left(|\beta|^2 + \beta^* a - \beta a^\dagger + a^\dagger a\right) \vdots$$

$$= s^n \int \frac{\mathrm{d}^2 \beta}{\pi} \left(\frac{y}{s} + \beta^*\right)^n (\beta - sx)^n \exp\left(-|\beta|^2 + \beta^* a - \beta a^\dagger + a^\dagger a\right) \vdots$$

$$= s^n \mathrm{e}^{xy} \int \frac{\mathrm{d}^2 \beta'}{\pi} |\beta'|^{2n} \vdots \exp\left(-|\beta'|^2 + \beta'\left(\frac{y}{s} - a^\dagger\right) + (a-sx)\beta'^* - sxa^\dagger - \frac{y}{s}a + a^\dagger a\right) \vdots$$

$$= (-s)^n \vdots H_{n,n}\left[\mathrm{i}\left(\frac{y}{s} - a^\dagger\right), \mathrm{i}(a-sx)\right] \vdots \qquad (3.167)$$

在上式最后一步计算中, 利用了积分公式

$$\int \frac{\mathrm{d}^2 z}{\pi} z^m z^{*n} \exp\left(-|z|^2 + \xi z + \eta z^*\right) = (-\mathrm{i})^{m+n} \mathrm{e}^{\eta \xi} H_{m,n}(\mathrm{i}\eta, \mathrm{i}\xi) \qquad (3.168)$$

将式 (3.167) 代入式 (3.165) 可得

$$\sum_{m=0}^{\infty} \frac{s^m}{m!} H_{m,n}(x,y) \vdots H_{m,n}(a^\dagger, a) \vdots = (-s)^n \vdots H_{n,n}\left[\mathrm{i}\left(\frac{y}{s} - a^\dagger\right), \mathrm{i}(a-sx)\right] \vdots \mathrm{e}^{sa^\dagger x} \qquad (3.169)$$

由于式 (3.169) 两边均处于反正规乘积之中, 在反正规乘积之中算符彼此是可对易的, 即相当于经典的 c 数, 因此, 可做取代 $a^\dagger \to x', a \to y'$，即得式 (3.161)。注意到双变量 Hermite 多项式 $H_{m,m}(x,y)$ 与 Laguerre 多项式 $L_m(xy)$ 的关系式（2.78），即

$$H_{m,m}(x,y) = (-1)^m m! L_m(xy) \qquad (3.170)$$

其中, $L_m(x)$ 的求和定义式为

$$L_m(x) = \sum_{l=0}^{m} (-1)^l \binom{m}{m-l} \frac{x^l}{l!} \qquad (3.171)$$

则式 (3.161) 又可表示成

$$\sum_{m=0}^{\infty}\frac{s^m}{m!}H_{m,n}(x,y)H_{m,n}(x',y')=s^n n! L_n\left[-\left(\frac{y}{s}-x'\right)(y'-sx)\right]\mathrm{e}^{sx'x} \tag{3.172}$$

类似地, 可以证明

$$\sum_{n=0}^{\infty}\frac{t^n}{n!}H_{m,n}(x,y)H_{m,n}(x',y')=(-t)^m H_{m,m}\left[\mathrm{i}(yt-x'),\mathrm{i}\left(y'-\frac{x}{t}\right)\right]\mathrm{e}^{ty'y}$$

$$=t^m m! L_m\left[-(yt-x')\left(y'-\frac{x}{t}\right)\right]\mathrm{e}^{ty'y} \tag{3.173}$$

于是算符 $a^n b^n \mathrm{e}^{a^\dagger b^\dagger \tanh\lambda}$ 可表示为

$$a^n b^n \mathrm{e}^{a^\dagger b^\dagger \tanh\lambda}=(-1)^n\sum_{m=0}^{\infty}\frac{(-\tanh\lambda)^m}{m!}:H_{m,n}\left(\mathrm{i}a^\dagger,\mathrm{i}a\right)H_{m,n}\left(\mathrm{i}b^\dagger,\mathrm{i}b\right):$$

$$=n!\tanh^n\lambda\,\mathrm{e}^{a^\dagger b^\dagger \tanh\lambda}:L_n\left(-a^\dagger a-b^\dagger b-ab\coth\lambda-a^\dagger b^\dagger\tanh\lambda\right): \tag{3.174}$$

且双模等光子扣除压缩真空态可表示为

$$|\lambda\rangle_n\equiv a^n b^n S_2(\lambda)|00\rangle=\mathrm{sech}\,\lambda\,a^n b^n \mathrm{e}^{a^\dagger b^\dagger \tanh\lambda}|00\rangle$$

$$=(\mathrm{sech}\,\lambda)n!\tanh^n\lambda\,\mathrm{e}^{a^\dagger b^\dagger\tanh\lambda}L_n\left(-a^\dagger b^\dagger\tanh\lambda\right)|00\rangle$$

$$=n!\tanh^n\lambda L_n\left(-a^\dagger b^\dagger\tanh\lambda\right)S_2(\lambda)|00\rangle \tag{3.175}$$

因此, $|\lambda\rangle_n$ 等价于 Laguerre 多项式激发双模压缩真空态. 在上一节我们已经计算了归一化, 即

$$\langle 00|\mathrm{e}^{ab\tanh\lambda}a^{\dagger n}b^{\dagger n}a^n b^n \mathrm{e}^{a^\dagger b^\dagger\tanh\lambda}|00\rangle=(n!)^2\sinh^{2n}\lambda P_n(\cosh 2\lambda) \tag{3.176}$$

其中 $P_n(x)$ 为 Legendre 多项式, 有

$$P_n(x)=\sum_{l=0}^{[n/2]}\frac{(-1)^l(2n-2l)!x^{n-2l}}{2^n l!(n-l)!(n-2l)!} \tag{3.177}$$

利用式 (3.175) 和式 (3.176) 以及相干态完备性 $\int\frac{\mathrm{d}^2\alpha\mathrm{d}^2\beta}{\pi^2}|\alpha,\beta\rangle\langle\alpha,\beta|=1$, 可得

$$\langle 00|\mathrm{e}^{ab\tanh\lambda}a^{\dagger n}b^{\dagger n}a^n b^n\mathrm{e}^{a^\dagger b^\dagger\tanh\lambda}|00\rangle$$

$$=(n!)^2\tanh^{2n}\lambda\langle 00|L_n(-ab\tanh\lambda)\mathrm{e}^{ab\tanh\lambda}$$

$$\times\int\frac{\mathrm{d}^2\alpha\mathrm{d}^2\beta}{\pi^2}|\alpha,\beta\rangle\langle\alpha,\beta|\mathrm{e}^{a^\dagger b^\dagger\tanh\lambda}L_n\left(-a^\dagger b^\dagger\tanh\lambda\right)|00\rangle \tag{3.178}$$

所以

$$\int\frac{\mathrm{d}^2\alpha\mathrm{d}^2\beta}{\pi^2}|L_n(-\alpha\beta\tanh\lambda)|^2\mathrm{e}^{-|\alpha|^2-|\beta|^2+(\alpha\beta+\alpha^*\beta^*)\tanh\lambda}=P_n(\cosh 2\lambda)\cosh^{2n}\lambda \tag{3.179}$$

此即一个新积分公式.

3.13 求和公式 $\sum_{m,n=0}^{\infty}\dfrac{s^m t^n}{m!n!}H_{m,n}(x,y)H_{m,n}(x',y')$

利用 Laguerre 多项式的母函数公式（2.32），可进一步对式 (3.172) 做求和 $\sum_{n=0}^{\infty}\dfrac{t^n}{n!}$，则有

$$\sum_{m,n=0}^{\infty}\frac{s^m t^n}{m!n!}H_{m,n}(x,y)H_{m,n}(x',y') = \sum_{n=0}^{\infty} t^n s^n L_n\left[-\left(\frac{y}{s}-x'\right)(y'-sx)\right] e^{sx'x}$$

$$= \frac{1}{1-ts}\exp\left[\frac{sxx'+tyy'-ts(xy+x'y')}{1-ts}\right] \quad (3.180)$$

该公式是非常有用的，如利用上式可得

$$\sum_{n,m=0}^{\infty}\frac{t^n s^m}{n!m!}H_{m,n}(x,y){:}H_{m,n}(a^\dagger,a){:} = \frac{1}{1-ts}{:}\exp\left[\frac{sxa^\dagger+tya-ts(xy+a^\dagger a)}{1-ts}\right]{:} \quad (3.181)$$

另一方面，注意到式算符恒等式 ${:}H_{m,n}(a^\dagger,a){:} = {:}a^{\dagger m}a^n{:}$，则上式又可写成

$$\sum_{n,m=0}^{\infty}\frac{t^n s^m}{n!m!}H_{m,n}(x,y){:}H_{m,n}(a^\dagger,a){:} = \sum_{n,m=0}^{\infty}\frac{{:}s^m a^{\dagger m}t^n a^n{:}}{m!n!}H_{m,n}(x,y)$$

$$= {:}\exp(-sta^\dagger a + sa^\dagger x + tay){:} \quad (3.182)$$

因此，我们得到一个联系算符正规与反正规乘积的算符恒等式，即

$${:}\exp(-sta^\dagger a + sa^\dagger x + tay){:} = \frac{1}{1-ts}{:}\exp\left[\frac{sxa^\dagger+tya-ts[xy+a^\dagger a]}{1-ts}\right]{:} \quad (3.183)$$

特别地，若 $x=y=0$，则有

$${:}\exp(-sta^\dagger a){:} = \frac{1}{1-ts}{:}\exp\left(\frac{-tsa^\dagger a}{1-ts}\right){:} \quad (3.184)$$

利用式 (2.29) 以及式 (3.180) 可得

$$e^{sab}e^{ta^\dagger b^\dagger} = \sum_{m=0}^{\infty}\frac{s^m}{m!}a^m b^m \sum_{n=0}^{\infty}\frac{t^n}{n!}a^{\dagger n}b^{\dagger n}$$

$$= \sum_{m,n=0}^{\infty}\frac{(-1)^{m+n}s^m t^n}{m!n!}{:}H_{m,n}\left(ia^\dagger,ia\right)H_{m,n}\left(ib^\dagger,ib\right){:}$$

$$= \frac{1}{1-ts} : \exp\left[\frac{ts\left(a^\dagger a + b^\dagger b\right) + sa^\dagger b^\dagger + tab}{1-ts}\right] : \quad (3.185)$$

即反正规乘积算符 $e^{sab}e^{ta^\dagger b^\dagger}$ 的正规乘积形式为

$$e^{sab}e^{ta^\dagger b^\dagger} = \frac{1}{1-ts}e^{\frac{s}{1-ts}a^\dagger b^\dagger}e^{-(a^\dagger a + b^\dagger b)\ln(1-ts)}e^{\frac{t}{1-ts}ab} \quad (3.186)$$

算符 $a^n b^n e^{a^\dagger b^\dagger \tanh\lambda}$ 的正规乘积形式由式 (3.174) 给出.

第 4 章

从Weyl-排序到s-排序以及Wigner算符的Radon变换

4.1 化算符为 Weyl-排序的公式

由式（1.86）可知，相干态 $|z\rangle\langle z|$ 的经典对应是

$$2\pi\mathrm{Tr}\left[|z\rangle\langle z|\Delta(q,p)\right] = 2\pi\frac{1}{\pi}\langle z|:\mathrm{e}^{-2(a-\alpha)(a^\dagger-\alpha^*)}:|z\rangle = 2\mathrm{e}^{-2(z^*-\alpha^*)(z-\alpha)} \tag{4.1}$$

其 Weyl 对应式则为 [利用式 (1.84)]

$$|z\rangle\langle z| = 4\int \mathrm{d}^2\alpha\, \mathrm{e}^{-2(z^*-\alpha^*)(z-\alpha)}\Delta(\alpha,\alpha^*) \tag{4.2}$$

鉴于式（1.91）给出的 $|z\rangle\langle z|$ 的 Weyl-排序

$$|z\rangle\langle z| = 2\,\vdots\,\mathrm{e}^{-2(z^*-a^\dagger)(z-a)}\,\vdots \tag{4.3}$$

可见式（4.2）中的 Wigner 算符的 Weyl-排序形式是

$$\Delta(\alpha,\alpha^*) = \frac{1}{2}\,\vdots\,\delta(\alpha^*-a^\dagger)\delta(\alpha-a)\,\vdots \tag{4.4}$$

求 Wigner 算符的 Weyl-排序形式，也可以由式（1.77）和 IWOP 方法得到

$$\begin{aligned}
\Delta(x,p) &= \frac{1}{\pi}\,\vdots\,\mathrm{e}^{-(x-X)^2-(p-P)^2}\,\vdots \\
&= \iint \frac{\mathrm{d}u\mathrm{d}v}{4\pi^2}\,\vdots\,\mathrm{e}^{-\frac{u^2}{4}+\mathrm{i}u(x-X)-\frac{v^2}{4}+\mathrm{i}v(p-P)}\,\vdots \\
&= \iint \frac{\mathrm{d}u\mathrm{d}v}{4\pi^2} \mathrm{e}^{\mathrm{i}u(x-X)+\mathrm{i}v(p-P)} \\
&= \iint \frac{\mathrm{d}u\mathrm{d}v}{4\pi^2}\,\vdots\,\mathrm{e}^{\mathrm{i}u(x-X)+\mathrm{i}v(p-P)}\,\vdots \\
&= \,\vdots\,\delta(x-X)\delta(p-P)\,\vdots \\
&= \,\vdots\,\delta(p-P)\delta(x-X)\,\vdots
\end{aligned} \tag{4.5}$$

Wigner 算符的 Weyl-排序形式恰是 δ 函数型，为范洪义首先导出，不但凸显了理论的优美与简洁，而且有广泛的应用. 例如 Weyl 对应式（1.84）就可改写为

$$\begin{aligned}
H(a^\dagger,a) &= 2\int \mathrm{d}^2\alpha \Delta(\alpha,\alpha^*) h(\alpha,\alpha^*) \\
&= \int \mathrm{d}^2\alpha\,\vdots\,\delta(a^\dagger-\alpha^*)\delta(a-\alpha)\,\vdots\,h(\alpha,\alpha^*) \\
&= \,\vdots\,h(a,a^\dagger)\,\vdots
\end{aligned} \tag{4.6}$$

表明要得到 $H(a^\dagger,a)$ 的 Weyl-排序形式只需将其经典 Weyl 对应函数中做替换 $\alpha \to a, \alpha^* \to a^\dagger$ 即可得到.

用算符的 P-表示 $\rho = \int \frac{\mathrm{d}^2 z}{\pi} P(z,z^*)|z\rangle\langle z|$，其中

$$P(z,z^*) = \frac{\mathrm{e}^{|z|^2}}{\pi}\int \frac{\mathrm{d}^2\beta}{\pi}\langle-\beta|\rho|\beta\rangle \mathrm{e}^{|\beta|^2}\mathrm{e}^{-\beta z^*+\beta^* z} \tag{4.7}$$

这里，$|\beta\rangle$ 为 Glauber 相干态，将式 (4.3) 和 (4.7) 代入式 (4.6)，得

$$\begin{aligned}
\rho &= 2\int \frac{\mathrm{d}^2 z}{\pi} P(z) \frac{\mathrm{e}^{|z|^2}}{\pi^2}\int \frac{\mathrm{d}^2\beta}{\pi}\langle-\beta|\rho|\beta\rangle \mathrm{e}^{|\beta|^2}\mathrm{e}^{-\beta z^*+\beta^* z}\,\vdots\,\exp[-2(z^*-\alpha^*)(z-\alpha)]\,\vdots \\
&= 2\int \frac{\mathrm{d}^2\beta}{\pi}\langle-\beta|\rho|\beta\rangle\,\vdots\,\exp[-2(\beta^*\alpha-\beta a^\dagger+a^\dagger a)]\,\vdots
\end{aligned} \tag{4.8}$$

在 :: 内部 a 与 $a^\dagger$ 可以交换. 上式 (4.8) 就是为化算符为 Weyl-排序的算符公式. 特别地, 当 $\rho = 1$ 时, 是单位算符, 注意到 $\langle -\beta | \beta \rangle = e^{-2|\beta|^2}$, 式 (4.8) 将退化为

$$1 = 2\int \frac{d^2\beta}{\pi} \colon \exp\left[-2\left(\beta^* + a^\dagger\right)(\beta - a)\right] \colon \tag{4.9}$$

此外, Weyl-排序的一般公式还可以通过以下途径得到. 即利用 Wigner 算符的正规乘积表示, 有

$$\begin{aligned}
\langle -\beta | \Delta(\alpha, \alpha^*) | \beta \rangle &= \frac{1}{\pi} \langle -\beta | \colon e^{-2(\alpha^* - a^\dagger)(\alpha - a)} \colon | \beta \rangle \\
&= \frac{1}{\pi} e^{-2(\alpha^* + \beta^*)(\alpha - \beta)} \langle -\beta | \beta \rangle \\
&= \frac{1}{\pi} e^{-2\alpha^*\alpha - 2\beta^*\alpha + 2\beta\alpha^*}
\end{aligned} \tag{4.10}$$

所以

$$\begin{aligned}
\langle -\beta | H(a^\dagger, a) | \beta \rangle &= 2\int d^2\alpha \langle -\beta | \Delta(\alpha, \alpha^*) | \beta \rangle h(\alpha, \alpha^*) \\
&= 2\int \frac{d^2\alpha}{\pi} h(\alpha, \alpha^*) e^{-2\alpha^*\alpha} e^{2\beta\alpha^* - 2\beta^*\alpha}
\end{aligned} \tag{4.11}$$

此式中 $e^{2\beta\alpha^* - 2\beta^*\alpha}$ 是一个 Fourier 积分变换核, 故其逆变换给出

$$h(\alpha, \alpha^*) = 2e^{2\alpha^*\alpha} \int \frac{d^2\beta}{\pi} \langle -\beta | H(a^\dagger, a) | \beta \rangle e^{2\beta^*\alpha - 2\beta\alpha^*} \tag{4.12}$$

这也是从已知的算符 $H(a^\dagger, a)$ 求其经典 Weyl 对应的计算公式, 与式 (1.86) 比较, 就功能而言殊途同归. 再代入式 (1.84) 可得

$$\begin{aligned}
H(a^\dagger, a) &= 4\int d^2\alpha \Delta(\alpha, \alpha^*) e^{2\alpha^*\alpha} \int \frac{d^2\beta}{\pi} \langle -\beta | H(a^\dagger, a) | \beta \rangle e^{2\beta^*\alpha - 2\beta\alpha^*} \\
&= 2\int d^2\alpha \colon \delta(\alpha^* - a^\dagger) \delta(\alpha - a) \colon e^{2\alpha^*\alpha} \int \frac{d^2\beta}{\pi} \langle -\beta | H(a^\dagger, a) | \beta \rangle e^{2\beta^*\alpha - 2\beta\alpha^*} \\
&= 2\int \frac{d^2\beta}{\pi} \colon \langle -\beta | H(a^\dagger, a) | \beta \rangle e^{2\left(\beta^* a - \beta a^\dagger + a^\dagger a\right)} \colon
\end{aligned} \tag{4.13}$$

这与式 (4.8) 一致.

4.2 Weyl-排序算符化为其他排序

$e^{\lambda a^\dagger + \mu a}$ 的经典对应是 $e^{\lambda \alpha^* + \mu \alpha}$, 这可以由式 (1.84) 验证. 所以用式 (4.4) 得到

$$e^{\lambda a^\dagger + \mu a} = 2\int d^2\alpha \frac{1}{2} \colon \delta(\alpha^* - a^\dagger) \delta(\alpha - a) \colon e^{\lambda \alpha^* + \mu \alpha}$$

$$= \mathop{:}\limits^{\cdot}_{\cdot} e^{\lambda a^\dagger + \mu a} \mathop{:}\limits^{\cdot}_{\cdot} \tag{4.14}$$

同理，有

$$e^{\sigma Q + \lambda P} = \mathop{:}\limits^{\cdot}_{\cdot} e^{\sigma Q + \lambda P} \mathop{:}\limits^{\cdot}_{\cdot} \tag{4.15}$$

即算符 $e^{\lambda a^\dagger + \mu a}$ 与 $e^{\sigma Q + \lambda P}$ 的 Weyl-排序就是其自身. 因此

$$\mathop{:}\limits^{\cdot}_{\cdot} e^{\sigma Q + \lambda P} \mathop{:}\limits^{\cdot}_{\cdot} = e^{-\mathrm{i}\frac{1}{2}\lambda \sigma} e^{\sigma Q} e^{\lambda P} = \mathfrak{Q}\left[e^{-\mathrm{i}\frac{1}{2}\lambda \sigma + \lambda P + \sigma Q}\right] \tag{4.16}$$

这里，$\mathfrak{Q}$ 表示 Q-P 排序算符——所有坐标算符排在动量算符的左边的排序形式，在 $\mathfrak{Q}$-排序内算符是可对易的.

考虑若要将已是 Weyl-排序的算符 $\mathop{:}\limits^{\cdot}_{\cdot} P^n Q^m \mathop{:}\limits^{\cdot}_{\cdot}$ 化为 $\mathfrak{Q}$-排序（坐标在动量算符的左边），则用式（4.16）右边展开

$$\mathfrak{Q}\left[e^{-\mathrm{i}\frac{1}{2}\lambda \sigma + \lambda P + \sigma Q}\right] = \sum_{n=0}^{\infty} \frac{\left(\mathrm{i}\frac{\lambda}{\sqrt{2}}\right)^n \left(\frac{\sigma}{\sqrt{2}}\right)^m}{n!m!} \mathfrak{Q}\left[H_{n,m}\left(-\mathrm{i}\sqrt{2}P, \sqrt{2}Q\right)\right] \tag{4.17}$$

比较式

$$\mathop{:}\limits^{\cdot}_{\cdot} e^{\sigma Q + \lambda P} \mathop{:}\limits^{\cdot}_{\cdot} = \sum_{n=0}^{\infty} \frac{\lambda^n \sigma^m}{n!m!} \mathop{:}\limits^{\cdot}_{\cdot} P^n Q^m \mathop{:}\limits^{\cdot}_{\cdot} \tag{4.18}$$

得到

$$\mathop{:}\limits^{\cdot}_{\cdot} P^n Q^m \mathop{:}\limits^{\cdot}_{\cdot} = \mathrm{i}^n \left(\frac{1}{\sqrt{2}}\right)^{n+m} \mathfrak{Q}\left[H_{n,m}\left(-\mathrm{i}\sqrt{2}P, \sqrt{2}Q\right)\right] \tag{4.19}$$

此即 Weyl-排序的算符 $\mathop{:}\limits^{\cdot}_{\cdot} P^n Q^m \mathop{:}\limits^{\cdot}_{\cdot}$ 的 $\mathfrak{Q}$-排序形式. 由式（4.16）和（4.19）不难看出

$$\begin{aligned}
(fP + gQ)^n &= \mathop{:}\limits^{\cdot}_{\cdot} (fP + gQ)^n \mathop{:}\limits^{\cdot}_{\cdot} \\
&= \sum_{l=0}^{n} \binom{n}{l} \mathop{:}\limits^{\cdot}_{\cdot} (fP)^{n-l} (gQ)^l \mathop{:}\limits^{\cdot}_{\cdot} \\
&= \left(\frac{1}{\sqrt{2}}\right)^n \sum_{l=0}^{n} \binom{n}{l} (\mathrm{i}f)^{n-l} g^l \mathfrak{Q}\left[H_{n-l,l}\left(-\mathrm{i}\sqrt{2}P, \sqrt{2}Q\right)\right]
\end{aligned} \tag{4.20}$$

用关于双变量 Hermite 多项式的二项式定理 [见第 2 章中式（2.88）]

$$\sum_{l=0}^{n} \binom{n}{l} z^l H_{n-l,l}(x,y) = \sqrt{z}^n H_n\left(\frac{x}{\sqrt{z}} + \sqrt{z}y\right)$$

得到

$$(fP + gQ)^n = \left(\frac{\mathrm{i}f}{\sqrt{2}}\right)^n \sqrt{\left(\frac{g}{\mathrm{i}f}\right)^n} \mathfrak{Q}\left[H_n\left(\frac{-\mathrm{i}\sqrt{2}P}{\sqrt{\frac{g}{\mathrm{i}f}}} + \sqrt{\frac{g}{\mathrm{i}f}}\sqrt{2}Q\right)\right] \tag{4.21}$$

令 $g=1, f=\mathrm{i}$, 则由式（4.21）得

$$(\mathrm{i}P+Q)^n = \left(\frac{-\mathrm{i}}{\sqrt{2}}\right)^n \mathfrak{Q}\left[H_n\left(-\sqrt{2}P-\mathrm{i}\sqrt{2}Q\right)\right] \tag{4.22}$$

鉴于湮灭算符 $a=\dfrac{\mathrm{i}P+Q}{\sqrt{2}}$, 所以

$$a^n = \left(\frac{-\mathrm{i}}{2}\right)^n \mathfrak{Q}\left[H_n\left(-\sqrt{2}P-\mathrm{i}\sqrt{2}Q\right)\right] \tag{4.23}$$

可见, 湮灭算符 a^n 的 $\mathfrak{Q}$-排序形式恰好是一个单变量 Hermite 多项式, 故而

$$\langle q|a^n|p\rangle = \left(\frac{\mathrm{i}}{2}\right)^n H_n\left(\sqrt{2}p+\mathrm{i}\sqrt{2}q\right)\langle q|p\rangle \tag{4.24}$$

4.3 量子光学相算符的经典对应

在经典谐振子理论中, 位相是振动的三要素（振幅、位相、频率）之一. 量子位相算符最早由狄拉克定义, $a=\sqrt{N}\mathrm{e}^{\mathrm{i}\phi}, N=a^\dagger a$, 这可以看作一种复数极分解的量子对应. 稍后 Susskind 和 Glogower 将其修改为

$$\mathrm{e}^{\mathrm{i}\phi} = (N+1)^{-\frac{1}{2}}a, \quad \mathrm{e}^{-\mathrm{i}\phi} = a^\dagger(N+1)^{\frac{1}{2}} \tag{4.25}$$

以避免 $N^{-1/2}|0\rangle$ 的尴尬. 容易证明

$$\mathrm{e}^{\mathrm{i}\phi}\mathrm{e}^{-\mathrm{i}\phi} = 1, \quad \mathrm{e}^{-\mathrm{i}\phi}\mathrm{e}^{\mathrm{i}\phi} = 1-|0\rangle\langle 0| \tag{4.26}$$

故 $\mathrm{e}^{\mathrm{i}\phi}$ 与 $\mathrm{e}^{-\mathrm{i}\phi}$ 不可交换. 容易看出

$$[N,\mathrm{e}^{\mathrm{i}\phi}] = -\mathrm{e}^{\mathrm{i}\phi}, \quad [N,\mathrm{e}^{-\mathrm{i}\phi}] = \mathrm{e}^{-\mathrm{i}\phi}$$
$$[N,\cos\phi] = -\mathrm{i}\sin\phi, \quad [N,\sin\phi] = \mathrm{i}\cos\phi \tag{4.27}$$

故而有

$$\Delta N \Delta\cos\phi \geqslant \frac{1}{2}|\langle\sin\phi\rangle|, \quad \Delta N \Delta\sin\phi \geqslant \frac{1}{2}|\langle\cos\phi\rangle| \tag{4.28}$$

可以证明相干态是使得数–相测不准关系取极小的态.

一个有趣的问题是, 相算符 $e^{i\phi}$ 的经典 Weyl 对应是什么呢? 也就是说在下面这个方程中, $h(\alpha, \alpha^*)$ 的具体形式是什么? 它能显示一个经典相因子吗?

$$e^{i\phi} = 2\int d^2\alpha\, h(\alpha, \alpha^*) \Delta(\alpha, \alpha^*) \tag{4.29}$$

我们的思路是：只要把 $e^{i\phi}$ 的 Weyl-排序的形式找到, $e^{i\phi} = {\vdots} h(a^\dagger, a) {\vdots}$, 那么将其中的 $a^\dagger \to \alpha^*, a \to \alpha$, 就得所求, 这是因为 $\Delta(\alpha, \alpha^*) = \frac{1}{2} {\vdots} \delta(a^\dagger - \alpha^*) \delta(a - \alpha) {\vdots}$.

将 $e^{i\phi}$ 在 Fock 空间展开

$$e^{i\phi} = \sum_{m,n}^{\infty} |m\rangle\langle n| \langle m|e^{i\phi}|n\rangle \tag{4.30}$$

这里, $|n\rangle = \frac{a^{\dagger n}}{\sqrt{n!}} |0\rangle$, 及

$$\langle m|e^{i\phi}|n\rangle = \langle m|(N+1)^{-1/2} a|n\rangle = \delta_{m,n-1} \tag{4.31}$$

而 $|m\rangle\langle n|$ 的 Weyl-排序的形式可通过式（4.8）给出, 即

$$\begin{aligned}|m\rangle\langle n| &= 2\int \frac{d^2\beta}{\pi} {\vdots} \langle -\beta|m\rangle\langle n|\beta\rangle \exp\left[2\left(\beta^* a - a^\dagger \beta + a^\dagger a\right)\right] {\vdots} \\ &= 2\int \frac{d^2\beta}{\pi} {\vdots} \frac{\beta^n(-\beta^*)^m}{\sqrt{n!m!}} \exp\left[2\left(\beta^* a - a^\dagger \beta + a^\dagger a\right)\right] {\vdots}\end{aligned} \tag{4.32}$$

用积分公式

$$\begin{aligned}H_{m,n}(\xi,\eta) &= (-1)^n e^{\xi\eta} \int \frac{d^2 z}{\pi} z^n z^{*m} \exp\left(-|z|^2 + \xi z - \eta z^*\right) \\ &= (-1)^m e^{\xi\eta} \int \frac{d^2 z}{\pi} z^n z^{*m} \exp\left(-|z|^2 + \xi z - \eta z^*\right)\end{aligned} \tag{4.33}$$

这里 $H_{m,n}$ 是双变量 Hermite 多项式（1.129）, 即

$$H_{m,n}(\xi,\eta) = \sum_{l=0}^{\min(m,n)} l! \binom{m}{l} \binom{n}{l} (-1)^l \xi^{m-l} \eta^{n-l} \tag{4.34}$$

则 $|m\rangle\langle n|$ 的 Weyl-排序的形式为

$$|m\rangle\langle n| = \frac{2}{\sqrt{n!m!}} {\vdots} H_{m,n}(2a^\dagger, 2a) e^{-2a^\dagger a} {\vdots} \tag{4.35}$$

将它代入到式（4.30）中得到 $e^{i\phi}$ 的 Weyl-排序

$$e^{i\phi} = \sum_{m,n}^{\infty} \delta_{m,n-1} \frac{2}{\sqrt{n!m!}} {\vdots} H_{m,n}(2a^\dagger, 2a) e^{-2a^\dagger a} {\vdots}$$

$$= \sum_{n=0}^{\infty} \frac{2}{n!\sqrt{n+1}} : H_{n+1,n}\left(2a^{\dagger}, 2a\right) \exp\left(-2a^{\dagger}a\right) : \tag{4.36}$$

于是 $e^{i\phi}$ 的经典对应是

$$h(\alpha, \alpha^*) = \sum_{n=0}^{\infty} \frac{4}{n!\sqrt{n+1}} H_{n+1,n}\left(2\alpha^*, 2\alpha\right) \exp\left(-2|\alpha|^2\right)$$

$$= \sum_{n=0}^{\infty} \frac{8}{n!\sqrt{n+1}} \sum_{l=0}^{n} l! \binom{n+1}{l}\binom{n}{l}(-1)^l \left(4|\alpha|^2\right)^{n-l+1/2} |\alpha| e^{i\varphi} \tag{4.37}$$

这里除了振幅 $|\alpha|^2$ 以外, 果然出现了经典相 $e^{i\varphi}$.

类似地, 我们可导出

$$e^{-i\phi} = \sum_{m,n}^{\infty} |m\rangle\langle m| e^{-i\phi} |n\rangle\langle n|$$

$$= \sum_{m,n}^{\infty} \delta_{m,n+1} \frac{2}{\sqrt{n!m!}} : H_{m,n}\left(2a^{\dagger}, 2a\right) \exp\left(-2a^{\dagger}a\right) :$$

$$= \sum_{n=0}^{\infty} \frac{2}{n!\sqrt{n+1}} : H_{n+1,n}\left(2a^{\dagger}, 2a\right) \exp\left(-2a^{\dagger}a\right) : \tag{4.38}$$

其经典对应是

$$e^{-i\phi} \to \sum_{n=0}^{\infty} \frac{4}{n!\sqrt{n+1}} H_{n+1,n}\left(2\alpha^*, 2\alpha\right) \exp\left(-2|\alpha|^2\right)$$

$$= \sum_{n=0}^{\infty} \frac{8}{n!\sqrt{n+1}} \sum_{l=0}^{n} l! \binom{n+1}{l}\binom{n}{l}(-1)^l \left(4|\alpha|^2\right)^{n-l+1/2} |\alpha| e^{-i\varphi} \tag{4.39}$$

这里, $e^{-i\varphi}$ 对应于 $e^{-i\phi}$.

4.4 相算符的本征态

在第 1 章我们已经指出产生谐振子的相干态的动力学哈密顿量是 $H_0 = \omega a^{\dagger}a + ifa - if^*a^{\dagger}$, $ifa - if^*a^{\dagger}$ 代表线性外源. 在非线性光学中, 外源项常与光的场强有关时, 相应的哈密顿量是

$$H = \omega a^{\dagger}a + i\left(f\sqrt{N+1}\,a - f^*a^{\dagger}\sqrt{N+1}\right), \quad f = |f|e^{i\omega t} \tag{4.40}$$

对 H 施加幺正变换 $\exp(\mathrm{i}\omega t a^\dagger a)$ 过渡到相互作用表象，得到相互作用哈密顿量

$$H_I = \mathrm{i}|f|\left(\sqrt{N+1}\,a - a^\dagger\sqrt{N+1}\right) \tag{4.41}$$

相互作用绘景中的时间演化算符是

$$U_I = \mathrm{e}^{t|f|\left(\sqrt{N+1}\,a - a^\dagger\sqrt{N+1}\right)} \tag{4.42}$$

若初态为真空 $|0\rangle$，那么在 t 时刻它就演化为

$$U_I|0\rangle = \mathrm{e}^{t|f|\left(\sqrt{N+1}\,a - a^\dagger\sqrt{N+1}\right)}|0\rangle \tag{4.43}$$

以下我们讨论由更一般的非线性算符形式：

$$V \equiv \mathrm{e}^{\lambda a^\dagger\sqrt{N+1} - \lambda^*\sqrt{N+1}\,a} \tag{4.44}$$

这里 $\lambda = \mathrm{e}^{\mathrm{i}\varphi}|\lambda|$，所生成的态 $V|0\rangle$，注意到

$$\begin{aligned}\left[a^\dagger\sqrt{N+1}, \sqrt{N+1}\,a\right] &= -2\left(N + \frac{1}{2}\right) \\ \left[\sqrt{N+1}\,a, N + \frac{1}{2}\right] &= \sqrt{N+1}\,a \\ \left[a^\dagger\sqrt{N+1}, N + \frac{1}{2}\right] &= -a^\dagger\sqrt{N+1}\end{aligned} \tag{4.45}$$

它们组成 $SU(1,1)$ 李代数，故而 V 可分解成

$$V = \exp(\mathrm{e}^{\mathrm{i}\varphi}a^\dagger\sqrt{N+1}\tanh|\lambda|)(\operatorname{sech}|\lambda|)^{2(N+\frac{1}{2})}\exp(-\mathrm{e}^{-\mathrm{i}\varphi}\sqrt{N+1}\,a\tanh|\lambda|) \tag{4.46}$$

将 V 作用于真空态得到

$$V|0\rangle = \operatorname{sech}|\lambda|\exp(\mathrm{e}^{\mathrm{i}\varphi}a^\dagger\sqrt{N+1}\tanh|\lambda|)|0\rangle \equiv |\lambda\rangle_\varphi \tag{4.47}$$

它是归一化的，即有 ${}_\varphi\langle\lambda|\lambda\rangle_\varphi = 1$.

用式（4.25）可得对易关系

$$\left[\mathrm{e}^{\mathrm{i}\phi}, a^\dagger\sqrt{N+1}\right] = \left[(N+1)^{-1/2}a, a^\dagger\sqrt{N+1}\right] = 1 \tag{4.48}$$

进而证明 $|\lambda\rangle_\varphi$ 是相算符 $\mathrm{e}^{\mathrm{i}\phi}$ 的本征态，即

$$\mathrm{e}^{\mathrm{i}\phi}|\lambda\rangle_\varphi = \operatorname{sech}|\lambda|\left[\mathrm{e}^{\mathrm{i}\phi}, \exp(\mathrm{e}^{\mathrm{i}\varphi}a^\dagger\sqrt{N+1}\tanh|\lambda|)\right]|0\rangle = \mathrm{e}^{\mathrm{i}\varphi}\tanh|\lambda||\lambda\rangle_\varphi \tag{4.49}$$

当 $|\lambda| \to \infty$ 时，即 $\tanh|\lambda| \to 1$，注意到

$$\frac{\left(a^\dagger\sqrt{N+1}\right)^n}{n!}|0\rangle = |n\rangle \tag{4.50}$$

就有

$$|\lambda\rangle_\varphi \to \exp\left(\mathrm{e}^{\mathrm{i}\varphi}a^\dagger\sqrt{N+1}\right)|0\rangle = \sum_{n=0}^{\infty} \mathrm{e}^{\mathrm{i}n\varphi}|n\rangle \equiv |\mathrm{e}^{\mathrm{i}\varphi}\rangle \tag{4.51}$$

这里, $|\mathrm{e}^{\mathrm{i}\varphi}\rangle$ 称为相态, 满足以下本征方程:

$$\mathrm{e}^{\mathrm{i}\phi}|\mathrm{e}^{\mathrm{i}\varphi}\rangle = \mathrm{e}^{\mathrm{i}\varphi}|\mathrm{e}^{\mathrm{i}\varphi}\rangle \tag{4.52}$$

其完备性关系是

$$\oint \frac{\mathrm{d}\varphi}{2\pi}|\mathrm{e}^{\mathrm{i}\varphi}\rangle\langle\mathrm{e}^{\mathrm{i}\varphi}| = 1 \tag{4.53}$$

下面, 考察光子数算符和相算符在相算符本征态下的涨落情况. 为方便, 令

$$R = \sqrt{N+1}a, \quad R^\dagger = a^\dagger\sqrt{N+1} \tag{4.54}$$

从式 (4.45) 可知

$$V^{-1}RV = R\cosh^2|\lambda| + R^\dagger\sinh^2|\lambda|\mathrm{e}^{\mathrm{i}2\varphi} + \left(N + \frac{1}{2}\right)\mathrm{e}^{\mathrm{i}\varphi}\sinh 2|\lambda| \tag{4.55}$$

$$V^{-1}(2N+1)V = (2N+1)\cosh 2|\lambda| + (\mathrm{e}^{\mathrm{i}\varphi}R^\dagger + \mathrm{e}^{-\mathrm{i}\varphi}R)\sinh 2|\lambda| \tag{4.56}$$

所以

$$\begin{aligned}
{}_\varphi\langle\lambda|(2N+1)|\lambda\rangle_\varphi &= \langle 0|V^{-1}(2N+1)V|0\rangle \\
&= \langle 0|\left[(2N+1)\cosh 2|\lambda| + (\mathrm{e}^{\mathrm{i}\varphi}R^\dagger + \mathrm{e}^{-\mathrm{i}\varphi}R)\sinh 2|\lambda|\right]|0\rangle \\
&= \cosh 2|\lambda|
\end{aligned} \tag{4.57}$$

因此, 处于 $|\lambda\rangle_\varphi$ 态的光子数平均值为

$$_\varphi\langle\lambda|N|\lambda\rangle_\varphi = \frac{\cosh 2|\lambda| - 1}{2} = \sinh^2|\lambda| \tag{4.58}$$

同理, 可得

$$\begin{aligned}
{}_\varphi\langle\lambda|(2N+1)^2|\lambda\rangle_\varphi &= \langle 0|[(2N+1)\cosh 2|\lambda| + (\mathrm{e}^{\mathrm{i}\varphi}R^\dagger + \mathrm{e}^{-\mathrm{i}\varphi}R)\sinh 2|\lambda|]^2|0\rangle \\
&= \cosh^2 2|\lambda| + \langle 0|(\mathrm{e}^{\mathrm{i}\varphi}R^\dagger + \mathrm{e}^{-\mathrm{i}\varphi}R)^2|0\rangle\sinh^2 2|\lambda| \\
&= \cosh^2 2|\lambda| + \langle 0|RR^\dagger|0\rangle\sinh^2 2|\lambda| = \cosh 4|\lambda|
\end{aligned} \tag{4.59}$$

注意到

$$\frac{1}{4}\left[{}_\varphi\langle\lambda|(2N+1)^2|\lambda\rangle_\varphi - 4{}_\varphi\langle\lambda|N|\lambda\rangle_\varphi - 1\right] = {}_\varphi\langle\lambda|N^2|\lambda\rangle_\varphi \tag{4.60}$$

故而

$$_\varphi\langle\lambda|N^2|\lambda\rangle_\varphi = \frac{1}{4}\cosh 4|\lambda| - \frac{\cosh 2|\lambda|}{2} + \frac{1}{4}$$
$$= \cosh 2|\lambda|\sinh^2|\lambda| \tag{4.61}$$

由式（4.58）和式（4.61）可知，处于 $|\lambda\rangle_\varphi$ 态的光子数涨落为

$$(\Delta N)^2 = {_\varphi\langle\lambda|N^2|\lambda\rangle_\varphi} - ({_\varphi\langle\lambda|N|\lambda\rangle_\varphi})^2 = \frac{1}{4}\sinh^2 2|\lambda| \tag{4.62}$$

可见，$|\lambda|$ 越大，处于相算符本征态下光子数的涨落越明显.

再计算相算符在 $|\lambda\rangle_\varphi$ 的期望值. 注意到本征方程式（4.49），可得

$$_\varphi\langle\lambda|e^{i\phi}|\lambda\rangle_\varphi = e^{i\varphi}\tanh|\lambda|$$
$$_\varphi\langle\lambda|e^{-i\phi}|\lambda\rangle_\varphi = e^{-i\varphi}\tanh|\lambda| \tag{4.63}$$

由此给出

$$_\varphi\langle\lambda|\cos\phi|\lambda\rangle_\varphi = {_\varphi\langle\lambda|\frac{e^{i\phi}+e^{-i\phi}}{2}|\lambda\rangle_\varphi} = \cos\varphi\tanh|\lambda| \tag{4.64}$$

同理，有

$$_\varphi\langle\lambda|e^{2i\phi}|\lambda\rangle_\varphi = e^{2i\varphi}\tanh^2|\lambda|$$
$$_\varphi\langle\lambda|e^{-2i\phi}|\lambda\rangle_\varphi = e^{-2i\varphi}\tanh^2|\lambda| \tag{4.65}$$

则

$$_\varphi\langle\lambda|\cos 2\phi|\lambda\rangle_\varphi = {_\varphi\langle\lambda|\frac{e^{2i\phi}+e^{-2i\phi}}{2}|\lambda\rangle_\varphi}$$
$$= \cos 2\varphi\tanh^2|\lambda|$$
$$= 2{_\varphi\langle\lambda|\cos^2\phi|\lambda\rangle_\varphi} - 1 \tag{4.66}$$

由此给出

$$_\varphi\langle\lambda|\cos^2\phi|\lambda\rangle_\varphi = \frac{\cos 2\varphi\tanh^2|\lambda|+1}{2} \tag{4.67}$$

所以相算符 $\cos\phi$ 在 $|\lambda\rangle_\varphi$ 的涨落为

$$(\Delta\cos\phi)^2 \equiv {_\varphi\langle\lambda|\cos^2\phi|\lambda\rangle_\varphi} - ({_\varphi\langle\lambda|\cos\phi|\lambda\rangle_\varphi})^2$$
$$= \frac{\cos 2\varphi\tanh^2|\lambda|+1}{2} - (\cos\varphi\tanh|\lambda|)^2$$
$$= \frac{1-\tanh^2|\lambda|}{2} = \frac{\operatorname{sech}^2|\lambda|}{2} \tag{4.68}$$

即 $|\lambda|$ 越大，相的涨落越小.

由式（4.62）和式（4.68）可知，对 $|\lambda\rangle_\varphi$ 而言，数-相测不准关系为

$$\Delta N \Delta \cos\phi = \frac{1}{2}\sinh 2|\lambda| \cdot \frac{\text{sech}|\lambda|}{\sqrt{2}} = \frac{1}{\sqrt{2}}\sinh|\lambda| \tag{4.69}$$

类似地，可得

$$_\varphi\langle\lambda|\cos 2\phi|\lambda\rangle_\varphi = 1 - 2{}_\varphi\langle\lambda|\sin^2\phi|\lambda\rangle_\varphi$$

$$_\varphi\langle\lambda|\sin^2\phi|\lambda\rangle_\varphi = \frac{1-\cos 2\varphi \tanh^2|\lambda|}{2}$$

$$_\varphi\langle\lambda|\sin\phi|\lambda\rangle_\varphi = \sin\varphi \tanh|\lambda| \tag{4.70}$$

所以有位相不确定度

$$(\Delta\sin\phi)^2 = {}_\varphi\langle\lambda|\sin^2\phi|\lambda\rangle_\varphi - ({}_\varphi\langle\lambda|\sin\phi|\lambda\rangle_\varphi)^2 = \frac{\text{sech}^2|\lambda|}{2} \tag{4.71}$$

和数-相测不准关系

$$\Delta N \Delta \sin\phi = \frac{1}{2}\sinh 2|\lambda| \cdot \frac{1}{\sqrt{2}}\text{sech}^2|\lambda| = \frac{1}{\sqrt{2}}\sinh|\lambda| \tag{4.72}$$

根据海森伯不确定性原理，以及式（4.62）、式（4.64）和式（4.70），可知

$$\Delta N \Delta \cos\phi = \frac{1}{\sqrt{2}}\sinh|\lambda| > \frac{\tanh|\lambda|}{2}|\sin\varphi|$$

$$\Delta N \Delta \sin\phi = \frac{1}{\sqrt{2}}\sinh|\lambda| > \frac{\tanh|\lambda|}{2}|\cos\varphi| \tag{4.73}$$

即数-相算符的计算结果满足不确定性原理的. 因此，相算符的本征态 $|\lambda\rangle_\varphi$ 实际上是一个数-相压缩态，但涨落 $\Delta N \Delta \cos\phi$ 在态 $|\lambda\rangle_\varphi$ 下并未达到最小值，这一点与通常的相干态是数-相算符的最小不确定态不同.

4.5 双模相算符

鉴于单模相算符 $\mathrm{e}^{\mathrm{i}\phi}$ 是不幺正的，我们寻求在双模 Fock 空间中是否存在幺正的相算符. 从纠缠态

$$|\xi\rangle = \exp\left(-\frac{1}{2}|\xi|^2 + \xi a^\dagger + \xi^* b^\dagger - a^\dagger b^\dagger\right)|00\rangle \tag{4.74}$$

及其完备性

$$1 = \int \frac{d^2\xi}{\pi} : e^{-[\xi^* - (a^\dagger + b)][\xi - (a + b^\dagger)]} : = \int \frac{d^2\xi}{\pi} |\xi\rangle\langle\xi| \tag{4.75}$$

和 $|\xi\rangle$ 所满足的本征方程

$$(a^\dagger + b)|\xi\rangle = \xi^*|\xi\rangle, \quad (a + b^\dagger)|\xi\rangle = \xi|\xi\rangle, \quad \xi = |\xi|e^{i\theta} \tag{4.76}$$

可知

$$\sqrt{\frac{a+b^\dagger}{a^\dagger+b}}|\xi\rangle = e^{i\theta}|\xi\rangle, \quad \sqrt{\frac{a^\dagger+b}{a+b^\dagger}}|\xi\rangle = e^{-i\theta}|\xi\rangle \tag{4.77}$$

所以 $\sqrt{\dfrac{a+b^\dagger}{a^\dagger+b}} \equiv e^{i\hat{\Theta}}$ 是一个幺正的相算符

$$e^{i\hat{\Theta}} = \int \frac{d^2\xi}{\pi} e^{i\theta}|\xi\rangle\langle\xi|, \quad e^{-i\hat{\Theta}} = \int \frac{d^2\xi}{\pi} e^{-i\theta}|\xi\rangle\langle\xi| \tag{4.78}$$

相角是 Hermite 算符

$$\hat{\Theta} = -\frac{i}{2}\ln\frac{a+b^\dagger}{a^\dagger+b}, \quad \hat{\Theta}|\xi\rangle = \theta|\xi\rangle \tag{4.79}$$

与 $\hat{\Theta}$ 共轭的算符是

$$h \equiv a^\dagger a - b^\dagger b \tag{4.80}$$

因为

$$h|\xi = |\xi|e^{i\theta}\rangle = |\xi|\left(e^{i\theta}a^\dagger - e^{-i\theta}b^\dagger\right)\exp\left(-\frac{|\xi|^2}{2} + |\xi|e^{i\theta}a^\dagger + |\xi|e^{-i\theta}b^\dagger - a^\dagger b^\dagger\right)|00\rangle$$

$$= -i\frac{\partial}{\partial\theta}|\xi\rangle \tag{4.81}$$

故

$$\left[\hat{\Theta}, h\right] = i \tag{4.82}$$

4.6 化算符为 s-排序的公式

将化算符为 Weyl-排序的公式（4.8）与把正规乘积排序变为反正规乘积排序的公式（2.73）或式（3.166）相结合，我们引入一个参数 s，将这两个公式统一为

$$\rho(a, a^\dagger) = \frac{2}{1-s}\int\frac{d^2\beta}{\pi}\langle-\beta|\rho(a,a^\dagger)|\beta\rangle \circledS \exp\left[\frac{2}{s-1}\left(s|\beta|^2 + \beta a^\dagger - \beta^* a - a^\dagger a\right)\right]\circledS \tag{4.83}$$

记号 ⓢ 代表 s-排序. 当 $s=0$ 时, ⓢ → ⋮⋮, 式（4.83）变为式（4.8）; 当 $s=-1$ 时, ⓢ → ⋮⋮, 式（4.83）变为式（2.76）. 例如, 可以算得真空投影算符的 s-排序形式为

$$|0\rangle\langle 0| = ⓢ\exp\left(\frac{-2}{s+1}a^\dagger a\right)ⓢ \tag{4.84}$$

又如, 对于宇称算符 $(-1)^N$, 其 s-排序为

$$\begin{aligned}
(-1)^N &= \frac{2}{1-s}\int\frac{\mathrm{d}^2\beta}{\pi}\langle-\beta|:\mathrm{e}^{-2a^\dagger a}:|\beta\rangle ⓢ\exp\left[\frac{2}{s-1}\left(s|\beta|^2+\beta a^\dagger-\beta^* a-a^\dagger a\right)\right]ⓢ \\
&= \frac{2}{1-s}\int\frac{\mathrm{d}^2\beta}{\pi}ⓢ\exp\left[\frac{2}{s-1}\left(s|\beta|^2+\beta a^\dagger-\beta^* a-a^\dagger a\right)\right]ⓢ \\
&= \frac{1}{s}ⓢ\exp\left[\frac{2}{s(s-1)}a^\dagger a-\frac{2}{s-1}a^\dagger a\right]ⓢ \\
&= \frac{1}{s}ⓢ\exp\left(-\frac{2}{s}a^\dagger a\right)ⓢ
\end{aligned} \tag{4.85}$$

当 $s=-1$ 时, ⓢ → ⋮⋮, $(-1)^N = -⋮\mathrm{e}^{2aa^\dagger}⋮$; 当 $s=1$ 时, ⓢ → : :, $(-1)^N = :\mathrm{e}^{-2a^\dagger a}:$; 这些结果与前面的结果一致. 讨论中利用了关系式:

$$\delta(x) = \lim_{\epsilon\to 0}\frac{1}{\sqrt{\pi\epsilon}}\mathrm{e}^{-x^2/\epsilon} \tag{4.86}$$

4.7 单模 Wigner 算符的 Radon 变换导致坐标–动量中介态表象的建立

近年来, 基于 Radon 变换重构 Wigner 函数的 Tomography（层析）方法备受关注. 根据 Wigner 算符的正规乘积形式（1.77）, 即

$$\Delta(x,p) = \frac{1}{\pi}:\mathrm{e}^{-(x-X)^2-(p-P)^2}: \tag{4.87}$$

以及 IWOP 方法, 有

$$\iint_{-\infty}^{\infty}\mathrm{d}x\mathrm{d}p\,\delta(u-\lambda x-\tau p)\Delta(x,p)$$

$$= \left[\pi\left(\lambda^2+\tau^2\right)\right]^{-1/2} : \exp\left[-\frac{1}{\lambda^2+\tau^2}(u-\lambda X-\tau P)^2\right] :$$

$$= |u\rangle_{\lambda,\tau}{}_{\lambda,\tau}\langle u| \tag{4.88}$$

其中，$|u\rangle_{\lambda,\tau}$ 为

$$|u\rangle_{\lambda,\tau} = \left[\pi\left(\lambda^2+\tau^2\right)\right]^{-1/4} e^{-\frac{u^2}{2(\lambda^2+\tau^2)} + \frac{\sqrt{2}ua^\dagger}{\lambda-\mathrm{i}\tau} - \frac{\lambda+\mathrm{i}\tau}{2(\lambda-\mathrm{i}\tau)}a^{\dagger 2}}|0\rangle \tag{4.89}$$

这正是 $\lambda X+\tau P$ 的本征态，即

$$(\lambda X+\tau P)|u\rangle_{\lambda,\tau} = u|u\rangle_{\lambda,\tau} \tag{4.90}$$

其中，$X=\dfrac{a+a^\dagger}{\sqrt{2}}$，$P=\dfrac{a-a^\dagger}{\sqrt{2}\mathrm{i}}$，$[a,a^\dagger]=1$。$|u\rangle_{\lambda,\tau}$ 具有完备性，即

$$\int_{-\infty}^{\infty} \mathrm{d}u\, |u\rangle_{\lambda,\tau}{}_{\lambda,\tau}\langle u| = \frac{1}{\sqrt{\pi(\lambda^2+\tau^2)}} \int \mathrm{d}u : \mathrm{e}^{-\frac{1}{\lambda^2+\tau^2}(u-\lambda X-\tau P)^2} : = 1 \tag{4.91}$$

此外也有正交性

$${}_{\lambda,\tau}\langle u'|u\rangle_{\lambda,\tau} = \delta(u-u') \tag{4.92}$$

因此 $|u\rangle_{\lambda,\tau}$ 构成一个量子力学的新表象，通过观察式 (4.90)，它被称为坐标–动量中介表象。或是从式（4.88）来说，算符 $|u\rangle_{\lambda,\tau}{}_{\lambda,\tau}\langle u|$ 的经典 Weyl 是 $\delta(u-\lambda x-\tau p)$，这在 (x,p) 相空间中代表一条射线。

4.8 双模 Wigner 算符的 Radon 变换导致纠缠态表象的建立

由于 $[X_1+X_2,P_1-P_2]=0$，我们这里通过双模 Wigner 算符的 Radon 变换的途径给出它们的共同本征态的形式，记为 $|\beta_1,\beta_2\rangle$，满足本征方程

$$(X_1+X_2)|\beta_1,\beta_2\rangle = \beta_1|\beta_1,\beta_2\rangle \tag{4.93}$$

$$(P_1-P_2)|\beta_1,\beta_2\rangle = \beta_2|\beta_1,\beta_2\rangle$$

具体做法如下：

鉴于

$$(X_1+X_2)(P_1-P_2) = \vdots(X_1+X_2)(P_1-P_2)\vdots$$
$$= \vdots(P_1-P_2)(X_1+X_2)\vdots \tag{4.94}$$

故算符 $(X_1+X_2)(P_1-P_2)$ 的经典对应为 $(x_2+x_1)(p_1-p_2)$. 因此，参照式 (4.87)、式 (4.88) 与式 (4.93)，可以构造如下的 Radon 积分变换：

$$\int dp_1 dx_1 dp_2 dx_2 \delta[\beta_1-(x_1+x_2)]\delta[\beta_2-(p_1-p_2)]\Delta_1(x_1,p_1)\Delta_2(x_2,p_2)$$
$$= \int dp_1 dx_1 dp_2 dx_2 \delta[\beta_1-(x_1+x_2)]\delta[\beta_2-(p_1-p_2)]$$
$$\times \frac{1}{\pi^2} : e^{-(x_1-X_1)^2-(p_1-P_1)^2-(x_2-X_2)^2-(p_2-P_2)^2}:$$
$$= \frac{1}{\pi^2}\int dp_2 dx_2 : e^{-(\beta_1-x_2-X_1)^2-(\beta_2+p_2-P_1)^2-(x_2-X_2)^2-(p_2-P_2)^2}: \tag{4.95}$$

用积分的卷积公式

$$\frac{\sqrt{2}}{\sqrt{\pi}}\int_{-\infty}^{\infty} dx e^{-(x-y)^2-x^2} = e^{-y^2/2} \tag{4.96}$$

得到

$$\text{式}(4.95) = \frac{1}{\pi^2}\int dp_2 dx_2 : e^{-(\beta_1-x_2-X_1-X_2)^2-(\beta_2+p_2+P_2-P_1)^2-x_2^2-p_2^2}:$$
$$= \frac{1}{2\pi} : e^{-\frac{1}{2}[\beta_1-(X_1+X_2)]^2-\frac{1}{2}[\beta_2-(P_1-P_2)]^2}: \equiv |\beta_1,\beta_2\rangle\langle\beta_1,\beta_2| \tag{4.97}$$

由 $X_j = \frac{1}{\sqrt{2}}(a_j+a_j^\dagger), P_j = \frac{1}{i\sqrt{2}}(a_j-a_j^\dagger)$ 与 $:\exp(-a_1^\dagger a_1-a_2^\dagger a_2): = |00\rangle\langle00|$，可从 (4.97) 式导出

$$|\beta_1,\beta_2\rangle = \frac{1}{\sqrt{2\pi}}e^{-\frac{\beta_1^2+\beta_2^2}{4}+\frac{\beta_1+i\beta_2}{\sqrt{2}}a_1^\dagger+\frac{\beta_1-i\beta_2}{\sqrt{2}}a_2^\dagger-a_1^\dagger a_2^\dagger}|00\rangle \tag{4.98}$$

令 $\xi = \frac{1}{\sqrt{2}}(\beta_1+i\beta_2)$，上式就变为

$$|\xi\rangle \equiv \sqrt{2\pi}|\beta_1,\beta_2\rangle = e^{-\frac{|\xi|^2}{2}+\xi a_1^\dagger+\xi^* a_2^\dagger-a_1^\dagger a_2^\dagger}|00\rangle \tag{4.99}$$

对式 (4.97) 再积分，有

$$\int d\beta_1 d\beta_2 |\beta_1,\beta_2\rangle\langle\beta_1,\beta_2| = 1 \tag{4.100}$$

或

$$\int \frac{d^2\xi}{\pi}|\xi\rangle\langle\xi| = 1 \tag{4.101}$$

这说明 $|\xi\rangle$ 具有完备性.

另一方面, 由于 $[X_1+P_2, P_1+X_2]=0$, 它们也存在共同本征态, 令其为 $|\kappa_1, \kappa_2\rangle$, 满足如下方程:

$$(X_1+P_2)|\kappa_1, \kappa_2\rangle = \kappa_1|\kappa_1, \kappa_2\rangle \quad (4.102)$$
$$(P_1+X_2)|\kappa_1, \kappa_2\rangle = \kappa_2|\kappa_1, \kappa_2\rangle$$

对照式 (4.102) 就构造如下的 Radon 积分变换:

$$\begin{aligned}
|\kappa_1, \kappa_2\rangle\langle\kappa_1, \kappa_2| &= \int \mathrm{d}p_1\mathrm{d}x_1\mathrm{d}p_2\mathrm{d}x_2 \delta\left[\kappa_1-(x_1+p_2)\right]\delta\left[\kappa_2-(p_1+x_2)\right] \\
&\quad \times \frac{1}{\pi^2} : \mathrm{e}^{-(x_1-X_1)^2-(p_1-P_1)^2-(x_2-X_2)^2-(p_2-P_2)^2} : \\
&= \frac{1}{\pi^2}\int \mathrm{d}p_2\mathrm{d}x_2 : \mathrm{e}^{-(\kappa_1-p_2-X_1)^2-(\kappa_2-x_2-P_1)^2-(x_2-X_2)^2-(p_2-P_2)^2} : \\
&= \frac{1}{2\pi} : \mathrm{e}^{-\frac{1}{2}[\kappa_1-(P_2+X_1)]^2-\frac{1}{2}[\kappa_2-(P_1+X_2)]^2} : \quad (4.103)
\end{aligned}$$

将 $X_j=\frac{1}{\sqrt{2}}\left(a_j+a_j^\dagger\right), P_j=\frac{1}{\mathrm{i}\sqrt{2}}\left(a_j-a_j^\dagger\right)$ 与 $:\exp(-a_1^\dagger a_1-a_2^\dagger a_2):=|00\rangle\langle 00|$ 代入式 (4.103), 就看出

$$|\kappa_1, \kappa_2\rangle = \frac{1}{\sqrt{2\pi}}\mathrm{e}^{-\frac{\kappa_1^2+\kappa_2^2}{4}+\frac{\kappa_1+\mathrm{i}\kappa_2}{\sqrt{2}}a_1^\dagger+\frac{\mathrm{i}(\kappa_1-\mathrm{i}\kappa_2)}{\sqrt{2}}a_2^\dagger-\mathrm{i}a_1^\dagger a_2^\dagger}|00\rangle \quad (4.104)$$

设 $\gamma=\frac{\kappa_1+\mathrm{i}\kappa_2}{\sqrt{2}}=\gamma_1+\mathrm{i}\gamma_2$, 则有

$$\sqrt{2\pi}|\kappa_1, \kappa_2\rangle = \mathrm{e}^{-\frac{|\gamma|^2}{2}+\gamma a_1^\dagger+\mathrm{i}\gamma^* a_2^\dagger-\mathrm{i}a_1^\dagger a_2^\dagger}|00\rangle \equiv |\gamma\rangle \quad (4.105)$$

同样对式 (4.103) 再积分, 有

$$\int_{-\infty}^{\infty}\mathrm{d}\kappa_1\mathrm{d}\kappa_2|\kappa_1,\kappa_2\rangle\langle\kappa_1,\kappa_2|=1 \quad (4.106)$$

或

$$\int\frac{\mathrm{d}^2\gamma}{\pi}|\gamma\rangle\langle\gamma|=1 \quad (4.107)$$

$|\gamma\rangle$ 是纠缠态表象.

以上讨论表明, 利用 Wigner 算符的 Radon 变换和算符的 Weyl 对应, 可以方便构建量子力学纠缠态表象. 这为表象的构造提供了新的途径. 有兴趣的读者可以将以上讨论推广至多模情形.

4.9 热 Wigner 函数

本节利用热纠缠态表象 $\langle\eta|$ 引入热 Wigner 算符. 引入带虚模的纠缠态 (热纠缠态表象)

$$|\eta\rangle = \exp\left(-\frac{1}{2}|\eta|^2 + \eta a^\dagger - \eta^* \tilde{a}^\dagger + a^\dagger \tilde{a}^\dagger\right)|0\tilde{0}\rangle \tag{4.108}$$

$\tilde{a}^\dagger$ 是虚模的产生算符, $[\tilde{a},\tilde{a}^\dagger]=1, \tilde{a}|\tilde{0}\rangle=0$, $|\eta\rangle$ 遵守本征方程

$$\langle\eta|(a^\dagger - \tilde{a}) = \eta^*\langle\eta|, \quad \langle\eta|(a-\tilde{a}^\dagger) = \eta\langle\eta| \tag{4.109}$$

与完备性关系

$$\int \frac{\mathrm{d}^2\eta}{\pi}|\eta\rangle\langle\eta| = \int \frac{\mathrm{d}^2\eta}{\pi} : \exp[-|\eta|^2 + \eta(a^\dagger - \tilde{a}) + \eta^*(a - \tilde{a}^\dagger) - a^\dagger a - \tilde{a}^\dagger \tilde{a}] := 1 \tag{4.110}$$

利用热纠缠态表象, 热 Wigner 算符可表示为

$$\Delta_T(\sigma,\gamma) = \int \frac{\mathrm{d}^2\eta}{\pi^3}|\sigma-\eta\rangle\langle\sigma+\eta|e^{\eta\gamma^* - \gamma\eta^*} \tag{4.111}$$

其中, σ,η 均为复数, 下标 T 表示 thermal. 为确定 $\Delta(\sigma,\gamma)$ 的确是一个热 Wigner 算符, 利用投影算符的正规乘积

$$|0,\tilde{0}\rangle\langle 0,\tilde{0}| =: \exp\left(-a^\dagger a - \tilde{a}^\dagger \tilde{a}\right): \tag{4.112}$$

以及 IWOP 方法, 对式 (4.111) 积分可得其正规乘积形式为

$$\Delta_T(\sigma,\gamma) = \int \frac{\mathrm{d}^2\eta}{\pi^3} \exp[-|\sigma|^2 - |\eta|^2 + (\sigma-\eta)a^\dagger - (\sigma^* - \eta^*)\tilde{a}^\dagger + a^\dagger \tilde{a}^\dagger]|0,\tilde{0}\rangle$$

$$\langle 0,\tilde{0}|\exp[(\sigma^* + \eta^*)a - (\sigma+\eta)\tilde{a} + a\tilde{a} + \eta\gamma^* - \gamma\eta^*]$$

$$=: \exp[-|\sigma|^2 + \sigma(a^\dagger - \tilde{a}) + \sigma^*(a - \tilde{a}^\dagger)]\int \frac{\mathrm{d}^2\eta}{\pi^3}$$

$$: \exp[-|\eta|^2 - \eta(a^\dagger + \tilde{a} - \gamma^*)$$

$$+ \eta^*(\tilde{a}^\dagger + a - \gamma) + a^\dagger \tilde{a}^\dagger + a\tilde{a} - a^\dagger a - \tilde{a}^\dagger \tilde{a}]:$$

$$= \pi^{-2} : \exp\left[-|\sigma|^2 - |\gamma|^2 + \sigma(a^\dagger - \tilde{a}) + \sigma^*(a - \tilde{a}^\dagger) + \gamma(a^\dagger + \tilde{a})\right.$$

$$\left. + \gamma^*(\tilde{a}^\dagger + a) - 2a^\dagger a - 2\tilde{a}^\dagger \tilde{a}\right]: \tag{4.113}$$

令

$$\gamma = \alpha + \tau^*, \quad \sigma = \alpha - \tau^* \tag{4.114}$$

则式 (4.113) 变成

$$\Delta_T(\sigma,\gamma) = \pi^{-2} : \exp[-2(a^\dagger - \alpha^*)(a-\alpha) - 2(\tilde{a}^\dagger - \tau^*)(\tilde{a}-\tau)]: \tag{4.115}$$

上式是实模与虚模组成的热 Wigner 算符的正规乘积. 不难看出, 在形式上与双模 Wigner 算符相同. 因此, 式 (4.115) 可表示成两个单模 Wigner 算符的乘积形式, 即

$$\Delta_T(\sigma,\gamma) = \Delta(\alpha) \otimes \tilde{\Delta}(\tau), \quad \alpha = \frac{\gamma+\sigma}{2}, \quad \tau^* = \frac{\gamma-\sigma}{2} \tag{4.116}$$

故而, $\Delta_T(\sigma,\gamma)$ 即我们所需的热 Wigner 算符. 热纠缠态 $|\eta\rangle$ 的热 Wigner 算符为

$$\langle\eta|\Delta_T(\sigma,\gamma)|\eta\rangle = \langle\eta|\int\frac{\mathrm{d}^2\eta'}{\pi^3}|\sigma-\eta'\rangle\langle\sigma+\eta'|\mathrm{e}^{\eta'\gamma^*-\gamma\eta'^*}|\eta\rangle$$
$$= \frac{1}{\pi}\delta^{(2)}(2\eta-2\sigma) \tag{4.117}$$

当然, 我们也可以直接引入直积形式 $\Delta(\alpha)\otimes\tilde{\Delta}(\tau)$ 作为热 Wigner 算符, 但如此则难以看出 $\Delta(\alpha)\otimes\tilde{\Delta}(\tau)$ 在纠缠态表象中的纠缠形式. 应该注意的是, 利用热 Wigner 算符的纠缠态表象表示 (4.111) 以及 $|\eta\rangle$ 的正交关系, 不难证明

$$4\pi^2\mathrm{Tr}[\Delta_T(\sigma,\gamma)\Delta_T(\sigma',\gamma')] = \delta(\sigma-\sigma')\delta(\sigma^*-\sigma'^*)\delta(\gamma-\gamma')\delta(\gamma^*-\gamma'^*) \tag{4.118}$$

和

$$2\pi\mathrm{Tr}_\tau\Delta_T(\sigma,\gamma) = 2\int\frac{\mathrm{d}^2\tau}{\pi^2} : \exp[-2(a^\dagger-\alpha^*)(a-\alpha)-2(\tilde{a}^\dagger-\tau^*)(\tilde{a}-\tau)]:$$
$$= \Delta(\alpha) \tag{4.119}$$

因此, 量子态 ρ 的 Wigner 函数可以通过热 Wigner 函数来求得, 即

$$W_\rho(\alpha) = \mathrm{Tr}_a[\rho\Delta(\alpha)] = 2\pi\mathrm{Tr}_\tau\mathrm{Tr}_a[\Delta_T(\sigma,\gamma)\rho] \tag{4.120}$$

其中, $\mathrm{Tr}\equiv\mathrm{Tr}_a\mathrm{Tr}_{\tilde{a}}$. 若密度算符 ρ 利用热场动力学方法改写成了热纯态的对应形式, 即 $\rho=\mathrm{Tr}_{\tilde{a}}|\psi\rangle\langle\psi|$, 则

$$W_\rho(\alpha) = 2\pi\mathrm{Tr}_\tau\langle\psi|\Delta_T(\sigma,\gamma)|\psi\rangle = 2\pi\mathrm{Tr}_\tau W_T(\sigma,\gamma) \tag{4.121}$$

称 $W_T(\sigma,\gamma)$ 为热 Wigner 函数. 因此, 从式 (4.121) 出发计算热态的 Wigner 函数将是十分方便的.

下面计算一些热态的 Wigner 函数. 首先, 利用式 (4.111) 计算

$$\begin{aligned}\langle 0\tilde{0}|\Delta_T(\sigma,\gamma)|0\tilde{0}\rangle &= \langle 0\tilde{0}|\int \frac{\mathrm{d}^2\eta}{\pi^3}|\sigma-\eta\rangle\langle\sigma+\eta|\mathrm{e}^{\eta\gamma^*-\eta^*\gamma}|0\tilde{0}\rangle \\ &= \int \frac{\mathrm{d}^2\eta}{\pi^3}\exp\left(-|\sigma|^2-|\eta|^2+\eta\gamma^*-\eta^*\gamma\right) \\ &= \pi^{-2}\exp(-|\sigma|^2-|\gamma|^2)\end{aligned} \quad (4.122)$$

因此, 热真空态 (见 3.1 节) 的热 Wigner 函数为

$$\begin{aligned}\langle 0(\beta)|\Delta_T(\sigma,\gamma)|0(\beta)\rangle &= \langle 0\tilde{0}|S^\dagger(\mu)\Delta_T(\sigma,\gamma)S(\mu)|0\tilde{0}\rangle \\ &= \langle 0\tilde{0}|\Delta_T\left(\mu\sigma,\frac{\gamma}{\mu}\right)|0\tilde{0}\rangle \\ &= \pi^{-2}\exp\left(-|\mu\sigma|^2-\left|\frac{\gamma}{\mu}\right|^2\right)\end{aligned} \quad (4.123)$$

则热真空态对应的 Wigner 函数为 $\left(\text{注意}\dfrac{\gamma+\sigma}{2}=\alpha,\ \tau^*=\dfrac{\gamma-\sigma}{2}\right)$

$$\begin{aligned}\langle 0(\beta)|\Delta(\alpha)|0(\beta)\rangle &= 2\pi\mathrm{Tr}_\tau W_T(\sigma,\gamma) \\ &= 2\int\frac{\mathrm{d}^2\tau}{\pi^2}\exp\left[-|(\alpha-\tau^*)\mu|^2-\frac{|\alpha+\tau^*|^2}{\mu^2}\right] \\ &= \frac{2\mu^2}{\pi(\mu^4+1)}\exp\left(-\frac{4\mu^2}{\mu^4+1}|\alpha|^2\right)\end{aligned} \quad (4.124)$$

令

$$\mu^2=\frac{1+\tanh\theta}{1-\tanh\theta},\quad \tanh\theta=\exp\left(-\frac{\hbar\omega}{2kT}\right) \quad (4.125)$$

则式 (4.124) 变成

$$\begin{aligned}\langle 0(\beta)|\Delta(\alpha)|0(\beta)\rangle &= \frac{1}{2\pi}\mathrm{sech}2\theta\exp[-2|\alpha|^2\mathrm{sech}2\theta] \\ &= \frac{1-\mathrm{e}^{-\omega\beta}}{\pi(1+\mathrm{e}^{-\omega\beta})}\exp\left[\frac{-2(1-\mathrm{e}^{-\omega\beta})}{1+\mathrm{e}^{-\omega\beta}}|\alpha|^2\right]\end{aligned} \quad (4.126)$$

即热态的 Wigner 函数具有 Bose 统计分布.

为验证上述方法与结果的准确性, 我们利用初始 Wigner 算符定义来计算热态的 Wigner 函数. 热态表示为

$$\rho=\left(1-\mathrm{e}^{-\omega\beta}\right)\sum_{n=0}^\infty \mathrm{e}^{-n\beta\omega}|n\rangle\langle n| \quad (4.127)$$

其中, $|n\rangle=\dfrac{a^{\dagger n}}{\sqrt{n!}}|0\rangle$. 注意到 Wigner 算符的坐标态表象表示

$$\Delta(p,q)=\frac{1}{2\pi}\int\mathrm{d}u\left|q-\frac{u}{2}\right\rangle\left\langle q+\frac{u}{2}\right|\mathrm{e}^{ipu} \quad (4.128)$$

则经计算可得

$$\begin{aligned}W(p,q) &= \frac{1}{2\pi}\left(1-\mathrm{e}^{-\omega\beta}\right)\sum_{n=0}^{\infty}\mathrm{e}^{-n\beta\omega}\int\left\langle q+\frac{u}{2}\bigg|n\right\rangle\left\langle n\bigg|q-\frac{u}{2}\right\rangle\mathrm{e}^{\mathrm{i}pu}\mathrm{d}u \\ &= \frac{1-\mathrm{e}^{-\omega\beta}}{\pi(1+\mathrm{e}^{-\omega\beta})}\exp\left[\frac{-\left(1-\mathrm{e}^{-\omega\beta}\right)}{1+\mathrm{e}^{-\omega\beta}}\left(q^2+p^2\right)\right]\end{aligned} \quad (4.129)$$

注意到 $\alpha = \dfrac{q+\mathrm{i}p}{\sqrt{2}}$,可见式 (4.129) 与式 (4.126) 完全相同.

第 5 章

由扩散引起的光场

5.1 从经典扩散导出量子扩散方程

经典扩散方程是

$$\frac{\partial P(z,t)}{\partial t} = -\kappa \frac{\partial^2 P(z,t)}{\partial z \partial z^*} \tag{5.1}$$

其中, κ 是扩散率. 那么相应的量子扩散方程是什么？用密度算符的 P-表示:

$$\rho = \int \frac{\mathrm{d}^2 z}{\pi} P(z,t) |z\rangle\langle z|$$

则密度算符的时间演化满足方程

$$\frac{\mathrm{d}\rho}{\mathrm{d}t} = \int \frac{\mathrm{d}^2 z}{\pi} \frac{\partial P(z,t)}{\partial t} |z\rangle\langle z| \tag{5.2}$$

将式（5.1）代入式（5.2）即有

$$\frac{\mathrm{d}\rho}{\mathrm{d}t} = -\kappa \int \frac{\mathrm{d}^2 z}{\pi} \frac{\partial^2 P(z,t)}{\partial z \partial z^*} |z\rangle\langle z| \tag{5.3}$$

利用相干态投影算符的正规乘积表示, 即 $|z\rangle\langle z| =: \mathrm{e}^{-|z|^2 + z a^\dagger + z^* a - a^\dagger a}:$ 可得

$$a^\dagger |z\rangle\langle z| = a^\dagger : \mathrm{e}^{-|z|^2 + z a^\dagger + z^* a - a^\dagger a}: = \left(z^* + \frac{\partial}{\partial z}\right)|z\rangle\langle z| \tag{5.4}$$

$$|z\rangle\langle z| a = \left(z + \frac{\partial}{\partial z^*}\right)|z\rangle\langle z| \tag{5.5}$$

则有

$$\begin{aligned}
& -\frac{\partial^2}{\partial z \partial z^*}|z\rangle\langle z| \\
&= z\left(z^* + \frac{\partial}{\partial z}\right)|z\rangle\langle z| - \left(z^* + \frac{\partial}{\partial z}\right)\left(z + \frac{\partial}{\partial z^*}\right)|z\rangle\langle z| - |z|^2 |z\rangle\langle z| + \left(z + \frac{\partial}{\partial z^*}\right)\left(z^* |z\rangle\langle z|\right) \\
&= z a^\dagger |z\rangle\langle z| - \left(z^* + \frac{\partial}{\partial z}\right)|z\rangle\langle z| a - |z|^2 |z\rangle\langle z| + \left(z + \frac{\partial}{\partial z^*}\right)|z\rangle\langle z| a^\dagger \\
&= a^\dagger a |z\rangle\langle z| - a^\dagger |z\rangle\langle z| a - a|z\rangle\langle z| a^\dagger + |z\rangle\langle z| a a^\dagger
\end{aligned} \tag{5.6}$$

利用分步积分法, 并注意到无穷远处 $P(z,t)$ 消失, 则可得

$$\int \frac{\mathrm{d}^2 z}{\pi} \frac{\partial^2 P(z,t)}{\partial z \partial z^*}|z\rangle\langle z| = \int \frac{\mathrm{d}^2 z}{\pi} P(z,t) \frac{\partial^2}{\partial z \partial z^*}|z\rangle\langle z| \tag{5.7}$$

事实上, 将式（5.6）代入式（5.7）得到

$$\frac{\mathrm{d}\rho}{\mathrm{d}t} = \kappa \int \frac{\mathrm{d}^2 z}{\pi} P(z,t)(a^\dagger a |z\rangle\langle z| - a^\dagger |z\rangle\langle z| a - a|z\rangle\langle z| a^\dagger + |z\rangle\langle z| a a^\dagger) \tag{5.8}$$

这说明量子扩散方程为

$$\frac{\mathrm{d}\rho}{\mathrm{d}t} = \kappa(a^\dagger a \rho - a^\dagger \rho a - a \rho a^\dagger + \rho a a^\dagger) \tag{5.9}$$

5.2 相空间中 Wigner 函数所满足的扩散方程

本节考察 Wigner 函数是如何扩散的. 由 Wigner 算符的正规乘积表达式

$$\Delta(\alpha,\alpha^*) = \frac{1}{\pi} : e^{-2(\alpha^*-a^\dagger)(\alpha-a)} : \tag{5.10}$$

可算出

$$\frac{\partial}{\partial \alpha}\Delta(\alpha,\alpha^*) = \frac{1}{\pi}\frac{\partial}{\partial \alpha} : e^{-2(\alpha^*-a^\dagger)(\alpha-a)} :$$
$$= 2\left(a^\dagger - \alpha^*\right)\Delta(\alpha,\alpha^*) \tag{5.11}$$

$$\frac{\partial}{\partial \alpha^*}\Delta(\alpha,\alpha^*) = \Delta(\alpha,\alpha^*)\, 2(a-\alpha) \tag{5.12}$$

故而

$$a^\dagger \Delta(\alpha,\alpha^*) = \left(\frac{\partial}{2\partial \alpha} + \alpha^*\right)\Delta(\alpha,\alpha^*) \tag{5.13}$$

$$\Delta(\alpha,\alpha^*)\, a = \left(\frac{\partial}{2\partial \alpha^*} + \alpha\right)\Delta(\alpha,\alpha^*) \tag{5.14}$$

另一方面, 从 Wigner 算符的反正规乘积表达式

$$\Delta(\alpha,\alpha^*) = -\frac{1}{\pi} \vdots e^{2(\alpha^*-a^\dagger)(\alpha-a)} \vdots \tag{5.15}$$

给出

$$\frac{\partial}{\partial \alpha^*}\Delta(\alpha,\alpha^*) = 2(\alpha-a)\Delta(\alpha,\alpha^*) = \Delta(\alpha,\alpha^*)\, 2(a-\alpha) \tag{5.16}$$

$$\frac{\partial}{\partial \alpha}\Delta(\alpha,\alpha^*) = 2\Delta(\alpha,\alpha^*)\left(\alpha^*-a^\dagger\right) = 2\left(a^\dagger-\alpha^*\right)\Delta(\alpha,\alpha^*) \tag{5.17}$$

所以

$$\left(\alpha - \frac{\partial}{2\partial \alpha^*}\right)\Delta(\alpha,\alpha^*) = a\Delta(\alpha,\alpha^*) \tag{5.18}$$

$$\left(\alpha^* - \frac{\partial}{2\partial \alpha}\right)\Delta(\alpha,\alpha^*) = \Delta(\alpha,\alpha^*)\, a^\dagger \tag{5.19}$$

因此, 将式 (5.13)、式 (5.14)、式 (5.18)、式 (5.19), 代入 Wigner 函数式 $W = \text{tr}(\rho\Delta)$, 同时利用到以下关系式:

$$\Delta a^\dagger a = \left(\alpha^* - \frac{\partial}{2\partial\alpha}\right)\Delta(\alpha,\alpha^*)a = \left(\alpha^* - \frac{\partial}{2\partial\alpha}\right)\left(\frac{\partial}{2\partial\alpha^*} + \alpha\right)\Delta(\alpha,\alpha^*) \tag{5.20}$$

和

$$\begin{aligned}\text{tr}\left(\Delta a^\dagger \rho a\right) &= \text{tr}\left(a\Delta a^\dagger \rho\right) = \text{tr}\left[\left(\alpha - \frac{\partial}{2\partial\alpha^*}\right)\Delta a^\dagger \rho\right]\\ &= \text{tr}\left[\left(\alpha - \frac{\partial}{2\partial\alpha^*}\right)\left(\alpha^* - \frac{\partial}{2\partial\alpha}\right)\Delta\rho\right]\\ &= \left(\alpha - \frac{\partial}{2\partial\alpha^*}\right)\left(\alpha^* - \frac{\partial}{2\partial\alpha}\right)W\end{aligned} \tag{5.21}$$

$$\begin{aligned}\text{tr}\left(\Delta a\rho a^\dagger\right) &= \text{tr}\left(a^\dagger\Delta a\rho\right) = \text{tr}\left[\left(\frac{\partial}{2\partial\alpha} + \alpha^*\right)\Delta a\rho\right]\\ &= \text{tr}\left[\left(\frac{\partial}{2\partial\alpha} + \alpha^*\right)\left(\frac{\partial}{2\partial\alpha^*} + \alpha\right)\Delta(\alpha,\alpha^*)\rho\right]\\ \text{tr}\left(\Delta\rho a a^\dagger\right) &= \text{tr}\left(a a^\dagger \Delta\rho\right) = \text{tr}\left[\left(\frac{\partial}{2\partial\alpha} + \alpha^*\right)\left(\alpha - \frac{\partial}{2\partial\alpha^*}\right)\Delta\rho\right]\\ &= \left(\frac{\partial}{2\partial\alpha} + \alpha^*\right)\left(\alpha - \frac{\partial}{2\partial\alpha^*}\right)W\end{aligned} \tag{5.22}$$

以及

$$\left[\alpha, \frac{\partial}{2\partial\alpha}\right] = -\frac{1}{2} \tag{5.23}$$

将以上结果代入式 (5.9), 最终得到关于 Wigner 函数的扩散方程:

$$\begin{aligned}\frac{\partial W}{\partial t} &= \text{tr}\left(\Delta\frac{\partial}{\partial t}\rho\right) = \kappa\text{tr}\left[\Delta(a^\dagger a\rho - a^\dagger\rho a - a\rho a^\dagger + \rho a a^\dagger)\right]\\ &= \kappa\left[\left(\alpha^* - \frac{\partial}{2\partial\alpha}\right)\left(\frac{\partial}{2\partial\alpha^*} + \alpha\right) - \left(\alpha - \frac{\partial}{2\partial\alpha^*}\right)\left(\alpha^* - \frac{\partial}{2\partial\alpha}\right)\right.\\ &\quad \left. - \left(\frac{\partial}{2\partial\alpha} + \alpha^*\right)\left(\frac{\partial}{2\partial\alpha^*} + \alpha\right) + \left(\frac{\partial}{2\partial\alpha} + \alpha^*\right)\left(\alpha - \frac{\partial}{2\partial\alpha^*}\right)\right]W\\ &= \kappa\left(-\frac{\partial^2}{\partial\alpha\partial\alpha^*} + \alpha\frac{\partial}{2\partial\alpha} - \frac{\partial}{2\partial\alpha}\alpha + \frac{\partial}{2\partial\alpha^*}\alpha^* - \alpha^*\frac{\partial}{2\partial\alpha^*}\right)W\\ &= -\kappa\frac{\partial^2}{\partial\alpha\partial\alpha^*}W\end{aligned} \tag{5.24}$$

与式 (5.1) 一致.

5.3 量子扩散方程的解

利用带虚模的纠缠态, 即热纠缠态 (4.108), 并记 $|\eta = 0\rangle \equiv |I\rangle$, 它具有性质

$$a|I\rangle = \tilde{a}^\dagger |I\rangle, \quad a^\dagger |I\rangle = \tilde{a}|I\rangle, \quad (a^\dagger a)^n |I\rangle = (\tilde{a}^\dagger \tilde{a})^n |I\rangle \tag{5.25}$$

将式 (5.9) 的两边同时作用于 $|I\rangle$, 注意式 (5.25), 并记 $|\rho\rangle = \rho|I\rangle$, 就得到关于 $|\rho(t)\rangle$ 的类薛定谔方程

$$\frac{\mathrm{d}}{\mathrm{d}t}|\rho(t)\rangle = -\kappa(a^\dagger a\rho - a^\dagger \rho a - a\rho a^\dagger + \rho a a^\dagger)|I\rangle$$
$$= -\kappa(a^\dagger - \tilde{a})(a - \tilde{a}^\dagger)|\rho(t)\rangle \tag{5.26}$$

其形式解是

$$|\rho(t)\rangle = \exp[-\kappa t(a^\dagger - \tilde{a})(a - \tilde{a}^\dagger)]|\rho_0\rangle \tag{5.27}$$

用式 (4.109) 和式 (5.27) 得到内积 $\langle \eta|\rho\rangle$, 即

$$\langle \eta|\rho\rangle = \langle \eta|\exp[-\kappa t(a^\dagger - \tilde{a})(a - \tilde{a}^\dagger)]|\rho_0\rangle = \mathrm{e}^{-\kappa t|\eta|^2}\langle \eta|\rho_0\rangle \tag{5.28}$$

再用 $|\eta\rangle$ 的完备性和算符恒等式

$$: \exp[f(a^\dagger a + \tilde{a}^\dagger \tilde{a})] := (f+1)^{a^\dagger a + \tilde{a}^\dagger \tilde{a}} \tag{5.29}$$

可导出

$$|\rho(t)\rangle = \int \frac{\mathrm{d}^2\eta}{\pi} \mathrm{e}^{-\kappa t|\eta|^2}|\eta\rangle\langle \eta|\rho_0\rangle$$
$$= \int \frac{\mathrm{d}^2\eta}{\pi} : \exp[-(1+\kappa t)|\eta|^2 + \eta(a^\dagger - \tilde{a}) + \eta^*(a - \tilde{a}^\dagger)$$
$$+ a^\dagger \tilde{a}^\dagger + a\tilde{a} - a^\dagger a - \tilde{a}^\dagger \tilde{a}] : |\rho_0\rangle$$
$$= \frac{1}{1+\kappa t} : \exp\left[\frac{\kappa t}{1+\kappa t}(a^\dagger \tilde{a}^\dagger + a\tilde{a} - a^\dagger a - \tilde{a}^\dagger \tilde{a})\right] : |\rho_0\rangle$$
$$= \frac{1}{1+\kappa t}\mathrm{e}^{\frac{\kappa t}{1+\kappa t}a^\dagger \tilde{a}^\dagger}\left(\frac{1}{1+\kappa t}\right)^{a^\dagger a + \tilde{a}^\dagger \tilde{a}}\mathrm{e}^{\frac{\kappa t}{1+\kappa t}a\tilde{a}}|\rho_0\rangle \tag{5.30}$$

再用式 (5.25) 可知

$$\mathrm{e}^{\frac{\kappa t}{1+\kappa t}a\tilde{a}}|\rho_0\rangle = \sum_{n=0}^{\infty}\frac{1}{n!}\left(\frac{\kappa t}{1+\kappa t}a\right)^n \rho_0 a^{\dagger n}|I\rangle \tag{5.31}$$

所以式 (5.30) 改写为

$$|\rho(t)\rangle = e^{\frac{\kappa t}{1+\kappa t}a^\dagger \tilde{a}^\dagger} \left(\frac{1}{1+\kappa t}\right)^{a^\dagger a+1} \sum_{n=0}^{\infty} \frac{1}{n!} \left(\frac{\kappa t}{1+\kappa t}a\right)^n \rho_0 a^{\dagger n} \left(\frac{1}{1+\kappa t}\right)^{a^\dagger a} |I\rangle$$

$$= \sum_{m,n=0}^{\infty} \frac{1}{m!n!} \frac{(\kappa t)^{m+n}}{(\kappa t+1)^{m+n+1}} a^{\dagger m} \left(\frac{1}{1+\kappa t}\right)^{a^\dagger a} a^n \rho_0 a^{\dagger n} \left(\frac{1}{1+\kappa t}\right)^{a^\dagger a} a^m |I\rangle \quad (5.32)$$

因此, $\rho(t)$ 等于

$$\rho(t) = \sum_{m,n=0}^{\infty} \frac{1}{m!n!} \frac{(\kappa t)^{m+n}}{(\kappa t+1)^{m+n+1}} a^{\dagger m} \left(\frac{1}{1+\kappa t}\right)^{a^\dagger a} a^n \rho_0 a^{\dagger n} \left(\frac{1}{1+\kappa t}\right)^{a^\dagger a} a^m$$

$$\equiv \sum_{m,n=0}^{\infty} M_{m,n} \rho_0 M_{m,n}^\dagger \quad (5.33)$$

其中, $M_{m,n}$ 为 Kraus 算符:

$$M_{m,n} = \sqrt{\frac{1}{m!n!} \frac{(\kappa t)^{m+n}}{(\kappa t+1)^{m+n+1}}} a^{\dagger m} \left(\frac{1}{1+\kappa t}\right)^{a^\dagger a} a^n \quad (5.34)$$

满足 $\sum_{m,n=0}^{\infty} M_{m,n}^\dagger M_{m,n} = 1$. 式（5.33）是扩散方程的量子解.

对于 $M_{m,n}$, 要证明 $\sum_{m,n=0}^{\infty} M_{m,n}^\dagger M_{m,n} = 1$. 鉴于

$$\mathop{:}\limits^{\cdot}\mathrm{e}^{xaa^\dagger}\mathop{:}\limits^{\cdot} = \frac{1}{1-x} \mathrm{e}^{a^\dagger a \ln \frac{1}{1-x}} \quad (5.35)$$

这里 $\overset{\cdot}{:}\ \overset{\cdot}{:}$ 表示反正规排序, 有

$$\sum_{m,n=0}^{\infty} \frac{1}{m!} \frac{(\kappa t)^m}{(\kappa t+1)^m} a^m a^{\dagger m} = \mathop{:}\limits^{\cdot} \exp\left(\frac{\kappa t}{\kappa t+1} aa^\dagger\right) \mathop{:}\limits^{\cdot}$$

$$= (\kappa t+1) \mathrm{e}^{a^\dagger a \ln(\kappa t+1)} \quad (5.36)$$

则 $\sum_{m,n=0}^{\infty} M_{m,n}^\dagger M_{m,n}$ 可改写成

$$\sum_{m,n=0}^{\infty} M_{m,n}^\dagger M_{m,n} = \sum_{m,n=0}^{\infty} \frac{1}{m!n!} \frac{(\kappa t)^{m+n}}{(\kappa t+1)^{m+n+1}} a^{\dagger n} \left(\frac{1}{1+\kappa t}\right)^{a^\dagger a} a^m a^{\dagger m} \left(\frac{1}{1+\kappa t}\right)^{a^\dagger a} a^n$$

$$= \sum_{n=0}^{\infty} \frac{1}{n!} \frac{(\kappa t)^n}{(\kappa t+1)^n} a^{\dagger n} \left(\frac{1}{1+\kappa t}\right)^{2a^\dagger a} \mathrm{e}^{a^\dagger a \ln(\kappa t+1)} a^n$$

$$\begin{aligned}
&= \sum_{n=0}^{\infty} \frac{1}{n!} \frac{(\kappa t)^n}{(\kappa t+1)^n} a^{\dagger n} e^{a^\dagger a \ln(\kappa t+1)} e^{2a^\dagger a \ln \frac{1}{1+\kappa t}} a^n \\
&= \sum_{n=0}^{\infty} \frac{1}{n!} \frac{(\kappa t)^n}{(\kappa t+1)^n} a^{\dagger n} e^{a^\dagger a [\ln(\kappa t+1) + 2\ln \frac{1}{1+\kappa t}]} a^n \\
&= \sum_{n=0}^{\infty} \frac{1}{n!} \frac{(\kappa t)^n}{(\kappa t+1)^n} a^{\dagger n} e^{a^\dagger a \ln \frac{1}{1+\kappa t}} a^n \\
&= \sum_{n=0}^{\infty} \frac{1}{n!} \frac{(\kappa t)^n}{(\kappa t+1)^n} a^{\dagger n} : e^{a^\dagger a (\frac{1}{1+\kappa t} - 1)} : a^n \\
&= : e^{a^\dagger a \frac{\kappa t}{1+\kappa t}} e^{a^\dagger a \ln \frac{-\kappa t}{1+\kappa t}} : = 1
\end{aligned} \qquad (5.37)$$

证明完毕.

5.4 Wigner 算符在扩散过程中的演化

为了求量子态的 Wigner 函数在扩散过程中的演化，我们不妨讨论 Wigner 算符的演化，因为用式（5.33）得到

$$\begin{aligned}
W_{\rho(t)}(\alpha, \alpha^*) &= \mathrm{Tr}[\rho(t) \Delta(\alpha, \alpha^*)] \\
&= \mathrm{Tr}\left[\sum_{m,n=0}^{\infty} M_{m,n} \rho_0 M_{m,n}^\dagger \Delta(\alpha, \alpha^*)\right] \\
&= \mathrm{Tr}\left[\sum_{m,n=0}^{\infty} \rho_0 M_{m,n}^\dagger \Delta(\alpha, \alpha^*) M_{m,n}\right] \\
&= \mathrm{Tr}[\rho_0 \Delta(\alpha, \alpha^*, t)]
\end{aligned} \qquad (5.38)$$

注意这里 $\alpha = \frac{q + \mathrm{i}p}{\sqrt{2}}$，且

$$\Delta(\alpha, \alpha^*, t) = \sum_{m,n=0}^{\infty} M_{m,n}^\dagger \Delta(\alpha, a^*) M_{m,n} \qquad (5.39)$$

所以求 t 时刻的 Wigner 函数 $W_{\rho(t)}(\alpha, \alpha^*)$ 归结于计算 $\Delta(\alpha, a^*, t)$. 考虑到

$$\Delta(\alpha, \alpha^*) = \frac{1}{\pi} : e^{-2(a^\dagger - \alpha^*)(a - \alpha)} : = \frac{1}{\pi} e^{-2\alpha \alpha^*} e^{2a^\dagger \alpha} (-1)^N e^{2\alpha^* a} \qquad (5.40)$$

和
$$(-1)^N a = -a(-1)^N, \quad N = a^\dagger a \tag{5.41}$$

以及
$$\exp(a^\dagger a \ln A) f(a^\dagger) \exp(-a^\dagger a \ln A) = f(A a^\dagger)$$
$$\exp(a^\dagger a \ln A) f(a) \exp(-a^\dagger a \ln A) = f(a/A) \tag{5.42}$$

故有
$$\begin{aligned}\Delta(\alpha,\alpha^*,t) &= \frac{e^{-2|\alpha|^2}}{\pi} \sum_{m,n=0}^{\infty} \frac{1}{m!n!} \frac{(\kappa t)^{m+n}}{(\kappa t+1)^{m+n+1}} a^{\dagger n} \left(\frac{1}{1+\kappa t}\right)^{a^\dagger a} a^m \\ &\quad \times e^{2a^\dagger \alpha}(-1)^N e^{2\alpha^* a} a^{\dagger m} \left(\frac{1}{1+\kappa t}\right)^{a^\dagger a} a^n \\ &= \frac{e^{-2|\alpha|^2}}{\pi(1+\kappa t)} \sum_{m,n=0}^{\infty} \frac{1}{m!n!} \left(1 - \frac{1}{1+\kappa t}\right)^{m+n} a^{\dagger n} [(1+\kappa t)a]^m \left(\frac{1}{1+\kappa t}\right)^{a^\dagger a} \\ &\quad \times e^{2a^\dagger \alpha}(-1)^N e^{2\alpha^* a} \left(\frac{1}{1+\kappa t}\right)^{a^\dagger a} [(1+\kappa t)a^\dagger]^m a^n \end{aligned} \tag{5.43}$$

令
$$T_1 = 1 - \frac{1}{1+\kappa t}, \quad T_2 = \frac{1}{1+\kappa t} \tag{5.44}$$

可将式 (5.43) 变化为
$$\begin{aligned}\Delta(\alpha,\alpha^*,t) &= \frac{T_2 e^{-2|\alpha|^2}}{\pi} \sum_{m,n=0}^{\infty} \frac{T_1^{m+n}}{m!n! T_2^{2m}} a^{\dagger n} a^m e^{a^\dagger a \ln T_2} e^{2a^\dagger \alpha}(-1)^N e^{2\alpha^* a} e^{a^\dagger a \ln T_2} a^{\dagger m} a^n \\ &= \frac{e^{-2|\alpha|^2} T_2}{\pi} \sum_{m,n=0}^{\infty} \frac{T_1^{m+n}}{m!n! T_2^{2m}} a^{\dagger n} a^m e^{2\alpha T_2 a^\dagger} e^{a^\dagger a \ln T_2} (-1)^N e^{a^\dagger a \ln T_2} e^{2\alpha^* T_2 a} a^{\dagger m} a^n \\ &= \frac{e^{-2|\alpha|^2} T_2}{\pi} \sum_{m,n=0}^{\infty} \frac{T_1^{m+n}}{m!n! T_2^{2m}} a^{\dagger n} a^m e^{2\alpha T_2 a^\dagger} e^{-2\alpha^* a/T_2} \exp\left[a^\dagger a \ln\left(-T_2^2\right)\right] a^{\dagger m} a^n \\ &= \frac{e^{-2|\alpha|^2} T_2}{\pi} \sum_{m,n=0}^{\infty} \frac{T_1^{m+n}}{m!n! T_2^{2m}} a^{\dagger n} a^m e^{2\alpha T_2 a^\dagger} e^{-2\alpha^* a/T_2} a^{\dagger m} a^n \\ &\quad \times \exp\left[a^\dagger a \ln\left(-T_2^2\right)\right] \left(-T_2^2\right)^{m-n} \end{aligned} \tag{5.45}$$

再用
$$e^{Aa} f\left(a^\dagger\right) e^{-Aa} = \sum_{n=0}^{\infty} \frac{A^n}{n!} f^{(n)}\left(a^\dagger\right) = f\left(a^\dagger + A\right)$$

$$e^{Aa^\dagger} f(a) e^{-Aa^\dagger} = \sum_{n=0}^{\infty} \frac{A^n}{n!} (-1)^n f^{(n)}\left(a^\dagger\right) = f(a-A) \tag{5.46}$$

能把式 (5.45) 化为

$$\Delta(\alpha, \alpha^*, t)$$
$$= \frac{\exp(-2|\alpha|^2) T_2}{\pi} \sum_{m,n=0}^{\infty} \frac{T_1^{m+n}}{m! n! T_2^{2m}} a^{\dagger n} \exp(2\alpha T_2 a^\dagger) (a+2\alpha T_2)^m \left(a^\dagger - 2\alpha^*/T_2\right)^m$$
$$\times \exp(-2\alpha^* a/T_2) a^n \exp\left[a^\dagger a \ln\left(-T_2^2\right)\right] (-T_2^2)^{m-n} \tag{5.47}$$

再插入相干态的完备性关系 [式 (2.35)]:

$$\int \frac{\mathrm{d}^2 z}{\pi} |z\rangle\langle z| = \int \frac{\mathrm{d}^2 z}{\pi} : \exp\left(-|z|^2 + za^\dagger + z^* a - a^\dagger a\right) : = 1 \tag{5.48}$$

及 $a|z\rangle = z|z\rangle$ 导出

$$\Delta(\alpha, \alpha^*, t)$$
$$= \frac{\exp(-2|\alpha|^2) T_2}{\pi} \sum_{n,m=0}^{\infty} \frac{T_1^{m+n} (-1)^{m-n}}{m! n! T_2^{2n}} e^{2\alpha T_2 a^\dagger} a^{\dagger n} \int \frac{\mathrm{d}^2 z}{\pi} (z+2\alpha T_2)^m |z\rangle$$
$$\times \langle z| \left(\frac{z^* - 2\alpha^*}{T_2}\right)^m a^n e^{-2\alpha^* a/T_2} \exp\left[a^\dagger a \ln\left(-T_2^2\right)\right]$$
$$= \frac{\exp(-2|\alpha|^2) T_2}{\pi} \sum_{n=0}^{\infty} \frac{T_1^n}{n! (-T_2^2)^n} e^{2\alpha T_2 a^\dagger} a^{\dagger n} \int \frac{\mathrm{d}^2 z}{\pi} \exp\left[-T_1(z+2\alpha T_2)\left(\frac{z^* - 2\alpha^*}{T_2}\right)\right]$$
$$\times |z\rangle\langle z| a^n e^{-2\alpha^* a/T_2} \exp\left[a^\dagger a \ln\left(-T_2^2\right)\right]$$
$$= \frac{\exp(-2|\alpha|^2) T_2}{\pi} \sum_{n=0}^{\infty} \frac{T_1^n}{n! (-T_2^2)^n} e^{2\alpha T_2 a^\dagger} : a^{\dagger n} \int \frac{\mathrm{d}^2 z}{\pi} \exp[-(T_1+1)|z|^2$$
$$+ 2z\alpha^* T_1/T_2 - 2z^*\alpha T_1 T_2 + za^\dagger + z^* a - a^\dagger a + 4|\alpha|^2 T_1] a^n :$$
$$\times e^{-2\alpha^* a/T_2} \exp\left[a^\dagger a \ln\left(-T_2^2\right)\right] \tag{5.49}$$

用 IWOP 方法对其进行积分可得

$$\Delta(\alpha, \alpha^*, t)$$
$$= \frac{e^{-2|\alpha|^2} T_2}{\pi(1+T_1)} \sum_{n=0}^{\infty} \frac{T_1^n}{n!(-T_2^2)^n} e^{2\alpha T_2 a^\dagger}$$
$$\times : a^{\dagger n} \exp\left[\frac{T_1\left(2\alpha^* a/T_2 - a^\dagger a - 2\alpha T_2 a^\dagger + 4\alpha^* \alpha\right)}{1+T_1}\right] a^n :$$
$$\times e^{-2\alpha^* a/T_2} \exp\left[a^\dagger a \ln\left(-T_2^2\right)\right]$$

$$= \frac{T_2}{\pi(1+T_1)} e^{\frac{T_1-1}{1+T_1}2|\alpha|^2} e^{2\alpha T_2 a^\dagger} : \exp\left[\frac{T_1\left(2\alpha^* a/T_2 - a^\dagger a - 2\alpha T_2 a^\dagger\right)}{1+T_1} - \frac{T_1}{T_2^2}a^\dagger a\right] :$$

$$\times e^{-2\alpha^* a/T_2} \exp\left[a^\dagger a \ln\left(-T_2^2\right)\right]$$

$$= \frac{T_2}{\pi(1+T_1)} e^{\frac{T_1-1}{1+T_1}2|\alpha|^2} e^{\frac{2\alpha T_2 a^\dagger}{1+T_1}} : \exp\left[\left(\frac{1}{1+T_1} - \frac{T_1}{T_2^2} - 1\right)a^\dagger a\right] :$$

$$\times e^{-\frac{2\alpha^* a}{T_2(1+T_1)}} \exp\left[a^\dagger a \ln\left(-T_2^2\right)\right]$$

$$= \frac{T_2}{\pi(1+T_1)} e^{\frac{T_1-1}{1+T_1}2|\alpha|^2} e^{\frac{2\alpha T_2 a^\dagger}{1+T_1}} \exp\left[\ln\left(\frac{1}{1+T_1} - \frac{T_1}{T_2^2}\right)a^\dagger a\right] \exp\left[a^\dagger a \ln\left(-T_2^2\right)\right] e^{\frac{2\alpha^* T_2 a}{1+T_1}}$$

$$= \frac{T_2}{\pi(1+T_1)} e^{\frac{T_1-1}{1+T_1}2|\alpha|^2} e^{\frac{2\alpha T_2 a^\dagger}{1+T_1}} \exp\left[\ln\left(T_1 - \frac{T_2^2}{1+T_1}\right)a^\dagger a\right] e^{\frac{2\alpha^* T_2 a}{1+T_1}} \tag{5.50}$$

进一步化简为

$$\Delta(\alpha,\alpha^*,t) = \frac{T_2 \exp\left(2\frac{T_1-1}{T_1+1}|\alpha|^2\right)}{\pi(T_1+1)} \exp\left[\frac{2\alpha(1-T_1)a^\dagger}{T_1+1}\right]$$

$$: \exp\left(2\frac{T_1-1}{T_1+1}a^\dagger a\right) : \exp\left[\frac{2\alpha^*(1-T_1)a}{T_1+1}\right]$$

$$= \frac{1-T_1}{\pi(T_1+1)} : \exp\left[2\frac{T_1-1}{T_1+1}(a^\dagger-\alpha^*)(a-\alpha)\right] :$$

$$= \frac{1}{\pi(2\kappa t+1)} : \exp\left[\frac{-2}{2\kappa t+1}(a^\dagger-\alpha^*)(a-\alpha)\right] :$$

$$= \frac{1}{\pi(2\kappa t+1)} e^{\frac{2\alpha a^\dagger}{2\kappa t+1}} : \exp\left(\frac{-2}{2\kappa t+1}a^\dagger a\right) : e^{\frac{2\alpha^* a}{2\kappa t+1}} e^{\frac{-2}{2\kappa t+1}|\alpha|^2}$$

$$= \frac{1}{\pi(2\kappa t+1)} e^{\frac{2\alpha a^\dagger}{2\kappa t+1}} \exp\left(a^\dagger a \ln\frac{2\kappa t-1}{2\kappa t+1}\right) e^{\frac{2\alpha^* a}{2\kappa t+1}} e^{\frac{-2}{2\kappa t+1}|\alpha|^2} \tag{5.51}$$

此式明显地反映了 Wigner 算符随时间的变化. 当 $t=0$ 时, 上式回归 $\Delta(\alpha,\alpha^*,0) = \frac{1}{\pi} : \exp\left[-2(a^\dagger-\alpha^*)(a-\alpha)\right] :$.

以下量子态 Wigner 函数随时间演化的例子:

当初态是一个纯粒子态 $|n\rangle\langle n|$ 时, 其 Wigner 函数是

$$\langle n|\Delta(\alpha,\alpha^*)|n\rangle = \frac{1}{\pi} e^{-2|\alpha|^2} L_n\left(4|\alpha|^2\right)(-1)^n \tag{5.52}$$

$L_n(x)$ 是 Laguerre 多项式(3.171)并注意到 $a|n\rangle = \sqrt{n}|n-1\rangle$, 则参照式(5.51)有

$$e^{\lambda a}|n\rangle = \sum_{l=0}^{n} \frac{(\lambda a)^l}{l!}|n\rangle = \sum_{l=0}^{n} \frac{\lambda^l}{l!}\sqrt{\frac{n!}{(n-l)!}}|n-l\rangle, \quad \lambda \equiv \frac{2\alpha^*}{2\kappa t+1} \tag{5.53}$$

所以终态的 Wigner 函数是

$$W_{\rho(t)}(\alpha,\alpha^*) = \text{Tr}[\rho_0 \Delta(\alpha,\alpha^*,t)] = \langle n|\Delta(\alpha,\alpha^*,t)|n\rangle$$

$$= \frac{1}{\pi(2\kappa t+1)} e^{\frac{-2}{2\kappa t+1}|\alpha|^2} \sum_{m=0,l=0}^{n} \frac{\lambda^l \lambda^{*m}}{l!m!} \sqrt{\frac{n!n!}{(n-m)!(n-l)!}}$$

$$\times \langle n-m| \exp\left(a^\dagger a \ln \frac{2\kappa t-1}{2\kappa t+1}\right) |n-l\rangle$$

$$= \frac{1}{\pi(2\kappa t+1)} e^{\frac{-2}{2\kappa t+1}|\alpha|^2} \sum_{m=0,l=0}^{n} \frac{\lambda^l \lambda^{*m}}{l!m!} \sqrt{\frac{n!n!}{(n-m)!(n-l)!}}$$

$$\times \exp\left[(n-l) \ln \frac{2\kappa t-1}{2\kappa t+1}\right] \delta_{m,l}$$

$$= \frac{1}{\pi(2\kappa t+1)} \left(\frac{2\kappa t-1}{2\kappa t+1}\right)^n e^{\frac{-2}{2\kappa t+1}|\alpha|^2} \sum_{l=0}^{n} \frac{|\lambda|^{2l}}{l!l!} \frac{n!}{(n-l)!} \left(\frac{2\kappa t+1}{2\kappa t-1}\right)^l$$

$$= \frac{1}{\pi} \frac{(2\kappa t-1)^n}{(2\kappa t+1)^{n+1}} e^{\frac{-2}{2\kappa t+1}|\alpha|^2} L_n\left(\frac{4|\alpha|^2}{1-4\kappa^2 t^2}\right) \tag{5.54}$$

取 $t=0$, 则上式回归到式 (5.52).

5.5 相干光场的扩散

当初态是相干光场时, $\rho_0 = |z\rangle\langle z|$, 其 P-表示为

$$P_0 = \delta(z^* - \alpha^*)\delta(z - \alpha) \tag{5.55}$$

扩散方程 $\frac{\partial P(z,t)}{\partial t} = -\kappa \frac{\partial^2 P(z,t)}{\partial z \partial z^*}$ 的解是

$$P_t = \frac{1}{\kappa t} \exp\left[\frac{-1}{\kappa t}(z^* - \alpha^*)(z - \alpha)\right] \tag{5.56}$$

它是密度算符在相干态表象中的表示, 所以密度算符为

$$\rho_t = \frac{1}{\kappa t} :\exp\left[\frac{-1}{\kappa t}(z^* - a^\dagger)(z - a)\right]: \tag{5.57}$$

用 IWOP 方法将其转变为正规乘积

$$\rho_t = \frac{1}{\kappa t} :\exp\left[\frac{-1}{\kappa t}(z^* - a^\dagger)(z - a)\right]:$$

$$= \frac{1}{\kappa t} \int \frac{\mathrm{d}^2\alpha}{\pi} |\alpha\rangle\langle\alpha| \exp\left[\frac{-1}{\kappa t}(z^* - \alpha^*)(z - \alpha)\right]$$

$$= \frac{1}{\kappa t} \int \frac{\mathrm{d}^2 \alpha}{\pi} : \exp\left[\frac{-1}{\kappa t}(z^* - \alpha^*)(z - \alpha) - |\alpha|^2 + \alpha a^\dagger + \alpha^* a - a^\dagger a\right] :$$

$$= \frac{1}{1+\kappa t} \mathrm{e}^{\frac{z}{1+\kappa t} a^\dagger} : \mathrm{e}^{\left(\frac{\kappa t}{1+\kappa t} - 1\right) a^\dagger a} : \mathrm{e}^{\frac{z^*}{1+\kappa t} a} \mathrm{e}^{-\frac{|z|^2}{1+\kappa t}}$$

$$= \frac{1}{1+\kappa t} \mathrm{e}^{\frac{z}{1+\kappa t} a^\dagger} \mathrm{e}^{a^\dagger a \ln \frac{\kappa t}{1+\kappa t}} \mathrm{e}^{\frac{z^*}{1+\kappa t} a} \mathrm{e}^{-\frac{|z|^2}{1+\kappa t}} \tag{5.58}$$

可知 ρ_t 不再是纯态. 可以验证 $\mathrm{tr}\rho_t = 1$, 故而相干光场经过扩散后变成一个广义的混沌光场.

5.6 对应相干光场扩散后的热真空态

用第 3 章介绍的 IWOP 方法我们求 ρ_t 对应的热真空态. 鉴于

$$\mathrm{e}^{\frac{z^* a}{\kappa t}} \mathrm{e}^{a^\dagger a \ln \frac{\kappa t}{1+\kappa t}} \mathrm{e}^{\frac{z a^\dagger}{\kappa t}}$$

$$= \mathrm{e}^{\frac{z^* a}{\kappa t}} : \mathrm{e}^{\frac{\kappa t}{1+\kappa t} a^\dagger a - a^\dagger a} : \mathrm{e}^{\frac{z a^\dagger}{\kappa t}}$$

$$= \mathrm{e}^{\frac{z^* a}{\kappa t}} \int \frac{\mathrm{d}^2 \beta}{\pi} : \mathrm{e}^{-|\beta|^2 + \beta^* \sqrt{\frac{\kappa t}{1+\kappa t}} a^\dagger + \beta \sqrt{\frac{\kappa t}{1+\kappa t}} a - a^\dagger a} : \mathrm{e}^{\frac{z a^\dagger}{\kappa t}}$$

$$= \int \frac{\mathrm{d}^2 \beta}{\pi} \langle \tilde{\beta} | \tilde{0} \rangle \mathrm{e}^{\frac{z^* \beta^*}{\kappa t} \sqrt{\frac{\kappa t}{1+\kappa t}}} \left\| \beta^* \sqrt{\frac{\kappa t}{1+\kappa t}} \right\rangle \left\langle \beta^* \sqrt{\frac{\kappa t}{1+\kappa t}} \right\| \mathrm{e}^{\frac{z \beta}{\kappa t} \sqrt{\frac{\kappa t}{1+\kappa t}}} \langle \tilde{0} | \tilde{\beta} \rangle$$

$$= \int \frac{\mathrm{d}^2 \beta}{\pi} \langle \tilde{\beta} | \mathrm{e}^{\frac{z^* \beta^*}{\kappa t} \sqrt{\frac{\kappa t}{1+\kappa t}} + \beta^* \sqrt{\frac{\kappa t}{1+\kappa t}} a^\dagger} | 0, \tilde{0} \rangle \langle 0, \tilde{0} | \mathrm{e}^{\frac{z\beta}{\kappa t}\sqrt{\frac{\kappa t}{1+\kappa t}} + \beta\sqrt{\frac{\kappa t}{1+\kappa t}} a} | \tilde{\beta} \rangle$$

$$= \int \frac{\mathrm{d}^2 \beta}{\pi} \langle \tilde{\beta} | \mathrm{e}^{z^* \tilde{a}^\dagger \sqrt{\frac{1}{\kappa t(1+\kappa t)}} + \sqrt{\frac{\kappa t}{1+\kappa t}} \tilde{a}^\dagger a^\dagger} | 0, \tilde{0} \rangle \langle 0, \tilde{0} | \mathrm{e}^{z \tilde{a} \sqrt{\frac{1}{\kappa t(1+\kappa t)}} + \sqrt{\frac{\kappa t}{1+\kappa t}} \tilde{a} a} | \tilde{\beta} \rangle$$

$$= \mathrm{tr} \int \frac{\mathrm{d}^2 \beta}{\pi} | \tilde{\beta} \rangle \langle \tilde{\beta} | \mathrm{e}^{z^* \tilde{a}^\dagger \sqrt{\frac{1}{\kappa t(1+\kappa t)}} + \sqrt{\frac{\kappa t}{1+\kappa t}} \tilde{a}^\dagger a^\dagger} | 0, \tilde{0} \rangle \langle 0, \tilde{0} | \mathrm{e}^{z \tilde{a} \sqrt{\frac{1}{\kappa t(1+\kappa t)}} + \sqrt{\frac{\kappa t}{1+\kappa t}} \tilde{a} a} \tag{5.59}$$

比较式 (3.5) 可知热真空态是

$$\frac{1}{\sqrt{1+\kappa t}} \mathrm{e}^{-\frac{|z|^2}{2\kappa t}} \mathrm{e}^{z^* \tilde{a}^\dagger \sqrt{\frac{1}{\kappa t(1+\kappa t)}} + \sqrt{\frac{\kappa t}{1+\kappa t}} \tilde{a}^\dagger a^\dagger} | 0, \tilde{0} \rangle = |\psi\rangle \tag{5.60}$$

形式上它是一个双模平移压缩态, 是归一化的, 即

$$\langle \psi | \psi \rangle = \frac{1}{1+\kappa t} \mathrm{e}^{-\frac{|z|^2}{\kappa t}} \langle 0, \tilde{0} | \mathrm{e}^{z \tilde{a} \sqrt{\frac{1}{\kappa t(1+\kappa t)}} + \sqrt{\frac{\kappa t}{1+\kappa t}} \tilde{a} a} \mathrm{e}^{z^* \tilde{a}^\dagger \sqrt{\frac{1}{\kappa t(1+\kappa t)}} + \sqrt{\frac{\kappa t}{1+\kappa t}} \tilde{a}^\dagger a^\dagger} | 0, \tilde{0} \rangle$$

$$= \frac{1}{1+\kappa t} \mathrm{e}^{-\frac{|z|^2}{\kappa t}} \int \frac{\mathrm{d}^2 z_1' \mathrm{d}^2 z_2'}{\pi^2} \langle 0, \tilde{0} | \mathrm{e}^{z \tilde{a} \sqrt{\frac{1}{\kappa t(1+\kappa t)}} + \sqrt{\frac{\kappa t}{1+\kappa t}} \tilde{a} a} | z_1', \tilde{z}_2' \rangle$$

$$\times \langle z_1', \tilde{z}_2'| e^{z^* \tilde{a}^\dagger \sqrt{\frac{1}{\kappa t(1+\kappa t)}} + \sqrt{\frac{\kappa t}{1+\kappa t}} \tilde{a}^\dagger a^\dagger} |0, \tilde{0}\rangle$$

$$= \frac{1}{1+\kappa t} e^{-\frac{|z|^2}{\kappa t}} \int \frac{d^2 z_1' d^2 z_2'}{\pi^2} e^{-|z_1'|^2 - |z_2'|^2 + z z_2' \sqrt{\frac{1}{\kappa t(1+\kappa t)}} + \sqrt{\frac{\kappa t}{1+\kappa t}} z_2' z_1'}$$

$$+ z^* z_2'^* \sqrt{\frac{1}{\kappa t(1+\kappa t)}} + \sqrt{\frac{\kappa t}{1+\kappa t}} z_2'^* z_1'^*$$

$$= \frac{1}{1+\kappa t} e^{-\frac{|z|^2}{\kappa t}} \int \frac{d^2 z_2'}{\pi} e^{-\frac{1}{1+\kappa t}|z_2'|^2 + z z_2' \sqrt{\frac{1}{\kappa t(1+\kappa t)}} + z^* z_2'^* \sqrt{\frac{1}{\kappa t(1+\kappa t)}}} = 1 \qquad (5.61)$$

知道了热真空态, 就容易计算相干态扩散过程中的光子数变化. 先算 $\langle \psi | \tilde{a}\tilde{a}^\dagger | \psi \rangle$, 即

$$\langle \psi | \tilde{a}\tilde{a}^\dagger | \psi \rangle = \frac{1}{1+\kappa t} e^{-\frac{|z|^2}{\kappa t}} \langle 0, \tilde{0} | e^{z \tilde{a} \sqrt{\frac{1}{\kappa t(1+\kappa t)}} + \sqrt{\frac{\kappa t}{1+\kappa t}} \tilde{a} a}$$

$$\times \int \frac{d^2 z_1' d^2 z_2'}{\pi^2} \tilde{a} |z_1', \tilde{z}_2'\rangle \langle z_1', \tilde{z}_2'| \tilde{a}^\dagger e^{z^* \tilde{a}^\dagger \sqrt{\frac{1}{\kappa t(1+\kappa t)}} + \sqrt{\frac{\kappa t}{1+\kappa t}} \tilde{a}^\dagger a^\dagger} |0, \tilde{0}\rangle$$

$$= \frac{1}{1+\kappa t} e^{-\frac{|z|^2}{\kappa t}} \int \frac{d^2 z_2'}{\pi} e^{-\frac{1}{1+\kappa t}|z_2'|^2 + z z_2' \sqrt{\frac{1}{\kappa t(1+\kappa t)}} + z^* z_2'^* \sqrt{\frac{1}{\kappa t(1+\kappa t)}}} |z_2'|^2$$

$$= (1+\kappa t) e^{-\frac{|z|^2}{\kappa t}} \int \frac{d^2 z_2'}{\pi} e^{-|z_2'|^2 + z z_2' \sqrt{\frac{1}{\kappa t}} + z^* z_2'^* \sqrt{\frac{1}{\kappa t}}} |z_2'|^2$$

$$= e^{-\frac{|z|^2}{\kappa t}} \left(-\frac{\partial}{\partial f}\right) \int \frac{d^2 z_2'}{\pi} e^{-f|z_2'|^2 + z z_2' \sqrt{\frac{1}{\kappa t}} + z^* z_2'^* \sqrt{\frac{1}{\kappa t}}} \bigg|_{f=1}$$

$$= -(1+\kappa t) e^{-\frac{|z|^2}{\kappa t}} \frac{\partial}{\partial f} \left(\frac{1}{f} \exp \frac{|z|^2}{f \kappa t}\right) \bigg|_{f=1}$$

$$= -e^{-\frac{|z|^2}{\kappa t}} \left(-\frac{1}{f^2} \exp \frac{|z|^2}{f \kappa t} - \frac{1}{f^3} \frac{|z|^2}{\kappa t} \exp \frac{|z|^2}{f \kappa t}\right) \bigg|_{f=1}$$

$$= (1+\kappa t)\left(1 + \frac{|z|^2}{\kappa t}\right) \qquad (5.62)$$

再根据

$$a|\psi\rangle = \sqrt{\frac{\kappa t}{1+\kappa t}} \tilde{a}^\dagger |\psi\rangle \qquad (5.63)$$

可得

$$\langle \psi | a^\dagger a | \psi \rangle = \frac{\kappa t}{1+\kappa t} \langle \psi | \tilde{a}\tilde{a}^\dagger | \psi \rangle = \kappa t \left(1 + \frac{|z|^2}{\kappa t}\right) = |z|^2 + \kappa t \qquad (5.64)$$

比较初态的 $\mathrm{tr}\left[a^\dagger a \rho_{|z\rangle\langle z|}(0)\right] = |z|^2$, 可见光子数增加了 κt, 这可以用于量子调控. 当扩散系数 κ 很小时, 可以体现扩散的本意.

5.7 Laguerre 多项式权重混沌光场光子数态的扩散

本节用算符排序论和有序算符内的积分理论来研究数态 $\rho_0 = |l\rangle\langle l|$,历经一个量子扩散通道的演化 ($|l\rangle = \frac{a^{\dagger l}}{\sqrt{l!}}|0\rangle$),我们发现其终态密度算符在以正规排序后能以特殊函数的面貌呈现,成为有律可循的新光场. 将 ρ_0 代入式(5.33)后,先考虑对 n 部分的求和,用

$$\left(\frac{1}{1+\kappa t}\right)^{a^\dagger a} a^n = [a(1+\kappa t)]^n \left(\frac{1}{1+\kappa t}\right)^{a^\dagger a}$$

$$a^{\dagger n}\left(\frac{1}{1+\kappa t}\right)^{a^\dagger a} = \left(\frac{1}{1+\kappa t}\right)^{a^\dagger a}[a^\dagger(1+\kappa t)]^n \tag{5.65}$$

和

$$a^n|l\rangle = \sqrt{\frac{l!}{n!(l-n)!}}|l-n\rangle \tag{5.66}$$

以及双变量 Hermite 多项式的定义式(1.129)即

$$H_{m,n}(x,y) = \sum_{l=0}^{\min(m,n)} \frac{m!n!(-1)^l}{l!(m-l)!(n-l)!} x^{m-l} y^{n-l} \tag{5.67}$$

得到

$$\mathfrak{I} \equiv \sum_{n=0}^{l} \frac{(\kappa t)^n}{n!(\kappa t+1)^n}\left(\frac{1}{1+\kappa t}\right)^{a^\dagger a} a^n|l\rangle\langle l|a^{\dagger n}\left(\frac{1}{1+\kappa t}\right)^{a^\dagger a}$$

$$= \sum_{n=0}^{l} \frac{(\kappa t)^n (\kappa t+1)^{n-2l}}{n!} a^n|l\rangle\langle l|a^{\dagger n}$$

$$= \sum_{n=0}^{l} \frac{(\kappa t)^n (\kappa t+1)^{n-2l} l!}{n!(l-n)!}|l-n\rangle\langle l-n|$$

$$=: \sum_{n=0}^{l} \frac{l!(\kappa t)^n (\kappa t+1)^{n-2l}}{n!(l-n)!(l-n)!} a^{\dagger l-n} a^{l-n} e^{-a^\dagger a}:$$

$$= \frac{1}{l!}\left(\frac{-\kappa t}{\kappa t+1}\right)^l : H_{l,l}\left[\frac{ia^\dagger}{\sqrt{\kappa t(\kappa t+1)}}, \frac{ia}{\sqrt{\kappa t(\kappa t+1)}}\right] e^{-a^\dagger a}: \tag{5.68}$$

再把式（5.68）代入式（5.33）并用正规乘积算符内的求和方法得到

$$\rho(t) = \sum_{m,n=0}^{\infty} \frac{(\kappa t)^m}{m!(\kappa t+1)^{m+1}} a^{\dagger m} \frac{1}{l!} \left(\frac{-\kappa t}{\kappa t+1}\right)^l$$

$$\times : H_{l,l}\left[\frac{ia^\dagger}{\sqrt{\kappa t(\kappa t+1)}}, \frac{ia}{\sqrt{\kappa t(\kappa t+1)}}\right] e^{-a^\dagger a} : a^m$$

$$= \frac{(-\kappa t)^l}{l!(\kappa t+1)^{l+1}} : e^{\frac{-1}{\kappa t+1}a^\dagger a} H_{l,l}\left[\frac{ia^\dagger}{\sqrt{\kappa t(\kappa t+1)}}, \frac{ia}{\sqrt{\kappa t(\kappa t+1)}}\right] :$$

$$= \frac{(\kappa t)^l}{(\kappa t+1)^{l+1}} : L_l\left[\frac{-a^\dagger a}{\kappa t(\kappa t+1)}\right] e^{\frac{-1}{\kappa t+1}a^\dagger a} : \tag{5.69}$$

其中用到了式 (2.78) 和 Laguerre 多项式的定义式（3.171）.

令

$$\frac{1}{\kappa t+1} = \lambda, \quad \kappa t = \frac{1-\lambda}{\lambda}, \quad \frac{1}{\kappa t(\kappa t+1)} = \frac{\lambda^2}{1-\lambda} \tag{5.70}$$

则

$$\rho(t) = \lambda(1-\lambda)^l : L_l\left(\frac{-\lambda^2 a^\dagger a}{1-\lambda}\right) e^{-\lambda a^\dagger a} : \tag{5.71}$$

可见，粒子态 $|l\rangle\langle l|$ 在扩散通道中演化为正规乘积内 Laguerre 多项式权重型的混沌光场密度算符，正是有序的排列，才使得此密度算符以特殊函数的面貌而露出端倪，形成一个可以继续深入研究的新光场. 密度算符的有序排列理论上使得光场的熵取极小，使得人们更容易发现或研究新的光场.

用相干态表象和积分公式：

$$\int_0^\infty e^{-bx} L_l(x) dx = \sum_{k=0}^{l} \binom{l}{l-k} \int_0^\infty e^{-bx} \frac{(-x)^k}{k!} dx = (b-1)^l b^{-l-1} \tag{5.72}$$

可证 $\rho(t)$ 满足密度算符的基本条件：

$$\text{Tr}\rho(t) = \int \frac{d^2\alpha}{\pi} \langle\alpha|\lambda(1-\lambda)^l : L_l\left(\frac{-\lambda^2 a^\dagger a}{1-\lambda}\right) e^{-\lambda a^\dagger a} : |\alpha\rangle$$

$$= \lambda(1-\lambda)^l \int \frac{d^2\alpha}{\pi} e^{-\lambda|\alpha|^2} L_l\left(\frac{-\lambda^2|\alpha|^2}{1-\lambda}\right)$$

$$= \lambda(1-\lambda)^l \int_0^\infty d\left(\frac{\lambda-1}{\lambda^2}x\right) e^{-\frac{\lambda-1}{\lambda}x} L_l(x) = 1 \tag{5.73}$$

所以它有资格成为新光场.

下面，我们考察处于 Laguerre 多项式混沌光场的平均光子数. 用相干态的完备性和关于 Laguerre 多项式的积分公式：

$$\int_0^\infty e^{-bx} x L_l(x) dx = -\frac{\partial}{\partial b}\left[(b-1)^l b^{-l-1}\right]$$

$$= -l(b-1)^{l-1}b^{-l-1} + (b-1)^l(l+1)b^{-l-2}$$
$$= \frac{1}{b^{l+2}}(b-1)^{l-1}(b-l-1) \tag{5.74}$$

先计算

$$\text{tr}\left[\rho(t)aa^\dagger\right] = \lambda(1-\lambda)^l \text{tr}\left[\int \frac{\mathrm{d}^2\alpha}{\pi}|\alpha\rangle\langle\alpha|a^\dagger : L_l\left(\frac{-\lambda^2 a^\dagger a}{1-\lambda}\right)\mathrm{e}^{-\lambda a^\dagger a} : a\right]$$
$$= \lambda(1-\lambda)^l \int \frac{\mathrm{d}^2\alpha}{\pi}|\alpha|^2 \mathrm{e}^{-\lambda|\alpha|^2} L_l\left(\frac{-\lambda^2|\alpha|^2}{1-\lambda}\right)$$
$$= \lambda(1-\lambda)^l \int_0^\infty \mathrm{d}\left(\frac{\lambda-1}{\lambda^2}x\right) \frac{\lambda-1}{\lambda^2} x \mathrm{e}^{-\frac{\lambda-1}{\lambda}x} L_l(x)$$
$$= \lambda(1-\lambda)^l \left(\frac{\lambda-1}{\lambda^2}\right)^2 \int_0^\infty \mathrm{d}x\, x\mathrm{e}^{-\frac{\lambda-1}{\lambda}x} L_l(x)$$
$$= \frac{1}{\lambda} + l \tag{5.75}$$

所以

$$\text{Tr}\left[\rho(t)a^\dagger a\right] = \text{Tr}\left[\rho(t)aa^\dagger\right] - 1 = \frac{1}{\lambda} + l - 1 = \kappa t + l \tag{5.76}$$

即经过扩散通道后, 初始态的光子数 l 变为 $l+\kappa t$. 当 κ 很小时, 要经历长时间 t 增量 κt 才明显. 所以扩散过程可以被作为增光子性的量子控制.

5.8 Laguerre 多项式权重混沌光场的光子计数

那么, 怎样来确定一个光场是 Laguerre 多项式权重混沌光场呢？通常量子光场的性质是通过该场的光子计数来认证. 量子力学光子计数分布公式最早由 Kelley 和 Kleiner 导出. 对于单模辐射场, 在时间间隔 T 内测量到 m 个光电子的概率分布 $\mathfrak{p}(m,T)$ 为

$$\mathfrak{p}(m,T) = \text{Tr}\left[\rho : \frac{(\xi a^\dagger a)^m}{m!} \mathrm{e}^{-\xi a^\dagger a} : \right] \tag{5.77}$$

其中, ξ 称为探测器的检测效率, 符号 $::$ 表示算符的正规排序. ρ 为所考察的单模光场的密度算符. 利用有序算符内的积分计数, 式 (5.77) 已转化成如下形式:

$$\mathfrak{p}(m,T) = \left(\frac{\xi}{\xi-1}\right)^m \int \frac{\mathrm{d}^2 z}{\pi} \mathrm{e}^{-\xi|z|^2} L_m(|z|^2) \langle\sqrt{1-\xi}z|\rho|\sqrt{1-\xi}z\rangle \tag{5.78}$$

这里, $\left|\sqrt{1-\xi}z\right\rangle$ 是相干态, L_m 是 m 阶 Laguerre 多项式. 当已知密度算符 ρ 的正规乘积时, 利用式 (5.78) 计算光子数分布是十分便利的. 将 Laguerre 多项式权重混沌光场正规乘积表示式 (5.69) 代入式 (5.78), 则其光子分布可由下式计算:

$$\mathfrak{p}(m,T) = \lambda(1-\lambda)^l \left(\frac{\xi}{\xi-1}\right)^m \int \frac{\mathrm{d}^2 z}{\pi} \mathrm{e}^{-(\lambda-\lambda\xi+\xi)|z|^2} L_m\left(|z|^2\right) L_l\left[\frac{-\lambda^2(1-\xi)|z|^2}{1-\lambda}\right] \tag{5.79}$$

利用 Laguerre 多项式的积分公式

$$\int_0^\infty \mathrm{e}^{-bx} L_m(\nu x) L_l(\mu x) \mathrm{d}x = \frac{(m+l)!(b-\nu)^m (b-\mu)^l}{m!k!b^{m+l+1}} F\left[-m,-l;-m-l,\frac{b(b-\nu-\mu)}{(b-\nu)(b-\mu)}\right] \tag{5.80}$$

其中, F 是合流超几何函数, 且

$$b = \lambda - \lambda\xi + \xi, \quad \nu = 1, \quad \mu = \frac{-\lambda^2}{1-\lambda}(1-\xi) \tag{5.81}$$

可见, Laguerre 多项式权重混沌光场的光子计数分布为

$$\mathfrak{p}(m,T) = \lambda(1-\lambda)^l \left[\frac{\xi(b-\nu)}{\xi-1}\right]^m \frac{(m+l)!(b-\mu)^l}{m!k!b^{m+l+1}}$$
$$\times F\left[-m,-l;-m-l,\frac{b(b-\nu-\mu)}{(b-\nu)(b-\mu)}\right] \tag{5.82}$$

因此, 实验物理学家可以根据式 (5.82) 来探究 Laguerre 多项式权重混沌光场.

因此, 通过考察粒子数态在扩散环境下的演化, 我们理论上提出了 Laguerre 多项式权重混沌光场.

5.9 混沌光的扩散

本节讨论混沌光的扩散, 将 $\rho_0 = \gamma \mathrm{e}^{a^\dagger a \ln(1-\gamma)}$ 代入扩散方程解 (5.33) 中得

$$\rho(t) = \gamma \sum_{m,n=0}^\infty \frac{1}{m!n!} \frac{(\kappa t)^{m+n}}{(\kappa t+1)^{m+n+1}}$$
$$\times a^{\dagger m} \left(\frac{1}{1+\kappa t}\right)^{a^\dagger a} a^n \mathrm{e}^{a^\dagger a \ln(1-\gamma)} a^{\dagger n} \left(\frac{1}{1+\kappa t}\right)^{a^\dagger a} a^m \tag{5.83}$$

首先考察上式中对 n 的求和. 利用算符恒等式

$$\left(\frac{1}{1+\kappa t}\right)^{a^\dagger a} = \mathrm{e}^{-a^\dagger a \ln(1+\kappa t)}, \quad \mathrm{e}^{fa^\dagger a} a \mathrm{e}^{-fa^\dagger a} = a\mathrm{e}^{-f} \tag{5.84}$$

有

$$\sum_{n=0}^{\infty} \frac{1}{n!} \frac{(\kappa t)^n}{(\kappa t + 1)^n} \mathrm{e}^{-a^\dagger a \ln(1+\kappa t)} a^n \mathrm{e}^{a^\dagger a \ln(1-\gamma)} a^{\dagger n} \mathrm{e}^{-a^\dagger a \ln(1+\kappa t)}$$

$$= \sum_{n=0}^{\infty} \frac{(\kappa t)^n (1+\kappa t)^n}{n!} \left\{ a^n \mathrm{e}^{a^\dagger a \ln[(1-\gamma)/(1+\kappa t)^2]} a^{\dagger n} \right\} \tag{5.85}$$

另一方面, 利用相干态完备性 $\int \frac{\mathrm{d}^2 z}{\pi} |z\rangle \langle z| = 1$, $|z\rangle = \mathrm{e}^{-\frac{|z|^2}{2}} \mathrm{e}^{za^\dagger} |0\rangle$, 以及 IWOP 方法可得算符恒等式:

$$a^n \mathrm{e}^{ga^\dagger a} a^{\dagger n} = \int \frac{\mathrm{d}^2 z}{\pi} a^n \mathrm{e}^{ga^\dagger a} |z\rangle \langle z| a^{\dagger n}$$

$$= \int \frac{\mathrm{d}^2 z}{\pi} \mathrm{e}^{-\frac{|z|^2}{2}} a^n \mathrm{e}^{ga^\dagger a} \mathrm{e}^{za^\dagger} \mathrm{e}^{-ga^\dagger a} |0\rangle \langle z| z^{*n}$$

$$= \int \frac{\mathrm{d}^2 z}{\pi} \mathrm{e}^{-\frac{|z|^2}{2}} a^n \mathrm{e}^{za^\dagger \mathrm{e}^g} |0\rangle \langle z| z^{*n}$$

$$= \int \frac{\mathrm{d}^2 z}{\pi} (z\mathrm{e}^g)^n z^{*n} : \mathrm{e}^{-|z|^2+za^\dagger \mathrm{e}^g+z^*a-a^\dagger a} :$$

$$= \mathrm{e}^{gn} : \sum_{l=0}^{n} \mathrm{e}^{(\mathrm{e}^g-1)a^\dagger a} \frac{(n!)^2 \left(a^\dagger a \mathrm{e}^g\right)^{n-l}}{l! [(n-l)!]^2} :$$

$$= n! \mathrm{e}^{gn} : \mathrm{e}^{(\mathrm{e}^g-1)a^\dagger a} L_s(-a^\dagger a \mathrm{e}^g) : \tag{5.86}$$

因此, 利用上式可将式 (5.85) 中 $\{a^n \mathrm{e}^{a^\dagger a \ln[(1-\gamma)/(1+\kappa t)^2]} a^{\dagger n}\}$ 改写成

$$a^n \mathrm{e}^{a^\dagger a[\ln(1-\gamma)-2\ln(1+\kappa t)]} a^{\dagger n}$$

$$= n! \mathrm{e}^{n \ln[(1-\gamma)/(1+\kappa t)^2]} : \mathrm{e}^{[(1-\gamma)/(1+\kappa t)^2-1]a^\dagger a} L_n \left[a^\dagger a \frac{\gamma-1}{(1+\kappa t)^2}\right] : \tag{5.87}$$

因而将式 (5.87) 代入式 (5.85) 可得

$$\sum_{n=0}^{\infty} (\kappa t+1)^n (\kappa t)^n \mathrm{e}^{n \ln[(1-\gamma)/(1+\kappa t)^2]} : \mathrm{e}^{[(1-\gamma)/(1+\kappa t)^2-1]a^\dagger a} L_n \left[a^\dagger a \frac{\gamma-1}{(1+\kappa t)^2}\right] :$$

$$= \sum_{n=0}^{\infty} \frac{[\kappa t(1-\gamma)]^n}{(\kappa t+1)^n} : \mathrm{e}^{[(1-\gamma)/(1+\kappa t)^2-1]a^\dagger a} L_n \left[a^\dagger a \frac{\gamma-1}{(1+\kappa t)^2}\right] : \tag{5.88}$$

再利用 Laguerre 多项式的母函数公式（2.32）则

$$\text{式}(5.85) = \frac{\kappa t + 1}{1 + \kappa t \gamma} : e^{a^\dagger a \frac{\kappa t(1-\gamma)^2}{(1+\kappa t \gamma)(1+\kappa t)^2}} e^{[(1-\gamma)/(1+\kappa t)^2 - 1]a^\dagger a} :$$

$$= \frac{\kappa t + 1}{1 + \kappa t \gamma} : e^{\left[\frac{1-\gamma}{(t\kappa+1)(t\kappa\gamma+1)} - 1\right]a^\dagger a} : \tag{5.89}$$

将式 (5.89) 代入 $\rho(t)$[即式 (5.83)]，注意到式中还保留了对 m 的求和，并利用正规乘积内的求和方法可得

$$\rho(t) = \frac{\gamma(\kappa t + 1)}{1 + \kappa t \gamma} \sum_{m=0}^{\infty} \frac{(\kappa t)^m}{m!(\kappa t + 1)^{m+1}} \times : a^{\dagger m} e^{\left[\frac{1-\gamma}{(t\kappa+1)(t\kappa\gamma+1)} - 1\right]a^\dagger a} a^m :$$

$$= \frac{\gamma}{1 + \kappa t \gamma} : e^{-\frac{\gamma}{\kappa t \gamma + 1} a^\dagger a} : \tag{5.90}$$

此即混沌光在扩散通道中的量子态. 与初始时刻的密度算符 $\rho_0 = \gamma : e^{-\gamma a^\dagger a} :$ 相比较容易发现，混沌光在扩散通道中仍然保持混沌光的特性，且只要做替换

$$\gamma \to \gamma' \equiv \frac{\gamma}{1 + \kappa t \gamma} \tag{5.91}$$

即可得到扩散后的混沌光场.

显然，$\rho(t)$ 具有保迹性，即

$$\text{Tr}\rho(t) = \frac{\gamma}{1 + \kappa t \gamma} \text{Tr} \left(: e^{-\frac{\gamma}{\kappa t \gamma + 1} a^\dagger a} : \int \frac{d^2 z}{\pi} |z\rangle\langle z| \right)$$

$$= \frac{\gamma}{1 + \kappa t \gamma} \int \frac{d^2 z}{\pi} e^{-\frac{\gamma}{t\kappa\gamma+1}|z|^2} = 1 \tag{5.92}$$

以及由扩散引起的混沌光的能量变化

$$\text{tr}[\rho(t)H] = \omega \text{tr}\left[\rho(t)\left(a^\dagger a + \frac{1}{2}\right)\right]$$

$$= \omega \left(\frac{1}{\gamma'} - \frac{1}{2}\right)$$

$$= \omega \left(\frac{1}{\gamma} + \kappa t - \frac{1}{2}\right)$$

$$= \omega \frac{1 + e^{-\beta\omega\hbar}}{2(1 - e^{-\beta\omega\hbar})} + \omega\kappa t \tag{5.93}$$

表明经扩散后，混沌光的能量增加 $\omega\kappa t$，这与式（5.64）一致. 通过引入一个等价的频率

$$\gamma' = 1 - e^{-\beta\omega'\hbar} \tag{5.94}$$

即

$$\omega' = \frac{1}{\beta\hbar} \ln \frac{1}{1-\gamma'} = \frac{1}{\beta\hbar} \ln \frac{1}{1 - \frac{\gamma}{1+\kappa t \gamma}} = \frac{1}{\beta\hbar} \ln \frac{1 + \kappa t \gamma}{1 + \kappa t \gamma - \gamma} \tag{5.95}$$

就可以得到经扩散后熵的变化:

$$-k\text{Tr}\left[\rho(t)\ln\rho(t)\right] = -k\left[\ln\left(1-e^{-\beta\omega'\hbar}\right) + \frac{\beta\omega'e^{-\beta\omega'\hbar}}{e^{-\beta\omega'\hbar}-1}\right] \tag{5.96}$$

5.10 压缩混沌光场的扩散

本节讨论初始压缩混沌光场在扩散通道中的演化. 我们发现在 t 时刻仍然保持压缩混沌光场, 此演化中有两个特征参数 τ 和 θ, 它们分别变为 $\tau \to \tau' = \frac{\tau}{1+2\kappa t\tau}, \theta \to \theta' = \frac{\theta}{1+2\kappa t\theta}$. 以下我们给出证明.

初始密度算符 ρ_0 为

$$\begin{aligned}\rho_0 &= \left(1-e^k\right)S^\dagger(r)e^{ka^\dagger a}S(r)\\ &= \left(1-e^k\right)\sum_{n=0}^{\infty}e^{kn}S^{-1}(r)|n\rangle\langle n|S(r)\end{aligned} \tag{5.97}$$

其中, $|n\rangle = \frac{a^{\dagger n}}{\sqrt{n!}}|0\rangle$ 是粒子数态, $\left(1-e^k\right)e^{ka^\dagger a}$ 是混沌光场, $S^{-1}|n\rangle$ 是压缩数态. 在坐标表象中压缩算符的表示为

$$\begin{aligned}S(r) &= \exp\left[\frac{r}{2}\left(a^2-a^{\dagger 2}\right)\right]\\ &= \int_{-\infty}^{\infty}\frac{\mathrm{d}x}{\sqrt{\mu}}\left|\frac{x}{\mu}\right\rangle\langle x| \quad \left[\mu=e^r, S^\dagger(r)=S^{-1}(r)\right]\end{aligned} \tag{5.98}$$

$|x\rangle$ 是坐标本征态 [见式 (1.68)]

$$|x\rangle = \pi^{-\frac{1}{4}}\exp\left(-\frac{x^2}{2}+\sqrt{2}xa^\dagger-\frac{a^{\dagger 2}}{2}\right)|0\rangle \tag{5.99}$$

它与 $\langle n|$ 的内积是

$$\langle n|x\rangle = \langle x|n\rangle = \frac{1}{\sqrt{\sqrt{\pi}2^n n!}}e^{-\frac{x^2}{2}}H_n(x) \tag{5.100}$$

其中, $H_n(x)$ 是 Hermite 多项式, 故用积分公式

$$\int_{-\infty}^{\infty}e^{-\frac{(x-y)^2}{2d}}H_n(x)\mathrm{d}x = \sqrt{2\pi d}(1-2d)^{n/2}H_n\left[y(1-2d)^{-1/2}\right] \tag{5.101}$$

可将压缩数态改成

$$S(r)|n\rangle = \int_{-\infty}^{+\infty} \frac{\mathrm{d}x}{\sqrt{\mu}} \left|\frac{x}{\mu}\right\rangle \langle x|n\rangle$$

$$= \int_{-\infty}^{\infty} \frac{\mathrm{d}x}{\sqrt{\mu\pi 2^n n!}} \exp\left[-\frac{x^2}{2}\left(1+\frac{1}{\mu^2}\right) + \sqrt{2}\left(\frac{x}{\mu}\right)a^\dagger - \frac{a^{\dagger 2}}{2}\right]|0\rangle H_n(x)$$

$$= \int_{-\infty}^{\infty} \frac{\mathrm{d}x}{\sqrt{\mu\pi 2^n n!}} \exp\left\{\left(-\frac{\mu^2+1}{2\mu^2}\right)\left[\left(x-\frac{\sqrt{2}\mu a^\dagger}{\mu^2+1}\right)^2\right.\right.$$

$$\left.\left. - \frac{2\mu^2}{(\mu^2+1)^2}a^{\dagger 2} + \frac{\mu^2}{\mu^2+1}a^{\dagger 2}\right]\right\} H_n(x)|0\rangle$$

$$= \frac{\sqrt{\mathrm{sech}\, r}}{\sqrt{2^n n!}}(-\tanh r)^{n/2} H_n\left[\frac{a^\dagger}{\sqrt{-2\sin(2r)}}\right] \exp\left(-\frac{\tanh r}{2}a^{\dagger 2}\right)|0\rangle \quad (5.102)$$

可见，压缩数态实际上可以看成是 Hermite 多项式压缩真空态.

令 $r \to -r$，$S \to S^{-1}$，就有

$$S^{-1}(r)|n\rangle = \frac{\sqrt{\mathrm{sech}\, r}}{\sqrt{2^n n!}}(\tanh r)^{n/2} H_n\left[\frac{a^\dagger}{\sqrt{2\sin(2r)}}\right] \exp\left(\frac{\tanh r}{2}a^{\dagger 2}\right)|0\rangle \quad (5.103)$$

代入方程 (5.97) 并用 $|0\rangle\langle 0| =: \mathrm{e}^{-a^\dagger a}:$ 以及 Hermite 多项式的母函数公式（1.126），得到

$$(1-\mathrm{e}^k)S^\dagger(r)\mathrm{e}^{ka^\dagger a}S(r)$$

$$= \frac{1-\mathrm{e}^k}{\sqrt{\cosh^2 r - \mathrm{e}^{2k}\sinh^2 r}} \exp\left[\frac{-a^{\dagger 2}\left(\mathrm{e}^{2k}-1\right)\tanh r}{2\left(1-\mathrm{e}^{2k}\tanh^2 r\right)}\right]$$

$$\times :\exp\left[a^\dagger a\left(\frac{\mathrm{e}^k}{\cosh^2 r - \mathrm{e}^{2k}\sinh^2 r}-1\right)\right]:\exp\left[\frac{-a^2\left(\mathrm{e}^{2k}-1\right)\tanh r}{2\left(1-\mathrm{e}^{2k}\tanh^2 r\right)}\right] \quad (5.104)$$

鉴于混沌光场的参数 $k = -\frac{\omega\hbar}{KT}$,

$$\frac{1}{\mathrm{e}^{-k}-1} = \frac{1}{\mathrm{e}^{\frac{\omega\hbar}{KT}}-1} \equiv \bar{n} \quad (5.105)$$

是平均光子数，我们引入两个特征参数 τ 和 θ

$$\tau = \frac{1}{(2\bar{n}+1)\mathrm{e}^{-2r}+1}$$
$$\theta = \frac{1}{(2\bar{n}+1)\mathrm{e}^{2r}+1} \quad (5.106)$$

于是结合式 (5.97) 和式 (5.104) 有

$$\rho_0 = 2\sqrt{\tau\theta}:\exp\left[\frac{1}{2}(\tau-\theta)(a^{\dagger 2}+a^2)-(\tau+\theta)a^\dagger a\right]: \quad (5.107)$$

此即压缩热态的正规乘积. 以下我们将看到此演化过程反映在 τ 和 θ 随时间的改变, 而压缩混沌光场的形式保持不变.

根据第 3 章将 ρ_0 化为反正规排序公式（3.166）以及积分公式 (1.36), 我们导出 ρ_0 的反正规排序是

$$\begin{aligned}\rho_0 &= 2\sqrt{\tau\theta}\int\frac{\mathrm{d}^2\beta}{\pi}\vdots\exp\left[-|\beta|^2 - \frac{\theta}{2}(\beta-\beta^*)^2 + \frac{\tau}{2}(\beta+\beta^*)^2 + \beta^*a - \beta a^\dagger + a^\dagger a\right]\vdots\\
&= 2\sqrt{\tau\theta}\int\frac{\mathrm{d}^2\beta}{\pi}\vdots\exp\left[(\tau+\theta-1)|\beta|^2 - a^\dagger\beta + a\beta^* + \frac{1}{2}(\tau-\theta)(\beta^2+\beta^{*2}) + a^\dagger a\right]\vdots\\
&= 2\sqrt{\frac{\tau\theta}{W}}\vdots\exp\left[\frac{\tau-\theta}{2W}(a^{\dagger 2}+a^2) + \frac{4\tau\theta-\tau-\theta}{W}a^\dagger a\right]\vdots\end{aligned}\qquad(5.108)$$

其中

$$W = (2\tau-1)(2\theta-1)\qquad(5.109)$$

用算符恒等式

$$\mathrm{e}^{\beta a^\dagger a} = \mathrm{e}^{-\beta}\vdots\exp\left[(1-\mathrm{e}^{-\beta})aa^\dagger\right]\vdots\qquad(5.110)$$

式（5.108）变为

$$\rho_0 = \frac{2\sqrt{\tau\theta W}}{1-\tau-\theta}\exp\left(\frac{\tau-\theta}{2W}a^2\right)\exp\left(a^\dagger a\ln\frac{W}{1-\tau-\theta}\right)\exp\left(\frac{\tau-\theta}{2W}a^{\dagger 2}\right)\qquad(5.111)$$

将方程式 (5.111) 代入式 (5.33) 中, 得到

$$\begin{aligned}\rho(t) = \sum_{m,n=0}^{\infty}&\frac{(\kappa t)^{m+n}}{m!n!(\kappa t+1)^{m+n+1}}a^{\dagger m}\left(\frac{1}{1+\kappa t}\right)^{a^\dagger a}a^n\frac{2\sqrt{\tau\theta W}}{1-\tau-\theta}\exp\left(\frac{\tau-\theta}{2W}a^2\right)\\
&\times\exp\left(a^\dagger a\ln\frac{W}{1-\tau-\theta}\right)\exp\left(\frac{\tau-\theta}{2W}a^{\dagger 2}\right)a^{\dagger n}\left(\frac{1}{1+\kappa t}\right)^{a^\dagger a}a^m\end{aligned}\qquad(5.112)$$

先考虑对 n 的求和定义

$$\begin{aligned}\mathrm{Im} \equiv \sum_{n=0}^{\infty}&\frac{(\kappa t)^n}{n!(\kappa t+1)^n}\left(\frac{1}{1+\kappa t}\right)^{a^\dagger a}a^n\exp\left(\frac{\tau-\theta}{2W}a^2\right)\\
&\times\exp\left(a^\dagger a\ln\frac{W}{1-\tau-\theta}\right)\exp\left(\frac{\tau-\theta}{2W}a^{\dagger 2}\right)a^{\dagger n}\left(\frac{1}{1+\kappa t}\right)^{a^\dagger a}\end{aligned}\qquad(5.113)$$

并用恒等式

$$\left(\frac{1}{1+\kappa t}\right)^{a^\dagger a}a^n = (\kappa t+1)^n a^n\exp\left[a^\dagger a\ln\left(\frac{1}{1+\kappa t}\right)\right]\qquad(5.114)$$

就有

$$\mathrm{Im} = \sum_{n=0}^{\infty}\frac{[\kappa t(\kappa t+1)]^n}{n!}a^n\exp\left[a^\dagger a\ln\left(\frac{1}{1+\kappa t}\right)\right]\exp\left(\frac{\tau-\theta}{2W}a^2\right)$$

$$\times \exp\left(a^\dagger a \ln\frac{W}{1-\tau-\theta}\right)\exp\left(\frac{\tau-\theta}{2W}a^{\dagger 2}\right)\exp\left[a^\dagger a\ln\left(\frac{1}{1+\kappa t}\right)\right]a^{\dagger n}$$

$$=\sum_{n=0}^{\infty}\frac{[\kappa t(1+\kappa t)]^n}{n!}a^n\exp\left[\frac{(\tau-\theta)(1+\kappa t)^2}{2W}a^2\right]$$

$$\times\exp\left[a^\dagger a\ln\frac{W}{(1+\kappa t)^2(1-\tau-\theta)}\right]\exp\left[\frac{(\tau-\theta)(1+\kappa t)^2}{2W}a^{\dagger 2}\right]a^{\dagger n} \tag{5.115}$$

再用式 (5.110) 得到

$$\mathrm{Im}=\frac{(1+\kappa t)^2(1-\tau-\theta)}{W}\sum_{n=0}^{\infty}\frac{[\kappa t(1+\kappa t)]^n}{n!}{:}a^n\exp\left[\frac{(\tau-\theta)(1+\kappa t)^2 a^2}{2W}\right]$$

$$\times\exp\left[\frac{W-(1+\kappa t)^2(1-\tau-\theta)}{W}a^\dagger a\right]\exp\left[\frac{(\tau-\theta)(1+\kappa t)^2 a^{\dagger 2}}{2W}\right]a^{\dagger n}{:}$$

$$=\frac{(1+\kappa t)^2(1-\tau-\theta)}{W}{:}\exp\left[\kappa t(1+\kappa t)aa^\dagger\right]\exp\left[\frac{(\tau-\theta)(1+\kappa t)^2}{2W}a^2\right]$$

$$\times\exp\left[\frac{W-(1+\kappa t)^2(1-\tau-\theta)}{W}a^\dagger a\right]\exp\left[\frac{(\tau-\theta)(1+\kappa t)^2}{2W}a^{\dagger 2}\right]{:} \tag{5.116}$$

进一步用相干态表象完备性, 以及相干态投影算符的正规乘积表示

$$|z\rangle\langle z|={:}\exp(-|z|^2+za^\dagger+z^*a-a^\dagger a){:} \tag{5.117}$$

利用积分公式 (1.36) 我们将 Im 转化为正规乘积

$$\mathrm{Im}=\int\frac{\mathrm{d}^2 z}{\pi}\mathrm{Im}|z\rangle\langle z|$$

$$=\frac{(1+\kappa t)^2(1-\tau-\theta)}{W}\int\frac{\mathrm{d}^2 z}{\pi}{:}\exp\left[\frac{\kappa t(1+\kappa t)W-(1+\kappa t)^2(1-\tau-\theta)}{W}|z|^2\right.$$

$$+za^\dagger+z^*a+\frac{(\tau-\theta)(1+\kappa t)^2}{2W}\left(z^2+z^{*2}\right)-a^\dagger a\bigg]{:}$$

$$=\frac{(1+\kappa t)(1-\tau-\theta)}{\sqrt{D(1+2\kappa t\tau)(1+2\kappa t\theta)}}{:}\exp\left[\frac{\left(a^{\dagger 2}+a^2\right)(\tau-\theta)}{2(1+2\kappa t\tau)(1+2\kappa t\theta)}\right.$$

$$+\frac{(1-\tau-\theta)-\kappa t(4\tau\theta-\tau-\theta)}{(1+\kappa t)(1+2\kappa t\tau)(1+2\kappa t\theta)}a^\dagger a-a^\dagger a\bigg]{:} \tag{5.118}$$

将结果式 (5.118) 代入式 (5.112) 完成对 m 的求和, 即

$$\rho(t)=\frac{2\sqrt{\tau\theta W}}{1-\theta-\tau}\sum_{m=0}^{\infty}\frac{(\kappa t)^m}{m!(\kappa t+1)^{m+1}}a^{\dagger m}\mathrm{Im}a^m$$

$$=\frac{2\sqrt{\tau\theta}}{\sqrt{(1+2\kappa t\tau)(1+2\kappa t\theta)}}{:}\exp\left\{\frac{(\tau-\theta)\left(a^{\dagger 2}+a^2\right)}{2(1+2\kappa t\tau)(1+2\kappa t\theta)}\right.$$

$$+\left[\frac{(1-\tau-\theta)-\kappa t(4\tau\theta-\tau-\theta)}{(1+\kappa t)(1+2\kappa t\tau)(1+2\kappa t\theta)}-\frac{1}{(\kappa t+1)}\right]a^\dagger a\Bigg\}:$$

$$=\frac{2\sqrt{\tau\theta}}{\sqrt{(1+2\kappa t\tau)(1+2\kappa t\theta)}}:\exp\left[\frac{(\tau-\theta)\left(a^{\dagger 2}+a^2\right)}{2(1+2\kappa t\tau)(1+2\kappa t\theta)}\right.$$

$$\left.-\left(\frac{\tau}{1+2\kappa t\tau}+\frac{\theta}{1+2\kappa t\theta}\right)a^\dagger a\right]: \tag{5.119}$$

记

$$\tau'=\frac{\tau}{1+2\kappa t\tau},\ \theta'=\frac{\theta}{1+2\kappa t\theta},\ W=(2\tau-1)(2\theta-1) \tag{5.120}$$

则

$$\rho(t)=2\sqrt{\tau'\theta'}:\exp\{\frac{1}{2}(\tau'-\theta')\left(a^{\dagger 2}+a^2\right)-(\tau'+\theta')a^\dagger a\}:$$

$$=\left(1-\mathrm{e}^{k'}\right)S^\dagger(r')\mathrm{e}^{k'a^\dagger a}S(r') \tag{5.121}$$

与式 (5.107) 中的 ρ_0 形式相同, 只是 $\tau\to\tau'=\frac{\tau}{1+2\kappa t\tau},\theta\to\theta'=\frac{\theta}{1+2\kappa t\theta}$, 而

$$k'=\frac{1}{4}\ln\frac{\tau'(1-\theta')}{\theta'(1-\tau')}$$

$$r'=\ln\left[1-\frac{2\sqrt{\tau'\theta'(1-\tau')(1-\theta')}}{1-\tau'-\theta'}\right] \tag{5.122}$$

这表明初始的压缩混沌态在历经了扩散通道后仍然是压缩混沌态, 其参数从 $k\to k', r\to r'$.

若令

$$\delta=-(\tau'+\theta'),\quad \gamma=\frac{1}{2}(\tau'-\theta') \tag{5.123}$$

则

$$\delta^2-4\gamma^2=4\tau'\theta' \tag{5.124}$$

因此, 可进一步简化表达式 (5.121) 为

$$\rho(t)=\sqrt{\delta^2-4\gamma^2}:\exp\left[\delta a^\dagger a+\gamma\left(a^{\dagger 2}+a^2\right)\right]: \tag{5.125}$$

当 $t=0$ 时, 显然有 $\rho(t)\to\rho(0)$. 对于式 (5.125) 我们将证明 $\mathrm{tr}[\rho(t)]=1$. 实际上, 利用相干态完备性可得

$$\mathrm{tr}\rho(t)=\sqrt{\delta^2-4\gamma^2}\mathrm{tr}:\exp\left[\delta a^\dagger a+\gamma\left(a^{\dagger 2}+a^2\right)\right]:$$

$$=\sqrt{\delta^2-4\gamma^2}\int\frac{\mathrm{d}\alpha}{\pi}\langle\alpha|:\exp\left[\delta a^\dagger a+\gamma\left(a^{\dagger 2}+a^2\right)\right]:|\alpha\rangle$$

$$= 1 \tag{5.126}$$

下面，进一步考虑压缩热态在扩散通道中光子数分布的演化情况.
利用式 (5.107) 可知，初始时刻的平均光子数为

$$\begin{aligned}
\langle N \rangle_0 &= \mathrm{tr}\left[\rho_0 a^\dagger a\right] = \mathrm{tr}\left(\rho_0 a a^\dagger\right) - 1 \\
&= 2\sqrt{\tau\theta}\,\mathrm{tr}\left\{: a^\dagger a \exp\left[\frac{1}{2}(\tau-\theta)\left(a^{\dagger 2}+a^2\right)-(\tau+\theta)a^\dagger a\right] :\right\} - 1 \\
&= 2\sqrt{\tau\theta}\int \frac{\mathrm{d}^2 z}{\pi}|z|^2 \exp\left[\frac{1}{2}(\tau-\theta)\left(z^{*2}+z^2\right)-(\tau+\theta)|z|^2\right] - 1
\end{aligned} \tag{5.127}$$

取 $\sigma = \frac{1}{2}(\tau-\theta)$，$\epsilon = -(\tau+\theta)$，则上式变成

$$\begin{aligned}
\langle N \rangle_0 &= 2\sqrt{\tau\theta}\int \frac{\mathrm{d}^2 z}{\pi}|z|^2 \exp\left[\sigma\left(z^{*2}+z^2\right)+\epsilon|z|^2\right] - 1 \\
&= 2\sqrt{\tau\theta}\int \frac{\mathrm{d}^2 z}{\pi}\frac{\partial}{\partial \epsilon}\exp\left[\sigma\left(z^{*2}+z^2\right)+\epsilon|z|^2\right] - 1 \\
&= 2\sqrt{\tau\theta}\frac{\partial}{\partial \epsilon}\frac{1}{\sqrt{\epsilon^2-4\sigma^2}} - 1 \\
&= -\frac{2\epsilon\sqrt{\tau\theta}}{\sqrt{(\epsilon^2-4\sigma^2)^3}} - 1 = \frac{\tau+\theta}{4\tau\theta} - 1
\end{aligned} \tag{5.128}$$

此即初始时刻的光子数分布.

当压缩热态在扩散通道中演化时，其密度算符由式 (5.125) 给出，注意到密度算符形式的相似性，则 t 时刻平均光子数分布可直接导出，为

$$\langle N \rangle_t = \mathrm{Tr}\left[\rho(t) a^\dagger a\right] = \frac{\tau+\theta}{4\tau\theta} - 1 + \kappa t = \langle N \rangle_0 + \kappa t \tag{5.129}$$

由此可见，经过扩散通道后，与初始时刻的平均光子数式 (5.128) 相比，演化后态的平均光子数增加了 κt. 因此，该扩散过程可以看成是增加平均光子数的一个量子控制方案，κ 就是控制参数.

5.11 热真空光场在单模扩散通道中的演化

本节讨论初始热真空光场 [见第 3 章式 (3.8)]

$$\rho(0) = \mathrm{sech}^2\lambda\, e^{a^\dagger \tilde{a}^\dagger \tanh\lambda}|0\tilde{0}\rangle\langle 0\tilde{0}| e^{a\tilde{a}\tanh\lambda} \tag{5.130}$$

在单模扩散通道中的演化, 这里 $\tilde{a}^\dagger$ 是虚模. 将它代入式 (5.33) 得到

$$\rho(t) = \mathrm{sech}^2\lambda \sum_{m,n=0}^{\infty} \frac{(\kappa t)^{m+n}}{m!n!(\kappa t+1)^{m+n+1}} a^{\dagger m} \left(\frac{1}{1+\kappa t}\right)^{a^\dagger a}$$

$$\times a^n e^{a^\dagger \tilde{a}^\dagger \tanh\lambda} |0\tilde{0}\rangle\langle 0\tilde{0}| e^{a\tilde{a}\tanh\lambda} a^{\dagger n} \left(\frac{1}{1+\kappa t}\right)^{a^\dagger a} a^m \tag{5.131}$$

先分析

$$a^n e^{a^\dagger \tilde{a}^\dagger \tanh\lambda} |0\tilde{0}\rangle = (\tilde{a}^\dagger \tanh\lambda)^m e^{a^\dagger \tilde{a}^\dagger \tanh\lambda} |0\tilde{0}\rangle \tag{5.132}$$

故

$$\left(\frac{1}{1+\kappa t}\right)^{a^\dagger a} a^n e^{a^\dagger \tilde{a}^\dagger \tanh\lambda} |0\tilde{0}\rangle = (\tilde{a}^\dagger \tanh\lambda)^n e^{a^\dagger a \ln\frac{1}{1+\kappa t}} e^{a^\dagger \tilde{a}^\dagger \tanh\lambda} |0\tilde{0}\rangle$$

$$= (\tilde{a}^\dagger \tanh\lambda)^n e^{a^\dagger \tilde{a}^\dagger \frac{\tanh\lambda}{1+\kappa t}} |0\tilde{0}\rangle \tag{5.133}$$

用双模真空投影算符正规乘积 $|0\tilde{0}\rangle\langle 0\tilde{0}| =\, : e^{-a^\dagger a - \tilde{a}^\dagger \tilde{a}} :$, 则式 (5.131) 变成

$$\rho(t) = \mathrm{sech}^2\lambda \sum_{m,n=0}^{\infty} \frac{(\kappa t)^{m+n}}{m!n!(\kappa t+1)^{m+n+1}} : a^{\dagger m} (\tilde{a}^\dagger \tanh\lambda)^n$$

$$\times e^{\left(a^\dagger \tilde{a}^\dagger + a\tilde{a}\right)\frac{\tanh\lambda}{1+\kappa t} - a^\dagger a - \tilde{a}^\dagger \tilde{a}} (\tilde{a}\tanh\lambda)^n a^m :$$

$$= \frac{\mathrm{sech}^2\lambda}{\kappa t+1} : e^{\left(a^\dagger \tilde{a}^\dagger + a\tilde{a}\right)\frac{\tanh\lambda}{1+\kappa t} + \left(\frac{\kappa t}{1+\kappa t}-1\right)a^\dagger a + \left(\frac{\kappa t}{1+\kappa t}\tanh^2\lambda-1\right)\tilde{a}^\dagger \tilde{a}} :$$

$$= \frac{\mathrm{sech}^2\lambda}{\kappa t+1} e^{a^\dagger \tilde{a}^\dagger \frac{\tanh\lambda}{1+\kappa t}} : e^{\left(\frac{\kappa t}{1+\kappa t}-1\right)a^\dagger a + \left(\frac{\kappa t\tanh^2\lambda}{1+\kappa t}-1\right)\tilde{a}^\dagger \tilde{a}} : e^{a\tilde{a}\frac{\tanh\lambda}{1+\kappa t}}$$

$$= \frac{\mathrm{sech}^2\lambda}{\kappa t+1} e^{a^\dagger \tilde{a}^\dagger \frac{\tanh\lambda}{1+\kappa t}} e^{a^\dagger a \ln\frac{\kappa t}{1+\kappa t} + \tilde{a}^\dagger \tilde{a} \ln\frac{\kappa t \tanh^2\lambda}{1+\kappa t}} e^{a\tilde{a}\frac{\tanh\lambda}{1+\kappa t}} \tag{5.134}$$

这是一个混态. 对实在场求部分迹

$$\mathrm{tr}_a \rho(t) = \frac{\mathrm{sech}^2\lambda}{\kappa t+1} \int \frac{\mathrm{d}^2 z_1}{\pi} \langle z| e^{a^\dagger \tilde{a}^\dagger \frac{\tanh\lambda}{1+\kappa t}} : e^{\frac{-1}{1+\kappa t}a^\dagger a + \left(\frac{\kappa t \tanh^2\lambda}{1+\kappa t}-1\right)\tilde{a}^\dagger \tilde{a}} : e^{a\tilde{a}\frac{\tanh\lambda}{1+\kappa t}} |z\rangle$$

$$= \frac{\mathrm{sech}^2\lambda}{\kappa t+1} \int \frac{\mathrm{d}^2 z}{\pi} e^{\frac{-1}{1+\kappa t}|z|^2} e^{z^*\tilde{a}^\dagger \frac{\tanh\lambda}{1+\kappa t}} : e^{\left(\frac{\kappa t \tanh^2\lambda}{1+\kappa t}-1\right)\tilde{a}^\dagger \tilde{a}} : e^{z\tilde{a}\frac{\tanh\lambda}{1+\kappa t}}$$

$$= \mathrm{sech}^2\lambda : e^{\tilde{a}^\dagger \tilde{a}\frac{\tanh^2\lambda}{1+\kappa t} + \left(\frac{\kappa t \tanh^2\lambda}{1+\kappa t}-1\right)\tilde{a}^\dagger \tilde{a}} :$$

$$= \mathrm{sech}^2\lambda : e^{\left(\tanh^2\lambda-1\right)\tilde{a}^\dagger \tilde{a}} : \tag{5.135}$$

则 $\mathrm{tr}\rho(t) = \mathrm{sech}^2\lambda \mathrm{tr}_{\tilde{a}}[: e^{(\tanh^2\lambda-1)\tilde{a}^\dagger \tilde{a}} :] = 1$; 而对虚模求部分迹有

$$\mathrm{tr}_{\tilde{a}}\rho(t) = \frac{\mathrm{sech}^2\lambda}{\kappa t+1} \int \frac{\mathrm{d}^2 z_2}{\pi} \langle \tilde{z}| e^{a^\dagger \tilde{a}^\dagger \frac{\tanh\lambda}{1+\kappa t}} : e^{\frac{-1}{1+\kappa t}a^\dagger a + \left(\frac{\kappa t \tanh^2\lambda}{1+\kappa t}-1\right)\tilde{a}^\dagger \tilde{a}} : e^{a\tilde{a}\frac{\tanh\lambda}{1+\kappa t}} |\tilde{z}\rangle$$

$$= \frac{\text{sech}^2\lambda}{\kappa t+1} \int \frac{\mathrm{d}^2 z_2}{\pi} \mathrm{e}^{-\left(1-\frac{\kappa t\tanh^2\lambda}{1+\kappa t}\right)|z_2|^2} \mathrm{e}^{z^* a^\dagger \frac{\tanh\lambda}{1+\kappa t}} : \mathrm{e}^{\frac{-1}{1+\kappa t}a^\dagger a} : \mathrm{e}^{za\frac{\tanh\lambda}{1+\kappa t}}$$

$$= f : \exp\left(-fa^\dagger a\right) : = \rho_a(t) \tag{5.136}$$

其中

$$f = \frac{\text{sech}^2\lambda}{1+\kappa t\text{sech}^2\lambda} \tag{5.137}$$

因此, 热真空态在扩散通道下的光子数为

$$\begin{aligned}
\text{Tr}\left[\rho_a(t)a^\dagger a\right] &= \text{Tr}\left[\rho_a(t)\left(aa^\dagger-1\right)\right] = \int \frac{\mathrm{d}^2 z}{\pi} \langle z|a^\dagger \rho_a(t) a|z\rangle - 1 \\
&= f \int \frac{\mathrm{d}^2 z}{\pi} |z|^2 \exp\left(-f|z|^2\right) \\
&= f \frac{\partial}{\partial(-f)} \int \frac{\mathrm{d}^2 z}{\pi} \exp\left(-f|z|^2\right) \\
&= -f \frac{\partial}{\partial f} \frac{1}{f} = \frac{1}{f} = \cosh^2\lambda + \kappa t
\end{aligned} \tag{5.138}$$

可见, 扩散导致热真空态的光子数增加 κt.

5.12 受迫振子在扩散通道中的演化

量子谐振子受与时间有关的外场力作用, 哈密顿量为

$$H_s = \hbar\Omega a^\dagger a + \hbar f(t)\left(a+a^\dagger\right) \tag{5.139}$$

这里, Ω 为谐振子故有频率, $f(t)$ 为实数. 若受外力的含时谐振子经历一个扩散通道, 则相应主方程为

$$\frac{\mathrm{d}\rho_s}{\mathrm{d}t} = \frac{1}{\mathrm{i}\hbar}[H_s, \rho_s] - \kappa\left(a^\dagger a\rho_s - a\rho_s a^\dagger - a^\dagger \rho_s a + \rho_s aa^\dagger\right) \tag{5.140}$$

其中, κ 为衰减常数. 利用变换关系 $\rho(t) = \mathrm{e}^{\mathrm{i}\Omega t a^\dagger a}\rho_s \mathrm{e}^{-\mathrm{i}\Omega t a^\dagger a}$, 可将上述主方程改成更简单的形式, 即

$$\frac{\mathrm{d}\rho}{\mathrm{d}t} = -\mathrm{i}f(t)\left[\left(a\mathrm{e}^{-\mathrm{i}\Omega t}+a^\dagger \mathrm{e}^{\mathrm{i}\Omega t}\right),\rho\right] - \kappa\left(a^\dagger a\rho - a\rho a^\dagger - a^\dagger \rho a + \rho aa^\dagger\right) \tag{5.141}$$

采用 5.3 节的相同方法,将上式作用于纠缠态表象 $|I\rangle \equiv |\eta = 0\rangle$,并利用式 (5.25) 可得关于态矢 $|\rho\rangle \equiv \rho|I\rangle$ 的类薛定谔方程:

$$\begin{aligned}\frac{\mathrm{d}}{\mathrm{d}t}|\rho\rangle &= -\mathrm{i}f(t)\left[(a-\tilde{a}^\dagger)\mathrm{e}^{-\mathrm{i}\Omega t} + (a^\dagger - \tilde{a})\mathrm{e}^{\mathrm{i}\Omega t}\right]|\rho\rangle \\ &\quad + \kappa\left(a^\dagger \tilde{a}^\dagger + a\tilde{a} - a^\dagger a - \tilde{a}\tilde{a}^\dagger\right)|\rho\rangle \\ &= [g(t) + G_0]|\rho\rangle \end{aligned} \quad (5.142)$$

这里

$$\begin{aligned} G_0 &= \kappa\left(a^\dagger \tilde{a}^\dagger + a\tilde{a} - a^\dagger a - \tilde{a}\tilde{a}^\dagger\right) = -\kappa\hat{\eta}^\dagger \hat{\eta} \\ g(t) &= -\mathrm{i}f(t)\left[(a - \tilde{a}^\dagger)\mathrm{e}^{-\mathrm{i}\Omega t} + (a^\dagger - \tilde{a})\mathrm{e}^{\mathrm{i}\Omega t}\right] \\ \hat{\eta}^\dagger &= a^\dagger - \tilde{a}, \quad \hat{\eta} = a - \tilde{a}^\dagger \end{aligned} \quad (5.143)$$

注意到以下对易关系:

$$\begin{aligned}[G_0, g(t)] &= -\mathrm{i}\kappa f(t)\mathrm{e}^{-\mathrm{i}\Omega t}\left[a^\dagger \tilde{a}^\dagger + a\tilde{a} - a^\dagger a - \tilde{a}\tilde{a}^\dagger, a - \tilde{a}^\dagger\right] \\ &\quad - \mathrm{i}\kappa f(t)\mathrm{e}^{\mathrm{i}\Omega t}\left[a^\dagger \tilde{a}^\dagger + a\tilde{a} - a^\dagger a - \tilde{a}\tilde{a}^\dagger, a^\dagger - \tilde{a}\right] \\ &= -\mathrm{i}\kappa f(t)\mathrm{e}^{-\mathrm{i}\Omega t}\left\{[a^\dagger \tilde{a}^\dagger, a] + [a\tilde{a}, -\tilde{a}^\dagger] + [-a^\dagger a, a] + [-\tilde{a}\tilde{a}^\dagger, -\tilde{a}^\dagger]\right\} \\ &\quad - \mathrm{i}\kappa f(t)\mathrm{e}^{\mathrm{i}\Omega t}\left\{[a^\dagger \tilde{a}^\dagger, -\tilde{a}] + [a\tilde{a}, a^\dagger] + [-a^\dagger a, a^\dagger] + [-\tilde{a}\tilde{a}^\dagger, -\tilde{a}]\right\} \\ &= -\mathrm{i}\kappa f(t)\left[\mathrm{e}^{-\mathrm{i}\Omega t}\left(-\tilde{a}^\dagger - a + a + \tilde{a}^\dagger\right) + \mathrm{e}^{\mathrm{i}\Omega t}\left(a^\dagger + \tilde{a} - a^\dagger - \tilde{a}\right)\right] \\ &= 0 \end{aligned} \quad (5.144)$$

和

$$\begin{aligned}[g(t), g(t')] &= \left[-\mathrm{i}f(t)\mathrm{e}^{-\mathrm{i}\Omega t}(a - \tilde{a}^\dagger) - \mathrm{i}f(t)\mathrm{e}^{\mathrm{i}\Omega t}(a^\dagger - \tilde{a}),\right. \\ &\quad \left. -\mathrm{i}f(t')\mathrm{e}^{-\mathrm{i}\Omega t'}(a - \tilde{a}^\dagger) - \mathrm{i}f(t')\mathrm{e}^{\mathrm{i}\Omega t'}(a^\dagger - \tilde{a})\right] \\ &= 0 \end{aligned} \quad (5.145)$$

以及

$$\left[g(t) + G_0, g(t') + G_0\right] = 0 \quad (5.146)$$

故利用式 (5.144)~式 (5.146) 可得方程 (5.142) 的形式解为

$$\begin{aligned}|\rho(t)\rangle &= \exp\left\{\int_0^t [g(t') + G_0]\mathrm{d}t'\right\}|\rho_0\rangle \\ &= \exp\left[\int_0^t g(t')\mathrm{d}t'\right]\exp(G_0 t)|\rho_0\rangle \end{aligned}$$

$$= \exp\left[\lambda(t)\hat{\eta}^\dagger - \lambda^*(t)\hat{\eta}\right] \exp\left(-\kappa t \hat{\eta}^\dagger \hat{\eta}\right) |\rho_0\rangle$$

$$= \exp\left[\lambda(t)\hat{\eta}^\dagger\right] \exp\left[-\lambda^*(t)\hat{\eta}\right] \exp\left(-\kappa t \hat{\eta}^\dagger \hat{\eta}\right) |\rho_0\rangle \tag{5.147}$$

其中, $\lambda(t)$ 与外力有关

$$\lambda(t) \equiv -\mathrm{i} \int_0^t \mathrm{d}t' f(t') \mathrm{e}^{\mathrm{i}\Omega t'} \tag{5.148}$$

将式 (5.147) 投影到热纠缠态表象 $\langle \eta |$, 可得

$$\langle \eta | \rho(t) \rangle = \langle \eta | \exp\left[\lambda(t)\hat{\eta}^\dagger\right] \exp\left[-\lambda^*(t)\hat{\eta}\right] \exp\left(-\kappa t \hat{\eta}^\dagger \hat{\eta}\right) |\rho_0\rangle$$

$$= \mathrm{e}^{\lambda(t)\eta^* - \lambda^*(t)\eta - \kappa t |\eta|^2} \langle \eta | \rho_0 \rangle \tag{5.149}$$

利用热纠缠态表象的完备性关系, 有 (证明见本章附录)

$$|\rho(t)\rangle = \int \frac{\mathrm{d}^2\eta}{\pi} \mathrm{e}^{\lambda(t)\eta^* - \lambda^*(t)\eta - \kappa t |\eta|^2} |\eta\rangle \langle \eta | \rho_0 \rangle$$

$$= \mathrm{e}^{\frac{-|\lambda(t)|^2}{1+\kappa t}} \sum_{m,n=0}^{\infty} \frac{1}{m!n!} \frac{(\kappa t)^{m+n}}{(1+\kappa t)^{m+n+1}} a^{\dagger m} \mathrm{e}^{\frac{\lambda(t) a^\dagger}{1+\kappa t}} \left(\frac{1}{1+\kappa t}\right)^{a^\dagger a} a^n \mathrm{e}^{\frac{-\lambda^*(t) a}{1+\kappa t}} \rho_0$$

$$\times \mathrm{e}^{\frac{-\lambda(t) a^\dagger}{1+\kappa t}} a^{\dagger n} \left(\frac{1}{1+\kappa t}\right)^{a^\dagger a} \mathrm{e}^{\frac{\lambda^*(t) a}{1+\kappa t}} a^m |I\rangle \tag{5.150}$$

因此, 密度算符 $\rho(t)$ 的无限算符和表示为

$$\rho(t) = \sum_{m,n=0}^{\infty} \frac{\mathrm{e}^{\frac{-|\lambda(t)|^2}{1+\kappa t}}}{m!n!} \frac{(\kappa t)^{m+n}}{(1+\kappa t)^{m+n+1}} a^{\dagger m} \mathrm{e}^{\frac{\lambda(t) a^\dagger}{1+\kappa t}} \left(\frac{1}{1+\kappa t}\right)^{a^\dagger a} a^n \mathrm{e}^{\frac{-\lambda^*(t) a}{1+\kappa t}} \rho_0$$

$$\times \mathrm{e}^{\frac{-\lambda(t) a^\dagger}{1+\kappa t}} a^{\dagger n} \left(\frac{1}{1+\kappa t}\right)^{a^\dagger a} \mathrm{e}^{\frac{\lambda^*(t) a}{1+\kappa t}} a^m$$

$$= \sum_{m,n=0}^{\infty} M_{m,n} \rho_0 M_{m,n}^\dagger \tag{5.151}$$

这里 Kraus 算符 $M_{m,n}$ 为

$$M_{m,n} = \sqrt{\frac{\mathrm{e}^{\frac{-|\lambda(t)|^2}{1+\kappa t}}}{m!n!} \frac{(\kappa t)^{m+n}}{(1+\kappa t)^{m+n+1}}} a^{\dagger m} \mathrm{e}^{\frac{\lambda(t) a^\dagger}{1+\kappa t}} \left(\frac{1}{1+\kappa t}\right)^{a^\dagger a} a^n \mathrm{e}^{\frac{-\lambda^*(t) a}{1+\kappa t}} \tag{5.152}$$

由于

$$\sum_{m,n=0}^{\infty} M_{m,n}^\dagger M_{m,n} = 1 \quad \text{(证明见本章附录)} \tag{5.153}$$

则

$$\mathrm{Tr}\rho(t) = \mathrm{Tr} \sum_{m,n=0}^{\infty} M_{m,n}^\dagger M_{m,n} \rho_0 = \mathrm{Tr}\rho_0 = 1 \tag{5.154}$$

因此 $M_{m,n}$ 是一个保迹的量子算符.

5.13 受迫振子初始相干态在扩散通道中的演化

假定初始态为相干态, 即 $\rho_0 = |z\rangle\langle z|$, 以及 $a|z\rangle = z|z\rangle$, $|z\rangle = \exp(za^\dagger - z^*a)|0\rangle$, 则由式 (5.151) 可得终态密度算符 $\rho(t)$ 为 (证明见本章附录)

$$\rho(t) = GV\left(\frac{\kappa t}{1+\kappa t}\right)^{a^\dagger a} V^\dagger \tag{5.155}$$

这里

$$G = \frac{e^{\frac{|\lambda(t)|^2(|z|^2-1)+\kappa t|z|^2}{1+\kappa t}-|z|^2}}{1+\kappa t}, \quad V = e^{\frac{[\lambda(t)+z]a^\dagger}{1+\kappa t}} \tag{5.156}$$

V 既与 $\lambda(t)$ 有关, 也与衰减常数 κ 有关. 由于 $\left(\frac{\kappa t}{1+\kappa t}\right)^{a^\dagger a}$ 是一个混沌场, 算符 V 起一个平移作用, 故 ρ_0 演化成一个平移混沌态——这明显呈现出了退相干特性.

总之, 利用热纠缠态表象和 IWOP 方法, 我们导出了在经典含时外力作用下谐振子系统经过扩散通道的密度算符主方程的精确解——Kraus 算符和表示. 结果表明, 若系统初始处于相干态, 则系统演化为平移混沌态.

附录 式 (5.150)、式 (5.153) 与式 (5.155) 的证明

式 (5.150) 的证明:

$$\begin{aligned}
|\rho(t)\rangle &= \int \frac{\mathrm{d}^2\eta}{\pi} e^{\lambda(t)\eta^* - \lambda^*(t)\eta - \kappa t|\eta|^2} |\eta\rangle\langle\eta|\rho_0\rangle \\
&= \int \frac{\mathrm{d}^2\eta}{\pi} : e^{-(1+\kappa t)|\eta|^2 + \eta[a^\dagger - \tilde{a} + \lambda^*(t)] + \eta^*[a - \tilde{a}^\dagger + \lambda(t)] + a^\dagger \tilde{a}^\dagger + a\tilde{a} - a^\dagger a - \tilde{a}^\dagger \tilde{a}} : |\rho_0\rangle \\
&= \frac{1}{1+\kappa t} : e^{\frac{1}{1+\kappa t}\left[\kappa t\left(a^\dagger \tilde{a}^\dagger + a\tilde{a} - a^\dagger a - \tilde{a}^\dagger \tilde{a}\right) + \lambda(t)\left(a^\dagger - \tilde{a}\right) - \lambda^*(t)\left(a - \tilde{a}^\dagger\right) - |\lambda(t)|^2\right]} : |\rho_0\rangle \\
&= \frac{e^{\frac{-|\lambda(t)|^2}{1+\kappa t}}}{1+\kappa t} e^{\frac{\kappa t a^\dagger \tilde{a}^\dagger + \lambda(t)a^\dagger + \lambda^*(t)\tilde{a}^\dagger}{1+\kappa t}} : e^{\frac{-\kappa t}{1+\kappa t}(a^\dagger a + \tilde{a}^\dagger \tilde{a})} : e^{\frac{\kappa t a\tilde{a} - \lambda^*(t)a - \lambda(t)\tilde{a}}{1+\kappa t}} |\rho_0\rangle \\
&= \frac{e^{\frac{-|\lambda(t)|^2}{1+\kappa t}}}{1+\kappa t} e^{\frac{\kappa t a^\dagger \tilde{a}^\dagger + \lambda(t)a^\dagger + \lambda^*(t)\tilde{a}^\dagger}{1+\kappa t}} \left(\frac{1}{1+\kappa t}\right)^{a^\dagger a + \tilde{a}^\dagger \tilde{a}} e^{\frac{\kappa t a\tilde{a} - \lambda(t)\tilde{a} - \lambda^*(t)a}{1+\kappa t}} |\rho_0\rangle \\
&= \frac{e^{\frac{-|\lambda(t)|^2}{1+\kappa t}}}{1+\kappa t} e^{\frac{\kappa t a^\dagger \tilde{a}^\dagger}{1+\kappa t}} e^{\frac{\lambda(t)a^\dagger}{1+\kappa t}} e^{\frac{\lambda^*(t)\tilde{a}^\dagger}{1+\kappa t}} \left(\frac{1}{1+\kappa t}\right)^{a^\dagger a + \tilde{a}^\dagger \tilde{a}} e^{\frac{\kappa t a\tilde{a}}{1+\kappa t}} e^{\frac{-\lambda(t)\tilde{a}}{1+\kappa t}} e^{\frac{-\lambda^*(t)a}{1+\kappa t}} \rho_0 |I\rangle
\end{aligned}$$

$$
\begin{aligned}
&= \frac{\mathrm{e}^{\frac{-|\lambda(t)|^2}{1+\kappa t}}}{1+\kappa t} \sum_{m=0}^{\infty} \frac{1}{m!} \left(\frac{\kappa t a^\dagger}{1+\kappa t}\right)^m \mathrm{e}^{\frac{\lambda(t)a^\dagger}{1+\kappa t}} \left(\frac{1}{1+\kappa t}\right)^{a^\dagger a} \sum_{n=0}^{\infty} \frac{1}{n!} \left(\frac{\kappa t a}{1+\kappa t}\right)^n \mathrm{e}^{\frac{-\lambda^*(t)a}{1+\kappa t}} \rho_0 \\
&\quad \times \mathrm{e}^{\frac{-\lambda(t)a^\dagger}{1+\kappa t}} a^{\dagger n} \left(\frac{1}{1+\kappa t}\right)^{a^\dagger a} \mathrm{e}^{\frac{\lambda^*(t)a}{1+\kappa t}} a^m |I\rangle \\
&= \mathrm{e}^{\frac{-|\lambda(t)|^2}{1+\kappa t}} \sum_{m,n=0}^{\infty} \frac{1}{m!n!} \frac{(\kappa t)^{m+n}}{(1+\kappa t)^{m+n+1}} a^{\dagger m} \mathrm{e}^{\frac{\lambda(t)a^\dagger}{1+\kappa t}} \left(\frac{1}{1+\kappa t}\right)^{a^\dagger a} a^n \mathrm{e}^{\frac{-\lambda^*(t)a}{1+\kappa t}} \rho_0 \\
&\quad \times \mathrm{e}^{\frac{-\lambda(t)a^\dagger}{1+\kappa t}} a^{\dagger n} \left(\frac{1}{1+\kappa t}\right)^{a^\dagger a} \mathrm{e}^{\frac{\lambda^*(t)a}{1+\kappa t}} a^m |I\rangle \quad (5.157)
\end{aligned}
$$

其中利用了 $|0\tilde{0}\rangle\langle 0\tilde{0}| =: \mathrm{e}^{-a^\dagger a - \tilde{a}^\dagger \tilde{a}} :$, $: \exp\left[\frac{-\kappa t}{1+\kappa t}\left(a^\dagger a + \tilde{a}^\dagger \tilde{a}\right)\right] := \left(\frac{1}{1+\kappa t}\right)^{a^\dagger a + \tilde{a}^\dagger \tilde{a}}$, $[\tilde{a}, \rho_0] = 0$, $\tilde{a}|I\rangle = a^\dagger |I\rangle$ 以及物理模与虚模是对易的特点.

式 (5.153) 的证明：

$$
\begin{aligned}
\sum_{m,n=0}^{\infty} M_{m,n}^\dagger M_{m,n} &= \sum_{m,n=0}^{\infty} \frac{\mathrm{e}^{\frac{-|\lambda(t)|^2}{1+\kappa t}}}{m!n!} \frac{(\kappa t)^{m+n}}{(1+\kappa t)^{m+n+1}} \mathrm{e}^{\frac{-\lambda(t)a^\dagger}{1+\kappa t}} a^{\dagger n} \left(\frac{1}{1+\kappa t}\right)^{a^\dagger a} \mathrm{e}^{\frac{\lambda^*(t)a}{1+\kappa t}} a^m \\
&\quad \times a^{\dagger m} \mathrm{e}^{\frac{\lambda(t)a^\dagger}{1+\kappa t}} \left(\frac{1}{1+\kappa t}\right)^{a^\dagger a} a^n \mathrm{e}^{\frac{-\lambda^*(t)a}{1+\kappa t}} \\
&= \sum_{n=0}^{\infty} \frac{\mathrm{e}^{\frac{-|\lambda(t)|^2}{1+\kappa t}}}{n!} \frac{(\kappa t)^n}{(1+\kappa t)^{n+1}} \mathrm{e}^{\frac{-\lambda(t)a^\dagger}{1+\kappa t}} a^{\dagger n} \left(\frac{1}{1+\kappa t}\right)^{a^\dagger a} \\
&\quad \times \mathrm{e}^{\frac{\lambda^*(t)a}{1+\kappa t}} : \sum_{m=0}^{\infty} \frac{1}{m!} \left(\frac{\kappa t}{1+\kappa t} a a^\dagger\right)^m : \mathrm{e}^{\frac{\lambda(t)a^\dagger}{1+\kappa t}} \left(\frac{1}{1+\kappa t}\right)^{a^\dagger a} a^n \mathrm{e}^{\frac{-\lambda^*(t)a}{1+\kappa t}} \\
&= \sum_{n=0}^{\infty} \frac{\mathrm{e}^{\frac{-|\lambda(t)|^2}{1+\kappa t}}}{n!} \frac{(\kappa t)^n}{(1+\kappa t)^{n+1}} \mathrm{e}^{\frac{-\lambda(t)a^\dagger}{1+\kappa t}} a^{\dagger n} \left(\frac{1}{1+\kappa t}\right)^{a^\dagger a} \\
&\quad \times \mathrm{e}^{\frac{\lambda^*(t)a}{1+\kappa t}} : \mathrm{e}^{\frac{\kappa t a a^\dagger}{1+\kappa t}} : \mathrm{e}^{\frac{\lambda(t)a^\dagger}{1+\kappa t}} \left(\frac{1}{1+\kappa t}\right)^{a^\dagger a} a^n \mathrm{e}^{\frac{-\lambda^*(t)a}{1+\kappa t}} \\
&= \sum_{n=0}^{\infty} \frac{\mathrm{e}^{\frac{-|\lambda(t)|^2}{1+\kappa t}}}{n!} \frac{(\kappa t)^n}{(1+\kappa t)^n} \mathrm{e}^{\frac{-\lambda(t)a^\dagger}{1+\kappa t}} a^{\dagger n} \left(\frac{1}{1+\kappa t}\right)^{a^\dagger a} \mathrm{e}^{\frac{\lambda^*(t)a}{1+\kappa t}} \\
&\quad \times \frac{1}{1+\kappa t} :\mathrm{e}^{\left(1-\frac{1}{1+\kappa t}\right) a a^\dagger}: \mathrm{e}^{\frac{\lambda(t)a^\dagger}{1+\kappa t}} \left(\frac{1}{1+\kappa t}\right)^{a^\dagger a} a^n \mathrm{e}^{\frac{-\lambda^*(t)a}{1+\kappa t}} \\
&= \sum_{n=0}^{\infty} \frac{\mathrm{e}^{\frac{-|\lambda(t)|^2}{1+\kappa t}}}{n!} \frac{(\kappa t)^n}{(1+\kappa t)^n} \mathrm{e}^{\frac{-\lambda(t)a^\dagger}{1+\kappa t}} a^{\dagger n} \left(\frac{1}{1+\kappa t}\right)^{a^\dagger a} \mathrm{e}^{\frac{\lambda^*(t)a}{1+\kappa t}} \\
&\quad \times \left(\frac{1}{1+\kappa t}\right)^{-a^\dagger a} \mathrm{e}^{\frac{\lambda(t)a^\dagger}{1+\kappa t}} \left(\frac{1}{1+\kappa t}\right)^{a^\dagger a} a^n \mathrm{e}^{\frac{-\lambda^*(t)a}{1+\kappa t}}
\end{aligned}
$$

$$
\begin{aligned}
&= \sum_{n=0}^{\infty} \frac{\mathrm{e}^{\frac{-|\lambda(t)|^2}{1+\kappa t}}}{n!} \frac{(\kappa t)^n}{(1+\kappa t)^n} a^{\dagger n} \mathrm{e}^{\frac{-\lambda(t) a^\dagger}{1+\kappa t}} \\
&\quad \times \mathrm{e}^{\lambda^*(t) a} \mathrm{e}^{\frac{\lambda(t) a^\dagger}{1+\kappa t}} \left(\frac{1}{1+\kappa t}\right)^{a^\dagger a} a^n \mathrm{e}^{\frac{-\lambda^*(t) a}{1+\kappa t}} \\
&= \sum_{n=0}^{\infty} \frac{1}{n!} \frac{(\kappa t)^n}{(1+\kappa t)^n} a^{\dagger n} \mathrm{e}^{\lambda^*(t) a} \left(\frac{1}{1+\kappa t}\right)^{a^\dagger a} \mathrm{e}^{\frac{-\lambda^*(t) a}{1+\kappa t}} a^n \\
&= \sum_{n=0}^{\infty} \frac{1}{n!} \frac{(\kappa t)^n}{(1+\kappa t)^n} a^{\dagger n} \left(\frac{1}{1+\kappa t}\right)^{a^\dagger a} \left(\frac{1}{1+\kappa t}\right)^{-a^\dagger a} \\
&\quad \times \mathrm{e}^{\lambda^*(t) a} \left(\frac{1}{1+\kappa t}\right)^{a^\dagger a} \mathrm{e}^{\frac{-\lambda^*(t) a}{1+\kappa t}} a^n \\
&= \sum_{n=0}^{\infty} \frac{1}{n!} \frac{(\kappa t)^n}{(1+\kappa t)^n} a^{\dagger n} \left(\frac{1}{1+\kappa t}\right)^{a^\dagger a} a^n \\
&=: \sum_{n=0}^{\infty} \frac{1}{n!} \frac{(\kappa t a^\dagger a)^n}{(1+\kappa t)^n} \mathrm{e}^{-\frac{\kappa t}{1+\kappa t} a^\dagger a} : \\
&=: \mathrm{e}^{\frac{\kappa t}{1+\kappa t} a^\dagger a} \mathrm{e}^{-\frac{\kappa t}{1+\kappa t} a^\dagger a} : \\
&= 1
\end{aligned} \tag{5.158}
$$

式 (5.155) 的证明：

$$
\begin{aligned}
\rho(t) &= \sum_{m,n=0}^{\infty} M_{m,n} |z\rangle \langle z| M_{m,n}^\dagger \\
&= \sum_{m,n=0}^{\infty} \frac{\mathrm{e}^{\frac{-|\lambda(t)|^2}{1+\kappa t}} (\kappa t)^{m+n}}{m! n! (1+\kappa t)^{m+n+1}} a^{\dagger m} \mathrm{e}^{\frac{\lambda(t) a^\dagger}{1+\kappa t}} \left(\frac{1}{1+\kappa t}\right)^{a^\dagger a} a^n \mathrm{e}^{\frac{-\lambda^*(t) a}{1+\kappa t}} |z\rangle \\
&\quad \times \langle z| \mathrm{e}^{\frac{-\lambda(t) a^\dagger}{1+\kappa t}} a^{\dagger n} \left(\frac{1}{1+\kappa t}\right)^{a^\dagger a} \mathrm{e}^{\frac{\lambda^*(t) a}{1+\kappa t}} a^m \\
&= \sum_{m,n=0}^{\infty} \frac{\mathrm{e}^{\frac{-|\lambda(t)|^2}{1+\kappa t}} (\kappa t)^{m+n}}{m! n! (1+\kappa t)^{m+n+1}} a^{\dagger m} \mathrm{e}^{\frac{\lambda(t) a^\dagger}{1+\kappa t}} \left(\frac{1}{1+\kappa t}\right)^{a^\dagger a} \\
&\quad \times z^n \mathrm{e}^{\frac{-\lambda^*(t) z}{1+\kappa t}} |z\rangle \langle z| \mathrm{e}^{\frac{-\lambda(t) z^*}{1+\kappa t}} (z^*)^n \left(\frac{1}{1+\kappa t}\right)^{a^\dagger a} \mathrm{e}^{\frac{\lambda^*(t) a}{1+\kappa t}} a^m \\
&= \sum_{m,n=0}^{\infty} \frac{|z|^{2n} \mathrm{e}^{\frac{|\lambda(t)|^2 (|z|^2-1)}{1+\kappa t}} (\kappa t)^{m+n}}{m! n! (1+\kappa t)^{m+n+1}} a^{\dagger m} \mathrm{e}^{\frac{\lambda(t) a^\dagger}{1+\kappa t}} \left(\frac{1}{1+\kappa t}\right)^{a^\dagger a} \\
&\quad \times \mathrm{e}^{-\frac{1}{2}|z|^2 + z a^\dagger} |0\rangle \langle 0| \mathrm{e}^{-\frac{1}{2}|z|^2 + z^* a} \left(\frac{1}{1+\kappa t}\right)^{a^\dagger a} \mathrm{e}^{\frac{\lambda^*(t) a}{1+\kappa t}} a^m
\end{aligned}
$$

$$
\begin{aligned}
&= \sum_{m,n=0}^{\infty} \frac{|z|^{2n} \mathrm{e}^{\frac{|\lambda(t)|^2 (|z|^2-1)}{1+\kappa t} - |z|^2} (\kappa t)^{m+n}}{m!n!(1+\kappa t)^{m+n+1}} a^{\dagger m} \mathrm{e}^{\frac{\lambda(t) a^\dagger}{1+\kappa t}} \\
&\quad \times \left(\frac{1}{1+\kappa t}\right)^{a^\dagger a} \mathrm{e}^{z a^\dagger} \left(\frac{1}{1+\kappa t}\right)^{-a^\dagger a} |0\rangle \langle 0| \left(\frac{1}{1+\kappa t}\right)^{-a^\dagger a} \\
&\quad \times \mathrm{e}^{z^* a} \left(\frac{1}{1+\kappa t}\right)^{a^\dagger a} \mathrm{e}^{\frac{\lambda^*(t) a}{1+\kappa t}} a^m \\
&= \frac{\mathrm{e}^{\frac{|\lambda(t)|^2(|z|^2-1)}{1+\kappa t} - |z|^2}}{1+\kappa t} \sum_{n=0}^{\infty} \frac{1}{n!} \left(\frac{\kappa t |z|^2}{1+\kappa t}\right)^n \sum_{m=0}^{\infty} \frac{1}{m!} \left(\frac{\kappa t}{1+\kappa t}\right)^m \\
&\quad \times \mathrm{e}^{\frac{[\lambda(t)+z]a^\dagger}{1+\kappa t}} a^{\dagger m} |0\rangle \langle 0| a^m \mathrm{e}^{\frac{[\lambda^*(t)+z^*]a}{1+\kappa t}} \\
&= \frac{\mathrm{e}^{\frac{|\lambda(t)|^2(|z|^2-1)+\kappa t |z|^2}{1+\kappa t} - |z|^2}}{1+\kappa t} \mathrm{e}^{\frac{[\lambda(t)+z]a^\dagger}{1+\kappa t}} : \sum_{m=0}^{\infty} \frac{1}{m!} \left(\frac{\kappa t}{1+\kappa t} a^\dagger a\right)^m \mathrm{e}^{-a^\dagger a} : \mathrm{e}^{\frac{[\lambda^*(t)+z^*]a}{1+\kappa t}} \\
&= \frac{\mathrm{e}^{\frac{|\lambda(t)|^2(|z|^2-1)+\kappa t |z|^2}{1+\kappa t} - |z|^2}}{1+\kappa t} \mathrm{e}^{\frac{[\lambda(t)+z]a^\dagger}{1+\kappa t}} : \mathrm{e}^{\left(\frac{\kappa t}{1+\kappa t}-1\right)a^\dagger a} : \mathrm{e}^{\frac{[\lambda^*(t)+z^*]a}{1+\kappa t}} \\
&= \frac{\mathrm{e}^{\frac{|\lambda(t)|^2(|z|^2-1)+\kappa t |z|^2}{1+\kappa t} - |z|^2}}{1+\kappa t} \mathrm{e}^{\frac{[\lambda(t)+z]a^\dagger}{1+\kappa t}} \left(\frac{\kappa t}{1+\kappa t}\right)^{a^\dagger a} \mathrm{e}^{\frac{[\lambda^*(t)+z^*]a}{1+\kappa t}}
\end{aligned}
\tag{5.159}
$$

其中,利用了 $|0\rangle\langle 0| = :\mathrm{e}^{-a^\dagger a}:$ 和算符恒等式

$$:\exp\left[\left(\frac{\kappa t}{1+\kappa t}-1\right)a^\dagger a\right]: = \left(\frac{1}{1+\kappa t}\right)^{a^\dagger a}$$

第6章

由量子耗散导致的光场

6.1 从相干态的耗散看量子耗散遵循的演化方程

由于自然界中任何系统都不能是完全孤立于其环境,系统与环境的耦合总有噪声产生,那么描述系统的振幅衰减通道的动力学演化方程是什么呢?

让我们从一个相干态 $|\alpha\rangle\langle\alpha|$ 的振幅衰减着手讨论.

$$|\alpha\rangle\langle\alpha| \to |\alpha e^{-\kappa t}\rangle\langle\alpha e^{-\kappa t}| \tag{6.1}$$

的演化受什么方程支配呢(κ 是衰减率)?用正规乘积性质及

$$|\alpha e^{-\kappa t}\rangle\langle\alpha e^{-\kappa t}| =: \exp\left(-|\alpha|^2 e^{-2\kappa t} + \alpha e^{-\kappa t} a^\dagger + \alpha^* e^{-\kappa t} a - a^\dagger a\right): \tag{6.2}$$

得到

$$\frac{\mathrm{d}}{\mathrm{d}t}|\alpha e^{-\kappa t}\rangle\langle\alpha e^{-\kappa t}|$$
$$=\frac{\mathrm{d}}{\mathrm{d}t}:\exp\left(-|\alpha|^2 e^{-2\kappa t}+\alpha e^{-\kappa t}a^\dagger+\alpha^* e^{-\kappa t}a-a^\dagger a\right):$$
$$=2\kappa|\alpha|^2 e^{-2\kappa t}|\alpha e^{-\kappa t}\rangle\langle\alpha e^{-\kappa t}|-\kappa a^\dagger|\alpha e^{-\kappa t}\rangle\langle\alpha e^{-\kappa t}|$$
$$-\kappa|\alpha e^{-\kappa t}\rangle\langle\alpha e^{-\kappa t}|\alpha^* e^{-\kappa t}a$$
$$=2\kappa a|\alpha e^{-\kappa t}\rangle\langle\alpha e^{-\kappa t}|a^\dagger-\kappa a^\dagger a|\alpha e^{-\kappa t}\rangle\langle\alpha e^{-\kappa t}|-\kappa|\alpha e^{-\kappa t}\rangle\langle\alpha e^{-\kappa t}|a^\dagger a \qquad (6.3)$$

令 $|\alpha e^{-\kappa t}\rangle\langle\alpha e^{-\kappa t}|=\rho(t)$, 式 (6.3) 就等价于

$$\frac{\mathrm{d}}{\mathrm{d}t}\rho(t)=\kappa\left(2a\rho a^\dagger-a^\dagger a\rho-\rho a^\dagger a\right) \qquad (6.4)$$

这就是量子耗散遵循的演化方程.

6.2 耗散过程中 Wigner 函数的演化

下面, 考察在由主方程式 (6.4) 描述的耗散环境中, Wigner 函数是如何演化的. 注意到 $W=\mathrm{tr}(\Delta\rho)$, 则 Wigner 函数的时间演化可表示成

$$\frac{\partial W}{\partial t}=\mathrm{tr}\left(\Delta\frac{\partial}{\partial t}\rho\right)=\kappa\mathrm{tr}\left[\left(2a^\dagger\Delta a\rho-\Delta a^\dagger a\rho-a^\dagger a\Delta\rho\right)\right] \qquad (6.5)$$

利用式 (5.20) 和式 (5.21) 得到

$$\frac{\partial W}{\partial t}=\kappa\left[2\left(\frac{\partial}{2\partial\alpha}+\alpha^*\right)\left(\frac{\partial}{2\partial\alpha^*}+\alpha\right)-\left(\alpha^*-\frac{\partial}{2\partial\alpha}\right)\left(\frac{\partial}{2\partial\alpha^*}+\alpha\right)\right.$$
$$\left.-\left(\alpha-\frac{\partial}{2\partial\alpha^*}\right)\left(\frac{\partial}{2\partial\alpha}+\alpha^*\right)\right]W$$
$$=\kappa\left(\frac{\partial^2}{\partial\alpha\partial\alpha^*}+2\alpha^*\frac{\partial}{2\partial\alpha^*}+2\frac{\partial}{2\partial\alpha}\alpha-\alpha^*\frac{\partial}{2\partial\alpha^*}+\frac{\partial}{2\partial\alpha^*}\alpha^*+\frac{\partial}{2\partial\alpha}\alpha-\alpha\frac{\partial}{2\partial\alpha}\right)W$$
$$=\kappa\left(\frac{\partial^2}{\partial\alpha\partial\alpha^*}+\alpha^*\frac{\partial}{2\partial\alpha^*}+\frac{\partial}{2\partial\alpha}\alpha+\frac{\partial}{2\partial\alpha^*}\alpha^*+\frac{1}{2}\right)W$$
$$=\kappa\left(\frac{\partial^2}{\partial\alpha\partial\alpha^*}+\alpha^*\frac{\partial}{\partial\alpha^*}+\frac{\partial}{\partial\alpha}\alpha+1\right)W$$
$$=\kappa\left(\frac{\partial^2}{\partial\alpha\partial\alpha^*}+\alpha^*\frac{\partial}{\partial\alpha^*}+\alpha\frac{\partial}{\partial\alpha}+2\right)W \qquad (6.6)$$

这即是 Wigner 函数在量子耗散主方程式 (6.4) 下的时间演化方程.

6.3 将耗散主方程化为类薛定谔方程

为了解量子主方程式 (6.4),我们也可以避免用其 Wigner 函数对应,或 P-表示. 我们引入热纠缠态(4.108),即

$$|\eta\rangle = \exp\left(-\frac{1}{2}|\eta|^2 + \eta a^\dagger - \eta^* \tilde{a}^\dagger + a^\dagger \tilde{a}^\dagger\right)|0,\tilde{0}\rangle \tag{6.7}$$

其中,$\tilde{a}^\dagger$ 是与真实的光子产生算符 $a^\dagger$ 相伴的虚模产生算符,$|\tilde{0}\rangle$ 为虚模真空态,$\tilde{a}|\tilde{0}\rangle = 0$,$[\tilde{a},\tilde{a}^\dagger] = 1$,$|n,\tilde{n}\rangle = \dfrac{(a^\dagger \tilde{a}^\dagger)^n |0,\tilde{0}\rangle}{n!}$,$[a,\tilde{a}^\dagger] = 0$. $|\eta\rangle$ 是完备的,即 $\int \dfrac{\mathrm{d}^2\eta}{\pi}|\eta\rangle\langle\eta| = 1$. 将密度算符 ρ 作用于态 $|I\rangle = |\eta = 0\rangle$ 上,构建一个纯态 $|\rho\rangle$,

$$|\rho\rangle = \rho|I\rangle, \quad |I\rangle = \exp\left(a^\dagger \tilde{a}^\dagger\right)|0,\tilde{0}\rangle = \sum_{n=0}^{\infty}|n,\tilde{n}\rangle \tag{6.8}$$

由式 (6.8) 易知

$$a|I\rangle = \tilde{a}^\dagger|I\rangle, \quad a^\dagger|I\rangle = \tilde{a}|I\rangle, \quad (a^\dagger a)^n|I\rangle = (\tilde{a}^\dagger \tilde{a})^n|I\rangle \tag{6.9}$$

利用上式可以实现实模与虚模之间的转换. 将式 (6.4) 左作用于 $|I\rangle$ 得

$$\frac{\mathrm{d}}{\mathrm{d}t}|\rho\rangle = \kappa\left(2a\rho a^\dagger - a^\dagger a\rho - \rho a^\dagger a\right)|I\rangle \tag{6.10}$$

利用实模与虚模之间的转换关系式 (6.9),并注意到 ρ 只是实模空间的密度算符且与虚模是可对易的,则式 (6.10) 变成

$$\frac{\mathrm{d}}{\mathrm{d}t}|\rho\rangle = \kappa\left(2a\tilde{a} - a^\dagger a - \tilde{a}^\dagger \tilde{a}\right)|\rho\rangle \tag{6.11}$$

上述方程的形式解为

$$|\rho\rangle = \exp[\kappa t\left(2a\tilde{a} - a^\dagger a - \tilde{a}^\dagger \tilde{a}\right)]|\rho_0\rangle \tag{6.12}$$

这里 $|\rho_0\rangle \equiv \rho_0|I\rangle$ 为初始时刻定义的纯态. 因此,通过引入与系统实模相对应的虚模,可将密度算符主方程转换成纯态的演化方程,且给出了其形式解.

注意到算符的关系式

$$\left[\frac{a^\dagger a + \tilde{a}^\dagger \tilde{a}}{2}, a\tilde{a}\right] = -a\tilde{a} \tag{6.13}$$

因此可利用一下算符恒等式

$$e^{\lambda(A+\sigma B)} = e^{\lambda A} \exp\left[\frac{\sigma\left(1-e^{-\lambda\tau}\right)B}{\tau}\right] \tag{6.14}$$

（当 $[A,B] = \tau B$ 时，上式成立）来分解式 (6.12) 的指数算符，即

$$\exp\left[-2\kappa t\left(\frac{a^\dagger a + \tilde{a}^\dagger \tilde{a}}{2} - a\tilde{a}\right)\right] = \exp\left[-\kappa t\left(a^\dagger a + \tilde{a}^\dagger \tilde{a}\right)\right]\exp\left(Ta\tilde{a}\right) \tag{6.15}$$

其中，$T = 1 - e^{-2\kappa t}$. 因而式 (6.12) 可写成

$$|\rho(t)\rangle = \rho(t)|\tau = 0\rangle = \exp\left[-\kappa t\left(a^\dagger a + \tilde{a}^\dagger \tilde{a}\right)\right]\exp\left(Ta\tilde{a}\right)|\rho_0\rangle$$

$$= \exp\left[-\kappa t\left(a^\dagger a + \tilde{a}^\dagger \tilde{a}\right)\right]\sum_{n=0}^{\infty}\frac{T^n}{n!}a^n\tilde{a}^n\rho_0|I\rangle \tag{6.16}$$

由关系式 (6.9) 知

$$\tilde{a}^n\rho_0|I\rangle = \rho_0\tilde{a}^n|I\rangle = \rho_0 a^{\dagger n}|I\rangle \tag{6.17}$$

以及

$$\exp\left(-\kappa t\tilde{a}^\dagger \tilde{a}\right)a^n\rho_0 a^{\dagger n}|I\rangle = a^n\rho_0 a^{\dagger n}\exp\left(-\kappa t\tilde{a}^\dagger \tilde{a}\right)|I\rangle$$

$$= a^n\rho_0 a^{\dagger n}\exp\left(-\kappa t a^\dagger a\right)|I\rangle \tag{6.18}$$

可得

$$\rho(t)|I\rangle = \exp\left(-\kappa t a^\dagger a\right)\sum_{n=0}^{\infty}\frac{T^n}{n!}a^n\rho_0 a^{\dagger n}\exp\left(-\kappa t\tilde{a}^\dagger \tilde{a}\right)|I\rangle$$

$$= \sum_{n=0}^{\infty}\frac{T^n}{n!}\exp\left(-\kappa t a^\dagger a\right)a^n\rho_0 a^{\dagger n}\exp\left(-\kappa t a^\dagger a\right)|I\rangle \tag{6.19}$$

所以密度算符的解为

$$\rho(t) = \sum_{n=0}^{\infty}\frac{T^n}{n!}\exp\left(-\kappa t a^\dagger a\right)a^n\rho_0 a^{\dagger n}\exp\left(-\kappa t a^\dagger a\right) \tag{6.20}$$

与标准的算符和表示相比较，得

$$\rho(t) = \sum_{m=0}^{\infty} M_m \rho_0 M_m^\dagger \tag{6.21}$$

可见，以上耗散过程的 Kraus 算符 M_m 为

$$M_m = \sqrt{\frac{T^m}{m!}}e^{-\kappa t a^\dagger a}a^m \tag{6.22}$$

可以证明，Kraus 算符 M_m 满足归一条件：

$$\sum_{m=0}^{\infty} M_m^\dagger M_m = 1 \tag{6.23}$$

6.4 平移 Fock 态在耗散通道中的演化

本节考虑平移 Fock 态 $\rho_0 = D(\alpha)|m\rangle\langle m|D^\dagger(\alpha)$ 在耗散通道中的演化 $\rho(t)$，我们将用 IWOP 方法来实现这一目标. 利用

$$a^n|m\rangle = \sqrt{\frac{m!}{(m-n)!}}|m-n\rangle \tag{6.24}$$

和

$$\begin{aligned}D(\alpha)|m\rangle &= \frac{1}{\sqrt{m!}}\left(a^\dagger - \alpha^*\right)^m D(\alpha)|0\rangle \\ &= \frac{1}{\sqrt{m!}}\sum_{l=0}^m \binom{m}{l}(-\alpha^*)^{m-l}a^{\dagger l}|\alpha\rangle\end{aligned} \tag{6.25}$$

以及算符恒等式

$$a^n a^{\dagger l} = (-\mathrm{i})^{n+l} : H_{l,n}(\mathrm{i}a^\dagger, \mathrm{i}a) : \tag{6.26}$$

这里，$H_{l,n}$ 是双变量 Hermite 多项式，其定义见式 (4.34)，相应的产生函数为式 (1.128)，可得

$$\begin{aligned}a^n D(\alpha)|m\rangle &= \frac{1}{\sqrt{m!}}\sum_{l=0}^m \binom{m}{l}(-\alpha^*)^{m-l}a^n a^{\dagger l}|\alpha\rangle \\ &= \frac{1}{\sqrt{m!}}\sum_{l=0}^m (-\mathrm{i})^{n+l}\binom{m}{l}(-\alpha^*)^{m-l}:H_{l,n}(\mathrm{i}a^\dagger,\mathrm{i}a):|\alpha\rangle \\ &= \frac{1}{\sqrt{m!}}\sum_{l=0}^m (-\mathrm{i})^{n+l}\binom{m}{l}(-\alpha^*)^{m-l}H_{l,n}(\mathrm{i}a^\dagger,\mathrm{i}\alpha)|\alpha\rangle\end{aligned} \tag{6.27}$$

注意到 $\mathrm{e}^{-kta^\dagger a}a^\dagger \mathrm{e}^{kta^\dagger a} = a^\dagger \mathrm{e}^{-kt}$，则

$$\begin{aligned}&\mathrm{e}^{-kta^\dagger a}a^n D(\alpha)|m\rangle \\ &= \frac{1}{\sqrt{m!}}(-1)^m(-\mathrm{i})^n \sum_{l=0}^m \mathrm{i}^l \binom{m}{l}\alpha^{*m-l}H_{l,n}(\mathrm{i}a^\dagger \mathrm{e}^{-kt}, \mathrm{i}\alpha)\mathrm{e}^{-kta^\dagger a}|\alpha\rangle\end{aligned} \tag{6.28}$$

将 ρ_0 代入式 (6.20)，并利用

$$\mathrm{e}^{-kta^\dagger a}|\alpha\rangle = \mathrm{e}^{-|\alpha|^2/2 + \alpha a^\dagger \mathrm{e}^{-kt}}|0\rangle \tag{6.29}$$

及 $|0\rangle\langle 0| =: \mathrm{e}^{-a^\dagger a}:$ 可得

$$\begin{aligned}
\rho(t) &= \sum_{n=0}^{\infty} \frac{T^n}{n!} \mathrm{e}^{-kta^\dagger a} a^n D(\alpha) |m\rangle \langle m| D^\dagger(\alpha) a^{\dagger n} \mathrm{e}^{-kta^\dagger a} \\
&= \frac{1}{m!} \sum_{n=0}^{\infty} \frac{T^n}{n!} \sum_{l=0}^{m} \mathrm{i}^l \binom{m}{l} \alpha^{*m-l} H_{l,n}\left(\mathrm{i}a^\dagger \mathrm{e}^{-kt}, \mathrm{i}\alpha\right) \\
&\quad \times \mathrm{e}^{-kta^\dagger a} |\alpha\rangle\langle\alpha| \mathrm{e}^{-kta^\dagger a} \sum_{j=0}^{m} (-\mathrm{i})^j \binom{m}{j} H_{j,n}\left(-\mathrm{i}a\mathrm{e}^{-kt}, -\mathrm{i}\alpha^*\right) \alpha^{m-j} \\
&= \frac{1}{m!} \sum_{j,l=0}^{m} \mathrm{i}^l (-\mathrm{i})^j \binom{m}{j} \binom{m}{l} \alpha^{m-j} \alpha^{*m-l} \\
&\quad \times : \sum_{n=0}^{\infty} \frac{T^n}{n!} H_{l,n}\left(\mathrm{i}a^\dagger \mathrm{e}^{-kt}, \mathrm{i}\alpha\right) H_{j,n}\left(-\mathrm{i}a\mathrm{e}^{-kt}, -\mathrm{i}\alpha^*\right) \mathrm{e}^{-|\alpha|^2 + \alpha a^\dagger \mathrm{e}^{-kt} + \alpha^* a \mathrm{e}^{-kt} - a^\dagger a} :
\end{aligned} \tag{6.30}$$

为进一步计算上式，我们需导出新的关于双变量 Hermite 多项式 $H_{j,n}$ 的新求和公式：

$$\begin{aligned}
&\sum_{n=0}^{\infty} \frac{T^n}{n!} H_{l,n}(x,y) H_{j,n}(x',y') \\
&= \mathrm{i}^{l+j} \sqrt{T^{l+j}} \mathrm{e}^{Tyy'} H_{l,j}\left[\mathrm{i}\left(\sqrt{T}y' - x/\sqrt{T}\right), \mathrm{i}(\sqrt{T}y - x'/\sqrt{T})\right]
\end{aligned} \tag{6.31}$$

证明如下：

用双变量多项式 $H_{m,n}(x,y)$ 的母函数表示

$$H_{m,n}(x,y) = \frac{\partial^{n+m}}{\partial t^m \partial \tau^n} \exp(-t\tau + tx + \tau y)\big|_{t=0, \tau=0} \tag{6.32}$$

我们有

$$\begin{aligned}
&\sum_{n=0}^{\infty} \frac{z^n}{n!} H_{m,n}(x,y) H_{m',n}(x',y') \\
&= \sum_{n=0}^{\infty} \frac{z^n}{n!} \frac{\partial^{n+m}}{\partial t^m \partial \tau^n} \mathrm{e}^{-t\tau + tx + \tau y} \frac{\partial^{n+m'}}{\partial t'^{m'} \partial \tau'^n} \mathrm{e}^{-t'\tau' + t'x' + \tau'y'}\big|_{t=0,\tau=0,t'=0,\tau'=0} \\
&= \frac{\partial^{m+m'}}{\partial t^m \partial t'^{m'}} \mathrm{e}^{tx+t'x'} \sum_{n=0}^{\infty} \frac{z^n}{n!} \frac{\partial^{2n}}{\partial \tau'^n \partial \tau^n} \mathrm{e}^{\tau(y-t) + \tau'(y'-t')}\big|_{t=0,\tau=0,t'=0,\tau'=0} \\
&= \frac{\partial^{m+m'}}{\partial t^m \partial t'^{m'}} \mathrm{e}^{tx+t'x'} \exp\left(z \frac{\partial^2}{\partial \tau' \partial \tau}\right) \mathrm{e}^{\tau(y-t) + \tau'(y'-t')}\big|_{t=0,\tau=0,t'=0,\tau'=0} \\
&= \frac{\partial^{m+m'}}{\partial t^m \partial t'^{m'}} \mathrm{e}^{tx+t'x'} \exp\left[z(y'-t')(y-t)\right]\big|_{t=0,t'=0} \\
&= \exp(zy'y) \frac{\partial^{m+m'}}{\partial t^m \partial t'^{m'}} \mathrm{e}^{zt't + tx + t'x' - t'zy - tzy'}\big|_{t=0,t'=0}
\end{aligned}$$

$$= \mathrm{i}^{m+m'}\sqrt{z^{m+m'}}\exp(zy'y)H_{m,m'}\left[\mathrm{i}(\sqrt{z}y' - x/\sqrt{z}), \mathrm{i}(\sqrt{z}y - x'/\sqrt{z})\right] \quad (6.33)$$

于是

式 (6.30) 右边
$$= \frac{1}{m!}\sum_{j,l=0}^{m}\mathrm{i}^{l}(-\mathrm{i})^{j}\binom{m}{j}\binom{m}{l}\alpha^{m-j}\alpha^{*m-l}(\mathrm{i}\sqrt{T})^{l+j}$$
$$\times :H_{l,j}\left[\left(\sqrt{T}\alpha^{*} + \frac{a^{\dagger}\mathrm{e}^{-kt}}{\sqrt{T}}\right), \left(-\sqrt{T}\alpha - \frac{a\mathrm{e}^{-kt}}{\sqrt{T}}\right)\right]\mathrm{e}^{-|\mathrm{e}^{-\kappa t}\alpha|^{2} + \alpha a^{\dagger}\mathrm{e}^{-kt} + \alpha^{*}a\mathrm{e}^{-kt} - a^{\dagger}a}:$$
$$(6.34)$$

接下来我们要证明含双变量 Hermite 多项式的新二项式定理:

$$\sum_{l=0}^{m}\binom{m}{l}\tau^{l}q^{m-l}\sum_{j=0}^{n}\binom{n}{j}\sigma^{j}p^{n-j}H_{l,j}(x,y) = \tau^{m}\sigma^{n}H_{m,n}\left(\frac{q}{\tau} + x, \frac{p}{\sigma} + y\right) \quad (6.35)$$

证明 注意到

$$\sum_{n,m=0}^{\infty}\frac{\tau^{n}t^{m}}{n!m!}a^{\dagger n}a^{m} = \mathrm{e}^{\tau a^{\dagger}}\mathrm{e}^{ta} = \mathrm{e}^{-t\tau}\mathrm{e}^{ta}\mathrm{e}^{\tau a^{\dagger}}$$
$$= :\exp(-t\tau + ta + \tau a^{\dagger}):$$
$$= \sum_{n,m=0}^{\infty}\frac{\tau^{n}t^{m}}{n!m!}:H_{m,n}(a,a^{\dagger}): \quad (6.36)$$

这里, $: :$ 表示算符的反正规排序, 在 $: :$ 内算符 a 与 $a^{\dagger}$ 是可对易的. 比较式 (6.36) 两边的同系数, 可得算符 $a^{\dagger n}a^{m}$ 的反正规乘积为

$$a^{\dagger n}a^{m} = :H_{m,n}(a,a^{\dagger}): = :H_{n,m}(a^{\dagger},a): \quad (6.37)$$

利用式 (6.37) 考虑求和

$$\sum_{l=0}^{m}\binom{m}{l}\tau^{m-l}q^{l}\sum_{k=0}^{n}\binom{n}{k}\sigma^{n-k}p^{k}:H_{m-l,n-k}(a^{\dagger},a):$$
$$= \sum_{l=0}^{m}\binom{m}{l}\tau^{m-l}q^{l}\sum_{k=0}^{n}\binom{n}{k}\sigma^{n-k}p^{k}:a^{\dagger m-l}a^{n-k}:$$
$$= :(q + \tau a^{\dagger})^{m}(p + \sigma a)^{n}: \quad (6.38)$$

考虑上式两边用 $\displaystyle\sum_{m,n=0}^{\infty}\frac{t^{m}s^{n}}{m!n!}$ 求和, 其右边变成

$$\sum_{m,n=0}^{\infty}\frac{t^{m}s^{n}}{m!n!}:(q + \tau a^{\dagger})^{m}(p + \sigma a)^{n}:$$

$$\begin{aligned}
&= \mathrm{e}^{t(q+\tau a^\dagger)}\mathrm{e}^{s(p+\sigma a)} \\
&= \colon \mathrm{e}^{s(p+\sigma a)}\mathrm{e}^{t(q+\tau a^\dagger)-t\tau s\sigma}\colon \\
&= \colon \mathrm{e}^{\sigma s\left(\frac{p}{\sigma}+a\right)+t\tau\left(\frac{q}{\tau}+a^\dagger\right)-(t\tau)(s\sigma)}\colon \\
&= \sum_{m,n=0}^{\infty}\frac{(t\tau)^m(s\sigma)^n}{m!n!}\colon H_{m,n}\left(\frac{q}{\tau}+a^\dagger,\frac{p}{\sigma}+a\right)\colon
\end{aligned} \qquad (6.39)$$

比较式 (6.39) 与用 $\sum_{m,n=0}^{\infty}\dfrac{t^m s^n}{m!n!}$ 对式 (6.38) 左边求和后的同次幂, 可得

$$\sum_{l=0}^{m}\binom{m}{l}\tau^{m-l}q^l\sum_{k=0}^{n}\binom{n}{k}\sigma^{n-k}p^k\colon H_{m-l,n-k}\left(a^\dagger,a\right)\colon = \tau^m\sigma^n\colon H_{m,n}\left(\frac{q}{\tau}+a^\dagger,\frac{p}{\sigma}+a\right)\colon \qquad (6.40)$$

上式两边均处于算符的反正规排序之中, 故而证得式 (6.35), 它是一个包含双变量 Hermite 多项式的新的二项式定理.

所以, 利用式 (6.35), 则式 (6.30) 中的求和为

$$\begin{aligned}
\rho(t) &= \frac{1}{m!}\left(\mathrm{i}\sqrt{T}\right)^{2m}\sum_{j=0}^{m}\mathrm{i}^{m-j}\binom{m}{j}\left(\frac{1}{\mathrm{i}\sqrt{T}}\right)^{m-j}\alpha^{m-j}\sum_{l=0}^{m}(-\mathrm{i})^{m-l}\binom{m}{l}\alpha^{*\,m-l}\left(\frac{1}{\mathrm{i}\sqrt{T}}\right)^{m-l} \\
&\quad \times\colon H_{l,j}\left[\left(\sqrt{T}\alpha^*+\frac{a^\dagger\mathrm{e}^{-kt}}{\sqrt{T}}\right),\left(-\sqrt{T}\alpha-\frac{a\mathrm{e}^{-kt}}{\sqrt{T}}\right)\right] \\
&\quad \times\mathrm{e}^{-\mathrm{e}^{-2\kappa t}|\alpha|^2+\alpha a^\dagger\mathrm{e}^{-kt}+\alpha^* a\mathrm{e}^{-kt}-a^\dagger a}\colon \\
&= \frac{1}{m!}\left(\mathrm{i}\sqrt{T}\right)^{2m}\colon H_{m,m}\left[\left(\sqrt{T}\alpha^*+\frac{a^\dagger\mathrm{e}^{-kt}}{\sqrt{T}}-\frac{1}{\sqrt{T}}\alpha^*\right),\left(-\sqrt{T}\alpha-\frac{a\mathrm{e}^{-kt}}{\sqrt{T}}+\frac{1}{\sqrt{T}}\alpha\right)\right] \\
&\quad \times\mathrm{e}^{-\mathrm{e}^{-2\kappa t}|\alpha|^2+\alpha a^\dagger\mathrm{e}^{-kt}+\alpha^* a\mathrm{e}^{-kt}-a^\dagger a}\colon \\
&= \frac{1}{m!}\left(\mathrm{i}\sqrt{T}\right)^{2m}\colon H_{m,m}\left(\frac{a^\dagger\mathrm{e}^{-kt}-\mathrm{e}^{-2\kappa t}\alpha^*}{\sqrt{T}},-\frac{a\mathrm{e}^{-kt}-\mathrm{e}^{-2\kappa t}\alpha}{\sqrt{T}}\right) \\
&\quad \times\mathrm{e}^{-\mathrm{e}^{-2\kappa t}|\alpha|^2+\alpha a^\dagger\mathrm{e}^{-kt}+\alpha^* a\mathrm{e}^{-kt}-a^\dagger a}\colon \\
&= T^m\colon L_m\left[-\frac{\mathrm{e}^{-2kt}}{T}\left(a^\dagger-\mathrm{e}^{-\kappa t}\alpha^*\right)\left(a-\mathrm{e}^{-\kappa t}\alpha\right)\right]|\alpha\mathrm{e}^{-\kappa t}\rangle\langle\alpha\mathrm{e}^{-\kappa t}|\colon
\end{aligned} \qquad (6.41)$$

上式最后一步利用了 Laguerre 多项式和双变量 Hermite 多项式的关系式 (2.78). 式 (6.41) 代表一个新光场 (Laguerre 权重相干态), 它由平移 Fock 态在振幅耗散通道中产生. 该衰减过程明显体现了量子的退相干效应.

几点讨论:

(1) 对于新的密度算符, 我们必须验证 $\mathrm{Tr}\rho(t)=1$ 是否成立. 实际上, 利用式 (6.41)

以及相干态的完备性关系,有

$$
\begin{aligned}
\operatorname{Tr}\rho(t) &= T^m \int \frac{\mathrm{d}^2 z}{\pi} \langle z | : L_m \left[-\frac{\mathrm{e}^{-2kt}}{T} \left(a^\dagger - \mathrm{e}^{-\kappa t}\alpha^* \right) \left(a - \mathrm{e}^{-\kappa t}\alpha \right) \right] | \alpha \mathrm{e}^{-\kappa t} \rangle \langle \alpha \mathrm{e}^{-\kappa t} | : | z \rangle \\
&= T^m \int \frac{\mathrm{d}^2 z}{\pi} L_m \left[-\frac{\mathrm{e}^{-2kt}}{T} \left(z^* - \mathrm{e}^{-\kappa t}\alpha^* \right) \left(z - \mathrm{e}^{-\kappa t}\alpha \right) \right] \mathrm{e}^{-(z^* - \mathrm{e}^{-\kappa t}\alpha^*)(z - \mathrm{e}^{-\kappa t}\alpha)} \\
&= T^m \int \frac{\mathrm{d}^2 z}{\pi} L_m \left(-\frac{\mathrm{e}^{-2\kappa t}}{T} |z|^2 \right) \mathrm{e}^{-|z|^2} \\
&= T^{m+1} \mathrm{e}^{2\kappa t} \int \frac{\mathrm{d}^2 z}{\pi} L_m \left(-|z|^2 \right) \mathrm{e}^{-T\mathrm{e}^{2\kappa t}|z|^2} \\
&= -T^{m+1} \mathrm{e}^{2\kappa t} \left(-T\mathrm{e}^{2\kappa t} - 1 \right)^m \left(-T\mathrm{e}^{2\kappa t} \right)^{-m-1} = 1
\end{aligned} \tag{6.42}
$$

上式计算中使用了积分公式(5.72).显然 $\operatorname{Tr}\rho(t) = 1$ 是成立的.

(2) 式 (6.41) 的几种特殊情况.

当 $m = 0$, $L_{m=0}(x) = 1$ 时,式 (6.41) 退化为: $|\alpha \mathrm{e}^{-\kappa t}\rangle \langle \alpha \mathrm{e}^{-\kappa t}| : = |\alpha \mathrm{e}^{-\kappa t}\rangle \langle \alpha \mathrm{e}^{-\kappa t}|$,它显示了初始的相干态在振幅衰减通道中的变化——仍然是相干态,只是振幅随时间衰减.另一方面,当 $\alpha = 0$ 时,式 (6.41) 退化为

$$
\begin{aligned}
\rho(t)_{\alpha=0} &= T^m : L_m \left[-\frac{1}{T} \left(a^\dagger \mathrm{e}^{-kt} \right) \left(a \mathrm{e}^{-kt} \right) \right] |0\rangle \langle 0| : \\
&= \sum_{n'=0}^{m} \binom{m}{m-n'} \left(\mathrm{e}^{-2kt} \right)^{n'} \left(1 - \mathrm{e}^{-2kt} \right)^{m-n'} : \frac{a^{\dagger n'} a^{n'}}{n'!} \mathrm{e}^{-a^\dagger a} : \\
&= \sum_{n'=0}^{m} \binom{m}{m-n'} \left(\mathrm{e}^{-2kt} \right)^{n'} \left(1 - \mathrm{e}^{-2kt} \right)^{m-n'} |n'\rangle \langle n'|
\end{aligned} \tag{6.43}
$$

它是一个二项式态.这表明:处于数态 $|m\rangle\langle m|$ 的初态,经过振幅衰减通道后变成了一个二项式态.

(3) 处于新光场的光子数期望值.

利用式 (6.41) 以及积分公式

$$
\int_0^\infty x \mathrm{e}^{-bx} L_l(x) \mathrm{d}x = (b-1)^{l-1} b^{-l-2} (b-l-1) \tag{6.44}
$$

得

$$
\begin{aligned}
\operatorname{Tr}\left[\rho(t) a^\dagger a\right] &= \operatorname{Tr}\left[\rho(t) a a^\dagger\right] - 1 \\
&= T^m \int \frac{\mathrm{d}^2 z}{\pi} \langle z | : a^\dagger L_m \left[-\frac{\mathrm{e}^{-2kt}}{T} \left(a^\dagger - \mathrm{e}^{-\kappa t}\alpha^* \right) \left(a - \mathrm{e}^{-\kappa t}\alpha \right) \right] | \alpha \mathrm{e}^{-\kappa t} \rangle \\
&\quad \times \langle \alpha \mathrm{e}^{-\kappa t} | a : | z \rangle - 1 \\
&= T^m \int \frac{\mathrm{d}^2 z}{\pi} |z|^2 L_m \left(-\frac{\mathrm{e}^{-2kt}}{T} |z - \mathrm{e}^{-\kappa t}\alpha|^2 \right) \mathrm{e}^{-(z^* - \mathrm{e}^{-\kappa t}\alpha^*)(z - \mathrm{e}^{-\kappa t}\alpha)} - 1
\end{aligned}
$$

$$\begin{aligned}
&= T^m \int \frac{\mathrm{d}^2 z}{\pi} |z + \mathrm{e}^{-\kappa t}\alpha|^2 L_m\left(-\frac{\mathrm{e}^{-2kt}}{T}|z|^2\right) \mathrm{e}^{-|z|^2} - 1 \\
&= T^m \int \frac{\mathrm{d}^2 z}{\pi} \left(|z|^2 + \mathrm{e}^{-2\kappa t}|\alpha|^2\right) L_m\left(-\frac{\mathrm{e}^{-2kt}}{T}|z|^2\right) \mathrm{e}^{-|z|^2} - 1 \\
&= T^{m+2}\mathrm{e}^{4\kappa t} \int \frac{\mathrm{d}^2 z}{\pi} |z|^2 L_m\left(-|z|^2\right) \mathrm{e}^{-T\mathrm{e}^{2\kappa t}|z|^2} + \mathrm{e}^{-2\kappa t}|\alpha|^2 - 1 \\
&= \left(m + |\alpha|^2\right)\mathrm{e}^{-2\kappa t}
\end{aligned} \tag{6.45}$$

式 (6.45) 表明, 平均光子数随时间指数衰减. 正如光场的许多特点可以用光子计数来判断一样, 我们可以用这种方式来研究该新的 Laguerre 多项式权重的噪声光场.

总之, 我们首次获得了一类新光场 [式 (6.41)], 也揭示了平移数态在振幅衰减通道中的时间演化规律; 光子数分布 $\left(m + |\alpha|^2\right)\mathrm{e}^{-2\kappa t}$ 表明可以通过控制 m 或 $|\alpha|^2$ 来实现光子数的控制.

6.5 光子增混沌光场的衰减

设有一光腔, 内储混沌光场, 并有外光源向腔内注射光子, 其密度算符是

$$\rho_0 = C a^{\dagger s} \mathrm{e}^{\lambda a^\dagger a} a^s \tag{6.46}$$

这里 C 是归一化系数, 待定. 此光场称为光子增 (加) 混沌光. 本节讨论此光场如何在热环境中的耗散. 我们将指出, 它演化为一个 Laguerre 多项式权重的混沌光场 $\rho_c = (1 - \mathrm{e}^\lambda) \mathrm{e}^{\lambda a a^\dagger}$.

先决定归一化系数. 用相干态的完备性得

$$\begin{aligned}
1 = \mathrm{Tr}\rho_0 &= C\mathrm{Tr}\left(\int \frac{\mathrm{d}^2 z}{\pi} |z\rangle\langle z| a^{\dagger s} \mathrm{e}^{\lambda a^\dagger a} a^s\right) \\
&= C \int \frac{\mathrm{d}^2 z}{\pi} \langle z| a^{\dagger s} : \exp\left[\left(\mathrm{e}^\lambda - 1\right) a^\dagger a\right] : a^s |z\rangle \\
&= C \int \frac{\mathrm{d}^2 z}{\pi} |z|^{2s} \exp\left[-\left(1 - \mathrm{e}^\lambda\right)|z|^2\right] \\
&= C s! \left(\frac{1}{1 - \mathrm{e}^\lambda}\right)^{s+1}
\end{aligned} \tag{6.47}$$

可见, $C = \frac{1}{s!} \left(1 - e^\lambda\right)^{s+1}$. 于是

$$\rho_0 = \frac{1}{s!} \left(1 - e^\lambda\right)^{s+1} a^{\dagger s} e^{\lambda a^\dagger a} a^s \qquad (6.48)$$

显然, 当 $s = 0$ 时, $\rho_0 \to \rho_c = (1 - e^\lambda) e^{\lambda a^\dagger a}$, 恰是混沌场. 处于 ρ_0 的平均光子数是

$$\begin{aligned}
\text{tr}\left[\rho_0 a^\dagger a\right] &= C \int \frac{d^2 z}{\pi} \langle z | a^{\dagger s} e^{\lambda a^\dagger a} a^s a^\dagger a | z \rangle \\
&= C \int \frac{d^2 z}{\pi} z^{*s} z \langle z | e^{\lambda a^\dagger a} \left(a^\dagger a^s + s a^{s-1}\right) | z \rangle \\
&= C \int \frac{d^2 z}{\pi} z^{*s} z^{s+1} \langle z | e^{\lambda a^\dagger a} a^\dagger | z \rangle + Cs \int \frac{d^2 z}{\pi} z^{*s} z^s \langle z | : e^{(e^\lambda - 1) a a^\dagger} : | z \rangle \\
&= \frac{1}{s!} \left(1 - e^\lambda\right)^{s+1} \int \frac{d^2 z}{\pi} \left(z^{*s+1} z^{s+1} e^\lambda + s z^{*s} z^s\right) e^{(e^\lambda - 1)|z|^2} \\
&= \frac{s + e^\lambda}{1 - e^\lambda}
\end{aligned} \qquad (6.49)$$

当 $s = 0$ 时, 它约化为 $\text{tr}\left[\rho_c a^\dagger a\right] = \left(e^{-\lambda} - 1\right)^{-1}$, 如所期待.

将 ρ_0 代入式 (6.20) 得到

$$\begin{aligned}
\rho(t) &= \frac{1}{s!} \left(1 - e^\lambda\right)^{s+1} \sum_{n=0}^\infty \frac{T^n}{n!} e^{-\kappa t a^\dagger a} a^n a^{\dagger s} e^{\lambda a^\dagger a} a^s a^{\dagger n} e^{-\kappa t a^\dagger a} \\
&= \frac{1}{s!} \left(1 - e^\lambda\right)^{s+1} \sum_{n=0}^\infty \frac{T^n}{n!} e^{2\kappa t(n-s)} a^n a^{\dagger s} e^{\lambda' a^\dagger a} a^s a^{\dagger n} \quad (\lambda' = \lambda - 2\kappa t)
\end{aligned} \qquad (6.50)$$

在这一阶段, 我们须将 $a^{\dagger s} e^{\lambda' a^\dagger a} a^s$ 转化为反正规乘积, 以便求和能够进行. 根据转换反正规乘积公式 (3.166), 我们展开

$$\begin{aligned}
a^{\dagger s} e^{\lambda' a^\dagger a} a^s &= \vdots \int \frac{d^2 \beta}{\pi} \langle -\beta | : a^{\dagger s} \exp\left[\left(e^{\lambda'} - 1\right) a^\dagger a\right] a^s : | \beta \rangle \\
&\quad \times \exp\left(|\beta|^2 + \beta^* a - \beta a^\dagger + a a^\dagger\right) \vdots \\
&= (-1)^s \vdots \int \frac{d^2 \beta}{\pi} |\beta|^{2s} \exp\left(-e^{\lambda'} |\beta|^2 + \beta^* a - \beta a^\dagger + a a^\dagger\right) \vdots
\end{aligned} \qquad (6.51)$$

再用积分公式 (其证明在本节最后给出)

$$\begin{aligned}
&(-1)^n \int \frac{d^2 z}{\pi} z^n z^{*m} e^{-f|z|^2 + \mu z - \nu z^*} \\
&= (-1)^n \frac{1}{\sqrt{f}^{m+n}} \int \frac{d^2 z}{f\pi} z^n z^{*m} e^{-|z|^2 + \mu z/\sqrt{f} - \nu z^*/\sqrt{f}} \\
&= \frac{1}{\sqrt{f}^{m+n+2}} e^{-\mu\nu/f} H_{m,n}\left(\mu/\sqrt{f}, \nu/\sqrt{f}\right)
\end{aligned} \qquad (6.52)$$

(这里, $H_{m,n}$ 是双变量 Hermite 多项式) 将式 (6.51) 化为

$$a^{\dagger s}e^{\lambda' a^{\dagger} a}a^{s} = \frac{1}{e^{\lambda'(s+1)}}:e^{(1-e^{-\lambda'})a^{\dagger}a}H_{s,s}\left(e^{-\lambda'/2}a, e^{-\lambda'/2}a^{\dagger}\right):$$ (6.53)

把它代入式 (6.50) 并用反正规乘积内的求和方法 (在 :: 内部 a 与 $a^{\dagger}$ 可交换) 得到

$$\rho(t) = \left(\frac{1-e^{\lambda}}{e^{\lambda'}}\right)^{s+1}\frac{1}{s!}\sum_{n=0}^{\infty}\frac{T^{n}}{n!}e^{2\kappa t(n-s)}:a^{n}\exp\left[\left(1-e^{-\lambda'}\right)aa^{\dagger}\right]$$

$$\times H_{s,s}\left(e^{-\lambda'/2}a, e^{-\lambda'/2}a^{\dagger}\right)a^{\dagger n}:$$

$$= \left(e^{-\lambda}-1\right)^{s+1}\frac{e^{2\kappa t}}{s!}:\exp\left[\left(1-e^{-\lambda'}+Te^{2\kappa t}\right)aa^{\dagger}\right]H_{s,s}\left(e^{-\lambda'/2}a, e^{-\lambda'/2}a^{\dagger}\right):$$

$$= \left(e^{-\lambda}-1\right)^{s+1}\frac{e^{2\kappa t}}{s!}:\exp\left[e^{2\kappa t}\left(1-e^{-\lambda}\right)a^{\dagger}a\right]H_{s,s}\left(e^{-\lambda'/2}a, e^{-\lambda'/2}a^{\dagger}\right):$$ (6.54)

从反正规乘积算符立即得到其在相干态表象中的 $\mathcal{P}$-表示, 进而用 $|z\rangle\langle z| =\;:\exp(-|z|^{2}+za^{\dagger}+z^{*}a-a^{\dagger}a):$ (正规乘积) 求得 $\rho(t)$ 的正规乘积, 即

$$\rho(t) = \left(e^{-\lambda}-1\right)^{s+1}\frac{e^{2\kappa t}}{s!}\int\frac{d^{2}z}{\pi}\exp\left[e^{2\kappa t}\left(1-e^{-\lambda}\right)|z|^{2}\right]H_{s,s}\left(e^{-\lambda'/2}z, e^{-\lambda'/2}z^{*}\right)|z\rangle\langle z|$$

$$= \left(e^{-\lambda}-1\right)^{s+1}\frac{e^{2\kappa t}}{s!}\int\frac{d^{2}z}{\pi}H_{s,s}\left(e^{-\lambda'/2}z, e^{-\lambda'/2}z^{*}\right)$$

$$\times :\exp\{[e^{2\kappa t}\left(1-e^{-\lambda}\right)-1]|z|^{2}+za^{\dagger}+z^{*}a-a^{\dagger}a\}:$$ (6.55)

于是用积分公式

$$\int\frac{d^{2}\xi}{\pi}H_{m,n}\left(\xi,\xi^{*}\right)\exp(-h|\xi|^{2}+f\xi+g\xi^{*})$$

$$= \frac{1}{h}\left(\frac{h-1}{h}\right)^{\frac{m+n}{2}}H_{m,n}\left[\frac{g}{\sqrt{h(h-1)}},\frac{f}{\sqrt{h(h-1)}}\right]e^{\frac{fg}{h}}$$ (6.56)

和 IWOP 方法得到

$$\rho(t) = \left(e^{-\lambda}-1\right)^{s+1}\frac{e^{2\kappa t}}{s!}e^{\lambda'}$$

$$\times\int\frac{d^{2}z}{\pi}:\exp\{-[(1-e^{\lambda})+e^{\lambda-2\kappa t}]|z|^{2}+za^{\dagger}e^{\lambda'/2}+z^{*}ae^{\lambda'/2}-a^{\dagger}a\}H_{s,s}(z,z^{*}):$$

$$= \frac{(-1)^{s}}{Ts!}\left[\frac{(1-e^{\lambda})T}{1-Te^{\lambda}}\right]^{s+1}:H_{s,s}\left[\frac{a^{\dagger}e^{-\kappa t}}{\sqrt{(Te^{\lambda}-1)T}},\frac{ae^{-\kappa t}}{\sqrt{(Te^{\lambda}-1)T}}\right]$$

$$\times\exp\left[\left(\frac{e^{\lambda'}}{1-Te^{\lambda}}-1\right)a^{\dagger}a\right]:$$ (6.57)

进一步用式 (2.78) 有

$$\rho(t) = \frac{1}{T}\left[\frac{(1-e^{\lambda})T}{1-Te^{\lambda}}\right]^{s+1}:L_{s}\left[\frac{a^{\dagger}ae^{-2\kappa t}}{(Te^{\lambda}-1)T}\right]\exp\left[\left(\frac{e^{\lambda}-1}{1-Te^{\lambda}}\right)a^{\dagger}a\right]:$$ (6.58)

即光子增混沌光场在衰减通道中演化为 Laguerre 多项式权重的混沌光场, 这也是一个新光场, 其中 $T \equiv 1 - \mathrm{e}^{-2\kappa t}$. 用积分公式 (5.72) 可以算出

$$\begin{aligned}
\mathrm{Tr}\rho(t) &= \mathrm{Tr}\left[\int \frac{\mathrm{d}^2 z}{\pi} |z\rangle \langle z| \rho(t)\right] \\
&= \frac{1}{T}\left[\frac{(1-\mathrm{e}^\lambda)T}{1-T\mathrm{e}^\lambda}\right]^{s+1} \int \frac{\mathrm{d}^2 z}{\pi} L_s\left[\frac{|z|^2 \mathrm{e}^{-2\kappa t}}{(T\mathrm{e}^\lambda - 1)T}\right] \exp\left[\left(\frac{-1+\mathrm{e}^\lambda}{1-T\mathrm{e}^\lambda}\right)|z|^2\right] \\
&= \left[\frac{(1-\mathrm{e}^\lambda)T}{1-T\mathrm{e}^\lambda}\right]^{s+1} (T\mathrm{e}^\lambda - 1)\mathrm{e}^{2\kappa t} \int \frac{\mathrm{d}^2 z}{\pi} L_s(|z|^2) \exp\left[-(\mathrm{e}^\lambda-1)T\mathrm{e}^{2\kappa t}|z|^2\right] \\
&= \left[\frac{(1-\mathrm{e}^\lambda)T}{1-T\mathrm{e}^\lambda} \frac{1}{(\mathrm{e}^\lambda-1)T\mathrm{e}^{2\kappa t}}\right]^{s+1} (T\mathrm{e}^\lambda - 1)\mathrm{e}^{2\kappa t} \left[(\mathrm{e}^\lambda-1)T\mathrm{e}^{2\kappa t}-1\right]^s \\
&= \left[\frac{(\mathrm{e}^\lambda-1)T - \mathrm{e}^{-2\kappa t}}{(T\mathrm{e}^\lambda-1)}\right]^s \\
&= 1
\end{aligned} \tag{6.59}$$

$\rho(t)$ 即式 (6.58) 就是密度算符. 特别, 当 $s=0$ 时, 没有增加光子, $H_{s,s}=1$, 从式 (6.58) 看出

$$\begin{aligned}
\rho_{s=0}(t) &= \frac{1-\mathrm{e}^\lambda}{1-T\mathrm{e}^\lambda} : \exp\left[\left(\frac{\mathrm{e}^{\lambda'}}{1-T\mathrm{e}^\lambda}-1\right)a^\dagger a\right] : \\
&= \frac{1-\mathrm{e}^\lambda}{1-T\mathrm{e}^\lambda} \exp\left[-a^\dagger a \ln \frac{1-(1-\mathrm{e}^{-2\kappa t})\mathrm{e}^\lambda}{\mathrm{e}^\lambda \mathrm{e}^{-2\kappa t}}\right] \\
&= \frac{1-\mathrm{e}^\lambda}{1-(1-\mathrm{e}^{-2\kappa t})\mathrm{e}^\lambda} \mathrm{e}^{-a^\dagger a \ln[(\mathrm{e}^{-\lambda}-1)\mathrm{e}^{2\kappa t}+1]} \\
&= (1-\mathrm{e}^f) \exp(f a^\dagger a)
\end{aligned} \tag{6.60}$$

其中

$$f = -\ln[(\mathrm{e}^{-\lambda}-1)\mathrm{e}^{2\kappa t}+1] \tag{6.61}$$

将它与初始密度算符 $\rho_{s=0}(0) = \rho_\mathrm{c} = (1-\mathrm{e}^\lambda)\mathrm{e}^{\lambda a a^\dagger}$ 比较, 可见 $\rho_{s=0}(t)$ 仍然是一个混沌场, 只是参数从 λ 变成了 f.

以下证明式 (6.56):

用双变量 Hermite 多项式的积分表示

$$(-1)^n \mathrm{e}^{\mu\nu} \int \frac{\mathrm{d}^2 z}{\pi} z^n z^{*m} \mathrm{e}^{-|z|^2 + \mu z - \nu z^*} = H_{m,n}(\mu,\nu) \tag{6.62}$$

有

$$(-1)^n \int \frac{\mathrm{d}^2 z}{\pi} z^n z^{*m} \mathrm{e}^{-f|z|^2 + \mu z - \nu z^*} = \frac{1}{\sqrt{f}^{m+n+2}} \mathrm{e}^{-\mu\nu/f} H_{m,n}\left(\frac{\mu}{\sqrt{f}}, \frac{\nu}{\sqrt{f}}\right) \tag{6.63}$$

于是

$$\begin{aligned}
&\int \frac{\mathrm{d}^2\xi}{\pi} H_{m,n}(\xi,\xi^*)\exp(-h|\xi|^2+f\xi+g\xi^*)\\
&=\int \frac{\mathrm{d}^2\xi}{\pi}\exp(-h|\xi|^2+f\xi+g\xi^*)(-1)^n e^{|\xi|^2}\int\frac{\mathrm{d}^2z}{\pi}z^n z^{*m}e^{-|z|^2+\xi z-\xi^*z^*}\\
&=(-1)^n\int\frac{\mathrm{d}^2z}{\pi}z^n z^{*m}e^{-|z|^2}\int\frac{\mathrm{d}^2\xi}{\pi}\exp[-(h-1)|\xi|^2+(f+z)\xi+(g-z^*)\xi^*]\\
&=\frac{(-1)^n}{h-1}\int\frac{\mathrm{d}^2z}{\pi}z^n z^{*m}e^{-|z|^2+\frac{1}{h-1}(f+z)(g-z^*)}\\
&=\frac{(-1)^n}{h-1}\int\frac{\mathrm{d}^2z}{\pi}z^n z^{*m}e^{-|z|^2\frac{h}{h-1}+\frac{zg-fz^*}{h-1}+\frac{fg}{h-1}}\\
&=\frac{1}{h}\left(\frac{h-1}{h}\right)^{\frac{m+n}{2}}H_{m,n}\left[\frac{g}{\sqrt{h(h-1)}},\frac{f}{\sqrt{h(h-1)}}\right]\exp\left[\frac{fg}{h}\right]
\end{aligned} \qquad (6.64)$$

故式（6.56）得证.

6.6 衰减机制在相空间中的描述

本节讨论在相空间中如何描述量子衰减. 初始光场的密度算符在相空间中的 Weyl 对应是 $h_0(\alpha,\alpha^*)$, 则密度算符可表示为（见第 1 章）

$$\rho_0 = 2\int \mathrm{d}^2\alpha \Delta(\alpha,\alpha^*)h_0(\alpha,\alpha^*) \qquad (6.65)$$

经过振幅衰减通道, $\rho_0 \to \rho(t)$, $\rho(t)$ 在相空间中的 Weyl 对应记为 $h_t(\alpha,\alpha^*)$, 则

$$\rho(t) = 2\int \mathrm{d}^2\alpha \Delta(\alpha,\alpha^*)h_t(\alpha,\alpha^*) \qquad (6.66)$$

我们要求 $h_t(\alpha,\alpha^*)$ 和 $h_0(\alpha,\alpha^*)$ 之间的关系, 有什么积分变换能把这两者联系起来呢?

鉴于式（1.86）我们知道

$$h_t(\alpha,\alpha^*) = 2\pi\mathrm{tr}[\rho(t)\Delta(\alpha,\alpha^*)] \qquad (6.67)$$

将式 (6.20) 代入式 (6.67) 得

$$h_t(\alpha,\alpha^*) = 2\pi\mathrm{tr}\left[\sum_{n=0}^{\infty}M_n\rho_0 M_n^\dagger \Delta(\alpha,\alpha^*)\right]$$

$$= 2\pi \mathrm{tr}\left[\rho_0 \sum_{n=0}^{\infty} M_n^\dagger \Delta(\alpha, \alpha^*) M_n\right]$$

$$= 2\pi \mathrm{tr}[\rho_0 \Delta(\alpha, \alpha^*, t)] \tag{6.68}$$

这里定义

$$\Delta(\alpha, \alpha^*, t) = \sum_{n=0}^{\infty} M_n^\dagger \Delta(\alpha, \alpha^*) M_n \tag{6.69}$$

用式（6.22）我们计算得

$$\Delta(\alpha, \alpha^*, t) = \frac{1}{\pi} e^{-2\alpha^*\alpha} \sum_{n=0}^{\infty} \frac{T^n}{n!} a^{\dagger n} e^{-\kappa t a^\dagger a} e^{2a^\dagger \alpha} e^{i\pi a^\dagger a} e^{2\alpha^* a} e^{-\kappa t a^\dagger a} a^n$$

$$= \frac{1}{\pi} e^{-2\alpha^*\alpha} \sum_{n=0}^{\infty} \frac{T^n}{n!} a^{\dagger n} e^{2a^\dagger \alpha e^{-\kappa t}} e^{(i\pi - 2\kappa t) a^\dagger a} e^{2\alpha^* a e^{-\kappa t}} a^n$$

$$= \frac{1}{\pi} e^{-2\alpha^*\alpha} \sum_{n=0}^{\infty} \frac{T^n}{n!} a^{\dagger n} e^{2a^\dagger \alpha e^{-\kappa t}} : \exp\left\{\left[e^{(i\pi - 2\kappa t)} - 1\right] a^\dagger a\right\} : e^{2\alpha^* a e^{-\kappa t}} a^n$$

$$= \frac{1}{\pi} e^{-2\alpha^*\alpha} \sum_{n=0}^{\infty} \frac{T^n}{n!} : a^{\dagger n} a^n e^{2a^\dagger \alpha e^{-\kappa t}} \exp\left\{\left[e^{(i\pi - 2\kappa t)} - 1\right] a^\dagger a\right\} e^{2\alpha^* a e^{-\kappa t}} :$$

$$= \frac{1}{\pi} e^{-2\alpha^*\alpha} : e^{2a^\dagger \alpha e^{-\kappa t}} \exp\left\{\left[T + e^{(i\pi - 2\kappa t)} - 1\right] a^\dagger a\right\} e^{2\alpha^* a e^{-\kappa t}} :$$

$$= \frac{1}{\pi} e^{-2\alpha^*\alpha} : e^{2a^\dagger \alpha e^{-\kappa t}} \exp\left(e^{-2\kappa t} a^\dagger a\right) e^{2\alpha^* a e^{-\kappa t}} :$$

$$= \frac{1}{\pi} : e^{-2(\alpha^* - a^\dagger e^{-\kappa t})(\alpha - a e^{-\kappa t})} : \tag{6.70}$$

于是式（6.68）变成

$$h_t(\alpha, \alpha^*) = 2\mathrm{Tr}\left[\rho_0 : e^{-2(\alpha^* - a^\dagger e^{-\kappa t})(\alpha - a e^{-\kappa t})} :\right] \tag{6.71}$$

此即密度算符 ρ_t 的经典 Weyl 对应.

(1) 算符 $\Delta(\alpha, \alpha^*, t)$ 的 Weyl-排序形式：

要将一个算符转化为 Weyl-排序的形式，可利用公式（3.83）即

$$\rho = 2 \genfrac{}{}{0pt}{}{:}{:} \int \frac{\mathrm{d}^2\beta}{\pi} \langle -\beta | \rho | \beta \rangle e^{2(a^\dagger a + a\beta^* - \beta a^\dagger)} \genfrac{}{}{0pt}{}{:}{:} \tag{6.72}$$

这里 $|\beta\rangle = \exp\left(-|\beta|^2/2 + \beta a^\dagger\right)|0\rangle$ 为相干态，则利用 $\Delta(\alpha, \alpha^*, t)$ 的正规乘积（6.70）得

$$\Delta(\alpha, \alpha^*, t) = \frac{2}{\pi} \genfrac{}{}{0pt}{}{:}{:} \int \frac{\mathrm{d}^2\beta}{\pi} \langle -\beta | : e^{-2(\alpha^* - a^\dagger e^{-\kappa t})(\alpha - a e^{-\kappa t})} : | \beta \rangle e^{2(a^\dagger a + a\beta^* - \beta a^\dagger)} \genfrac{}{}{0pt}{}{:}{:}$$

$$= \frac{2}{\pi} \genfrac{}{}{0pt}{}{:}{:} \exp\left(-2|\alpha|^2 + 2a^\dagger a\right) \int \frac{\mathrm{d}^2\beta}{\pi}$$

$$\times \exp\left[-2|\beta|^2 \left(1 - e^{-2\kappa t}\right) + 2\beta\left(\alpha^* e^{-\kappa t} - a^\dagger\right) + 2\beta^*\left(a - \alpha e^{-\kappa t}\right)\right] \genfrac{}{}{0pt}{}{:}{:}$$

$$= \frac{1}{\pi T} : \exp\left[-\frac{2}{T}\left(\alpha^* - a^\dagger e^{-\kappa t}\right)\left(\alpha - a e^{-\kappa t}\right)\right] : \quad (T = 1 - e^{-2\kappa t}) \tag{6.73}$$

因此, 式 (6.71) 变成

$$h_t(\alpha, \alpha^*) = \frac{2}{T} \text{Tr}\left\{\rho_0 : \exp\left[-\frac{2}{T}\left(\alpha^* - a^\dagger e^{-\kappa t}\right)\left(\alpha - a e^{-\kappa t}\right)\right] :\right\} \tag{6.74}$$

(2) $h_t(\alpha, \alpha^*)$ 与 $h_0(\alpha, \alpha^*)$ 间的积分变换关系:

由式 (6.74) 和式 (6.65) 可得

$$\begin{aligned}h_t(\alpha, \alpha^*) &= \frac{2}{T} \text{Tr}\Big\{\rho_0 \int d^2\alpha' : \delta(\alpha'^* - a^\dagger)\delta(\alpha' - a) : \\ &\quad \times \exp\left[-\frac{2}{T}\left(\alpha^* - \alpha'^* e^{-\kappa t}\right)\left(\alpha - \alpha' e^{-\kappa t}\right)\right]\Big\} \\ &= \frac{2}{T}\int d^2\beta d^2\alpha' h_0(\beta, \beta^*)\text{Tr}\left[4\Delta(\beta, \beta^*)\Delta(\alpha', \alpha'^*)\right] \\ &\quad \times \exp\left[-\frac{2}{T}\left(\alpha^* - \alpha'^* e^{-\kappa t}\right)\left(\alpha - \alpha' e^{-\kappa t}\right)\right]\end{aligned} \tag{6.75}$$

注意到, 两个 Wigner 算符乘积的迹为 δ 函数 [见式 (1.85)], 则式 (6.75) 可进一步写成

$$\begin{aligned}h_t(\alpha, \alpha^*) &= \frac{2}{T\pi}\int d^2\beta \int d^2\alpha' h_0(\beta, \beta^*)\delta(\alpha'^* - \beta^*)\delta(\alpha' - \beta) \\ &\quad \times \exp\left[-\frac{2}{T}\left(\alpha^* - \alpha'^* e^{-\kappa t}\right)\left(\alpha - \alpha' e^{-\kappa t}\right)\right] \\ &= \frac{2}{T}\int \frac{d^2\beta}{\pi} h_0(\beta, \beta^*) \exp\left[-\frac{2}{T}\left(\alpha^* - \beta^* e^{-\kappa t}\right)\left(\alpha - \beta e^{-\kappa t}\right)\right]\end{aligned} \tag{6.76}$$

此即任意时刻密度算符的经典对应与初始时刻经典对应之间的关系, 通道导致 h_0 的衰减由高斯衰减因子描述.

借助以上关系式 (6.76) 和式 (6.66), Weyl 规则又可表示为

$$\begin{aligned}\rho(t) &= 2\int d^2\alpha \Delta(\alpha, \alpha^*) h_t(\alpha, \alpha^*) \\ &= \frac{2}{T}\int d^2\alpha : \delta(\alpha^* - a^\dagger)(\alpha - a) : \\ &\quad \times \int \frac{d^2\beta}{\pi} h_0(\beta, \beta^*)\exp\left[-\frac{2}{T}\left(\alpha^* - \beta^* e^{-\kappa t}\right)\left(\alpha - \beta e^{-\kappa t}\right)\right] \\ &= \frac{2}{T}\int \frac{d^2\beta}{\pi} h_0(\beta, \beta^*) : \exp\left[-\frac{2}{T}\left(a^\dagger - \beta^* e^{-\kappa t}\right)\left(a - \beta e^{-\kappa t}\right)\right] :\end{aligned} \tag{6.77}$$

特别地, 当 $\rho_0 = |z\rangle\langle z|$ 即相干态时, 其经典对应为

$$\begin{aligned}h_0(\alpha, \alpha^*) &= 2\pi \text{Tr}\left[|z\rangle\langle z| \Delta(\alpha, \alpha^*)\right] \\ &= 2\langle z| : e^{-2(\alpha^* - a^\dagger)(\alpha - a)} : |z\rangle\end{aligned}$$

$$= 2e^{-2(\alpha^*-z^*)(\alpha-z)} \tag{6.78}$$

将上式代入式 (6.76) 得

$$h_t = \frac{4}{T}e^{-2|z|^2-\frac{2}{T}|\alpha|^2}\int \frac{\mathrm{d}^2\beta}{\pi}e^{-\frac{2}{T}|\beta|^2+2\beta^*\left(\frac{e^{-\kappa t}}{T}\alpha+z\right)+2\beta\left(\frac{e^{-\kappa t}}{T}\alpha^*+z^*\right)}$$
$$= 2\exp\left[-2\left(\alpha^*-z^*e^{-\kappa t}\right)\left(\alpha-ze^{-\kappa t}\right)\right] \tag{6.79}$$

可见, 上式以经典的方式展现了量子通道的衰减.

本节中, 我们建立了初始时刻密度算符 ρ_0 的经典对应 h_0 与它经历量子耗散通道后的经典对应 h_t 的积分变换关系. 该方式有助于在经典的框架下考察振幅衰减情况. 此方法亦可推广至其他耗散情况, 有兴趣的读者可试一试.

6.7 用光束分离器和条件测量制备 Laguerre 多项式权重相干态

在本章第 4 节, 我们考察了平移 Fock 态在耗散通道中的演化, 结果表明: 该耗散过程可以用来制备 Laguerre 权重相干态. 那么, 是否存在其他的理论方案可以制备此类多项式态呢? 本节简要介绍一种有效方法——光束分离器和条件测量, 它不仅可以用于制备 Laguerre 多项式权重的量子态, 还可以用于制备其他多项式权重的量子态, 如 Hermite 特多项式权重量子态.

制备 Laguerre 多项式权重量子态理论方案如图 6.1 所示. 任意纯态 $|\varphi\rangle_{\mathrm{in}}$ 和数态 $|m\rangle$ 作为不对称光束分离器的两个输入, 在数态所对应的输出模上进行光子数测量, 且测量取与输入数态 $|m\rangle$ 相同的结果, 此时在另一输出端即得到了 Laguerre 多项式权重的量子态.

若在数态 $|m\rangle$ 对应的输出端进行一次 m 个光子的条件测量, 则另一端输出量子态可表示成

$$|\Psi\rangle_{\mathrm{out}} = N_m\,{}_a\langle m|B(\theta)|m\rangle_a|\varphi\rangle_{\mathrm{in}} \tag{6.80}$$

其中, N_m 为归一化常数, $B(\theta)=\exp\left[\theta(a^\dagger b - ab^\dagger)\right]$ 为光束分离器算符, $r=\sin\theta$, $t=\cos\theta$. 光束分离器算符实际上是一个纠缠算子. 当 $\theta=\pi/4$ 时, $B(\pi/4)$ 就是对称的光束分离器, 即透射与反射系数相同. 由于无损光束分离器算子的矩阵表示满足 $SU(2)$

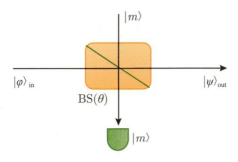

图 6.1 拉盖尔多项式权重态 $|\psi\rangle_{\text{out}}$ 产生的理论方案. 光束分离器反射率 t 和透射率 t 满足 $|r|^2 = 1 - |t|^2$. 在输出的一端进行 m 光子测量.

群关系, 故可以用广义 $SU(2)$ 相干态使计算式 (6.80). 这里, 我们使用另一种方法——光束分离器算符 $B(\theta)$ 的正规乘积表示来计算矩阵元 $_a\langle m|B(\theta)|m\rangle_a$. 光束分离器 $B(\theta)$ 的正规乘积表示为

$$B(\theta) =: \exp\left[(\cos\theta - 1)\left(a^\dagger a + b^\dagger b\right) + \left(a^\dagger b - ab^\dagger\right)\sin\theta\right]: \tag{6.81}$$

利用数态的相干态表示, 即

$$|m\rangle = \frac{1}{\sqrt{m!}}\frac{\partial^m}{\partial \alpha^m}\|\alpha\rangle|_{\alpha=0}, \|\alpha\rangle = \exp(\alpha a^\dagger)|0\rangle, \langle\alpha\|\alpha\rangle = e^{|\alpha|^2} \tag{6.82}$$

可得矩阵元

$$\begin{aligned}
\hat{B}_m &\equiv {}_a\langle m|B(\beta)|m\rangle_a \\
&= \frac{1}{m!}\frac{\partial^{2m}}{\partial \alpha^m \partial \alpha^{*m}}\langle\alpha\|:\exp\left[(\cos\beta - 1)\left(a^\dagger a + b^\dagger b\right) + \left(a^\dagger b - ab^\dagger\right)\sin\beta\right] \\
&\quad \times :\|\alpha\rangle|_{\alpha=0,\alpha^*=0} \\
&= \frac{1}{m!}\frac{\partial^{2m}}{\partial \alpha^m \partial \alpha^{*m}} : \exp\left[\alpha^*\alpha\cos\beta + (\alpha^*b - \alpha b^\dagger)\sin\beta\right] e^{(\cos\beta-1)b^\dagger b} : |_{\alpha=0,\alpha^*=0} \\
&= \frac{1}{m!}\frac{(-1)^m \cos^m \beta \partial^{2m}}{\partial (\alpha^*\cos\beta)^m \partial(-\alpha)^m} : \exp\left[-(\alpha^*\cos\beta)(-\alpha) + (\alpha^*\cos\beta)b\tan\beta \right. \\
&\quad \left. + (-\alpha)b^\dagger\sin\beta\right] e^{(\cos\beta-1)b^\dagger b} : |_{\alpha=0,\alpha^*=0}
\end{aligned} \tag{6.83}$$

对照双变量 Hermite 多项式 $H_{m,n}$ 的母函数公式 (1.128) 及其级数表示式 (1.129), 可得

$$\begin{aligned}
\hat{B}_m &= \frac{(-1)^m \cos^m\beta}{m!} : H_{m,m}\left(b\tan\beta, b^\dagger\sin\beta\right) e^{(\cos\beta-1)b^\dagger b} : \\
&= \frac{(-1)^m \cos^m\beta}{m!} : \sum_{l=0}^{m} \frac{m!m!(-1)^l}{l!(m-l)!(m-l)!}(b\tan\beta)^{m-l}(b^\dagger\sin\beta)^{m-l} e^{(\cos\beta-1)b^\dagger b} :
\end{aligned}$$

$$= \frac{(-1)^m \cos^m \beta}{m!} \sum_{l=0}^{m} \frac{m!m!(-1)^l}{l!(m-l)!(m-l)!} \left(b^\dagger \sin\beta\right)^{m-l} : e^{(\cos\beta-1)b^\dagger b} : (b\tan\beta)^{m-l} \tag{6.84}$$

再用算符恒等式

$$: \exp[(e^\lambda - 1)b^\dagger b] := e^{\lambda b^\dagger b}, \quad e^{\lambda b^\dagger b} b e^{-\lambda b^\dagger b} = b e^{-\lambda}$$

就有

$$\hat{B}_m = \frac{(-1)^m \cos^m \beta}{m!} \sum_{l=0}^{m} \frac{m!m!(-1)^l}{l!(m-l)!(m-l)!} \left(b^\dagger \sin\beta\right)^{m-l} e^{b^\dagger b \ln\cos\beta} (b\tan\beta)^{m-l}$$

$$= \frac{(-1)^m \cos^m \beta}{m!} \sum_{l=0}^{m} \frac{m!m!(-1)^l}{l!(m-l)!(m-l)!} \left(b^\dagger \tan\beta\right)^{m-l} (b\tan\beta)^{m-l} e^{b^\dagger b \ln\cos\beta}$$

$$= \frac{(-1)^m \cos^m \beta}{m!} : H_{m,m}\left(b^\dagger \tan\theta, b\tan\theta\right) : e^{b^\dagger b \ln\cos\beta} \tag{6.85}$$

$H_{m,m}(x,y)$ 为双变量 Hermite 多项式,与 Laguerre 多项式 L_m 二者存在关系式 (2.78),所以

$$\hat{B}_m = \cos^m \beta : L_m\left(b^\dagger b\tan^2\theta\right) : e^{b^\dagger b \ln\cos\beta} \tag{6.86}$$

而

$$|\Psi\rangle_{\text{out}} = \cos^m \beta : L_m\left(b^\dagger b\tan^2\theta\right) : e^{b^\dagger b \ln\cos\beta} |\varphi\rangle_{\text{in}} \tag{6.87}$$

因此, 对于任意输入态 $|\varphi\rangle_{\text{in}}$, 输出态均可表示为 $|\Psi\rangle_{\text{out}} \to \hat{B}_m |\varphi\rangle_{\text{in}}$. 利用式 (6.87) 讨论输出量子态的特点是非常方便的. 由式 (6.87) 可知, 伴随 m-光子数态输入与 m-光子测量的过程可以看成是正规乘积下一种数态的 Laguerre 多项式操作. 特别地, 当 $m = 0, 1$ 时, 有 $\hat{B}_0 = e^{b^\dagger b \ln\cos\beta}$ 及 $\hat{B}_1 = (1 - b^\dagger b\tan^2\beta)e^{b^\dagger b \ln\cos\beta}\cos\beta$.

当输入态 $|\varphi\rangle_{\text{in}}$ 是压缩态 $\text{sech}^{1/2}\lambda e^{\frac{b^{\dagger 2}}{2}\tanh\lambda}|0\rangle$ 时, λ 是压缩参数,那么输出态

$$|\Psi\rangle_{\text{out}} = \text{sech}^{1/2}\lambda \cos^m \beta : L_m\left(b^\dagger b\tan^2\theta\right) : e^{b^\dagger b \ln\cos\beta} e^{b^{\dagger 2}\tanh\lambda}|0\rangle \tag{6.88}$$

就是一个 Laguerre 多项式权重非高斯态.

下面, 具体考虑相干态作为输入态的情形, 即 $|\varphi\rangle_{\text{in}} = |z\rangle$. 在此情形下, 由式 (6.80) 和式 (6.87) 可知, 输出态为

$$|\Psi\rangle_{\text{out}} = N_m \cos^m \theta : L_m\left(b^\dagger b\tan^2\theta\right) : e^{b^\dagger b \ln\cos\theta}|z\rangle$$

$$= N_m e^{-\frac{1}{2}|z|^2 \sin^2\theta} \cos^m \theta L_m\left(\mu b^\dagger\right)|z\cos\theta\rangle$$

$$\equiv \bar{N}_m L_m\left(\mu b^\dagger\right)|z\cos\theta\rangle \tag{6.89}$$

这里 $\mu = z\cos\theta\tan^2\theta$, $\bar{N}_m = N_m\cos^m\theta\exp\left(-\frac{1}{2}|z|^2\sin^2\theta\right)$, 上式计算中利用了以下公式：

$$g^{b^\dagger b}|\alpha\rangle = \exp\left[\frac{1}{2}\left(g^2-1\right)|\alpha|^2\right]|g\alpha\rangle \tag{6.90}$$

显然, 式 (6.89) 就是 Laguerre 多项式激发相干态, 式 (6.89) 中相干态为 $|z\cos\theta\rangle$, 振幅较输入时减小, 可理解为相干态经历了一个损失过程. 当 $\theta = 0$ 时, 即完美的透射 ($t=1, r=0$), 有 $\mu = 0$ 及 $|\Psi\rangle_{\text{out}} \to |z\rangle$. 当 $m = 0$ 时, 输出态变成 $|\Psi\rangle_{\text{out}} = |z\cos\theta\rangle$, 它仍然是个相干态 (高斯态), 但振幅减小. 尽管在辅助的测量端口测得的光子数和输入数态数相同 (或说光子数目没有改变), 但在另一输出端的平均光子数由 $|z|^2$ 减为 $|z|^2\cos^2\theta$. 这点可以通过将相干态在数态下展开而更为清楚, 即 $|z\rangle = \sum_{n=0}^{\infty} c_n|n\rangle$, 其中

$$c_n = \frac{z^n \mathrm{e}^{-|z|^2/2}}{\sqrt{n!}}$$

利用式 (6.89) 可将输出态写成

$$|\Psi\rangle_{\text{out}} = N_m \cos^m\theta \sum_{n=0}^{\infty} c_n \cos^n\theta : L_m\left(b^\dagger b \tan^2\theta\right) : |n\rangle \tag{6.91}$$

因此, 当 $m = 0$ 时, 有

$$|\Psi\rangle_{\text{out}} = \sum_{n=0}^{\infty} c_n \cos^n\theta |n\rangle$$

因为 $\cos^n\theta \leqslant \cos\theta \leqslant 1$, 故在输出端测到光子态 $|n\rangle$ 的概率随 n 的增加而减少, 这表明零光子辅助探测 ($m = 0$) 使得平均光子数减小. 所以, 在以上制备过程中, 测量的存在使得平均光子数不守恒.

当 $m = 1$ 时, 输出态变成

$$|\Psi\rangle_{\text{out}} = \bar{N}_1\left(1 - \mu b^\dagger\right)|z\cos\theta\rangle \tag{6.92}$$

它是相干态和激发相干态的超叠加. 在数态表象下, 该输出态可写成

$$|\Psi\rangle_{\text{out}} = N_1 \sum_{n=0}^{\infty} c_n \cos^{n+1}\theta \left(1 - n\tan^2\theta\right)|n\rangle \tag{6.93}$$

有趣的是, 若取 $\tan^2\theta = 1/n$ 或 $t^2 = n/(n+1)$, 则在输出态中将不在包含数态 $|n\rangle$. 当 $m = 2$ 时, 若取 $\tan\theta = 1/\sqrt{2}$, 态 $|1\rangle$ 将不会被检测到. 若 $\tan\theta$ 取其他值, 输出态中 $|n \geqslant 2\rangle$ 也可能不存在. 基于式 (6.89), 我们可以进一步讨论该量子态的非经典特性, 如光子数分布、Mandel Q 参数、二阶关联函数、压缩特性等等. 这里, 我们就不一一介绍了. 下面, 以 Wigner 函数为例做一讨论.

1. 归一化

为了获得 Laguerre 多项式激发相干态的 Wigner 函数的解析表示, 推导归一化是必不可少的. 利用归一化条件 $1 = {}_{\text{out}}\langle\Psi|\Psi\rangle_{\text{out}}$ 和相干态 $\langle\alpha|$ 的完备性关系 $\int \mathrm{d}^2\alpha |\alpha\rangle\langle\alpha|/\pi = 1$ 以及

$$\langle z\cos\theta|\alpha\rangle = \exp\left(-\frac{1}{2}|z|^2\cos^2\theta - \frac{1}{2}|\alpha|^2 + z^*\alpha\cos\theta\right) \tag{6.94}$$

可得式 (6.89) 中的

$$\begin{aligned}
\bar{N}_m^{-2} &= \langle z\cos\theta| L_m(\mu^* b) L_m(\mu b^\dagger) |z\cos\theta\rangle \\
&= \int \frac{\mathrm{d}^2\alpha}{\pi} |L_m(\mu^*\alpha)|^2 |\langle z\cos\theta|\alpha\rangle|^2 \\
&= \int \frac{\mathrm{d}^2\alpha}{\pi} |L_m(\mu^*\alpha)|^2 \mathrm{e}^{-|z|^2\cos^2\theta - |\alpha|^2 + (z^*\alpha + z\alpha^*)\cos\theta}
\end{aligned} \tag{6.95}$$

利用 Laguerre 多项式的级数和可将上式写为

$$\begin{aligned}
\bar{N}_m^{-2} &= \sum_{l,k=0}^{m} \binom{m}{l}\binom{m}{k} \frac{(-1)^{l+k}}{l!k!} \mu^k \mu^{*l} \\
&\quad \times \mathrm{e}^{-|z|^2\cos^2\theta} \int \frac{\mathrm{d}^2\alpha}{\pi} \alpha^{*k}\alpha^l \mathrm{e}^{-|\alpha|^2 + (z^*\alpha + z\alpha^*)\cos\theta} \\
&= \sum_{l,k=0}^{m} \binom{m}{l}\binom{m}{k} \frac{(-1)^k \mu^k \mu^{*l}}{l!k!} H_{k,l}(z^*\cos\theta, -z\cos\theta)
\end{aligned} \tag{6.96}$$

上式计算中利用了积分公式 (6.62). 式 (6.96) 就是输出量子态 $|\Psi\rangle_{\text{out}}$ 的归一化系数. 注意 $\bar{N}_m^{-2}$ 是一个实数, 可从式 (6.95) 看出. 特别地, 当 $m=1$ 时, 有 $\bar{N}_1^{-2} = (1 - |z|^2\sin^2\theta)^2 + |z|^2\cos^2\theta\tan^4\theta$.

2. Wigner 函数

Wigner 函数的负部特征是非经典性的一个很好的标志. 对于单模量子系统, Wigner 函数可用 $W(\gamma) = \operatorname{tr}[\rho\Delta(\gamma)]$ 来计算, 其中, $\Delta(\gamma)$ 是单模 Wigner 算符, 其相干态表象下表示为

$$\Delta(\gamma) = \mathrm{e}^{2|\gamma|^2} \int \frac{\mathrm{d}^2\alpha}{\pi^2} |\alpha\rangle\langle-\alpha| \mathrm{e}^{-2(\alpha\gamma^* - \gamma\alpha^*)} \tag{6.97}$$

将式 (6.89) 和式 (6.94) 代入 $W(\gamma)$ 可得 Laguerre 多项式激发相干态的 Wigner 函数

$$W_m(\gamma) = |\bar{N}_m|^2 \mathrm{e}^{2|\gamma|^2 - |z|^2\cos^2\theta} \Theta(\mu,\mu^*) \tag{6.98}$$

其中

$$\Theta(\mu,\mu^*) = \int \frac{\mathrm{d}^2\alpha}{\pi^2} L_m(-\mu\alpha^*) L_m(\mu^*\alpha)$$

$$\times e^{-|\alpha|^2+\alpha(z^*\cos\theta-2\gamma^*)-\alpha^*(z\cos\theta-2\gamma)} \quad (6.99)$$

不难看出,相空间 Wigner 函数 $W_m(\gamma)$ 是一个实数,因为 $\Theta^*(\mu,\mu^*)=\Theta(\mu,\mu^*)$.

进一步积分上式可得

$$W_m(\gamma) = W_0(\gamma) F_m(\gamma) \quad (6.100)$$

其中,$W_0(\gamma)=1/\pi\exp(-2|\gamma-z\cos\theta|^2)$ 是相干态 $|z\cos\theta\rangle$ 对应的 Wigner 函数,非高斯项 $F_m(\gamma)$ 为

$$F_m(\gamma) = |\bar{N}_m|^2 \sum_{j,l=0}^m \frac{\mu^l \mu^{*j}}{l!j!} \binom{m}{j}\binom{m}{l}$$
$$\times H_{l,j}(z^*\cos\theta-2\gamma^*, z\cos\theta-2\gamma) \quad (6.101)$$

它源自条件测量的存在. 特别地, 当 $m=1$ 时, 上式变成

$$F_1(\gamma) = |\bar{N}_1|^2 \{1+|\mu|^2(1-|z\cos\theta-2\gamma|^2)$$
$$+ [\mu(z^*\cos\theta-2\gamma^*)+c.c]\} \quad (6.102)$$

由于 $W_0(\gamma)$ 总是正的, 所以 Wigner 函数的负部区域由 $F_1(\gamma)<0$ 确定.

如图 6.2 所示, 我们绘制了 Wigner 函数的相空间分布图. 由图可知, 在相空间中存在明显的负部体积, 这表明了非经典特性的存在. 此外, 负部体积不仅受到不同数 m 的调制, 而且受 θ 的调制. 例如, 当 $\theta=\pi/5$ 时, 由图 6.2(a) 和 (d) 可知, $m=2$ 比 $m=1$ 对应的 Wigner 函数具有更大的负部体积.

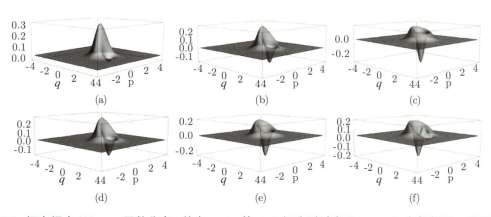

图 6.2 相空间中 Wigner 函数分布. 其中 $z=1$. 第 1, 2 行分别对应于 $m=1,2$. 左起每列 θ 分别为 $\pi/5, \pi/4, \pi/3$.

本节提供的制备 Laguerre 多项式态的方法具有一般性, 即利用多光子探测可知实现多项式量子态的制备. 有兴趣的读者可以考虑如两个单模压缩态作为光束分离器是两输入端、一个双模压缩态作为非对称光束分离器的输入端等情况, 实现 Hermite 多项式权重量子态的制备. 注意到双模压缩变换与光束分离器具有一定的相似性特点, 故也可以结合多光子条件测量用于制备多项式量子态. 此外, 以上过程可以进一步用于与多模情况, 实现纠缠态或量子隐态传输保真度的改善等方面的应用.

第 7 章

用二项式和负二项式表征的光场

本章将指出 Fock 空间可按光场的二项式态和负二项式态来划分，我们还要讨论这两种光场的演化.

7.1 用二项式态表征 Fock 空间完备性

二项分布是 $\binom{n}{l}\sigma^l(1-\sigma)^{n-l}$，光场的二项式态的密度算符是

$$\sum_{l=0}^{n}\binom{n}{l}\sigma^l(1-\sigma)^{n-l}|l\rangle\langle l| \equiv \rho_n(\sigma) \tag{7.1}$$

式中，$|l\rangle$ 是粒子数态，由二项式定理知 $\mathrm{tr}\rho_n = 1$. 注意到 Laguerre 多项式的母函数公式（2.32），我们有如下形式的 1 的分解：

$$\begin{aligned}
1 &=: \mathrm{e}^{a^\dagger a} \mathrm{e}^{-a^\dagger a} : \\
&= \sigma \frac{1}{1-(1-\sigma)} : \mathrm{e}^{\frac{1-\sigma}{-\sigma}\left(\frac{\sigma}{\sigma-1}a^\dagger a\right)} \mathrm{e}^{-a^\dagger a} : \\
&= \sigma \sum_{n=0}^{\infty} (1-\sigma)^n : L_n\left(\frac{\sigma}{\sigma-1}a^\dagger a\right) \mathrm{e}^{-a^\dagger a} :
\end{aligned} \tag{7.2}$$

利用 Laguerre 多项式 $L_n(x)$ 的求和表示式（1.135），所以式（7.2）展开为

$$\begin{aligned}
1 &= \sigma \sum_{n=0}^{\infty} (1-\sigma)^n \sum_{l=0}^{n} \binom{n}{l} \frac{(-1)^l}{l!} : \left(\frac{\sigma}{\sigma-1}a^\dagger a\right)^l \mathrm{e}^{-a^\dagger a} : \\
&= \sigma \sum_{n=0}^{\infty} (1-\sigma)^n \sum_{l=0}^{n} \binom{n}{l} \frac{(-1)^l}{l!} \left(\frac{\sigma}{\sigma-1}\right)^l a^{\dagger l}|0\rangle\langle 0|a^l \\
&= \sigma \sum_{n=0}^{\infty} \sum_{l=0}^{n} \binom{n}{l} \sigma^l (1-\sigma)^{n-l} |l\rangle\langle l|
\end{aligned} \tag{7.3}$$

即 1 的分解写成

$$1 = \sigma \sum_{n=0}^{\infty} \rho_n \tag{7.4}$$

这说明 Fock 空间的完备性可以用二项式态来表征和划分. 或是说：二项式态可以用 1 的分解得到. 事实上，可以证明，当一个粒子数态经历一个衰减通道时，就会演化为二项式态.

7.2 奇二项式态和偶二项式态

若把 1 分解为

$$1 = \frac{1}{2}[1+(1-2\sigma)^n] + \frac{1}{2}[1-(1-2\sigma)^n] \tag{7.5}$$

右边第一部分可表达为

$$\begin{aligned}
\frac{1}{2}[1+(1-2\sigma)^n] &= \frac{1}{2}[(1-\sigma+\sigma)^n + (1-\sigma-\sigma)^n] \\
&= \frac{1}{2}\sum_{m=0}^{n}\binom{n}{m}\sigma^m(1-\sigma)^{n-m} + \frac{1}{2}\sum_{m=0}^{n}\binom{n}{m}(-\sigma)^m(1-\sigma)^{n-m}
\end{aligned}$$

$$= \sum_{m=0}^{[n/2]} \binom{n}{2m} \sigma^{2m} (1-\sigma)^{n-2m} \tag{7.6}$$

而第二部分展开为

$$\frac{1}{2}\left[1-(1-2\sigma)^n\right] = \frac{1}{2}\left[(1-\sigma+\sigma)^n - (1-\sigma-\sigma)^n\right]$$

$$= \frac{1}{2}\sum_{m=0}^{n}\binom{n}{m}\sigma^m(1-\sigma)^{n-m} - \frac{1}{2}\sum_{m=0}^{n}\binom{n}{m}(-\sigma)^m(1-\sigma)^{n-m}$$

$$= \sum_{m=0}^{[(n-1)/2]} \binom{n}{2m+1} \sigma^{2m+1}(1-\sigma)^{n-2m-1} \tag{7.7}$$

相应地, 我们可以引入偶二项式态

$$\sum_{m=0}^{[n/2]} \binom{n}{2m} \sigma^{2m}(1-\sigma)^{n-2m} |2m\rangle\langle 2m| \equiv \rho_{\text{even}}(\sigma) \tag{7.8}$$

其迹是

$$\text{tr}\rho_{\text{even}}(\sigma) = \frac{1}{2}\left[1+(1-2\sigma)^n\right] \tag{7.9}$$

和奇二项式态

$$\sum_{m=0}^{[(n-1)/2]} \binom{n}{2m+1} \sigma^{2m+1}(1-\sigma)^{n-2m-1} |2m+1\rangle\langle 2m+1| \equiv \rho_{\text{odd}}(\sigma) \tag{7.10}$$

其迹是

$$\text{tr}\rho_{\text{odd}}(\sigma) = \frac{1}{2}\left[1-(1-2\sigma)^n\right] \tag{7.11}$$

7.3 用负二项式态表征 Fock 空间完备性

我们可以进一步利用式（7.4）把 Fock 空间完备性转化为负二项式态分解. 用求和再分配公式

$$\sum_{n=0}^{\infty}\sum_{l=0}^{n} A_{n-l}B_l = \sum_{s=0}^{\infty}\sum_{m=0}^{\infty} A_s B_m \tag{7.12}$$

可将式（7.4）改写

$$1 = \sigma \sum_{n=0}^{\infty} \rho_n$$
$$= \sigma \sum_{n=0}^{\infty} \sum_{l=0}^{n} \binom{n}{n-l} (1-\sigma)^{n-l} \sigma^l |l\rangle\langle l|$$
$$= \sum_{m=0}^{\infty} \sum_{s=0}^{\infty} \binom{m+s}{s} (1-\sigma)^s \sigma^{m+1} |m\rangle\langle m| \tag{7.13}$$

其中，$\binom{m+s}{s} = \frac{(m+s)!}{s!m!} = \binom{m+s}{m}$，再令 $1-\sigma = \gamma$，则

$$1 = \sum_{s=0}^{\infty} \sum_{m=0}^{\infty} \binom{m+s}{m} \gamma^s (1-\gamma)^{m+1} |m\rangle\langle m| \tag{7.14}$$

记

$$\sum_{m=0}^{\infty} \binom{m+s}{m} \gamma^{s+1} (1-\gamma)^m |m\rangle\langle m| \equiv \rho_s \tag{7.15}$$

它代表一个负二项式态，则式（7.13）变为

$$1 = \frac{1-\gamma}{\gamma} \sum_{s=0}^{\infty} \rho_s \tag{7.16}$$

即 Fock 空间也可按负二项式态划分. 进一步用 $a|m\rangle = \sqrt{m}|m-1\rangle$ 可证明

$$\rho_s = \frac{\gamma^{s+1}}{s!(1-\gamma)^s} a^s \sum_{m=0}^{\infty} (1-\gamma)^m m\rangle\langle m| a^{\dagger s}$$
$$= \frac{1}{s!(n_c)^s} a^s \rho_c a^{\dagger s} \tag{7.17}$$

这里

$$n_c = \frac{1-\gamma}{\gamma}, \quad \rho_c = \sum_{m=0}^{\infty} \gamma(1-\gamma)^m m\rangle\langle m| \tag{7.18}$$

我们将混沌光场 $\rho_c = \gamma e^{a^\dagger a \ln(1-\gamma)}$ 改写为

$$\rho_c = \frac{\gamma}{1-\gamma} :e^{\frac{\gamma}{\gamma-1} aa^\dagger}: \tag{7.19}$$

于是式（7.17）就是

$$\rho_s = \frac{1}{s!(n_c)^{s+1}} :a^s e^{\frac{\gamma}{\gamma-1} aa^\dagger} a^{\dagger s}: \tag{7.20}$$

7.4 二项式态作为粒子数态在振幅衰减通道中的演化

我们赋予二项式态以实在的物理意义. 改写 $\rho_n(\sigma)$ 为

$$\begin{aligned}
\rho_n(\sigma) &= \sum_{m=0}^{n} \sigma^{n-m} \binom{n}{m} (1-\sigma)^m |n-m\rangle \langle n-m| \\
&= \sum_{m=0}^{n} \binom{n}{m} (1-\sigma)^m \frac{1}{(n-m)!} \sigma^{n-m} a^{\dagger n-m} |0\rangle \langle 0| a^{n-m} \\
&= \frac{(-1)^{n+1}}{1-\sigma} \sum_{m=0}^{n} : \frac{n!(\sigma-1)^{2n-m+1}}{(n-m)!m!(n-m)!} \left(\frac{a^{\dagger}\sqrt{\sigma}}{1-\sigma}\right)^{n-m} \left(\frac{-a\sqrt{\sigma}}{1-\sigma}\right)^{n-m} \\
&\quad \times \exp(-a^{\dagger}a) : \\
&= \frac{-1}{1-\sigma} \int \frac{d^2\beta}{\pi} \frac{(-1)^n |\beta|^{2n}}{n!} : \exp\left\{\frac{1}{1-\sigma}\left[|\beta|^2 + \sqrt{\sigma}(\beta a^{\dagger} - \beta^* a) - a^{\dagger}a\right]\right\} : \quad (7.21)
\end{aligned}$$

在最后一步中用了积分公式

$$\int \frac{d^2\beta}{\pi} \beta^n \beta^{*n} \exp\left(\zeta |\beta|^2 + \xi\beta + \eta\beta^*\right)$$

$$= e^{-\xi\eta} \sum_{m=0}^{n} \frac{n!n!}{(n-m)!m!(n-m)!(-\zeta)^{2n-m+1}} \xi^{n-m} \eta^{n-m} \quad (7.22)$$

注意到

$$\frac{(-1)^n |\beta|^{2n}}{n!} e^{-|\beta|^2} = \langle -\beta | n\rangle \langle n | \beta\rangle \quad (7.23)$$

这里 $|\beta\rangle$ 是相干态, 于是

$$\begin{aligned}
\rho_n(\sigma) &= \frac{-1}{1-\sigma} \int \frac{d^2\beta}{\pi} \langle -\beta | n\rangle \langle n | \beta\rangle e^{|\beta|^2} \\
&\quad \times : \exp\left[\frac{1}{\sigma-1}(a^{\dagger}\sqrt{\sigma} + \beta^*)(a\sqrt{\sigma} - \beta) - a^{\dagger}a\right] : \quad (7.24)
\end{aligned}$$

其中

$$\frac{1}{\sigma-1} : \exp\left[\frac{1}{\sigma-1}(a^{\dagger}\sqrt{\sigma} + \beta^*)(a\sqrt{\sigma} - \beta) - a^{\dagger}a\right] :$$

$$= \int \frac{d^2\alpha}{\pi} e^{-|\alpha|^2(\sigma-1)} : e^{\beta^*\alpha - \beta\alpha^* + a^\dagger\alpha\sqrt{\sigma} + a\alpha^*\sqrt{\sigma} - a^\dagger a} : \tag{7.25}$$

令

$$P(\alpha,0) = e^{|\alpha|^2} \int \frac{d^2\beta}{\pi} \langle -\beta | n \rangle \langle n | \beta \rangle e^{|\beta|^2 + \beta^*\alpha - \beta\alpha^*} \tag{7.26}$$

此式说明 $P(\alpha,0)$ 是纯粒子数态 $|n\rangle\langle n|$ 在相干态表象中的 P-表示,则式 (7.24) 又可写成

$$\rho_n(\sigma) = \int \frac{d^2\beta}{\pi} \langle -\beta | n \rangle \langle n | \beta \rangle e^{|\beta|^2} \int \frac{d^2\alpha}{\pi} e^{-|\alpha|^2(\sigma-1)} : e^{\beta^*\alpha - \beta\alpha^* + a^\dagger\alpha\sqrt{\sigma} + a\alpha^*\sqrt{\sigma} - a^\dagger a} :$$

$$= \int \frac{d^2\alpha}{\pi} P(\alpha,0) e^{-|\alpha|^2\sigma} : e^{a^\dagger\alpha\sqrt{\sigma} + a\alpha^*\sqrt{\sigma} - a^\dagger a} : \tag{7.27}$$

注意到对于相干态 $|\alpha\rangle = \exp\left(-\frac{|\alpha|^2}{2} + \alpha a^\dagger\right)|0\rangle$ 有完备性关系

$$\int \frac{d^2\alpha}{\pi} |\alpha\rangle\langle\alpha| = \int \frac{d^2\alpha}{\pi} : e^{-|\alpha|^2 + a^\dagger\alpha + a\alpha^* - a^\dagger a} : = 1 \tag{7.28}$$

和

$$e^{a^\dagger a \ln\sqrt{\sigma}} |\alpha\rangle = e^{-|\alpha|^2/2 + a a^\dagger\sqrt{\sigma}} |0\rangle \tag{7.29}$$

所以式（7.27）表示为

$$\rho_n(\sigma) = \int \frac{d^2\alpha}{\pi} e^{(1-\sigma)|\alpha|^2} P(\alpha,0) e^{a^\dagger a \ln\sqrt{\sigma}} |\alpha\rangle\langle\alpha| e^{a^\dagger a \ln\sqrt{\sigma}}$$

$$= \sum_{m=0}^{\infty} \frac{(1-\sigma)^n}{n!} e^{\ln\sqrt{\sigma} a^\dagger a} \int \frac{d^2\alpha}{\pi} P(\alpha,0) |\alpha|^{2m} |\alpha\rangle\langle\alpha| e^{\ln\sqrt{\sigma} a^\dagger a}$$

$$= \sum_{m=0}^{\infty} \frac{(1-\sigma)^m}{m!} e^{\ln\sqrt{\sigma} a^\dagger a} a^m \int \frac{d^2\alpha}{\pi} P(\alpha,0) |\alpha\rangle\langle\alpha| a^{\dagger m} e^{\ln\sqrt{\sigma} a^\dagger a} \tag{7.30}$$

鉴于式（7.26）的逆关系是

$$\int \frac{d^2\alpha}{\pi} P(\alpha,0) |\alpha\rangle\langle\alpha| = |n\rangle\langle n| \tag{7.31}$$

故

$$\rho_n(\sigma) = \sum_{m=0}^{n} \frac{(1-\sigma)^m}{m!} e^{\ln\sqrt{\sigma} a^\dagger a} a^m |n\rangle\langle n| a^{\dagger m} e^{\ln\sqrt{\sigma} a^\dagger a} \tag{7.32}$$

对照振幅衰减通道的解的形式 [式 (6.20)]，上式可以被认同与初始粒子数态 $|n\rangle\langle n| \equiv \rho_0$ 演化为终态 $\rho_n(\sigma)$，只要让 $\sigma = e^{-2\kappa t}$，κ 是衰减率，即二项式态作为粒子数态在振幅衰减通道中的演化

$$\rho_n(\sigma) \longrightarrow \rho_n(t) = \sum_{m=0}^{n} \frac{(1-e^{-2\kappa t})^m}{m!} e^{-\kappa t a^\dagger a} a^m |n\rangle\langle n| a^{\dagger m} e^{-\kappa t a^\dagger a} \tag{7.33}$$

由此,易得 t 时刻的粒子数为

$$\operatorname{Tr}\left[\rho_n(t) a^\dagger a\right] = \sum_{m=0}^{n} \binom{n}{m} \left(e^{-2kt}\right)^m \left(1-e^{-2kt}\right)^{n-m} \langle n|a^\dagger a|n\rangle = ne^{-2kt} \tag{7.34}$$

这恰恰体现了耗散通道对光子数态的影响——光子数的减少. 同理, 可得

$$\operatorname{Tr}\left[\rho(t) \left(a^\dagger a\right)^2\right] = \left(ne^{-2kt}\right)^2 + ne^{-2kt}\left(1-e^{-2kt}\right) \tag{7.35}$$

故粒子数态在振幅衰减通道中的 Mandel-Q_M 参数为

$$Q_M = \frac{\operatorname{Tr}\left[\rho(t)\left(a^\dagger a\right)^2\right] - \left\{\operatorname{Tr}\left[\rho(t) a^\dagger a\right]\right\}^2}{\operatorname{Tr}[\rho(t) a^\dagger a]} - 1 = -e^{-2kt} \xrightarrow{t\to\infty} 0 \tag{7.36}$$

可见, 任意 t 时刻, $Q_M < 0$ 即量子态服从亚泊松分布. 在时间无穷大的情况下, $Q_M = 0$ 服从泊松统计.

7.5 负二项式态在振幅衰减通道中的演化

将式 (7.17) 作为初始密度算符代入振幅衰减通道主方程的解 [式 (6.20)] 中, 并用算符恒等式

$$e^{fa^\dagger a} a e^{-fa^\dagger a} = a e^{-f} \tag{7.37}$$

得到

$$\begin{aligned}
s!\left(n_c\right)^s \rho(t) &= \sum_{m=0}^{\infty} \frac{T^m}{m!} e^{-\kappa t a^\dagger a} a^m a^s \rho_c a^{\dagger s} a^{\dagger m} e^{-\kappa t a^\dagger a} \\
&= \sum_{m=0}^{\infty} \frac{T^m}{m!} e^{2\kappa t(m+s)} a^{m+s} e^{-\kappa t a^\dagger a} \rho_c e^{-\kappa t a^\dagger a} a^{\dagger m+s} \\
&= \gamma \sum_{m=0}^{\infty} \frac{T^m}{m!} e^{2\kappa t(m+s)} a^{m+s} e^{(\lambda-2\kappa t) a^\dagger a} a^{\dagger m+s} \quad [\lambda = \ln(1-\gamma)]
\end{aligned} \tag{7.38}$$

此处在对 m 求和时遇到了障碍, 因为有 $e^{(\lambda-2\kappa t)a^\dagger a}$ 项夹在 a^{m+s} 和 $a^{\dagger m+s}$ 中间. 于是, 我们从算符的反正规乘积的恒等式

$$e^{\lambda a^\dagger a} = e^{-\lambda} \colon\! \exp\left[\left(1-e^{-\lambda}\right) aa^\dagger\right]\!\colon$$

或

$$:\mathrm{e}^{\lambda aa^\dagger}: = \frac{1}{1-\lambda}\mathrm{e}^{a^\dagger a \ln\frac{1}{1-\lambda}} \tag{7.39}$$

将其改为

$$s!(n_\mathrm{c})^s \rho(t) = \gamma \mathrm{e}^{-(\lambda-2\kappa t)}\sum_{m=0}^{\infty}\frac{T^m}{m!}\mathrm{e}^{2\kappa t(m+s)}:a^{m+s}\exp\left[(1-\mathrm{e}^{2\kappa t-\lambda})aa^\dagger\right]a^{\dagger m+s}: \tag{7.40}$$

现在在 :: 内部, a 与 $a^\dagger$ 可以交换了, 所以可施行对 m 求和, 结果是

$$\begin{aligned}
s!(n_\mathrm{c})^s \rho(t) &= \gamma \mathrm{e}^{-(\lambda-2\kappa t)}\mathrm{e}^{2\kappa ts}a^s:\exp\{[T\mathrm{e}^{2\kappa t}+(1-\mathrm{e}^{2\kappa t-\lambda})]aa^\dagger\}:a^{\dagger s}\\
&= \gamma \mathrm{e}^{-(\lambda-2\kappa t)}\mathrm{e}^{2\kappa ts}a^s:\exp[\mathrm{e}^{2\kappa t}(1-\mathrm{e}^{-\lambda})aa^\dagger]:a^{\dagger s}\\
&= \frac{\gamma \mathrm{e}^{2\kappa t}}{1-\gamma}\mathrm{e}^{2\kappa ts}a^s:\exp\left(\frac{\gamma \mathrm{e}^{2\kappa t}}{\gamma-1}aa^\dagger\right):a^{\dagger s}
\end{aligned} \tag{7.41}$$

其中

$$\begin{aligned}
\frac{\gamma \mathrm{e}^{2\kappa t}}{1-\gamma}:\exp\left(\frac{\gamma \mathrm{e}^{2\kappa t}}{\gamma-1}aa^\dagger\right): &= \frac{\gamma \mathrm{e}^{2\kappa t}}{1-\gamma(1-\mathrm{e}^{2\kappa t})}\exp\left[aa^\dagger \ln\frac{\gamma-1}{\gamma(1-\mathrm{e}^{2\kappa t})-1}\right]\\
&= \frac{\gamma \mathrm{e}^{2\kappa t}}{1-\gamma(1-\mathrm{e}^{2\kappa t})}\exp\left\{aa^\dagger \ln\left[1-\frac{\gamma \mathrm{e}^{2\kappa t}}{1-\gamma(1-\mathrm{e}^{2\kappa t})}\right]\right\}\\
&= \gamma' \mathrm{e}^{a^\dagger a \ln(1-\gamma')}
\end{aligned} \tag{7.42}$$

这里的

$$\gamma' = \frac{\gamma \mathrm{e}^{2\kappa t}}{1-\gamma(1-\mathrm{e}^{2\kappa t})} = \frac{1}{\mathrm{e}^{-2\kappa t}(1-\gamma)+\gamma}\gamma < \gamma \tag{7.43}$$

于是式（7.40）变成

$$\begin{aligned}
\rho(t) &= \frac{1}{s!(n_\mathrm{c}\mathrm{e}^{-2\kappa t})^s}a^s \gamma' \mathrm{e}^{a^\dagger a \ln(1-\gamma')}a^{\dagger s}\\
&= \frac{1}{s!(n_\mathrm{c}\mathrm{e}^{-2\kappa t})^s}a^s \rho'_\mathrm{c} a^{\dagger s}\\
&= \frac{1}{s!(n_\mathrm{c}\mathrm{e}^{-2\kappa t})^s}\sum_{n=0}^{\infty}\gamma'(1-\gamma')^n a^s|n\rangle\langle n|a^{\dagger s}\\
&= \frac{1}{s!(n_\mathrm{c}\mathrm{e}^{-2\kappa t})^s}\sum_{n=0}^{\infty}\gamma'(1-\gamma')^n \frac{n!}{(n-s)!}|n-s\rangle\langle n-s|\\
&= \frac{(1-\gamma')^s}{\gamma'^s}\frac{1}{\left(\frac{1-\gamma}{\gamma}\mathrm{e}^{-2\kappa t}\right)^s}\sum_{n'=0}^{\infty}\gamma'^{s+1}(1-\gamma')^{n'}\binom{n'+s}{n'}|n'\rangle\langle n'|
\end{aligned}$$

$$= \sum_{n=0}^{\infty} \gamma'^{s+1} (1-\gamma')^n \binom{n+s}{n} |n\rangle\langle n| \tag{7.44}$$

显然 $\text{Tr}\rho(t) = 1$，在最后一步我们注意到了以下关系：

$$\frac{1-\gamma'}{1-\gamma}\frac{\gamma}{\gamma'} = e^{-2\kappa t} \tag{7.45}$$

结论是：负二项式态在通过振幅衰减通道后仍然演化为负二项式态，只是参数从 γ 变为 γ'，$\gamma' < 1$. t 时刻的平均光子数是

$$\text{Tr}\left[\rho(t)a^\dagger a\right] = \frac{1-\gamma'}{\gamma'} = \frac{1-\gamma}{\gamma}e^{-2\kappa t} = n_c e^{-2\kappa t} \tag{7.46}$$

即光子数 n_c 在耗散通道中呈现指数衰减.

7.6 光子增双模压缩态的部分求迹导致的负二项式态

我们研究发现, 光场负二项式态可以通过对光子增加双模压缩真空态 $(C_l b^{\dagger l} S_2 |00\rangle$, 一种非高斯量子态) 的部分求迹获得，其中 C_l 为归一化系数, $S_2 = \exp\left[\lambda\left(a^\dagger b^\dagger - ab\right)\right]$ 为双模压缩算符, 且部分求迹是对 b-模而言的. 双模压缩真空态 $S_2|00\rangle$ 的简洁表示为

$$S_2|00\rangle = \text{sech}\,\lambda\, e^{a^\dagger b^\dagger \tanh\lambda}|00\rangle, \quad |00\rangle = |0\rangle_a|0\rangle_b \tag{7.47}$$

7.6.1 光子增双模压缩态的归一化

首先, 我们计算归一化常数 C_l. 为此, 引入双模相干态

$$|z\rangle = \exp\left(-\frac{|z|^2}{2} + za^\dagger\right)|0\rangle_a, \quad |\tilde{z}'\rangle = \exp\left(-\frac{|z'|^2}{2} + z'b^\dagger\right)|0\rangle_b \tag{7.48}$$

它们满足完备性关系

$$\int \frac{\mathrm{d}^2 z \mathrm{d}^2 z'}{\pi^2} |z, \tilde{z}'\rangle\langle z, \tilde{z}'| = 1 \tag{7.49}$$

则有

$$\langle 00| S_2^\dagger b^l b^{\dagger l} S_2 |00\rangle$$
$$= \operatorname{sech}^2 \lambda \langle 00| e^{ab \tanh \lambda} b^l b^{\dagger l} e^{a^\dagger b^\dagger \tanh \lambda} |00\rangle$$
$$= \operatorname{sech}^2 \lambda \langle 00| e^{ab \tanh \lambda} b^l \int \frac{\mathrm{d}^2 z \mathrm{d}^2 z'}{\pi^2} |z, \tilde{z}'\rangle \langle z, \tilde{z}'| b^{\dagger l} e^{a^\dagger b^\dagger \tanh \lambda} |00\rangle$$
$$= \operatorname{sech}^2 \lambda \int \frac{\mathrm{d}^2 z \mathrm{d}^2 z'}{\pi^2} |z'|^{2l} e^{-|z|^2 - |z'|^2 + (z^* z'^* + zz') \tanh \lambda}$$
$$= \operatorname{sech}^2 \lambda \int \frac{\mathrm{d}^2 z'}{\pi^2} |z'|^{2l} e^{-|z'|^2 \operatorname{sech}^2 \lambda} = l! \cosh^{2l} \lambda \tag{7.50}$$

所以，$C_l = \dfrac{\operatorname{sech}^l \lambda}{\sqrt{l!}}$，以及相应的密度算符为

$$\rho_0 = \frac{\operatorname{sech}^{2l} \lambda}{l!} b^{\dagger l} S_2 |00\rangle \langle 00| S_2^\dagger b^l \equiv |\psi\rangle_{ll} \langle \psi| \tag{7.51}$$

其中

$$|\psi\rangle_l = \frac{\operatorname{sech}^l \lambda}{\sqrt{l!}} b^{\dagger l} S_2 |00\rangle$$
$$= \frac{\operatorname{sech}^{l+1} \lambda}{\sqrt{l!}} b^{\dagger l} e^{a^\dagger b^\dagger \tanh \lambda} |00\rangle$$
$$= \frac{\operatorname{sech}^{l+1} \lambda}{\sqrt{l!}} b^{\dagger l} \sum_{n=0}^{\infty} \frac{\left(a^\dagger b^\dagger \tanh \lambda\right)^n}{n!} |00\rangle$$
$$= \sum_{n=0}^{\infty} \sqrt{\binom{n+l}{l}} \operatorname{sech}^{l+1} \lambda \left(1 - \operatorname{sech}^2 \lambda\right)^n |n, l+n\rangle \tag{7.52}$$

显然，$\sqrt{\binom{n+l}{l}} \operatorname{sech}^{l+1} \lambda \left(1 - \operatorname{sech}^2 \lambda\right)^n$ 就是负二项式分布，且

$$b|\psi(\beta)\rangle_s = \sum_{n=0}^{\infty} \sqrt{\binom{n+s}{s}} \gamma^{s+1} (1-\gamma)^n n |n-1, \tilde{s}+1+\tilde{n}-1\rangle$$
$$= \sum_{n=0}^{\infty} \sqrt{\binom{n+1+s}{s}} \gamma^{s+1} (1-\gamma)^{n+1} |n, \tilde{s}+1+\tilde{n}\rangle$$
$$= \sqrt{1-\gamma} \sqrt{\frac{s+1}{\gamma}} |\psi(\beta)\rangle_{s+1} \tag{7.53}$$

7.6.2 对比态的增光子模的部分求迹

对 b-模做部分求迹, 则有

$$\begin{aligned}
\mathrm{tr}_b\rho_0 &= \frac{\mathrm{sech}^{2l}\lambda}{l!}\mathrm{tr}_b\left(b^{\dagger l}S_2|00\rangle\langle 00|S_2^{\dagger}b^l\right) \\
&= \frac{\mathrm{sech}^{2(l+1)}\lambda}{l!}\mathrm{tr}_b\left(\int \frac{\mathrm{d}^2 z'}{\pi}b^{\dagger l}\mathrm{e}^{b^{\dagger}a^{\dagger}\tanh\lambda}|00\rangle\langle 00|\mathrm{e}^{ba\tanh\lambda}b^l|z'\rangle\langle z'|\right) \\
&= \frac{\mathrm{sech}^{2(l+1)}\lambda}{l!}\int \frac{\mathrm{d}^2 z'}{\pi}\langle z'|b^{\dagger l}\mathrm{e}^{b^{\dagger}a^{\dagger}\tanh\lambda}|00\rangle\langle 00|\mathrm{e}^{ba\tanh\lambda}b^l|z'\rangle \\
&= \frac{\mathrm{sech}^{2l}\lambda}{l!}\int \frac{\mathrm{d}^2 z'}{\pi}\langle z'|z'^l z'^{*l}\mathrm{e}^{z'^*a^{\dagger}\tanh\lambda}|00\rangle\langle 00|\mathrm{e}^{z'a\tanh\lambda}|z'\rangle \\
&= \frac{\mathrm{sech}^{2l}\lambda}{l!}\int \frac{\mathrm{d}^2 z'}{\pi}z'^l z'^{*l}\mathrm{e}^{z'^*a^{\dagger}\tanh\lambda}|0\rangle_{aa}\langle 0|\mathrm{e}^{z'a\tanh\lambda}\langle z'|0\rangle_{bb}\langle 0|z'\rangle
\end{aligned} \tag{7.54}$$

注意 $_b\langle 0|z'\rangle = \mathrm{e}^{-|z'|^2/2}$ 以及

$$\mathrm{e}^{z'^*a^{\dagger}\tanh\lambda}|0\rangle_a = |z'^*\tanh\lambda\rangle, \quad _a\langle 0|\mathrm{e}^{z'a\tanh\lambda} = \langle z'^*\tanh\lambda| \tag{7.55}$$

为 a-模对应的未归一化相干态, 故而有

$$\begin{aligned}
z'^{*l}\mathrm{e}^{z'^*a^{\dagger}\tanh\lambda}|0\rangle &= z'^{*l}|z'^*\tanh\lambda\rangle = \left(\frac{a^l}{\tanh\lambda}\right)^l|z'^*\tanh\lambda\rangle \\
\langle z'^*\tanh\lambda|z'^l &= \langle z'^*\tanh\lambda|\left(\frac{a^{\dagger l}}{\tanh\lambda}\right)^l
\end{aligned} \tag{7.56}$$

将式 (7.56) 代入式 (7.54) 有

$$\mathrm{tr}_b\rho_0 = \frac{\mathrm{sech}^{2l}\lambda}{l!}\frac{1}{\tanh^{2l}\lambda}a^l\int\frac{\mathrm{d}^2 z'}{\pi}|z'^*\tanh\lambda\rangle\langle z'^*\tanh\lambda|\mathrm{e}^{-|z'|^2}a^{\dagger l} \tag{7.57}$$

注意上式中相干态是非归一化的. 利用 IWOP 方法, 可得

$$\begin{aligned}
\mathrm{tr}_b\rho_0 &= \frac{\mathrm{sech}^{2l}\lambda}{l!}\frac{1}{\tanh^{2l}\lambda}a^l\int\frac{\mathrm{d}^2 z'}{\pi}:\mathrm{e}^{-|z'|^2+z'^*a^{\dagger}\tanh\lambda+z'a\tanh\lambda-a^{\dagger}a}:a^{\dagger l} \\
&= \frac{\mathrm{sech}^{2(l+1)}\lambda}{l!}\frac{1}{\tanh^{2l}\lambda}a^l:\mathrm{e}^{a^{\dagger}a(\tanh^2\lambda-1)}:a^{\dagger l} \\
&= \frac{\mathrm{sech}^{2(l+1)}\lambda}{l!}\frac{1}{(1-\mathrm{sech}^2\lambda)^l}a^l\mathrm{e}^{a^{\dagger}a\ln\tanh^2\lambda}a^{\dagger l}
\end{aligned} \tag{7.58}$$

令 $\mathrm{sech}^2\lambda = \gamma$, 则式 (7.58) 变成

$$\mathrm{tr}_b\rho_0 = \frac{\gamma^{l+1}}{l!}\frac{1}{(1-\gamma)^l}a^l\mathrm{e}^{a^{\dagger}a\ln(1-\gamma)}a^{\dagger l} = \frac{\gamma^{l+1}}{l!}\frac{1}{(1-\gamma)^l}a^l(1-\gamma)^{a^{\dagger}a}a^{\dagger l} \tag{7.59}$$

此即光场负二项式态,因为它等价于

$$\mathrm{tr}_b\rho_0 = \frac{\gamma^{l+1}}{l!}\frac{1}{(1-\gamma)^l}a^l\sum_{n=0}^{\infty}(1-\gamma)^n|n\rangle\langle n|a^{\dagger l}$$

$$= \sum_{n=0}^{\infty}\binom{n+l}{n}\gamma^{l+1}(1-\gamma)^n|n\rangle\langle n| \tag{7.60}$$

由负二项式定理(3.23)即

$$(1+x)^{-(s+1)} = \sum_{n=0}^{\infty}\frac{(n+s)!}{n!s!}(-x)^n \tag{7.61}$$

可知

$$\mathrm{tr}_a(\mathrm{tr}_b\rho_0) = \gamma^{s+1}\sum_{n=0}^{\infty}\frac{(n+s)!}{n!s!}(1-\gamma)^n = 1 \tag{7.62}$$

由此可知,要计算关于 a-模的可观测量的期望值,实际上就等价于计算一个负二项式场下的期望值.

第 8 章

高斯增强型混沌光场

8.1 高斯增强型混沌光场的归一化

本节我们讨论高斯增强型混沌光场（混沌光受高斯光束调制增强），其密度算符是高斯增强型

$$\rho = C e^{D a^{\dagger 2}} \rho_c e^{D a^2} \tag{8.1}$$

这里，$\rho_c = (1-f) f^{a^\dagger a}$ 是混沌光场，C 是由 $\mathrm{tr}\rho = 1$ 决定的归一化系数，$e^{D a^{\dagger 2}}$ 代表高斯增强算符，为了以下行文方便，我们令 $D = A(f-1)$，A 是独立的高斯强度参量（也可

被认为是压缩参数),D 是与混沌场参数 f 有关的量,故

$$\rho = C\mathrm{e}^{A(f-1)a^{\dagger 2}}\rho_c\mathrm{e}^{A(f-1)a^2} \tag{8.2}$$

用正规乘积展开

$$f^{a^\dagger a} = \mathrm{e}^{a^\dagger a\ln f} =\; :\mathrm{e}^{(f-1)a^\dagger a}: \tag{8.3}$$

由相干态 $|z\rangle = \exp\left(-\dfrac{|z|^2}{2}+za^\dagger\right)|0\rangle$ 的完备性关系 $\int\dfrac{\mathrm{d}^2z}{\pi}|z\rangle\langle z|=1$,我们有

$$\begin{aligned}
1 = \mathrm{tr}\rho &= \mathrm{tr}\left(\int\frac{\mathrm{d}^2z}{\pi}|z\rangle\langle z|\rho\right) \\
&= C\mathrm{tr}\left[\int\frac{\mathrm{d}^2z}{\pi}\langle z|\mathrm{e}^{A(f-1)a^{\dagger 2}}\rho_c\mathrm{e}^{A(f-1)a^2}|z\rangle\right] \\
&= C(1-f)\mathrm{tr}\int\frac{\mathrm{d}^2z}{\pi}\langle z|\mathrm{e}^{A(f-1)a^{\dagger 2}}:\mathrm{e}^{(f-1)a^\dagger a}:\mathrm{e}^{A(f-1)a^2}|z\rangle \\
&= C(1-f)\int\frac{\mathrm{d}^2z}{\pi}\mathrm{e}^{A(f-1)\left(z^{*2}+z^2\right)+(f-1)|z|^2} \\
&= C(1-f)\frac{1}{\sqrt{(1-f)^2-4A^2(1-f)^2}} \\
&= C\frac{1}{\sqrt{1-4A^2}}
\end{aligned} \tag{8.4}$$

所以归一化系数 $C=\sqrt{1-4A^2}$.

8.2　高斯增强型混沌光场的热真空态 $|\phi(\beta)\rangle_s$

按照第 3 章的理论,我们推导高斯增强混沌光场对应的热真空态 $|\phi(\beta)\rangle_s$. 令

$$f \equiv \frac{B^2}{1-4A^2} \tag{8.5}$$

故式(8.2)变成

$$\begin{aligned}
\rho &= \sqrt{1-4A^2}(1-f)\mathrm{e}^{A(f-1)a^{\dagger 2}}f^{a^\dagger a}\mathrm{e}^{A(f-1)a^2} \\
&= \sqrt{1-4A^2}(1-f):\mathrm{e}^{\left(\frac{B^2A}{1-4A^2}-A\right)a^{\dagger 2}+\left(\frac{B^2}{1-4A^2}-1\right)a^\dagger a+\left(\frac{B^2A}{1-4A^2}-A\right)a^2}:
\end{aligned} \tag{8.6}$$

用积分公式

$$\int\frac{\mathrm{d}^2z}{\pi}\exp\left(-h|z|^2+\xi z+\eta z^*\right) = \frac{1}{h}\exp\left(\frac{\xi\eta}{h}\right)\quad(\mathrm{Re}\,h>0) \tag{8.7}$$

和 IWOP 方法，我们将 ρ 表达为积分形式

$$\rho = (1-4A^2)(1-f)\int \frac{d^2z}{\pi} : \exp[-|z|^2 + A(z^2+z^{*2}) + B(a^\dagger z^* + az) \\ - A(a^{\dagger 2}+a^2) - a^\dagger a]: \tag{8.8}$$

再用真空投影算符 $:e^{-a^\dagger a}: = |0\rangle\langle 0|$，将式（8.8）表示为

$$\rho = (1-4A^2)(1-f)\int \frac{d^2z}{\pi}\exp\left(-|z|^2 + Az^{*2} - Aa^{\dagger 2} + Ba^\dagger z^*\right)|0\rangle \\ \langle 0|\exp\{Az^2 - Aa^2 + Baz\}\} \tag{8.9}$$

注意到 $e^{-|z|^2/2} = \langle\tilde{0}|\tilde{z}\rangle$，$|\tilde{z}\rangle = e^{z\tilde{a}^\dagger - |z|^2/2}|\tilde{0}\rangle$，$\tilde{a}|\tilde{z}\rangle = z|\tilde{z}\rangle$，其中 $|\tilde{z}\rangle$ 是虚模相干态，我们有

$$\rho = (1-4A^2)(1-f)\int \frac{d^2z}{\pi}\langle\tilde{z}|e^{A(z^{*2}-a^{\dagger 2})+Ba^\dagger z^*}|0\tilde{0}\rangle\langle 0\tilde{0}|e^{A(z^2-a^2)+Baz}|\tilde{z}\rangle \\ = (1-4A^2)(1-f)\int \frac{d^2z}{\pi}\langle\tilde{z}|e^{A(\tilde{a}^{\dagger 2}-a^{\dagger 2})+Ba^\dagger \tilde{a}^\dagger}|0\tilde{0}\rangle\langle 0\tilde{0}|e^{A(\tilde{a}^2-a^2)+Ba\tilde{a}}|\tilde{z}\rangle \tag{8.10}$$

比较式 (8.8) 和式 (8.10) 并利用虚模相干态的完备性 $1 = \int \frac{d^2z}{\pi}|\tilde{z}\rangle\langle\tilde{z}|$ 可得

$$\rho = (1-4A^2)(1-f)\tilde{\mathrm{tr}}\left[\int \frac{d^2z}{\pi}|\tilde{z}\rangle\langle\tilde{z}|e^{A(\tilde{a}^{\dagger 2}-a^{\dagger 2})+Ba^\dagger \tilde{a}^\dagger}|0\tilde{0}\rangle\langle 0\tilde{0}|e^{A(\tilde{a}^2-a^2)+Ba\tilde{a}}\right] \\ = \tilde{\mathrm{tr}}[|\phi(\beta)\rangle_{ss}\langle\phi(\beta)|] \tag{8.11}$$

根据式（3.5），与式 (8.2) 相应的热真空态 $|\phi(\beta)\rangle_s$ 是

$$|\phi(\beta)\rangle_s = \sqrt{(1-4A^2)(1-f)}\exp[A(\tilde{a}^{\dagger 2}-a^{\dagger 2})+Ba^\dagger\tilde{a}^\dagger]|0\tilde{0}\rangle \tag{8.12}$$

当 $A=0$ 时，仅剩下混沌场，让 $f=e^{-\beta\omega}$，$B=\sqrt{f}=e^{-\beta\omega/2}\equiv\tanh\lambda$，$\beta=1/\kappa T$，$\kappa$ 为 Boltzmann 常数，则有

$$|\phi(\beta)\rangle_s \to \sqrt{(1-f)}\exp(\sqrt{f}a^\dagger\tilde{a}^\dagger)|0\tilde{0}\rangle = \mathrm{sech}\,\lambda\exp(a^\dagger\tilde{a}^\dagger\tanh\lambda)|0\tilde{0}\rangle \tag{8.13}$$

这就是混沌场对应的热真空态．

热真空态的归一化

$$\mathrm{Tr}|\psi(\beta)\rangle_{ss}\langle\psi(\beta)| \\ = \mathrm{tr}\left[t\tilde{r}|\psi(\beta)\rangle_{ss}\langle\psi(\beta)|\right] \\ = {}_s\langle\psi(\beta)|\psi(\beta)\rangle_s$$

$$= (1-4A^2)(1-f)\langle 0\tilde{0}|e^{A(\tilde{a}^2-a^2)+Ba\tilde{a}}$$

$$\times \int \frac{d^2z_1 d^2z_2}{\pi^2}|z_1\tilde{z}_2\rangle\langle z_1\tilde{z}_2|e^{A(\tilde{a}^{\dagger 2}-a^{\dagger 2})+Ba^\dagger\tilde{a}^\dagger}|0\tilde{0}\rangle$$

$$= (1-4A^2)(1-f)\int \frac{d^2z_1 d^2z_2}{\pi^2} e^{-|z_1|^2-|z_2|^2+Bz_1z_2+Bz_1^*z_2^*+A(z_1^2-z_2^2)+A(z_1^{*2}-z_2^{*2})}$$

$$= \sqrt{1-4A^2}(1-f)\int \frac{d^2z_1}{\pi}$$

$$\exp\left[\frac{B^2-1+4A^2}{1-4A^2}|z_1|^2-\frac{A(B^2-1+4A^2)}{1-4A^2}(z_1^2+z_1^{*2})\right]$$

$$= \sqrt{1-4A^2}(1-f)\int \frac{d^2z_1}{\pi}\exp\left[(f-1)|z_1|^2-A(f-1)(z_1^2+z_1^{*2})\right] = 1 \quad (8.14)$$

注意: $f<1$. 令

$$L \equiv 1-4A^2-B^2 = \frac{4}{(1-4A^2)(1-f)} \quad (8.15)$$

$|\psi(\beta)\rangle_s$ 简写为

$$|\psi(\beta)\rangle_s = \frac{2}{\sqrt{L}}\exp[A(\tilde{a}^{\dagger 2}-a^{\dagger 2})+Ba^\dagger\tilde{a}^\dagger]|0\tilde{0}\rangle \quad (8.16)$$

8.3 用 $|\psi(\beta)\rangle_s$ 计算高斯增强型混沌光场的光子数

热真空态 $|\psi(\beta)\rangle_s$ 有助于计算高斯增强型混沌光场的光子数, 用式 (8.16) 以及相干态完备性关系得到

$$_s\langle\psi(\beta)|aa^\dagger|\psi(\beta)\rangle_s$$

$$=\frac{4}{L}\langle 0\tilde{0}|\exp[A(\tilde{a}^2-a^2)+Ba\tilde{a}]a\times$$

$$\int \frac{d^2z_1 d^2z_2}{\pi^2}|z_1\tilde{z}_2\rangle\langle z_1\tilde{z}_2|a^\dagger\exp[A(\tilde{a}^{\dagger 2}-a^{\dagger 2})+Ba^\dagger\tilde{a}^\dagger]|0\tilde{0}\rangle$$

$$=\frac{4}{L}\int\frac{d^2z_1 d^2z_2}{\pi^2}|z_1|^2\exp\left[-|z_1|^2-|z_2|^2+Bz_1z_2+Bz_1^*z_2^*\right.$$

$$\left.+A(z_2^2-z_1^2)+A(z_2^{*2}-z_1^{*2})\right]$$

$$=\frac{1}{\sqrt{1-4A^2}}\frac{4}{L}\int\frac{d^2z_1}{\pi^2}|z_1|^2\exp\left[(f-1)|z_1|^2-A(f-1)(z_1^2+z_1^{*2})\right]$$

$$=\frac{1}{\sqrt{1-4A^2}}\frac{4}{L}\frac{\partial^2}{\partial k\partial g}\int\frac{d^2z_1}{\pi}\exp\left[(f-1)|z_1|^2+kz_1+gz_1^*\right.$$

$$-A(f-1)\left(z_1^2+z_1^{*2}\right)\Big]\Big]\Big|_{k=g=0}$$
$$=\frac{\partial^2}{\partial k\partial g}\exp\left[\frac{-A(k^2+g^2)-kg}{(f-1)(1-4A^2)}\right]\Big|_{k=g=0}$$
$$=\frac{1}{(1-f)(1-4A^2)} \tag{8.17}$$

所以平均光子数为

$$_s\langle\psi(\beta)|a^\dagger a|\psi(\beta)\rangle_s=\frac{1}{(1-f)(1-4A^2)}-1 \tag{8.18}$$

随着压缩参数 A 的增强, 平均光子数增大. 当 $A=0$ 时, 上式变为 $\dfrac{f}{1-f}$ (混沌光的平均光子数), 显然

$$\frac{1}{(1-f)(1-4A^2)}-1>\frac{f}{1-f} \tag{8.19}$$

高斯增强型混沌光场的光子数确实增多了.

8.4 高斯增强型混沌光场的光子数涨落

用 $|\psi(\beta)\rangle_s$ 我们再计算

$$_s\langle\psi(\beta)|a^2 a^{\dagger 2}|\psi(\beta)\rangle_s$$
$$=\frac{4}{L}\langle 0\tilde{0}|\mathrm{e}^{\left[A\left(a_2^2-a_1^2\right)+Ba_1a_2\right]}a^2\int\frac{\mathrm{d}^2z_1\mathrm{d}^2z_2}{\pi^2}|z_1z_2\rangle\langle z_1z_2|a^{\dagger 2}\mathrm{e}^{\left[A\left(a_2^{\dagger 2}-a_1^{\dagger 2}\right)+Ba_1^\dagger a_2^\dagger\right]}|0\tilde{0}\rangle$$
$$=\frac{4}{L}\int\frac{\mathrm{d}^2z_1\mathrm{d}^2z_2}{\pi^2}|z_1|^4\mathrm{e}^{\left[A\left(z_2^2-z_1^2\right)+Bz_1z_2\right]}\mathrm{e}^{-|z_1|^2-|z_2|^2}\mathrm{e}^{\left[A\left(z_2^{*2}-z_1^{*2}\right)+Bz_1^*z_2^*\right]}$$
$$=\frac{1}{\sqrt{1-4A^2}}\frac{4}{L}\left(\frac{\partial^2}{\partial k\partial g}\right)^2\int\frac{\mathrm{d}^2z_1}{\pi}$$
$$\times\exp\left[(f-1)|z_1|^2+kz_1+gz_1^*-A(f-1)\left(z_1^2+z_1^{*2}\right)\right]_{k=g=0}$$
$$=\left(\frac{\partial^2}{\partial k\partial g}\right)^2\exp\left[\frac{-(k^2+g^2)A-kg}{(f-1)(1-4A^2)}\right]_{k=g=0}$$
$$=\frac{4A^2+2}{(f-1)^2(1-4A^2)^2} \tag{8.20}$$

鉴于

$$\left(a^\dagger a\right)^2=\left(aa^\dagger-1\right)^2=aa^\dagger aa^\dagger-2aa^\dagger+1$$

$$= a\left(aa^\dagger - 1\right)a^\dagger - 2aa^\dagger + 1$$
$$= a^2 a^{\dagger 2} - 3aa^\dagger + 1 \tag{8.21}$$

故

$$_s\langle\psi(\beta)|\left(a^\dagger a\right)^2|\psi(\beta)\rangle_s = {_s\langle\psi(\beta)|\left(a^2 a^{\dagger 2} - 3aa^\dagger + 1\right)|\psi(\beta)\rangle_s} \tag{8.22}$$

结合式（8.13）~式（8.15），我们求得高斯增强型混沌光场的光子数涨落

$$\begin{aligned}
&_s\langle\psi(\beta)|\left(a^\dagger a\right)^2|\psi(\beta)\rangle_s - \left[{_s\langle\psi(\beta)|a^\dagger a|\psi(\beta)\rangle_s}\right]^2 \\
&= \frac{4A^2 + 2}{(f-1)^2(1-4A^2)^2} - \frac{3}{(1-f)(1-4A^2)} + 1 - \left[\frac{1}{(1-f)(1-4A^2)} - 1\right]^2 \\
&= \frac{8A^2 + f(1-4A^2)}{(f-1)^2(1-4A^2)^2}
\end{aligned} \tag{8.23}$$

当 $A=0$ 时，上式化为 $\dfrac{f}{(f-1)^2}$，这恰是混沌光场的光子数涨落. 鉴于

$$\frac{f}{(f-1)^2} < \frac{8A^2 + f(1-4A^2)}{(f-1)^2(1-4A^2)^2} \tag{8.24}$$

可见高斯增强型混沌光场的光子数涨落也增大.

第 9 章

压缩混沌光场的衰减和简并参量放大器的量子衰减机制

　　压缩光场是一类十分重要的光源, 在光通信和微弱信号检测方面有广泛的应用. 当光波场某一可观测正交分量的量子起伏被"压缩"到相应的标准量子极限以下时, 称之为压缩态光场. 由于其量子噪声低于包括激光在内的所有经典光场的噪声, 而且双模正交压缩态光场能直接提供量子信息处理所必需的非局域量子纠缠, 因此压缩态光场的产生与应用是量子光学、量子测量及量子通信等当代科学技术领域的重要研究内容. 当然, 压缩光的一个光场正交分量的噪声减小是以另一个光场正交分量的噪声增大为代价的.

9.1 维持压缩的演化算符

理论上, 压缩算符的最直接、最简洁而且物理意义明晰的方法是由范洪义在他的博士论文中首先提出的, 即用 IWOP 方法做以下积分:

$$\int_{-\infty}^{\infty} \frac{\mathrm{d}x}{\sqrt{\mu}} |x/\mu\rangle \langle x| \equiv S, \quad \mu = \mathrm{e}^\lambda \tag{9.1}$$

这里, $|x\rangle$ 是坐标本征态, 此式反映了经典量的尺度变换 $x \to x/\mu$ 所引起的量子映像. 积分结果为

$$S = \operatorname{sech}^{1/2}\lambda : \exp\left[\frac{a^2 - a^{\dagger 2}}{2} \tanh\lambda + (\operatorname{sech}\lambda - 1) a^\dagger a\right] :$$
$$= \exp\left[\frac{\lambda}{2}\left(a^2 - a^{\dagger 2}\right)\right] \tag{9.2}$$

这里, $: :$ 表示正规乘积, $a^\dagger, a$ 是光子产生和湮灭算符, 满足对易关系 $[a, a^\dagger] = 1$, 上式计算中我们利用了算符等式

$$\mathrm{e}^{\lambda a^\dagger a} =: \exp\left[\left(\mathrm{e}^\lambda - 1\right) a^\dagger a\right] : \tag{9.3}$$

式 (9.1) 和式 (9.2) 解释了经典坐标的尺度变换 $x \to x/\mu$ 将映射为希尔伯特空间的压缩算符. 对于单模情况, 有两种压缩态. 一是数–相压缩态: 其时间演化由以下哈密顿量决定

$$H = \omega a^\dagger a + f(t) a^\dagger \sqrt{N+1} + f^*(t) \sqrt{N+1} a \quad (N = a^\dagger a) \tag{9.4}$$

相应的压缩算符具有 $\exp[\lambda(a^\dagger\sqrt{N+1} - \sqrt{N+1}a)]$ 的形式; 另一种压缩是由简并参量放大过程产生, 其演化由以下哈密顿量决定

$$H = \omega a^\dagger a + f(t) a^{\dagger 2} + f^*(t) a^2 \tag{9.5}$$

相应的压缩算符具有 $\exp\left[\frac{\lambda}{2}\left(a^2 - a^{\dagger 2}\right)\right]$ 的形式. 注意到, 以上两哈密顿量都是明显依赖于时间的, 时间演化算符不能写成 $\exp(-\mathrm{i}Ht)$ 的形式. 此时需要考虑以下形式的 Chronological 算符, 即

$$U(t, t_0) = T \exp\left[-\mathrm{i} \int_{t_0}^{t} H(t') \mathrm{d}t'\right] \tag{9.6}$$

由于

$$\left[a^\dagger\sqrt{N+1},\sqrt{N+1}a\right]=-2\left(N+\frac{1}{2}\right)$$

$$\left[\sqrt{N+1}a,N+\frac{1}{2}\right]=\sqrt{N+1}a$$

$$\left[a^\dagger\sqrt{N+1},N+\frac{1}{2}\right]=-a^\dagger\sqrt{N+1} \tag{9.7}$$

与算符 $(a^\dagger a, a^{\dagger 2}, a^2)$ 具有相同的李代数结构, 因此只考虑式 (9.5) 情况, 推导演化算符 $U(t,t_0)$. 据我们所知, 尽管关于相干态如何在时间演化中保持相干性的问题已被研究, 但关于压缩在演化中如何得以保持的问题还没有相关研究. 下面, 将利用相干态表象和 Riccadi 方程来推导 $U(t,t_0)$——这是一个新方法, 然后考察压缩是否可以在时间演化过程中得以保持.

令 $H=H_0+H_I$, $H_0=\omega a^\dagger a$, $H_I=f(t)a^{\dagger 2}+f^*(t)a^2$, 在相互作用表象中 $U_I(t,t_0)$ 满足方程

$$\mathrm{i}\frac{\partial U_I(t,t_0)}{\partial t}=H_I(t)U_I(t,t_0) \tag{9.8}$$

满足初始条件

$$U_I(t_0,t_0)=1 \tag{9.9}$$

其中

$$\begin{aligned}H_I(t)&=\mathrm{e}^{\mathrm{i}H_0t}\left[f(t)a^{\dagger 2}+f^*(t)a^2\right]\mathrm{e}^{-\mathrm{i}H_0t}\\&=\mathrm{e}^{2\mathrm{i}\omega t}f(t)a^{\dagger 2}+f^*(t)\mathrm{e}^{-2\mathrm{i}\omega t}a^2\end{aligned} \tag{9.10}$$

为了求解式 (9.8), 引入相干态表象

$$\int\frac{\mathrm{d}^2z}{\pi}|z\rangle\langle z|=1,\ |z\rangle=\mathrm{e}^{za^\dagger-\frac{1}{2}|z|^2}|0\rangle \tag{9.11}$$

这里 $|z\rangle\langle z|$ 可表示成如下正规乘积形式:

$$|z\rangle\langle z|=:\mathrm{e}^{-|z|^2+za^\dagger+z^*a-a^\dagger a}: \tag{9.12}$$

因为真空投影算符 $|0\rangle\langle 0|=:\mathrm{e}^{-a^\dagger a}:$. 在相干态表象下, 有

$$|z\rangle\langle z|a^\dagger\to z^*|z\rangle\langle z|,\ |z\rangle\langle z|a=:\mathrm{e}^{-|z|^2+za^\dagger+z^*a-a^\dagger a}:a=\left(z+\frac{\partial}{\partial z^*}\right)|z\rangle\langle z| \tag{9.13}$$

这意味着 $a^\dagger\to z^*, a\to z+\frac{\partial}{\partial z^*}$. 由方程式 (9.13), 可知

$$U_I(z,z^*) \equiv \langle z|U_I(t,t_0)|z\rangle = \text{tr}\left[|z\rangle\langle z|U_I(t,t_0)\right] \tag{9.14}$$

满足

$$\mathrm{i}\frac{\partial U_I(z,z^*)}{\partial t} = \left[F(t)z^{*2} + F^*(t)\left(z+\frac{\partial}{\partial z^*}\right)^2\right]U_I(z,z^*) \tag{9.15}$$

其中

$$F(t) \equiv f(t)\mathrm{e}^{2\mathrm{i}\omega t}, \quad U_I(z,z^*)|_{t=t_0} = 1 \tag{9.16}$$

不失一般性,方程式 (9.15) 的形式解为

$$U_I(z,z^*) = \mathrm{e}^{-\mathrm{i}\left\{z^{*2}(E(t)+X(t))+z^2[E^*(t)+Y(t)]+z^*zJ(t)+R(t)\right\}} \tag{9.17}$$

这里

$$E(t) \equiv \int_{t_0}^{t} F(\lambda)\mathrm{d}\lambda \tag{9.18}$$

$E(t), X(t), Y(t), J(t), R(t)$ 待定,相应的初始条件为

$$X(t)|_{t=t_0} = 0, \quad J(t)|_{t=t_0} = 0, \quad Y(t)|_{t=t_0} = 0, \quad R(t)|_{t=t_0} = 0 \tag{9.19}$$

由式 (9.15) 可知

$$\mathrm{i}\frac{\partial}{\partial t}U_I(z,z^*) = \left\{z^{*2}\left[F(t)+\dot{X}(t)\right] + z^2\left[F^*(t)+\dot{Y}(t)\right] + z^*z\dot{J}(t) + \dot{R}(t)\right\}U_I(z,z^*) \tag{9.20}$$

为书写方便,以下略去变量 t,我们有

$$\frac{\partial^2}{\partial z^{*2}}U_I(z,z^*) = \left[-2\mathrm{i}(E+X) - 4z^{*2}(E+X)^2 - z^2J^2 - 4|z|^2J(X+E)\right]U_I(z,z^*) \tag{9.21}$$

将式 (9.20) 和式 (9.21) 代入式 (9.15) 得

$$\mathrm{i}\frac{\partial}{\partial t}U_I(z,z^*) = [z^{*2}(F - 4F^*E^2 - 4F^*X^2 - 8F^*EX) + z^2F^*(1-\mathrm{i}J)^2$$
$$- 4|z|^2(\mathrm{i}FE + \mathrm{i}F^*X + F^*JX + F^*EJ) - 2\mathrm{i}F^*(E+X)]U_I(z,z^*) \tag{9.22}$$

比较方程式 (9.20) 和 (9.22) 两边 $z^{*2}, z^2, |z|^2$ 的系数,可得一组微分方程

$$\dot{X} = -4F^*(E+X)^2 \tag{9.23}$$

$$\dot{Y} = -2\mathrm{i}F^*J - F^*J^2 \tag{9.24}$$

$$\dot{J} = -4F^*(\mathrm{i}E + \mathrm{i}X + JX + EJ) \tag{9.25}$$

$$\dot{R} = -2\mathrm{i}F^*(E+X) \tag{9.26}$$

令 $G = E + X$, 则式 (9.26) 变成

$$\dot{G} = -4F^* G^2 + F \tag{9.27}$$

此即 Riccati 方程, 是最有趣的一阶非线性微分方程. 让 $G = \dfrac{1}{4F^*}(\ln \psi)_t$, 对时间 t 进行微分, 得

$$\begin{aligned}\dot{G} &= \frac{\mathrm{d}}{\mathrm{d}t}\left(\frac{1}{4F^* \psi}\frac{\mathrm{d}\psi}{\mathrm{d}t}\right) \\ &= -\frac{1}{4F^* \psi^2}\left(\frac{\mathrm{d}\psi}{\mathrm{d}t}\right)^2 + \frac{1}{\psi}\frac{\mathrm{d}}{\mathrm{d}t}\left(\frac{1}{4F^*}\frac{\mathrm{d}\psi}{\mathrm{d}t}\right)\end{aligned} \tag{9.28}$$

因此, 式 (9.27) 约化为

$$\frac{\mathrm{d}}{\mathrm{d}t}\left(\frac{1}{4F^*}\frac{\mathrm{d}\psi}{\mathrm{d}t}\right) - F\psi = 0 \tag{9.29}$$

为不失一般性, 取 $F(t) = f(t)\mathrm{e}^{\mathrm{i}2\omega t} = F^*(t)$ 为实数, 则式 (9.29) 的解具有如下形式:

$$\psi = \alpha \mathrm{e}^{2E(t)} + \beta \mathrm{e}^{-2E(t)} \tag{9.30}$$

这里 α, β 为积分常数. 故而

$$\begin{aligned}X &= G - E = \frac{1}{4F}(\ln \psi)_t - E \\ &= \frac{1}{4F}\left[\ln\left(\alpha \mathrm{e}^{2E(t)} + \beta \mathrm{e}^{-2E(t)}\right)\right]_t - E \\ &= \frac{1}{2}\frac{\alpha \mathrm{e}^{2E} - \beta \mathrm{e}^{-2E}}{\alpha \mathrm{e}^{2E} + \beta \mathrm{e}^{-2E}} - E\end{aligned} \tag{9.31}$$

由于 $E|_{t=t_0} = 0$, $X|_{t=t_0} = 0$, 所以 $\alpha = \beta$, 则

$$X = \frac{1}{2}\tanh 2E - E \tag{9.32}$$

因为 $F(t)$ 是实数, 利用式 (9.32) 可得方程式 (9.24)~式 (9.26) 的解为

$$Y = \frac{1}{2}\tanh 2E - E \tag{9.33}$$

$$J = \mathrm{i}(\operatorname{sech} 2E - 1) \tag{9.34}$$

$$R = -\frac{\mathrm{i}}{2}\ln \cosh 2E \tag{9.35}$$

将式 (9.32) 和式 (9.33)~式 (9.35) 代入式 (9.17), 可得

$$U_I(z, z^*) = \mathrm{e}^{-\mathrm{i}\left[\frac{1}{2}\tanh 2E\left(z^{*2} + z^2\right) + \mathrm{i}|z|^2(\operatorname{sech} 2E - 1) - \frac{\mathrm{i}}{2}\ln \cosh 2E\right]} \tag{9.36}$$

根据算符在相干态表象中的期望值能够唯一决定算符本身的特点，由式 (9.36) 有

$$U_I(t,t_0) = e^{-\frac{i}{2}a^{\dagger 2}\tanh 2E} : e^{a^\dagger a(\mathrm{sech}\,2E - 1)} : e^{-\frac{i}{2}a^2 \tanh 2E} e^{-\frac{1}{2}\ln\cosh 2E}$$
$$= e^{-\frac{i}{2}a^{\dagger 2}\tanh 2E} e^{\left(a^\dagger a + \frac{1}{2}\right)\ln\mathrm{sech}\,2E} e^{-\frac{i}{2}a^2\tanh 2E} \tag{9.37}$$

利用关系式

$$U_s(t,t_0) = e^{-iH_0 t} U_I(t,t_0) e^{iH_0 t_0} \tag{9.38}$$

可得薛定谔绘景中的时间演化算符 $U_s(t,t_0)$ 为

$$U_s(t,t_0) = e^{-\frac{i}{2}a^{\dagger 2}e^{-2i\omega t}\tanh 2E} e^{-i\omega(t-t_0)a^\dagger a + \left(a^\dagger a + \frac{1}{2}\right)\ln\mathrm{sech}\,2E} e^{-\frac{i}{2}a^2 e^{2i\omega t_0}\tanh 2E} \tag{9.39}$$

则 Feynman 矩阵元为

$$\langle z|U_s(t,t_0)|z_0\rangle$$
$$= \langle z|e^{-\frac{i}{2}a^{\dagger 2}e^{-2i\omega t}\tanh 2E} e^{-i\omega(t-t_0)a^\dagger a + \left(a^\dagger a + \frac{1}{2}\right)\ln\mathrm{sech}\,2E} e^{-\frac{i}{2}a^2 e^{2i\omega t_0}\tanh 2E}|z_0\rangle$$
$$= \langle z|e^{-\frac{i}{2}a^{\dagger 2}e^{-2i\omega t}\tanh 2E} : \exp\left[\left(e^{-i\omega(t-t_0)+\ln\mathrm{sech}\,2E}-1\right)a^\dagger a\right]:$$
$$\times e^{-\frac{i}{2}a^2 e^{2i\omega t_0}\tanh 2E} e^{-\frac{1}{2}\ln\cosh 2E}|z_0\rangle$$
$$= \mathrm{sech}^{1/2}(2E) e^{-\frac{i}{2}z^{*2}e^{-2i\omega t}\tanh 2E}\exp\left[\left(\mathrm{sech}\,2E\, e^{-i\omega(t-t_0)}-1\right)z^* z_0\right] e^{-\frac{i}{2}z_0^2 e^{2i\omega t_0}\tanh 2E}$$
$$\tag{9.40}$$

类似地，对于数–相压缩，由式 (9.4) 可得相应的时间演化算符为

$$e^{-ia^\dagger \sqrt{N+1}e^{-2i\omega t}\tanh 2E} e^{-i\omega(t-t_0)\left(N+\frac{1}{2}\right)+(N+1)\ln\mathrm{sech}\,2E} e^{-i\sqrt{N+1}a e^{2i\omega t_0}\tanh 2E} \tag{9.41}$$

接下来看看算符 $U_s(t,t_0)$ 是否能在演化过程中保持压缩. 假设初始态为压缩真空态

$$S|0\rangle = \mathrm{sech}^{\frac{1}{2}}\lambda\, e^{\frac{\tanh\lambda}{2}a^{\dagger 2}}|0\rangle \tag{9.42}$$

则将算符 $U_s(t,t_0)$ 作用于压缩真空态上，有

$$U_s(t,t_0)S|0\rangle = \mathrm{sech}^{\frac{1}{2}}\lambda\, e^{-\frac{i}{2}a^{\dagger 2}e^{-2i\omega t}\tanh 2E} e^{-i\omega(t-t_0)a^\dagger a + \left(a^\dagger a + \frac{1}{2}\right)\ln\mathrm{sech}\,2E}$$
$$\times e^{-\frac{i}{2}a^2 e^{2i\omega t_0}\tanh 2E} e^{-\frac{\tanh\lambda}{2}a^{\dagger 2}}|0\rangle \tag{9.43}$$

利用积分公式 (1.36) 以及 IWOP 方法可得算符恒等式

$$e^{fa^2}e^{ga^{\dagger 2}} = \int \frac{\mathrm{d}^2 z}{\pi} e^{fz^2}|z\rangle\langle z|e^{gz^{*2}}$$
$$= \int \frac{\mathrm{d}^2 z}{\pi} :\exp\left(-|z|^2 + za^\dagger + z^* a + fz^2 + gz^{*2} - a^\dagger a\right):$$

$$= \frac{1}{\sqrt{1-4fg}} \exp\left(\frac{ga^{\dagger 2}}{1-4fg}\right) \exp\left(\frac{-a^\dagger a}{1-4fg}\right)$$
$$\times \exp\left(\frac{fa^2}{1-4fg}\right) \tag{9.44}$$

则式 (9.43) 变成

$$U_s(t,t_0) S |0\rangle = \sqrt{\frac{\operatorname{sech}\lambda \operatorname{sech} 2E}{1-\mathrm{i}\tanh 2E \tanh \lambda \mathrm{e}^{2\mathrm{i}\omega t_0}}} \mathrm{e}^{-\frac{\mathrm{i}}{2}a^{\dagger 2}\mathrm{e}^{-2\mathrm{i}\omega t}\tanh 2E}$$
$$\times \mathrm{e}^{[-\mathrm{i}\omega(t-t_0)+\ln\operatorname{sech} 2E]a^\dagger a} \exp\left[-\frac{\tanh\lambda}{2(1-\mathrm{i}\tanh 2E\tanh\lambda \mathrm{e}^{2\mathrm{i}\omega t_0})}a^{\dagger 2}\right] |0\rangle$$
$$= \sqrt{\frac{\operatorname{sech}\lambda \operatorname{sech} 2E}{1-\mathrm{i}\tanh 2E \tanh \lambda \mathrm{e}^{2\mathrm{i}\omega t_0}}} \mathrm{e}^{-\frac{\mathrm{i}}{2}a^{\dagger 2}\mathrm{e}^{-2\mathrm{i}\omega t}\tanh 2E}$$
$$\times \exp\left[-\frac{\tanh\lambda}{2(1-\mathrm{i}\tanh 2E\tanh\lambda \mathrm{e}^{2\mathrm{i}\omega t_0})}\mathrm{e}^{-2\mathrm{i}\omega(t-t_0)+2\ln\operatorname{sech} 2E}a^{\dagger 2}\right] |0\rangle$$
$$= \sqrt{\frac{\operatorname{sech}\lambda \operatorname{sech} 2E}{1-\mathrm{i}\tanh 2E \tanh \lambda \mathrm{e}^{2\mathrm{i}\omega t_0}}} \exp\left(-\frac{\mathrm{i}}{2}\mathrm{e}^{-2\mathrm{i}\omega t}\tanh 2E\right)$$
$$\times \exp\left[\left(-\frac{\operatorname{sech}^2 2E \tanh\lambda \mathrm{e}^{-2\mathrm{i}\omega(t-t_0)}}{2(1-\mathrm{i}\tanh 2E\tanh\lambda \mathrm{e}^{2\mathrm{i}\omega t_0})}\right)a^{\dagger 2}\right] |0\rangle \tag{9.45}$$

由此可见, 当初态为压缩展开态时, 终态保持为压缩态.

本节利用相干态表象并通过解析求解 Riccati 方程, 我们推导了保持压缩特点的动力学演化算符.

9.2 压缩混沌光场密度算符作为相空间的二维正态分布

在 Fock 表象中, 压缩混沌光场作为压缩数态的一个产生场 [见式 (5.97)], 即

$$\rho_0 = (1-\mathrm{e}^k)\sum_{n=0}^\infty \mathrm{e}^{kn} S^{-1} |n\rangle\langle n| S \tag{9.46}$$

这里, $|n\rangle = \frac{a^{\dagger n}}{\sqrt{n!}}|0\rangle$ 是 Fock 态, $S^{-1}|n\rangle$ 是压缩数态. 该态可以表示成 Hermite 多项式

激发压缩真空态 [见式 (5.103)], 即

$$S^{-1}(\lambda)|n\rangle = \frac{\operatorname{sech}^{\frac{1}{2}}\lambda}{\sqrt{2^n n!}} (\tanh\lambda)^{\frac{n}{2}} H_n\left(\frac{a^\dagger}{\sqrt{\sinh 2\lambda}}\right) \exp\left(\frac{a^{\dagger 2}}{2}\tanh\lambda\right)|0\rangle \tag{9.47}$$

相应密度算符的正规乘积由式 (5.98) 给出, 或者具体写出

$$\rho_0 = \frac{1-\mathrm{e}^k}{\sqrt{\cosh^2\lambda - \mathrm{e}^{2k}\sinh^2\lambda}} \exp\left[\frac{-a^{\dagger 2}\left(\mathrm{e}^{2k}-1\right)\tanh\lambda}{2\left(1-\mathrm{e}^{2k}\tanh^2\lambda\right)}\right]$$

$$\times : \exp\left[a^\dagger a\left(\frac{\mathrm{e}^k}{\cosh^2\lambda - \mathrm{e}^{2k}\sinh^2\lambda}-1\right)\right] : \exp\left[\frac{-a^2\left(\mathrm{e}^{2k}-1\right)\tanh\lambda}{2\left(1-\mathrm{e}^{2k}\tanh^2\lambda\right)}\right] \tag{9.48}$$

取 $k = -\dfrac{\omega\hbar}{\kappa T}$, 则有

$$\left(\mathrm{e}^{-k}-1\right)^{-1} = \left(\mathrm{e}^{\frac{\omega\hbar}{\kappa T}}-1\right)^{-1} \equiv n \tag{9.49}$$

以及

$$\frac{\mathrm{e}^k-1}{\mathrm{e}^k+1} = -\frac{1}{2n+1} \tag{9.50}$$

令

$$\begin{aligned}(2n+1)\mathrm{e}^{2\lambda}+1 &= 2\tau_1^2 \\ (2n+1)\mathrm{e}^{-2\lambda}+1 &= 2\tau_2^2\end{aligned} \tag{9.51}$$

则有

$$\begin{aligned}\tau_1^2\tau_2^2 &= \frac{\cosh^2\lambda - \mathrm{e}^{2k}\sinh^2\lambda}{(1-\mathrm{e}^k)^2} \\ \tau_1^2 - \tau_2^2 &= (2n+1)\sinh 2\lambda \\ \tau_1^2 + \tau_2^2 &= (2n+1)\cosh 2\lambda + 1\end{aligned} \tag{9.52}$$

以及

$$\begin{aligned}-\frac{1}{2\tau_1^2} - \frac{1}{2\tau_2^2} &= -1 + \frac{\mathrm{e}^k}{\cosh^2\lambda - \mathrm{e}^{2k}\sinh^2\lambda} \\ \frac{\tau_1^2 - \tau_2^2}{4\tau_1^2\tau_2^2} &= \frac{(1-\mathrm{e}^{2k})\tanh\lambda}{2(1-\mathrm{e}^{2k}\tanh^2\lambda)}\end{aligned} \tag{9.53}$$

因此, 压缩混沌光场 (9.46) 可表示成

$$\rho_0 = (1-\mathrm{e}^k)\sum_{n=0}^{\infty}\mathrm{e}^{kn}S^{-1}|n\rangle\langle n|S = \frac{1}{\tau_1\tau_2} : \exp\left(-\frac{Q^2}{2\tau_1^2}-\frac{P^2}{2\tau_2^2}\right) : \tag{9.54}$$

其中，$Q = (a+a^\dagger)/\sqrt{2}, P = (a-a^\dagger)/(\sqrt{2}\mathrm{i})$。由式 (9.54) 可见，压缩混沌光场的密度算符在正规乘积形式下是一个二维的正态分布。我们可以通过式 (9.54) 计算密度算符的归一性来验证它的准确性，即

$$\mathrm{tr}\rho_0 = \mathrm{tr}\left(\int \frac{\mathrm{d}^2 z}{\pi}|z\rangle\langle z|\rho_0\right)$$
$$= \frac{1}{\tau_1\tau_2}\int \frac{\mathrm{d}\tau_1\mathrm{d}\tau_2}{2\pi}\langle z|:\exp\left(-\frac{P^2}{2\tau_1^2}-\frac{Q^2}{2\tau_2^2}\right):|z\rangle = 1 \tag{9.55}$$

9.3 压缩混沌光场的光子数分布

接下来讨论压缩混沌光场的光子数分布。利用未归一化的相干态 $|\alpha\rangle = \exp[\alpha a^\dagger]|0\rangle$，且 $|n\rangle = \frac{1}{\sqrt{n!}}\frac{\mathrm{d}^n}{\mathrm{d}\alpha^n}|\alpha\rangle|_{\alpha=0}$，$\langle \beta|\alpha\rangle = \mathrm{e}^{\alpha\beta^*}$，以及 ρ_0 的正规乘积表示式 (9.48)，则在此场中找到 m 光子的概率为

$$\mathcal{P}(m) = \langle m|\rho_0|m\rangle$$
$$= \frac{2\sqrt{fg}}{m!}\frac{\mathrm{d}^m}{\mathrm{d}\beta^{*m}}\frac{\mathrm{d}^m}{\mathrm{d}\alpha^m}\langle\beta|:\exp\left[-\frac{f(a+a^\dagger)^2}{2}+\frac{g(a-a^\dagger)^2}{2}\right]:|\alpha\rangle\bigg|_{\alpha=\beta^*=0}$$
$$= \frac{2\sqrt{fg}}{m!}\frac{\mathrm{d}^m}{\mathrm{d}\beta^{*m}}\frac{\mathrm{d}^m}{\mathrm{d}\alpha^m}\exp\left[A_1\alpha\beta^* + A_2(\alpha^2+\beta^{*2})\right]\bigg|_{\alpha=\beta^*=0} \tag{9.56}$$

其中，A_1 和 A_2 为

$$A_1 = \frac{\bar{n}(\bar{n}+1)}{\bar{n}^2+(2\bar{n}+1)\cosh^2 r}, \quad A_2 = \frac{(2\bar{n}+1)\sinh 2r}{4\left[\bar{n}^2+(2\bar{n}+1)\cosh^2 r\right]} \tag{9.57}$$

注意到

$$\frac{\partial^{2m}}{\partial t^m \partial \tau^m}\exp\left(-t^2-\tau^2+2x\tau t\right)\bigg|_{t,\tau=0}$$
$$= \sum_{n,l,k=0}^{\infty}\frac{(-1)^{n+l}}{n!l!k!}(2x)^k \frac{\partial^{2m}}{\partial t^m \partial \tau^m}\tau^{2n+k}t^{2l+k}\bigg|_{t,\tau=0}$$
$$= 2^m m!\sum_{n=0}^{[m/2]}\frac{m!}{2^{2n}(n!)^2(m-2n)!}x^{m-2n} \tag{9.58}$$

及 Legendre 多项式 $P_m(x)$ 的新表示 (它等价于传统的 Legendre 多项式的表示)

$$x^m \sum_{l=0}^{[m/2]} \frac{m!}{2^{2l}(l!)^2 (m-2l)!} \left(1 - \frac{1}{x^2}\right)^l = P_m(x) \tag{9.59}$$

则式 (9.56) 变成

$$\begin{aligned} \mathcal{P}(m) &= A_2^m \frac{2\sqrt{fg}}{m!} \frac{\mathrm{d}^{2m}}{\mathrm{d}\beta^{*m}\mathrm{d}\alpha^m} \exp\left(-\alpha^2 - \beta^{*2} + \frac{A_1}{A_2}\alpha\beta^*\right)\bigg|_{\alpha=\beta^*=0} \\ &= 2\sqrt{fg} E^{m/2} P_m\left(\frac{A_1}{\sqrt{E}}\right) \end{aligned} \tag{9.60}$$

其中

$$E = \frac{\bar{n}^2 - (2\bar{n}+1)\sinh^2 r}{\bar{n}^2 + (2\bar{n}+1)\cosh^2 r} \tag{9.61}$$

式 (9.60) 就是压缩混沌光场 ρ_0 的光子数分布.

9.4 压缩混沌光场的反正规形式

下面, 推导压缩混沌光场 ρ_0 的反正规乘积. 将式 (9.48) 或式 (9.54) 代入转换密度算符为反正规乘积公式 (2.73), 并利用积分公式 (1.36), 可得压缩混沌光场 ρ_0 的反正规乘积为

$$\begin{aligned} \rho_0 &= 2\sqrt{fg} \int \frac{\mathrm{d}^2\beta}{\pi} \vdots \exp\left[-|\beta|^2 - \frac{f}{2}(\beta - \beta^*)^2 + \frac{g}{2}(\beta + \beta^*)^2 + \beta^* a - \beta a^\dagger + a^\dagger a\right] \vdots \\ &= 2\sqrt{fg} \int \frac{\mathrm{d}^2\beta}{\pi} \vdots \exp\left[(f+g-1)|\beta|^2 - a^\dagger \beta + a\beta^* + \frac{1}{2}(g-f)(\beta^2 + \beta^{*2}) + a^\dagger a\right] \vdots \\ &= 2\sqrt{\frac{fg}{D}} \vdots \exp\left[\frac{g-f}{2D}(a^{\dagger 2} + a^2) + \frac{4fg-f-g}{D}a^\dagger a\right] \vdots \end{aligned} \tag{9.62}$$

其中, $D = (2f-1)(2g-1)$.

利用算符恒等式 $\mathrm{e}^{\alpha a^\dagger a} = \mathrm{e}^{-\alpha} \vdots \exp\left[(1-\mathrm{e}^{-\alpha})aa^\dagger\right] \vdots$, 有

$$\begin{aligned} \vdots \exp\left(\frac{4fg-f-g}{D}a^\dagger a\right) \vdots &= \vdots \exp\left[\left(1 - \frac{1-f-g}{D}\right)a^\dagger a\right] \vdots \\ &= \frac{D}{1-f-g} \exp\left(a^\dagger a \ln \frac{D}{1-f-g}\right) \end{aligned} \tag{9.63}$$

则式 (9.62) 变成

$$\rho_0 = \frac{2\sqrt{fgD}}{1-f-g} \exp\left(\frac{g-f}{2D}a^2\right) \exp\left(a^\dagger a \ln \frac{D}{1-f-g}\right) \exp\left(\frac{g-f}{2D}a^{\dagger 2}\right) \tag{9.64}$$

9.5 压缩混沌光场的衰减

下面, 进一步考察压缩混沌光场在耗散通道中的演化, 该耗散下的密度算符与初始时刻的密度算符关系由式 (6.20) 给出. 故将式 (9.62) 代入式 (6.20) 可得

$$\rho(t) = 2\sqrt{\frac{fg}{D}} \sum_{n=0}^{\infty} \frac{T^n}{n!} e^{-\kappa t a^\dagger a} : a^n \exp\left[\frac{g-f}{2D}\left(a^{\dagger 2}+a^2\right) + \frac{4fg-f-g}{D}a^\dagger a\right] a^{\dagger n} : e^{-\kappa t a^\dagger a} \tag{9.65}$$

现在, 推导式 (9.65) 的正规乘积形式. 为此, 注意到对于相干态 $|\beta\rangle = \exp\left[\frac{-|\beta|^2}{2} + \beta a^\dagger\right]|0\rangle$, 有

$$e^{-\kappa t a^\dagger a}|\beta\rangle = e^{-\frac{|\beta|^2}{2}} e^{\beta e^{-kt} a^\dagger}|0\rangle \tag{9.66}$$

上式计算中利用了算符恒等式

$$e^{-\beta a^\dagger a} f(a, a^\dagger) e^{\beta a^\dagger a} = f(ae^\beta, a^\dagger e^{-\beta}) \tag{9.67}$$

再利用相干态下的 P- 表示理论和相干态完备性 $\int \frac{\mathrm{d}^2\beta}{\pi}|\beta\rangle\langle\beta| = 1$ 以及真空投影算符的正规乘积 $|0\rangle\langle 0| = : \exp(-a^\dagger a):$, 可得

$$\rho(t) = 2\sqrt{\frac{fg}{D}} \int \frac{\mathrm{d}^2\beta}{\pi} \sum_{n=0}^{\infty} \frac{T'^n}{n!} |\beta|^{2n} : \exp\left[\left(\frac{4fg-f-g}{D}-1\right)|\beta|^2\right.$$
$$\left. + e^{-kt}a^\dagger\beta + e^{-kt}a\beta^* + \frac{g-f}{2D}\left(\beta^2+\beta^{*2}\right) - a^\dagger a\right]:$$
$$= 2\sqrt{\frac{fg}{D}} \int \frac{\mathrm{d}^2\beta}{\pi} : \exp\left[-\mu|\beta|^2 + e^{-kt}a^\dagger\beta + e^{-kt}a\beta^* + \frac{g-f}{2D}\left(\beta^2+\beta^{*2}\right) - a^\dagger a\right]: \tag{9.68}$$

这里 $\mu = \frac{1-f-g-DT}{D}$.

进一步利用积分公式 (1.36), 可得密度算符 $\rho(t)$ 的正规乘积为

$$\rho(t) = 2\sqrt{\frac{fgD}{F_\mu}} : \exp\left\{\frac{D^2 e^{-2kt}}{F_\mu}\left[\mu a^\dagger a + E\left(a^2 + a^{\dagger 2}\right)\right] - a^\dagger a\right\}: \qquad (9.69)$$

其中

$$F_\mu = \mu^2 D^2 - (g-f)^2, \quad E = (g-f)/2D \qquad (9.70)$$

当 $t = 0$, $e^{-2\kappa t} = 1$ 时, 注意到

$$(4fg - f - g - D)^2 - (g-f)^2 = D \qquad (9.71)$$
$$D - (4fg - f - g) = 1 - f - g$$

所以 $\rho(t) \to \rho_0 = 2\sqrt{fg} : \exp\left[\frac{1}{2}(g-f)\left(a^2 + a^{\dagger 2}\right) - (f+g)a^\dagger a\right] :$, 这正是所期望的.

为了进一步证实式 (9.69) 确实是一个密度算符, 须核实 $\mathrm{tr}\rho(t) = 1$. 实际上, 利用 $\int \frac{\mathrm{d}^2\beta}{\pi}|\beta\rangle\langle\beta| = 1$ 和式 (1.36) 确实有

$$\begin{aligned}
\mathrm{Tr}\rho(t) &= 2\sqrt{\frac{fgD}{F_\mu}} \int \frac{\mathrm{d}^2\beta}{\pi} \langle\beta| : \exp\left\{\frac{D^2 e^{-2kt}}{F_\mu}\left[\mu a^\dagger a + E\left(a^2 + a^{\dagger 2}\right)\right] - a^\dagger a\right\} : |\beta\rangle \\
&= 2\sqrt{\frac{fgD}{F_\mu}} \int \frac{\mathrm{d}^2\beta}{\pi} \exp\left[\left(\frac{\mu D^2 e^{-2kt} - F_\mu}{F_\mu}\right)|\beta|^2 + \frac{D^2 e^{-2kt}}{F_\mu} E\left(\beta^2 + \beta^{*2}\right)\right] \\
&= 1 \qquad (9.72)
\end{aligned}$$

9.6 压缩混沌光仍然衰减为压缩混沌光

事实上, 式 (9.69) 可写成如下等价的形式, 即

$$\rho(t) = 2\sqrt{\frac{fgD}{F_\mu}} \exp\left(\frac{ED^2 e^{-2kt}}{F_\mu}a^{\dagger 2}\right) \exp\left(a^\dagger a \ln\frac{\mu D^2 e^{-2kt}}{F_\mu}\right) \exp\left(\frac{ED^2 e^{-2kt}}{F_\mu}a^2\right) \qquad (9.73)$$

它是一个高斯二次型 (Gaussian quadratic form). 注意到 $\rho_c(\lambda) = (1-e^\lambda) e^{\lambda a^\dagger a}$, 故 $\rho(t)$ 可以被看成是一种光子增加热态, 平均光子数为

$$n'' = \left(\frac{F_\mu}{\mu D^2 e^{-2kt}} - 1\right)^{-1} = \frac{1}{f'+g'} - 1$$

具体可见式 (9.76). 另一方面, 比较衰减后的压缩热态式 (9.73) 和压缩热态式 (3.130), 即

$$\rho_0 = 2\sqrt{fg}\exp\left[\frac{1}{2}(g-f)a^{\dagger 2}\right]\exp\{a^\dagger a \ln[1-(f+g)]\}\exp\left[\frac{1}{2}(g-f)a^2\right] \tag{9.74}$$

可见, 当压缩混沌光经由耗散通道后, 密度算符 $\rho(t)$ 和 ρ_0 的形式是完全相同的. 这表明在任意时刻 $\rho(t)$ 仍然可以看着为压缩热态. 引入以下参数:

$$g' - f' = 2\frac{ED^2 e^{-2kt}}{F_\mu}, \quad g' + f' = 1 - \frac{\mu D^2 e^{-2kt}}{F_\mu} \tag{9.75}$$

这表明

$$g' = \frac{1}{2}\left(1 - \frac{\mu - 2E}{F_\mu}D^2 e^{-2kt}\right) = \frac{g}{2g - (2g-1)e^{-2\kappa t}}$$

$$f' = \frac{1}{2}\left(1 - \frac{\mu + 2E}{F_\mu}D^2 e^{-2kt}\right) = \frac{f}{2f - (2f-1)e^{-2\kappa t}} \tag{9.76}$$

因此, 可将式 (9.69) 和式 (9.73) 改写为

$$\rho(t) = 2\sqrt{g'f'} : \exp\left[\frac{1}{2}(g'-f')(a^{\dagger 2} - a^2) - (g'+f')a^\dagger a\right] :$$

$$= 2\sqrt{f'g'}\exp\left[\frac{1}{2}(g'-f')a^{\dagger 2}\right]\exp\{a^\dagger a \ln[1-(f'+g')]\}\exp\left[\frac{1}{2}(g'-f')a^2\right] \tag{9.77}$$

利用式 (9.74) 和式 (9.77) 可将上式改写成一个压缩热态, 即

$$\rho(t) = S(r')\rho_c' S^\dagger(r') \tag{9.78}$$

其中 ρ_c' 的平均光子数为 $n(t)$:

$$n(t) = \frac{1}{2}(uv-1), \quad \lambda'(t) = \ln\frac{uv-1}{uv+1}, \quad r'(t) = \frac{1}{2}\ln\frac{u}{v}$$

$$u = \sqrt{\frac{1-f'}{f'}} = \sqrt{(2n'+1)e^{-2\kappa t}e^{2r} + T} \tag{9.79}$$

$$v = \sqrt{\frac{1-g'}{g'}} = \sqrt{(2n'+1)e^{-2\kappa t}e^{-2r} + T}$$

平均光子数和压缩参数均依赖于演化时间因子 $\mathrm{e}^{-2\kappa t}$. 从式 (9.78) 和式 (9.79) 可知, 当压缩热态经历耗散演化时, 输出态可以看成一个压缩热态, 其平均光子数 $n(t)$ 和压缩参数 $r'(t)$ 由式 (9.79) 给出. 利用式 (9.78) 和式 (9.79) 可方便地计算一些分布函数, 如光子数分布、Q 函数、Wigner 函数等等.

9.7 两个表征衰减的物理参数和衰减定理

比较压缩混沌态 [式 (9.74)] 与耗散环境下的压缩混沌态 [式 (9.77)] 可知, 压缩混沌态在振幅衰减 (光子数衰减) 过程中的演化规律完全可由两个参数的时间演化来确定, 即

$$g \to g', \quad f \to f' \tag{9.80}$$

其中 g' 和 f' 由式 (9.76) 定义. 式 (9.80) 是对压缩混沌场的一个非常清楚的描述, 也易于记忆. 因此, g 和 f 是可以用来描述压缩混沌场在耗散通道中演化规律的两个有效参数. 显然, 当 $t=0$ 时, 式 (9.77) 变成式 (9.74). 若 $t \to \infty$, 则有 $g' \to \frac{1}{2}$, $f' \to \frac{1}{2}$, 式 (9.77) 变成 $\rho(t) \to\, :\exp(-a^\dagger a):\, = |0\rangle\langle 0|$. 这表明, 压缩混沌场最终演化为真空态.

9.7.1 耗散中的时间不变量

有趣的是, 注意到

$$\begin{aligned} g' - f' &= \frac{g}{2g - (2g-1)\mathrm{e}^{-2\kappa t}} - \frac{f}{2f - (2f-1)\mathrm{e}^{-2\kappa t}} \\ &= \frac{(g-f)\mathrm{e}^{-2\kappa t}}{[2g - (2g-1)\mathrm{e}^{-2\kappa t}][2f - (2f-1)\mathrm{e}^{-2\kappa t}]} \end{aligned} \tag{9.81}$$

以及

$$g' + f' - 4g'f' = \frac{(g+f-4fg)\mathrm{e}^{-2\kappa t}}{[2g-(2g-1)\mathrm{e}^{-2\kappa t}][2f-(2f-1)\mathrm{e}^{-2\kappa t}]} \tag{9.82}$$

则有

$$\frac{g'-f'}{g'+f'-4g'f'} = \frac{g-f}{g+f-4fg} \tag{9.83}$$

则表明因子 $\dfrac{g-f}{g+f-4fg}$ 在耗散过程中是不随时间变化的, 此量将出现在二阶相干度的

计算中.

9.7.2 压缩混沌光的光子数分布的耗散

利用相干态完备性关系, 即

$$\int \frac{\mathrm{d}^2 z}{\pi} |z\rangle \langle z| = \int \frac{\mathrm{d}^2 z}{\pi} : \exp\left(-|z|^2 + za^\dagger + z^*a - a^\dagger a\right) : \ = 1 \qquad (9.84)$$

初始量子态 ρ_0 的平均光子数为

$$\begin{aligned}
\langle N \rangle_0 &\equiv \mathrm{Tr}\left(\rho_0 a^\dagger a\right) = \mathrm{Tr}\left(\rho_0 a a^\dagger\right) - 1 \\
&= 2\sqrt{gf} \mathrm{Tr}\left\{ : a^\dagger a \exp\left[\frac{1}{2}(g-f)\left(a^{\dagger 2} + a^2\right) - (g+f)a^\dagger a\right] : \right\} - 1 \\
&= 2\sqrt{gf} \int \frac{\mathrm{d}^2 z}{\pi} |z|^2 \exp\left[\frac{1}{2}(g-f)\left(z^{*2} + z^2\right) - (g+f)|z|^2\right] - 1 \\
&= \frac{g+f}{4gf} - 1
\end{aligned} \qquad (9.85)$$

显然, 利用耗散规律 (9.77) 和式 (9.85), 立刻可得在耗散通道中任意时刻 t 的光子数分布:

$$\begin{aligned}
\langle N \rangle_t &= \mathrm{Tr}\left[\rho(t) a^\dagger a\right] = \frac{g' + f'}{4g'f'} - 1 \\
&= \frac{g(1-2f) + f(1-2g)}{4gf} \mathrm{e}^{-2\kappa t} = \left(\frac{g+f}{4gf} - 1\right) \mathrm{e}^{-2\kappa t} \\
&= \langle N \rangle_0 \mathrm{e}^{-2\kappa t}
\end{aligned} \qquad (9.86)$$

即平均光子数 $\langle N \rangle_t$ 随时间指数衰减.

9.7.3 量子涨落的时间演化

利用耗散规律 (9.77) 和式 (9.85), 立刻可写出密度算符 $\rho(t)$ 的反正规乘积形式:

$$\rho(t) = 2\sqrt{\frac{g'f'}{D'}} : \exp\left[\frac{g'-f'}{2D'}\left(a^{\dagger 2} + a^2\right) + \frac{4g'f' - g' - f'}{D'} a^\dagger a\right] : \qquad (9.87)$$

其中, $D' = (2f'-1)(2g'-1)$.

令

$$u = \frac{g' - f'}{2D'}, v = \frac{4g'f' - g' - f'}{D'} \qquad (9.88)$$

则

$$2\sqrt{\frac{g'f'}{D'}} = \sqrt{v^2 - 4u^2} \tag{9.89}$$

因此，有

$$\rho(t) = \sqrt{v^2 - 4u^2} : \exp\left[u\left(a^{\dagger 2} + a^2\right) + va^{\dagger}a\right]: \tag{9.90}$$

为了考察量子涨落，先计算 $\langle N^2 \rangle_t$，即

$$\langle N^2 \rangle_t = \text{Tr}\left[\rho(t) a^{\dagger} a a^{\dagger} a\right] = \text{Tr}\left[\rho(t) a^{\dagger 2} a^2\right] + \langle N \rangle_t \tag{9.91}$$

利用相干态完备性关系和式 (9.90) 可得

$$\begin{aligned}
&\text{Tr}\left[\rho(t) a^{\dagger 2} a^2\right] \\
&= \sqrt{v^2 - 4u^2} \text{Tr}\left\{a^2 : \exp\left[u\left(a^{\dagger 2} + a^2\right) + va^{\dagger}a\right] : a^{\dagger 2}\right\} \\
&= \sqrt{v^2 - 4u^2} \text{Tr}\left\{\int \frac{\mathrm{d}^2 z}{\pi} a^2 : \exp\left[u\left(a^{\dagger 2} + a^2\right) + va^{\dagger}a\right] : |z\rangle\langle z| a^{\dagger 2}\right\} \\
&= \sqrt{v^2 - 4u^2} \text{Tr}\left\{\int \frac{\mathrm{d}^2 z}{\pi} |z|^4 \exp\left[u\left(z^{*2} + z^2\right) + v|z|^2\right] |z\rangle\langle z|\right\} \\
&= \sqrt{v^2 - 4u^2} \text{Tr}\left\{\int \frac{\mathrm{d}^2 z}{\pi} : |z|^4 \exp\left[(v-1)|z|^2 + za^{\dagger} + z^* a + u\left(z^{*2} + z^2\right) - a^{\dagger}a\right] :\right\} \\
&= \frac{2v^2 + 4u^2}{(v^2 - 4u^2)^2} \\
&= \frac{2\left(4g'f' - g' - f'\right)^2 + \left(g' - f'\right)^2}{16\left(g'f'\right)^2}
\end{aligned} \tag{9.92}$$

故有

$$\begin{aligned}
\langle N^2 \rangle_t &= \text{Tr}\left[\rho(t) a^{\dagger 2} a^2\right] + \langle N \rangle_t \\
&= \frac{2\left(4g'f' - g' - f'\right)^2 + \left(g' - f'\right)^2}{16\left(g'f'\right)^2} + \frac{g' + f'}{4g'f'} - 1
\end{aligned} \tag{9.93}$$

以及

$$\langle N^2 \rangle_t - \langle N \rangle_t^2 = \frac{g'^2 + f'^2 - 2g'f'(g' + f')}{8(g'f')^2} \tag{9.94}$$

所以光子数的相对涨落为

$$\frac{\Delta N_t}{\langle N \rangle_t} = \frac{\sqrt{\langle N^2 \rangle_t - \langle N \rangle_t^2}}{\langle N \rangle_t} = \frac{\sqrt{2\left[g'^2 + f'^2 - 2g'f'(g' + f')\right]}}{g' + f' - 4g'f'} \tag{9.95}$$

将式 (9.76) 代入上式可得

$$\frac{\Delta N_t}{\langle N \rangle_t} = \sqrt{2} \frac{\sqrt{g^2(2f-1)^2 + f^2(2g-1)^2 + 2gf(g+f-4gf)\mathrm{e}^{2\kappa t}}}{g + f - 4gf} \tag{9.96}$$

由此可知，相对涨落几乎随 $e^{\kappa t}$ 增加，大涨落对应于快速耗散.

二阶相干度为

$$G^{(2)} \equiv \frac{\langle N^2 \rangle_t - \langle N \rangle_t}{\langle N \rangle_t^2} = 2 + \frac{(g'-f')^2}{(g'+f'-4g'f')^2} = 2 + \frac{(g-f)^2}{(g+f-4gf)^2} \tag{9.97}$$

可见，光子呈现聚束效应，即光子行为像超泊松分布.

总之，对于压缩混沌光的衰减过程，我们发现了两个参数 g 和 f. 它们能很好地反映耗散的本质，同时我们获得了耗散规律，结论是：压缩混沌光演化为一个新的压缩混沌光，只要将两参数 g, f 分别改为 g' 和 f' 即可. 基于该演化规律，我们计算了量子涨落，且发现 $\dfrac{g-f}{g+f-4gf}$ 与光场的二阶相干度密切相关，并不随时间变化，即具有时间不变性特点.

9.8 简并参量放大器的密度算符

简并参量放大过程对应的哈密顿量为

$$H = \omega a^\dagger a + \varkappa^* a^{\dagger 2} + \varkappa a^2 \tag{9.98}$$

这里，$\varkappa$ 是介电常数. 其相应的归一化密度算符为

$$\begin{aligned} \rho_0 &= \frac{e^{-\beta H}}{\text{Tr} e^{-\beta H}} \\ &= \frac{\exp[-\beta(\omega a^\dagger a + \varkappa^* a^{\dagger 2} + \varkappa a^2)]}{\text{Tr} e^{-\beta H}} \end{aligned} \tag{9.99}$$

这里，$\beta = \dfrac{1}{kT}$，k 是 Boltzmann 常数. 注意到 $\dfrac{1}{2}\left(a^\dagger a + \dfrac{1}{2}\right), \dfrac{1}{2}a^{\dagger 2}$ 和 $\dfrac{1}{2}a^2$ 遵守 $SU(1,1)$ 李代数，就可导出

$$\begin{aligned} &\exp\left(fa^\dagger a + ga^{\dagger 2} + ka^2\right) \\ &= e^{-f/2} \exp\left(\frac{ga^{\dagger 2}}{\mathcal{D}\coth\mathcal{D} - f}\right) \\ &\quad \times \exp\left[\left(a^\dagger a + \frac{1}{2}\right) \ln \frac{\mathcal{D}\text{sech}\mathcal{D}}{\mathcal{D} - f\tanh\mathcal{D}}\right] \exp\left(\frac{ka^2}{\mathcal{D}\coth\mathcal{D} - f}\right) \end{aligned} \tag{9.100}$$

这里，$\mathcal{D}^2 = f^2 - 4kg$. 式（9.100）也可以不用李代数知识而直接由简单的算符代数推导出来. 我们可以将方程（9.99）右边的指数算符分解为

$$(\mathrm{Tr}\mathrm{e}^{-\beta H})\rho_0 = \sqrt{\lambda \mathrm{e}^{\beta\omega}}\exp(E^* a^{\dagger 2})\exp(a^\dagger a \ln \lambda)\exp(E a^2) \tag{9.101}$$

这里

$$\lambda = \frac{D}{\omega \sinh(\beta D) + D\cosh(\beta D)}$$
$$E = \frac{-\lambda}{D}\varkappa \sinh(\beta D)$$
$$D^2 = \omega^2 - 4|k|^2 \tag{9.102}$$

用算符恒等式 $\exp(a^\dagger a \ln \lambda) =: \exp[(\lambda-1)a^\dagger a]:$，我们计算它的配分函数

$$Z(\beta) = \mathrm{Tr}\mathrm{e}^{-\beta H}$$
$$= \sqrt{\lambda \mathrm{e}^{\beta\omega}}\mathrm{Tr}\left\{\exp(E^* a^{\dagger 2}):\exp[(\lambda-1)a^\dagger a]:\exp(E a^2)\right\} \tag{9.103}$$

利用相干态的完备性关系（9.84）和积分公式（1.36）我们得

$$Z(\beta) = \sqrt{\lambda \mathrm{e}^{\beta\omega}}\mathrm{Tr}\left\{\exp(E^* a^{\dagger 2}):\exp[(\lambda-1)a^\dagger a]:\exp(E a^2)\int\frac{\mathrm{d}^2 z}{\pi}|z\rangle\langle z|\right\}$$
$$= \sqrt{\lambda \mathrm{e}^{\beta\omega}}\int\frac{\mathrm{d}^2 z}{\pi}\langle z|\exp(E^* a^{\dagger 2}):\exp[(\lambda-1)a^\dagger a]:\exp(E a^2)|z\rangle$$
$$= \sqrt{\lambda \mathrm{e}^{\beta\omega}}\int\frac{\mathrm{d}^2 z}{\pi}\exp[E^* z^{*2} + E z^2 + (\lambda-1)|z|^2]$$
$$= \frac{\sqrt{\lambda \mathrm{e}^{\beta\omega}}}{\sqrt{(1-\lambda)^2 - 4|E|^2}}$$
$$= \frac{\mathrm{e}^{\beta\omega/2}}{2\sinh\left(\dfrac{\beta D}{2}\right)} \tag{9.104}$$

这里

$$\sqrt{(1-\lambda)^2 - 4|E|^2} = 2\sqrt{\lambda}\sinh\left(\frac{\beta D}{2}\right) \equiv A \tag{9.105}$$

此等式的证明如下：

$$\sqrt{(1-\lambda)^2 - 4|E|^2}$$
$$= \sqrt{(1-\lambda)^2 - \frac{\lambda^2}{D^2}(\omega^2 - D^2)\sinh^2(\beta D)}$$
$$= \sqrt{\lambda^2\left[\frac{D^2\cosh^2(\beta D) - \omega^2\sinh^2(\beta D)}{D^2}\right] - 2\lambda + 1}$$

$$= \sqrt{\frac{D\cosh(\beta D) - \omega\sinh(\beta D)}{\omega\sinh(\beta D) + D\cosh(\beta D)} - \frac{2D}{\omega\sinh(\beta D) + D\cosh(\beta D)} + 1}$$

$$= \sqrt{\frac{2D[\cosh(\beta D) - 1]}{\omega\sinh(\beta D) + D\cosh(\beta D)}}$$

$$= 2\sqrt{\lambda}\sinh\left(\frac{\beta D}{2}\right) \tag{9.106}$$

因此

$$\rho_0 = \frac{\sqrt{\lambda}e^{\beta\omega}\exp(E^*a^{\dagger 2})\exp(a^\dagger a\ln\lambda)\exp(Ea^2)}{\left[\dfrac{e^{\beta\omega/2}}{2\sinh(\beta D/2)}\right]}$$

$$= A\exp(E^*a^{\dagger 2})\exp(a^\dagger a\ln\lambda)\exp(Ea^2) \tag{9.107}$$

这里 $\text{Tr}\rho_0 = 1$.

9.9 表征密度算符在耗散通道演化的主方程解

将式（9.107）代入式（6.20），我们有

$$\rho(t) = A\sum_{n=0}^{\infty}\frac{T^n}{n!}e^{-\kappa t a^\dagger a}a^n\exp(E^*a^{\dagger 2})\exp(a^\dagger a\ln\lambda)\exp(Ea^2)a^{\dagger n}e^{-\kappa t a^\dagger a} \tag{9.108}$$

根据公式

$$\exp\left(a^\dagger a\ln B\right)f\left(a^\dagger\right)\exp\left(-a^\dagger a\ln B\right) = f\left(Ba^\dagger\right)$$

$$\exp\left(a^\dagger a\ln B\right)f(a)\exp\left(-a^\dagger a\ln B\right) = f\left(\frac{a}{B}\right) \tag{9.109}$$

得

$$\rho(t) = A\sum_{n=0}^{\infty}\frac{T^n e^{2\kappa t n}}{n!}a^n\exp(E^*e^{-2\kappa t}a^{\dagger 2})\exp[(\ln\lambda - 2\kappa t)a^\dagger a]\exp(Ee^{-2\kappa t}a^2)a^{\dagger n} \tag{9.110}$$

这里

$$\exp[(\ln\lambda - 2\kappa t)a^\dagger a] = :\exp\left[\left(e^{\ln\lambda - 2\kappa t} - 1\right)a^\dagger a\right]:$$

$$= :\exp\left[\left(\lambda e^{-2\kappa t} - 1\right)a^\dagger a\right]: \tag{9.111}$$

$::$ 标记正规序. 由于在 a^n 和 $a^{\dagger n}$ 之间存在 $\exp(E^* \mathrm{e}^{-2\kappa t}a^{\dagger 2}), \exp[(\ln\lambda - 2\kappa t)a^\dagger a]$, $\exp(E \mathrm{e}^{-2\kappa t}a^2)$ 三项, 所以在对 n 进行求和时遇到困难, 解决这个难题的方法是把这三项转换成反正规排序的形式. 为此, 我们利用以下的化算符为其反正规排序的公式 (2.73):

$$\rho = \int \frac{\mathrm{d}^2\beta}{\pi} \vdots \langle -\beta|\rho|\beta\rangle \exp(|\beta|^2 + \beta^* a - \beta a^\dagger + a^\dagger a) \vdots \tag{9.112}$$

我们计算

$$\exp(E^* \mathrm{e}^{-2\kappa t}a^{\dagger 2})\exp[(\ln\lambda - 2\kappa t)a^\dagger a]\exp(E \mathrm{e}^{-2\kappa t}a^2)$$

$$= \int \frac{\mathrm{d}^2\beta}{\pi} \vdots \langle -\beta|\exp(E^* \mathrm{e}^{-2\kappa t}a^{\dagger 2}) : \exp\left[(\lambda \mathrm{e}^{-2\kappa t} - 1)a^\dagger a\right] : \exp(E \mathrm{e}^{-2\kappa t}a^2)|\beta\rangle$$

$$\times \exp(|\beta|^2 + \beta^* a - \beta a^\dagger + a^\dagger a) \vdots$$

$$= \int \frac{\mathrm{d}^2\beta}{\pi} \vdots \exp(-\lambda \mathrm{e}^{-2\kappa t}|\beta|^2 + \beta^* a - \beta a^\dagger + E \mathrm{e}^{-2\kappa t}\beta^2 + E^* \mathrm{e}^{-2\kappa t}\beta^{*2} + a^\dagger a) \vdots$$

$$= \frac{\mathrm{e}^{2\kappa t}}{\sqrt{\lambda^2 - 4|E|^2}} \vdots \exp\left(\frac{-\lambda a a^\dagger + E a^2 + E^* a^{\dagger 2}}{\lambda^2 - 4|E|^2}\mathrm{e}^{2\kappa t} + a^\dagger a\right) \vdots \tag{9.113}$$

将式 (9.113) 代入式 (9.110) 之后可以看出整个式子都是反正规排列的, 因为 a 和 $a^\dagger$ 在 $::$ 内是可对易的, 所以现在我们可以在 $::$ 内对 n 进行求和, 结果是

$$\rho(t) = \frac{A \mathrm{e}^{2\kappa t}}{\sqrt{\lambda^2 - 4|E|^2}} \vdots \sum_{n=0}^{\infty} \frac{(T \mathrm{e}^{2\kappa t} a a^\dagger)^n}{n!} \exp\left(\frac{-\lambda a a^\dagger + E a^2 + E^* a^{\dagger 2}}{\lambda^2 - 4|E|^2}\mathrm{e}^{2\kappa t} + a^\dagger a\right) \vdots$$

$$= \frac{A \mathrm{e}^{2\kappa t}}{\sqrt{\lambda^2 - 4|E|^2}} \vdots \exp(\mathrm{e}^{2\kappa t} a a^\dagger) \exp\left(\frac{-\lambda a a^\dagger + E a^2 + E^* a^{\dagger 2}}{\lambda^2 - 4|E|^2}\mathrm{e}^{2\kappa t}\right) \vdots$$

$$= A' \vdots \exp\left[\mathrm{e}^{2\kappa t} \frac{(\lambda^2 - 4|E|^2 - \lambda)a a^\dagger + E a^2 + E^* a^{\dagger 2}}{\lambda^2 - 4|E|^2}\right] \vdots \tag{9.114}$$

这里 $A' = \dfrac{A \mathrm{e}^{2\kappa t}}{\sqrt{\lambda^2 - 4|E|^2}}$, 且我们已应用了 $T = 1 - \mathrm{e}^{-2\kappa t}$. 这就是在 t 时刻的反正规序密度矩阵 (9.114), 为了检验它的有效性, 我们利用在相干态表象的 P-表示公式

$$\rho(t) = \int \frac{\mathrm{d}^2 z}{\pi} |z\rangle\langle z| P_t(z) \tag{9.115}$$

来计算式 (9.114) 中 $\rho(t)$ 的迹

$$\mathrm{Tr}\rho(t) = \int \frac{\mathrm{d}^2 z}{\pi} \langle z| P_t(z)|z\rangle$$

$$= \int \frac{\mathrm{d}^2 z}{\pi} P_t(z)$$

$$= A' \int \frac{\mathrm{d}^2 z}{\pi} \exp\left[\mathrm{e}^{2\kappa t} \frac{(\lambda^2 - 4|E|^2 - \lambda)|z|^2 + E z^2 + E^* z^{*2}}{\lambda^2 - 4|E|^2}\right]$$

$$= \frac{A\sqrt{\lambda^2 - 4|E|^2}}{\sqrt{(\lambda^2 - 4|E|^2 - \lambda)^2 - 4|E|^2}}$$

$$= \frac{A}{\sqrt{(\lambda - 1)^2 - 4|E|^2}} = 1 \tag{9.116}$$

得到预期的结果.

9.10 能量的变化

现在我们利用式（9.114）和式（9.115）中 $\rho(t)$ 的反正规排列形式和它的 P-表示形式来计算 t 时刻回路的能量, 我们有

$$\begin{aligned}
\text{Tr}\left(\rho(t)a^\dagger a\right) &= \text{Tr}\left[\int \frac{\mathrm{d}^2 z}{\pi} P_t(z)|z\rangle\langle z|a^\dagger a\right] = \int \frac{\mathrm{d}^2 z}{\pi} P_t(z)|z|^2 \\
&= A' \int \frac{\mathrm{d}^2 z}{\pi} |z|^2 \exp\left(\mathrm{e}^{2\kappa t}|z|^2 + \frac{Ez^2 + E^* z^{*2} - \lambda|z|^2}{\lambda^2 - 4|E|^2}\mathrm{e}^{2\kappa t}\right) \\
&= A' \mathrm{e}^{-4\kappa t} \int \frac{\mathrm{d}^2 z}{\pi} |z|^2 \exp\left(|z|^2 + \frac{Ez^2 + E^* z^{*2} - \lambda|z|^2}{\lambda^2 - 4|E|^2}\right) \\
&= A' \mathrm{e}^{-4\kappa t} \frac{\partial}{\partial f} \int \frac{\mathrm{d}^2 z}{\pi} \exp\left(f|z|^2 + \frac{Ez^2 + E^* z^{*2} - \lambda|z|^2}{\lambda^2 - 4|E|^2}\right)\bigg|_{f=1} \\
&= A' \mathrm{e}^{-4\kappa t} \frac{\partial}{\partial f} \int \frac{\mathrm{d}^2 z}{\pi} \exp\left\{\frac{Ez^2 + E^* z^{*2} + [f(\lambda^2 - 4|E|^2) - \lambda]|z|^2}{\lambda^2 - 4|E|^2}\right\}\bigg|_{f=1} \\
&= A' \mathrm{e}^{-4\kappa t} \frac{\partial}{\partial f} \frac{\lambda^2 - 4|E|^2}{\sqrt{[f(\lambda^2 - 4|E|^2) - \lambda]^2 - 4|E|^2}}\bigg|_{f=1} \\
&= A' \mathrm{e}^{-4\kappa t} \frac{\sqrt{\lambda^2 - 4|E|^2}[4|E|^2 - \lambda(\lambda - 1)]}{[(\lambda - 1)^2 - 4|E|^2]^{3/2}} \\
&= \mathrm{e}^{-2\kappa t} \frac{A[4|E|^2 - \lambda(\lambda - 1)]}{[(\lambda - 1)^2 - 4|E|^2]^{3/2}} \\
&= \mathrm{e}^{-2\kappa t} \frac{4|E|^2 - \lambda(\lambda - 1)}{(\lambda - 1)^2 - 4|E|^2}
\end{aligned} \tag{9.117}$$

在最后一步中, 我们利用了 $A \equiv \sqrt{(1-\lambda)^2 - 4|E|^2} = 2\sqrt{\lambda}\sinh\left(\frac{\beta D}{2}\right)$.

注意

$$e^{-2\kappa t}\frac{4|E|^2 - \lambda(\lambda-1)}{(\lambda-1)^2 - 4|E|^2} = e^{-2\kappa t}\left[\frac{1-\lambda}{(\lambda-1)^2 - 4|E|^2} - 1\right]$$
$$= e^{-2\kappa t}\left[\frac{1-\lambda}{4\lambda\sinh^2(\beta D/2)} - 1\right] \tag{9.118}$$

然后将 $\lambda = \dfrac{D}{\omega\sinh(\beta D) + D\cosh(\beta D)}$ 代入上式, 我们有

$$\text{Tr}\left[\rho(t)a^\dagger a\right] = \frac{e^{-2\kappa t}}{2}\left[\frac{\omega}{D}\coth(\beta D/2) - 1\right] \tag{9.119}$$

因为

$$\text{Tr}\left(\rho_0 a^\dagger a\right) = \frac{1}{2}\left[\frac{\omega}{D}\coth\left(\frac{\beta D}{2}\right) - 1\right] \tag{9.120}$$

所以有

$$\text{Tr}\left[\rho(t)a^\dagger a\right] = e^{-2\kappa t}\text{Tr}\left(\rho_0 a^\dagger a\right) = e^{-Rt/(2L)}\text{Tr}\left(\rho_0 a^\dagger a\right) \tag{9.121}$$

因此, 可以看出能量以 $e^{-Rt/(2L)}$ 随时间衰减.

9.11 对应简并参量放大器密度算符的热真空态

利用式 (9.101) 和公式 (3.5), 可得

$$\begin{aligned}
(\text{tr}e^{-\beta H})\rho &= \sqrt{\lambda}e^{\beta\omega}\exp\left(E^*a^{\dagger 2}\right):\exp\left[(\lambda-1)a^\dagger a\right]:\exp\left(Ea^2\right)\\
&= \sqrt{\lambda}e^{\beta\omega}\int\frac{\mathrm{d}^2z}{\pi}e^{E^*a^{\dagger 2}+\sqrt{\lambda}z^*a^\dagger}|0\rangle\langle 0|e^{Ea^2+\sqrt{\lambda}za}\langle\tilde{z}|\tilde{0}\rangle\langle\tilde{0}|\tilde{z}\rangle\\
&= \sqrt{\lambda}e^{\beta\omega}\int\frac{\mathrm{d}^2z}{\pi}\langle\tilde{z}|e^{E^*a^{\dagger 2}+\sqrt{\lambda}z^*a^\dagger}|0\tilde{0}\rangle\langle 0\tilde{0}|e^{Ea^2+\sqrt{\lambda}za}|\tilde{z}\rangle\\
&= \sqrt{\lambda}e^{\beta\omega}\widetilde{\text{tr}}\left(e^{E^*a^{\dagger 2}+\sqrt{\lambda}a^\dagger\tilde{a}^\dagger}|0\tilde{0}\rangle\langle 0\tilde{0}|e^{Ea^2+\sqrt{\lambda}a\tilde{a}}\right)\\
&\equiv (\text{tr}e^{-\beta H})\widetilde{\text{tr}}\left[|\phi(\beta)\rangle\langle\phi(\beta)|\right]
\end{aligned} \tag{9.122}$$

这表明, 由哈密顿量 [式 (9.98)] 演化的量子态在扩展的 Fock 空间中可写成以下纯态形式:

$$|\phi(\beta)\rangle = \sqrt{\frac{\lambda^{1/2}e^{\beta\omega/2}}{Z(\beta)}}e^{E^*a^{\dagger 2}+\sqrt{\lambda}a^\dagger\tilde{a}^\dagger}|0\tilde{0}\rangle \tag{9.123}$$

其中，$Z(\beta)$ 为配分函数 [见式 (9.104)]，则归一化的量子态 [见式 (9.123)] 为

$$|\phi(\beta)\rangle = \sqrt{2\lambda^{1/2}\sinh\left(\frac{\beta D}{2}\right)}e^{E^* a^{\dagger 2} + \sqrt{\lambda} a^\dagger \tilde{a}^\dagger}|0\tilde{0}\rangle \tag{9.124}$$

系统内能为

$$\langle H\rangle_e = -\frac{\partial}{\partial \beta}\ln Z(\beta) = \frac{D\coth(\beta D/2) - \omega}{2} \tag{9.125}$$

熵分布为

$$\begin{aligned}S &= -k\mathrm{tr}(\rho\ln\rho)\\&= \frac{1}{T}\langle H\rangle_e + k\ln Z(\beta)\\&= \frac{D}{2T}\coth\left(\frac{\beta D}{2}\right) - k\ln\left[2\sinh\left(\frac{\beta D}{2}\right)\right]\end{aligned} \tag{9.126}$$

特别地，当 $k=0$ 时，$D=\omega$，所以方程式 (9.124) 就退化为 $|0(\beta)\rangle$ $(\omega\to\hbar\omega)$，式 (9.125) 和式 (9.126) 分别变为 $\frac{\omega}{2}\left[\coth\left(\frac{\beta\omega}{2}\right)-1\right]$ 和 $\frac{\omega}{2T}\coth\left(\frac{\beta\omega}{2}\right) - k\ln\left[2\times\sinh\left(\frac{\beta\omega}{2}\right)\right]$，这是所期望的结果. 可见，利用 IWOP 方法，我们可以使用部分求迹方法将密度算符转化为纯态表示，方便计算.

9.12 简并参量放大器内能分布的计算

作为式 (9.124) 的应用，下面计算哈密顿量中各项对能量的贡献. 正如前文所述，系统算符 A 的平均值可以通过扩展的纯态的平均来实现，即 $\langle A\rangle_e = \langle\phi(\beta)|A|\phi(\beta)\rangle$. 利用相干态完备性，并注意到 $\langle\phi(\beta)|\phi(\beta)\rangle = 1$，$(1-\lambda)^2 - 4|E|^2 = 4\lambda\sinh^2\left(\frac{\beta D}{2}\right)$，可得

$$\begin{aligned}\langle\omega a^\dagger a\rangle_e &= \omega\langle\phi(\beta)|\left(aa^\dagger - 1\right)|\phi(\beta)\rangle\\&= 2\omega\lambda^{1/2}\sinh\left(\frac{\beta D}{2}\right)\frac{\partial}{\partial\lambda}\int\frac{\mathrm{d}^2 z}{\pi}e^{-(1-\lambda)|z|^2 + Ez^2 + E^* z^{*2}} - \omega\\&= 2\omega\lambda^{1/2}\sinh\left(\frac{\beta D}{2}\right)\frac{\partial}{\partial\lambda}\frac{1}{\sqrt{(1-\lambda)^2 - 4|E|^2}} - \omega\\&= \frac{\omega}{2}\left[\frac{\omega}{D}\coth\left(\frac{\beta D}{2}\right) - 1\right]\end{aligned} \tag{9.127}$$

和
$$\langle \kappa^* a^{\dagger 2}\rangle_e = 2\kappa^* \lambda^{1/2} \sinh\left(\frac{\beta D}{2}\right)\frac{\partial}{\partial E^*}\frac{1}{\sqrt{(1-\lambda)^2 - 4EE^*}}$$
$$= -\frac{|\kappa|^2}{D}\coth\left(\frac{\beta D}{2}\right) \tag{9.128}$$

以及
$$\langle \kappa a^2\rangle_e = -\frac{|\kappa|^2}{D}\coth\left(\frac{\beta D}{2}\right) \tag{9.129}$$

由式 (9.128) 和式 (9.129) 可知，$\kappa^* a^{\dagger 2}$ 和 κa^2 两项对系统有相同的能量贡献. 联立式 (9.127)~式 (9.129) 可验证式 (9.125).

9.13 双模压缩态的单模衰减

现在，我们来考察双模压缩光场的单模衰减行为. 我们指出，当双模压缩真空态 (由参量放大器产生) 的信号模或闲置模经历一个单模振幅衰减通道 (记为 $a_2^\dagger$ 模) 时，该通道可由以下主方程描述：

$$\frac{d\rho(t)}{dt} = \kappa\left(2a_2\rho a_2^\dagger - a_2^\dagger a_2 \rho - \rho a_2^\dagger a_2\right) \tag{9.130}$$

其中，κ 为衰减常数，则双模压缩真空态将演化为一个确定形式的态. 下面我们来推导这一形式. 振幅衰减通道下密度算符 $\rho(t)$ 的演化方程为式（6.20），为方便重写于此：

$$\rho(t) = \sum_{n=0}^{\infty}\frac{T^n}{n!}e^{-\kappa t a_2^\dagger a_2}a_2^n \rho_0 a_2^{\dagger n}e^{-\kappa t a_2^\dagger a_2}, \quad T = 1 - e^{-2\kappa t} \tag{9.131}$$

那么，我们要问的是：当初始量子态 ρ_0 为双模压缩真空态时，即

$$\rho_0 = \mathrm{sech}^2\lambda e^{a_1^\dagger a_2^\dagger \tanh\lambda}|00\rangle\langle 00|e^{a_1 a_2 \tanh\lambda} \tag{9.132}$$

演化的量子态 $\rho(t)$ 是什么？将式 (9.132) 代入式 (9.131) 得

$$\rho(t) = \mathrm{sech}^2\lambda \sum_{n=0}^{\infty}\frac{T^n}{n!}e^{-\kappa t a_2^\dagger a_2}a_2^n e^{a_1^\dagger a_2^\dagger \tanh\lambda}|00\rangle\langle 00|e^{a_1 a_2 \tanh\lambda}a_2^{\dagger n}e^{-\kappa t a_1^\dagger a_1}$$
$$= \mathrm{sech}^2\lambda \sum_{n=0}^{\infty}\frac{T^n \tanh^{2n}\lambda}{n!}a_1^{\dagger n}e^{-\kappa t a_1^\dagger a_2^\dagger \tanh\lambda}|00\rangle\langle 00|e^{e^{-\kappa t}a_1 a_2 \tanh\lambda}a_1^n \tag{9.133}$$

利用真空投影算符的正规乘积形式

$$|00\rangle\langle 00|=:\mathrm{e}^{-a_1^\dagger a_1-a_2^\dagger a_2}:, \quad |0\rangle_{11}\langle 0|=:\mathrm{e}^{-a_1^\dagger a_1}:, \quad |0\rangle_{22}\langle 0|=:\mathrm{e}^{-a_2^\dagger a_2}: \qquad (9.134)$$

以及算符恒等式 $:\mathrm{e}^{a^\dagger a(\mathrm{e}^\lambda-1)}:=\mathrm{e}^{\lambda a^\dagger a}$, 可将密度算符 $\rho(t)$ 即式 (9.133) 改写成

$$\begin{aligned}\rho(t) &= \mathrm{sech}^2\lambda \sum_{n=0}^\infty \frac{T^n \tanh^{2n}\lambda}{n!} : a_1^{\dagger n} a_1^n \mathrm{e}^{-\kappa t a_1^\dagger a_2^\dagger \tanh\lambda} \mathrm{e}^{-\kappa t a_1 a_2 \tanh\lambda - a_1^\dagger a_1 - a_2^\dagger a_2} : \\
&= \mathrm{sech}^2\lambda : \mathrm{e}^{a_1^\dagger a_1(1-\mathrm{e}^{-2\kappa t})\tanh^2\lambda + \mathrm{e}^{-\kappa t}\tanh\lambda(a_1^\dagger a_2^\dagger + a_1 a_2) - a_1^\dagger a_1 - a_2^\dagger a_2} : \\
&= \mathrm{sech}^2\lambda \mathrm{e}^{-\kappa t a_1^\dagger a_2^\dagger \tanh\lambda} \mathrm{e}^{a_1^\dagger a_1 \ln\left[(1-\mathrm{e}^{-2\kappa t})\tanh^2\lambda\right]} |0\rangle_{22}\langle 0| \mathrm{e}^{-\kappa t a_1 a_2 \tanh\lambda} \\
&= \mathrm{sech}^2\lambda \mathrm{e}^{-\kappa t a_1^\dagger a_2^\dagger \tanh\lambda} \left[(1-\mathrm{e}^{-2\kappa t})\tanh^2\lambda\right]^{a_1^\dagger a_1} |0\rangle_{22}\langle 0| \mathrm{e}^{-\kappa t a_1 a_2 \tanh\lambda} \end{aligned} \qquad (9.135)$$

式 (9.135) 表明: 在单模振幅衰减过程中不仅初始压缩态 ρ_0 的压缩参数 $\tanh\lambda$ 减小为 $\mathrm{e}^{-\kappa t}\tanh\lambda$, 而且未经衰减的第一个模演化为混沌态 $\left[(1-\mathrm{e}^{-2\kappa t})\tanh^2\lambda\right]^{a_1^\dagger a_1}$. 终态不再是一个纯态, 而是一个纠缠混合态.

参照式 (9.135) 可进一步推广为一个由下式描述的新的双模光场态:

$$\rho = \mathrm{sech}^2\sigma \mathrm{sech}^2\tau \mathrm{e}^{a_2^\dagger a_1^\dagger \tanh\sigma} \left(\mathrm{sech}^2\sigma \tanh^2\tau\right)^{a_1^\dagger a_1} |0\rangle_{22}\langle 0| \mathrm{e}^{a_2 a_1 \tanh\sigma}, \quad \mathrm{Tr}\rho = 1 \qquad (9.136)$$

显然, 上式 $\rho(t)$ 既包含了压缩信息又包含了混沌行为, 其中模 1 对应的项 $\left(\mathrm{sech}^2\sigma \tanh^2\tau\right)^{a_1^\dagger a_1}$ 表示混沌态, σ 和 τ 是两独立的参数, $|0\rangle_{22}\langle 0|$ 表示模 2 的真空场, $\mathrm{e}^{a_2^\dagger a_1^\dagger \tanh\sigma}$ 项表示仅与 σ 有关的双模压缩参数. 因此, ρ 就是一个包括压缩和噪声的混合态. 特别地, 当 $\tau = 0$ 时, $\left(\mathrm{sech}^2\sigma \tanh^2\tau\right)^{a_1^\dagger a_1} \to |0\rangle_{11}\langle 0|$, 则 $\rho \to \mathrm{sech}^2\sigma \mathrm{e}^{a_2^\dagger a_1^\dagger \tanh\sigma} |0\rangle_1 |0\rangle_{22}\langle 0|_1\langle 0| \mathrm{e}^{a_2 a_1 \tanh\sigma}$, 这恰恰就是双模压缩真空态. 然而, 应该注意的是 ρ 并不等价于对混沌场与真空场直积态的双模压缩变换结果, 即 $S_2 \left(\mathrm{sech}^2\sigma \tanh^2\tau\right)^{a_1^\dagger a_1} |0\rangle_{22}\langle 0| S_2^{-1}$, 这里 $S_2 \equiv \mathrm{e}^{(a_2^\dagger a_1^\dagger - a_2 a_1)\sigma}$ 为双模压缩算符. 因此, 式 (9.136) 的密度算符 ρ 既不平凡也不是显而易见的, 即便是系数 $\mathrm{sech}^2\sigma \mathrm{sech}^2\tau$ 也是由归一化条件 $\mathrm{Tr}\rho = 1$ 决定的 $(\mathrm{Tr} = \mathrm{tr}_1\mathrm{tr}_2)$. 为了证实以上结论的有效性, 利用双模相干态的完备性关系

$$\int \frac{\mathrm{d}^2 z_1 \mathrm{d}^2 z_2}{\pi^2} |z_1, z_2\rangle\langle z_1, z_2| = 1 \qquad (9.137)$$

其中

$$|z_1, z_2\rangle = \exp\left[-\frac{1}{2}\left(|z_1|^2 + |z_2|^2\right) + z_1 a^\dagger + z_2 b^\dagger\right] |00\rangle \qquad (9.138)$$

可验证保迹性, 即

$$\mathrm{Tr}\rho(t) = \mathrm{sech}^2\lambda \int \frac{\mathrm{d}^2 z_1 \mathrm{d}^2 z_2}{\pi^2} \langle z_1, z_2 | 0\rangle_{a_2 a_2}\langle 0| : \mathrm{e}^{a_1^\dagger a_1\left[(1-\mathrm{e}^{-2\kappa t})\tanh^2\lambda - 1\right]} :$$

$$\times |z_1, z_2\rangle \, e^{e^{-\kappa t}(z_1 z_2 + z_1^* z_2^*)\tanh\lambda}$$

$$= \text{sech}^2\theta \int \frac{d^2 z_2}{\pi} \exp\left[(\tanh^2\theta - 1)|z_2|^2\right] = 1 \tag{9.139}$$

总之，我们提出了一个既包含了压缩又包含了混沌行为的新光场态. 此类光场可通过双模压缩态的一个模经过单模振幅衰减通道来产生. 我们发现对双模光场态的一个模式进行测量将获得不同温度的混沌场. 这意味着, 对这个新的光场态的不同模的测量将产生温度效应, 这点此前是未被注意到的. 这个效应体现在不同模的平均光子数不同.

9.14 光子增混沌态的衰减

假定混沌场 ρ_c 储存在一个腔内，有光子向腔内发射，则混沌场变成了光子增加混沌场，即

$$\rho_0 = C a^{\dagger s} e^{\lambda a^\dagger a} a^s \tag{9.140}$$

这里，C 为待定的归一化常数, 那么光子增加混沌场在热环境下是如何衰减的呢？实际上，在振幅衰减通道中，以上量子态将演化为 Laguerre 多项式权重的混沌光场. 为了清楚地看到这一点，我们将利用 IWOP 方法. 先确定归一化系数 C.

利用算符恒等式 (1.59) 可得

$$\rho_0 = C : a^{\dagger s} \exp\left[\left(e^\lambda - 1\right) a^\dagger a\right] a^s : \tag{9.141}$$

利用归一化条件 $\text{Tr}\rho_0 = 1$ 以及相干态的超完备关系 $\int \frac{d^2 z}{\pi} |z\rangle\langle z| = 1$, 则有

$$\begin{aligned}
1 = \text{Tr}\rho_0 &= C\text{Tr}\left(\int \frac{d^2 z}{\pi} |z\rangle\langle z| a^{\dagger s} e^{\lambda a^\dagger a} a^s\right) \\
&= C \int \frac{d^2 z}{\pi} \langle z| a^{\dagger s} : \exp\left[\left(e^\lambda - 1\right) a^\dagger a\right] : a^s |z\rangle \\
&= C \int \frac{d^2 z}{\pi} |z|^{2s} \exp\left[-\left(1 - e^\lambda\right)|z|^2\right] \\
&= Cs! \left(\frac{1}{1 - e^\lambda}\right)^{s+1}
\end{aligned} \tag{9.142}$$

因此有 $C = \frac{1}{s!}\left(1 - e^\lambda\right)^{s+1}$, 及

$$\rho_0 = \frac{1}{s!}\left(1-e^\lambda\right)^{s+1} a^{\dagger s} e^{\lambda a^\dagger a} a^s \tag{9.143}$$

显然, 当 $s=0$ 时, 即无光子增加情况, $\rho_0 \to \rho_c = (1-e^\lambda) e^{\lambda a^\dagger a}$, 即退化为混沌光场的密度算符情况. 在光子增加混沌态 ρ_0 下平均光子数为

$$\begin{aligned}
\mathrm{Tr}\left(\rho_0 a^\dagger a\right) &= C\int \frac{d^2z}{\pi} \langle z| a^{\dagger s} e^{\lambda a^\dagger a} a^s a^\dagger a |z\rangle \\
&= C\int \frac{d^2z}{\pi} z^{*s} z \langle z| e^{\lambda a^\dagger a} \left(a^\dagger a^s + s a^{s-1}\right)|z\rangle \\
&= C\int \frac{d^2z}{\pi} z^{*s} z^{s+1} \langle z| e^{\lambda a^\dagger a} a^\dagger |z\rangle + Cs\int \frac{d^2z}{\pi} z^{*s} z^s \langle z| :e^{(e^\lambda-1)aa^\dagger}: |z\rangle \\
&= \frac{1}{s!}\left(1-e^\lambda\right)^{s+1} \int \frac{d^2z}{\pi} \left(z^{*s+1} z^{s+1} e^\lambda + s z^{*s} z^s\right) e^{(e^\lambda-1)|z|^2} \\
&= \frac{s+e^\lambda}{1-e^\lambda}
\end{aligned} \tag{9.144}$$

当 $s=0$ 时, 上式约化为 $\mathrm{Tr}\left(\rho_c a^\dagger a\right) = \left(e^{-\lambda}-1\right)^{-1}$, 这正是混沌场的平均光子数.

下面, 考察光子增加混沌场在振幅衰减通道中的演化情况. 利用振幅衰减通道下密度算符的 Kraus 算符和形式 [式 (9.131)], 并将式 (9.143) 代入 (9.131) 可得

$$\begin{aligned}
\rho(t) &= \frac{1}{s!}\left(1-e^\lambda\right)^{s+1} \sum_{n=0}^\infty \frac{T^n}{n!} e^{-\kappa t a^\dagger a} a^n a^{\dagger s} e^{\lambda a^\dagger a} a^s a^{\dagger n} e^{-\kappa t a^\dagger a} \\
&= \frac{1}{s!}\left(1-e^\lambda\right)^{s+1} \sum_{n=0}^\infty \frac{T^n}{n!} e^{2\kappa t(n-s)} a^n a^{\dagger s} e^{\lambda' a^\dagger a} a^s a^{\dagger n} \quad (\lambda' = \lambda - 2\kappa t)
\end{aligned} \tag{9.145}$$

此时, 为进一步处理上式, 应该将 $a^{\dagger s} e^{\lambda' a a^\dagger} a^s$ 转化为相应的反正规乘积形式.

9.15 $a^{\dagger s} e^{\lambda' a^\dagger a} a^s$ 的反正规排序

利用将任意算符 A 转化为其反正规乘积的公式 (9.112), 故算符 $a^{\dagger s} e^{\lambda' a^\dagger a} a^s$ 的反正规乘积可表示为

$$\begin{aligned}
a^{\dagger s} e^{\lambda' a^\dagger a} a^s &= \vdots \int \frac{d^2\beta}{\pi} \langle -\beta| :a^{\dagger s} \exp\left[\left(e^{\lambda'}-1\right) a^\dagger a\right] a^s: |\beta\rangle \\
&\quad \times \exp\left(|\beta|^2 + \beta^* a - \beta a^\dagger + a a^\dagger\right) \vdots \\
&= (-1)^s \vdots \int \frac{d^2\beta}{\pi} |\beta|^{2s} \exp\left(-e^{\lambda'}|\beta|^2 + \beta^* a - \beta a^\dagger + a a^\dagger\right) \vdots
\end{aligned} \tag{9.146}$$

利用积分公式

$$(-1)^n \int \frac{d^2 z}{\pi} z^n z^{*m} e^{-f|z|^2 + \mu z - \nu z^*}$$
$$= (-1)^n \frac{1}{\sqrt{f}^{m+n}} \int \frac{d^2 z}{f\pi} z^n z^{*m} e^{-|z|^2 + \mu z/\sqrt{f} - \nu z^*/\sqrt{f}}$$
$$= \frac{1}{\sqrt{f}^{m+n+2}} e^{-\mu\nu/f} H_{m,n}\left(\frac{\mu}{\sqrt{f}}, \frac{\nu}{\sqrt{f}}\right) \tag{9.147}$$

这里 $H_{m,n}$ 为双变量 Hermite 多项式, 执行式 (9.146) 的积分可得 $a^{\dagger s} e^{\lambda' a^\dagger a} a^s$ 的反正规乘积

$$a^{\dagger s} e^{\lambda' a^\dagger a} a^s = \frac{1}{e^{\lambda'(s+1)}} : \exp\left[\left(1 - e^{-\lambda'}\right) a^\dagger a\right] H_{s,s}\left(e^{-\lambda'/2} a, e^{-\lambda'/2} a^\dagger\right) : \tag{9.148}$$

9.16 衰减结果

将式 (9.148) 代入式 (9.145) 并利用反正规乘积内的求和方法 (在反正规乘积 $\vdots \vdots$ 内产生算符和湮灭算符是对易的; 注意 $\lambda' = \lambda - 2\kappa t$) 有

$$\rho(t) = \left(\frac{1 - e^\lambda}{e^{\lambda'}}\right)^{s+1} \frac{1}{s!} \sum_{n=0}^{\infty} \frac{T^n}{n!} e^{2\kappa t(n-s)} \vdots a^n \exp\left[\left(1 - e^{-\lambda'}\right) a a^\dagger\right]$$
$$\times H_{s,s}\left(e^{-\lambda'/2} a, e^{-\lambda'/2} a^\dagger\right) a^{\dagger n} \vdots$$
$$= \left(e^{-\lambda} - 1\right)^{s+1} \frac{e^{2\kappa t}}{s!} \vdots \exp\left[\left(1 - e^{-\lambda'} + T e^{2\kappa t}\right) a a^\dagger\right] H_{s,s}\left(e^{-\lambda'/2} a, e^{-\lambda'/2} a^\dagger\right) \vdots$$
$$= \left(e^{-\lambda} - 1\right)^{s+1} \frac{e^{2\kappa t}}{s!} \vdots \exp\left[e^{2\kappa t}\left(1 - e^{-\lambda}\right) a^\dagger a\right] H_{s,s}\left(e^{-\lambda'/2} a, e^{-\lambda'/2} a^\dagger\right) \vdots \tag{9.149}$$

此即 $\rho(t)$ 的反正规乘积表示. 在相干态表象下, $\rho(t)$ 可表示为

$$\rho(t) = \left(e^{-\lambda} - 1\right)^{s+1} \frac{e^{2\kappa t}}{s!} \int \frac{d^2 z}{\pi} \exp\left[e^{2\kappa t}\left(1 - e^{-\lambda}\right) |z|^2\right]$$
$$\times H_{s,s}\left(e^{-\lambda'/2} z, e^{-\lambda'/2} z^*\right) |z\rangle\langle z|$$
$$= \left(e^{-\lambda} - 1\right)^{s+1} \frac{e^{2\kappa t}}{s!} \int \frac{d^2 z}{\pi} H_{s,s}\left(e^{-\lambda'/2} z, e^{-\lambda'/2} z^*\right)$$
$$\times : \exp\left\{\left[e^{2\kappa t}\left(1 - e^{-\lambda}\right) - 1\right]|z|^2 + z a^\dagger + z^* a - a^\dagger a\right\} : \tag{9.150}$$

上式中利用了相干态算符的正规乘积表示

$$|z\rangle\langle z| =: \exp(-|z|^2 + za^\dagger + z^*a - a^\dagger a): \tag{9.151}$$

利用双变量 Hermite 多项式的积分公式 (证明见本章附录)

$$\int \frac{\mathrm{d}^2\xi}{\pi} H_{m,n}(\xi,\xi^*) \exp(-h|\xi|^2 + f\xi + g\xi^*)$$
$$= \frac{1}{h}\left(\frac{h-1}{h}\right)^{\frac{m+n}{2}} H_{m,n}\left[\frac{g}{\sqrt{h(h-1)}}, \frac{f}{\sqrt{h(h-1)}}\right] \exp\left(\frac{fg}{h}\right) \tag{9.152}$$

和 IWOP 方法可得

$$\rho(t) = \left(\mathrm{e}^{-\lambda} - 1\right)^{s+1} \frac{\mathrm{e}^{2\kappa t}}{s!} \mathrm{e}^{\lambda'}$$
$$\times \int \frac{\mathrm{d}^2 z}{\pi} : \exp\{-[(1-\mathrm{e}^\lambda) + \mathrm{e}^{\lambda-2\kappa t}]|z|^2 + za^\dagger \mathrm{e}^{\lambda'/2} + z^* a \mathrm{e}^{\lambda'/2} - a^\dagger a\} H_{s,s}(z,z^*):$$
$$= \frac{(-1)^s}{Ts!} \left[\frac{(1-\mathrm{e}^\lambda)T}{1-T\mathrm{e}^\lambda}\right]^{s+1} : H_{s,s}\left[\frac{a^\dagger \mathrm{e}^{-\kappa t}}{\sqrt{(T\mathrm{e}^\lambda - 1)T}}, \frac{a\mathrm{e}^{-\kappa t}}{\sqrt{(T\mathrm{e}^\lambda - 1)T}}\right]$$
$$\times \exp\left[\left(\frac{\mathrm{e}^{\lambda'}}{1-T\mathrm{e}^\lambda} - 1\right)a^\dagger a\right]: \tag{9.153}$$

注意到 Laguerre 多项式与双变量 Hermite 多项式关系 [式 (2.78)], 则式 (9.153) 变成

$$\rho(t) = \frac{1}{T}\left[\frac{(1-\mathrm{e}^\lambda)T}{1-T\mathrm{e}^\lambda}\right]^{s+1} : L_s\left[\frac{a^\dagger a \mathrm{e}^{-2\kappa t}}{(T\mathrm{e}^\lambda - 1)T}\right] \exp\left[\left(\frac{\mathrm{e}^\lambda - 1}{1-T\mathrm{e}^\lambda}\right)a^\dagger a\right]: \tag{9.154}$$

因此, ρ_0 演化成 Laguerre 多项式权重的混沌态. 下面, 验证 $\mathrm{Tr}\rho(t) = 1$ 是否成立. 实际上, 利用相干态完备性 $\int \frac{\mathrm{d}^2 z}{\pi}|z\rangle\langle z| = 1$ 和积分公式 (5.72) 确实有

$$\mathrm{Tr}\rho(t) = \mathrm{Tr}\left[\int \frac{\mathrm{d}^2 z}{\pi}|z\rangle\langle z|\rho(t)\right]$$
$$= \frac{1}{T}\left[\frac{(1-\mathrm{e}^\lambda)T}{1-T\mathrm{e}^\lambda}\right]^{s+1} \int \frac{\mathrm{d}^2 z}{\pi} L_s\left[\frac{|z|^2 \mathrm{e}^{-2\kappa t}}{(T\mathrm{e}^\lambda - 1)T}\right] \exp\left[\left(\frac{-1+\mathrm{e}^\lambda}{1-T\mathrm{e}^\lambda}\right)|z|^2\right]$$
$$= \left[\frac{(1-\mathrm{e}^\lambda)T}{1-T\mathrm{e}^\lambda}\right]^{s+1}(T\mathrm{e}^\lambda - 1)\mathrm{e}^{2\kappa t} \int \frac{\mathrm{d}^2 z}{\pi} L_s(|z|^2) \exp\left[-(\mathrm{e}^\lambda - 1)T\mathrm{e}^{2\kappa t}|z|^2\right]$$
$$= \left[\frac{(1-\mathrm{e}^\lambda)T}{1-T\mathrm{e}^\lambda} \frac{1}{(\mathrm{e}^\lambda - 1)T\mathrm{e}^{2\kappa t}}\right]^{s+1}(T\mathrm{e}^\lambda - 1)\mathrm{e}^{2\kappa t}\left[(\mathrm{e}^\lambda - 1)T\mathrm{e}^{2\kappa t} - 1\right]^s$$
$$= \left[\frac{(\mathrm{e}^\lambda - 1)T - \mathrm{e}^{-2\kappa t}}{(T\mathrm{e}^\lambda - 1)}\right]^s = 1 \tag{9.155}$$

这里 $T \equiv 1 - \mathrm{e}^{-2\kappa t}$. 因此, 式 (9.154) 或式 (9.153) 代表了一个 Laguerre 多项式权重的混沌态.

特别地,当 $s=0$ 时,$H_{s,s}=1$,由式 (9.153) 可知

$$\begin{aligned}\rho_{s=0}(t) &= \frac{1-\mathrm{e}^\lambda}{1-T\mathrm{e}^\lambda} : \exp\left[\left(\frac{\mathrm{e}^{\lambda'}}{1-T\mathrm{e}^\lambda}-1\right)a^\dagger a\right] : \\ &= \frac{1-\mathrm{e}^\lambda}{1-T\mathrm{e}^\lambda} \exp\left[-a^\dagger a \ln \frac{1-(1-\mathrm{e}^{-2\kappa t})\mathrm{e}^\lambda}{\mathrm{e}^\lambda \mathrm{e}^{-2\kappa t}}\right] \\ &= \frac{1-\mathrm{e}^\lambda}{1-(1-\mathrm{e}^{-2\kappa t})\mathrm{e}^\lambda} \exp\{-a^\dagger a \ln[(\mathrm{e}^{-\lambda}-1)\mathrm{e}^{2\kappa t}+1]\} \\ &= (1-\mathrm{e}^f)\exp(fa^\dagger a) \end{aligned} \tag{9.156}$$

其中

$$f = -\ln[(\mathrm{e}^{-\lambda}-1)\mathrm{e}^{2\kappa t}+1] \tag{9.157}$$

有趣的是,将初始时刻的混沌光场 $\rho_{s=0}(0)=\rho_c=(1-\mathrm{e}^\lambda)\mathrm{e}^{\lambda a a^\dagger}$ 与上式 (9.156) 相比,可知混沌场经过耗散演化后 $\rho_{s=0}(t)$ 仍然是个混沌场,只是参数不同. 因此, 式 (9.156) 表示了混沌场的演化规律.

最后, 利用式 (1.129) 与式 (2.78) 可将式 (9.154) 改为

$$\begin{aligned}\rho(t) &= \frac{(-1)^s}{Ts!}\left[\frac{(1-\mathrm{e}^\lambda)T}{1-T\mathrm{e}^\lambda}\right]^{s+1}\sum_{l=0}^{s}\frac{s!s!(-1)^l}{l![(s-l)!]^2} \\ &\quad \times : \left[\frac{a^\dagger \mathrm{e}^{-\kappa t}}{\sqrt{(T\mathrm{e}^\lambda-1)T}}\frac{a\mathrm{e}^{-\kappa t}}{\sqrt{(T\mathrm{e}^\lambda-1)T}}\right]^{s-l}\exp\left[\left(\frac{\mathrm{e}^{\lambda'}}{1-T\mathrm{e}^\lambda}-1\right)a^\dagger a\right] : \\ &= \frac{(-1)^s}{Ts!}\left[\frac{(1-\mathrm{e}^\lambda)T}{1-T\mathrm{e}^\lambda}\right]^{s+1}\sum_{l=0}^{s}\frac{s!s!(-1)^l}{l![(s-l)!]^2} \\ &\quad \times \left[\frac{a^\dagger \mathrm{e}^{-\kappa t}}{\sqrt{(T\mathrm{e}^\lambda-1)T}}\right]^{s-l}\exp\left(a^\dagger a \ln \frac{\mathrm{e}^{\lambda'}}{1-T\mathrm{e}^\lambda}\right)\left[\frac{a\mathrm{e}^{-\kappa t}}{\sqrt{(T\mathrm{e}^\lambda-1)T}}\right]^{s-l} \\ &= \frac{(-1)^s}{Ts!}\left[\frac{(1-\mathrm{e}^\lambda)T}{1-T\mathrm{e}^\lambda}\right]^{s+1}\sum_{l=0}^{s}\frac{s!s!(-1)^l}{l![(s-l)!]^2} \\ &\quad \times \left[\frac{a^\dagger \mathrm{e}^{-\kappa t}}{\sqrt{(T\mathrm{e}^\lambda-1)T}}\right]^{s-l}\left[\frac{a\mathrm{e}^{-\kappa t}\frac{1-T\mathrm{e}^\lambda}{\mathrm{e}^{\lambda'}}}{\sqrt{(T\mathrm{e}^\lambda-1)T}}\right]^{s-l}\exp\left(a^\dagger a \ln \frac{\mathrm{e}^{\lambda'}}{1-T\mathrm{e}^\lambda}\right) \\ &= \frac{1}{T}\left[\frac{(1-\mathrm{e}^\lambda)T}{1-T\mathrm{e}^\lambda}\right]^{s+1}L_s\left(\frac{-a^\dagger a}{T\mathrm{e}^\lambda}\right) : \exp\left(a^\dagger a \ln \frac{\mathrm{e}^{\lambda-2\kappa t}}{1-T\mathrm{e}^\lambda}\right) \\ &= \frac{1}{T}\left[\frac{(1-\mathrm{e}^\lambda)T}{1-T\mathrm{e}^\lambda}\right]^{s+1}L_s\left(\frac{-a^\dagger a}{T\mathrm{e}^\lambda}\right) : \exp\{a^\dagger a[\lambda-2\kappa t-\ln(1-T\mathrm{e}^\lambda)]\} \end{aligned} \tag{9.158}$$

上式中指数算符在正规乘积符号 :: 之外. 总之, 我们提出了一个新的光场——Laguerre 多项式权重混沌场. 该场可以由光子增加混沌场经历振幅衰减获得.

9.17　单模光子增加双模压缩态的衰减

量子调控已引起了人们的广泛关注. 非经典光量子态的产生将有益于量子态工程和量子信息处理. 从理论观点来看, 产生非经典量子态的最简单的方法就是从传统的光场中扣除或增加光子, 这使得量子态呈现丰富的非经典特性. 通过运用光子产生或湮灭算符于经典态, 如热态和相干态, 作用后态称为非高斯态 (其 Wigner 函数呈现非高斯型分布), 得光子增加相干态和光子增加热态, 这些态已在实验上得到了实现. 此外, 光子增加和减少可用来改善高斯态的纠缠.

因为自然界的绝大多数都处于一个热环境之中, 系统和热库间的热交换是不可避免的. 本节中, 我们研究 l-光子增加双模压缩真空态 $C_l a^{\dagger l} S_2(\lambda)|00\rangle \equiv |\psi(\lambda)\rangle_l$(一类非高斯态) 在振幅衰减通道中是如何演化的？这里 C_l 为待定的归一化系数, $S_2 = \exp\left[\lambda\left(a^\dagger b^\dagger - ab\right)\right]$ 为双模压缩算符. 此非经典态理论上通过将算符 $a^{\dagger l}$ 作用与双模压缩真空 $S_2|00\rangle$ 得到

$$S_2|00\rangle = \operatorname{sech}\lambda e^{a^\dagger b^\dagger \tanh\lambda}|00\rangle \tag{9.159}$$

再让它经过振幅衰减通道, 看看会发生什么？物理上, 这个讨论实际上关心的是当激发和衰减共存于双模压缩态时, 退相干过程是如何进行的. 接下来, 利用 IWOP 方法将表明: 初始的 l-光子增加双模压缩态

$$\rho_0 = |C_l|^2 a^{\dagger l} S_2 |00\rangle \langle 00| S_2^\dagger a^l \tag{9.160}$$

演化成 Laguerre 多项式权重的压缩态 $\rho(t)$, 展现强的退相干性. 特别地, 对于 $l = 0$ 的情况, 在耗散过程中一个模的压缩降低, 另一模则变成混沌光场.

9.17.1　单模光子增双模压缩真空态作为一个负二项式态

首先, 计算归一化系数 C_l. 利用双模相干态

$$|z\rangle = \exp\left(-\frac{|z|^2}{2} + za^\dagger\right)|0\rangle, \quad |\tilde{z}'\rangle = \exp\left(-\frac{|z'|^2}{2} + z'b^\dagger\right)|0\rangle \tag{9.161}$$

及其完备性关系

$$\int \frac{\mathrm{d}^2 z \mathrm{d}^2 z'}{\pi^2} |z, \tilde{z}'\rangle\langle z, \tilde{z}'| = 1 \tag{9.162}$$

可得

$$\begin{aligned}
\langle 00|S_2^\dagger a^l a^{\dagger l} S_2|00\rangle &= \operatorname{sech}^2\lambda \langle 00|e^{ab\tanh\lambda} a^l a^{\dagger l} e^{a^\dagger b^\dagger \tanh\lambda}|00\rangle \\
&= \operatorname{sech}^2\lambda \langle 00|e^{ab\tanh\lambda} a^l \int \frac{d^2z d^2z'}{\pi^2}|z,\tilde{z}'\rangle\langle z,\tilde{z}'|a^{\dagger l} e^{a^\dagger b^\dagger \tanh\lambda}|00\rangle \\
&= \operatorname{sech}^2\lambda \int \frac{d^2z d^2z'}{\pi^2}|z|^{2l} e^{-|z|^2-|z'|^2+(z^*z'^*+zz')\tanh\lambda} \\
&= \operatorname{sech}^2\lambda \int \frac{d^2z}{\pi^2}|z|^{2l} e^{-|z|^2 \operatorname{sech}^2\lambda} = l!\cosh^{2l}\lambda
\end{aligned} \tag{9.163}$$

故归一化系数 $C_l = \dfrac{\operatorname{sech}^l\lambda}{\sqrt{l!}}$, 归一化量子态为

$$|\psi(\lambda)\rangle_l \equiv C_l a^{\dagger l} S_2(\lambda)|00\rangle = \frac{\operatorname{sech}^{l+1}\lambda}{\sqrt{l!}} a^{\dagger l} e^{a^\dagger b^\dagger \tanh\lambda}|00\rangle \tag{9.164}$$

令 $\operatorname{sech}^2\lambda = \gamma$, 则上式又可表示成

$$\begin{aligned}
|\psi(\lambda)\rangle_l &= \sqrt{\frac{\gamma^{l+1}}{l!}} a^{\dagger l} e^{a^\dagger b^\dagger \sqrt{1-\gamma}}|0,0\rangle \\
&= \sqrt{\frac{\gamma^{l+1}}{l!}} \sum_{n=0}^{\infty} \sqrt{(1-\gamma)^n} \frac{a^{\dagger n+l} b^{\dagger n}}{n!}|0,0\rangle \\
&= \sum_{n=0}^{\infty} \sqrt{\binom{n+l}{l} \gamma^{l+1}(1-\gamma)^n}\,|l+n,n\rangle
\end{aligned} \tag{9.165}$$

这里 $\binom{n+l}{l}\gamma^{l+1}(1-\gamma)^n$ 为负二项式因子, 所以 l-光子增加双模压缩真空态也可看成是一类负二项式态.

9.17.2 l-光子增双模压缩真空态在单模衰减通道中的演化

当系统经单模衰减通道演化后, 密度算符由式 (9.131) 决定. 将初始单模光子增加双模压缩真空态 $\rho_0 = \dfrac{\operatorname{sech}^{2l}\lambda}{l!} a^{\dagger l} S_2|00\rangle\langle 00|S_2^\dagger a^l$ [参见 (9.160)] 代入式 (9.131) 可得 $\rho(t)$ 的无限算符和表示式

$$\begin{aligned}
\rho(t) &= \frac{\operatorname{sech}^{2l}\lambda}{l!} \sum_{n=0}^{\infty} \frac{T'^n}{n!} e^{-\kappa t a^\dagger a} a^n a^{\dagger l} S_2|00\rangle\langle 00|S_2^\dagger a^l a^{\dagger n} e^{-\kappa t a^\dagger a} \\
&= \frac{\operatorname{sech}^{2(l+1)}\lambda}{l!} \sum_{n=0}^{\infty} \frac{T'^n}{n!} e^{-\kappa t a^\dagger a} a^n a^{\dagger l} \exp(a^\dagger b^\dagger \tanh\lambda)|00\rangle \\
&\quad \times \langle 00|\exp(ab\tanh\lambda) a^l a^{\dagger n} e^{-\kappa t a^\dagger a}
\end{aligned} \tag{9.166}$$

其中，$a^n a^{\dagger l}$ 的正规乘积为

$$a^n a^{\dagger l} = (-\mathrm{i})^{n+l} : H_{l,n}\left(\mathrm{i}a^\dagger, \mathrm{i}a\right) : \, = (-\mathrm{i})^{n+l} \sum_{k=0}^{\min(l,n)} \frac{l!n!(-1)^l \left(\mathrm{i}a^\dagger\right)^{l-k}(\mathrm{i}a)^{n-k}}{k!(l-k)!(n-k)!} \quad (9.167)$$

这里，$H_{l,n}$ 是双变量 Hermite 多项式.

实际上，式 (9.167) 可做如下推导：

$$\sum_{m,n=0}^{\infty} \frac{g^m a^m f^n a^{\dagger n}}{m!n!} = \mathrm{e}^{fa} \mathrm{e}^{ga^\dagger} = \mathrm{e}^{ga^\dagger} \mathrm{e}^{fa} \mathrm{e}^{fg} = \, : \mathrm{e}^{ga^\dagger + fa + fg} :$$

$$= \, : \mathrm{e}^{(-\mathrm{i}g)\mathrm{i}a^\dagger + (-\mathrm{i}f)\mathrm{i}a - (-\mathrm{i}f)(-\mathrm{i}g)} :$$

$$= \sum_{m,n=0}^{\infty} \frac{(-\mathrm{i}g)^m(-\mathrm{i}f)^n}{m!n!} : H_{m,n}\left(\mathrm{i}a^\dagger, \mathrm{i}a\right) : \quad (9.168)$$

则有

$$a^m a^{\dagger n} = (-\mathrm{i})^{m+n} : H_{m,n}\left(\mathrm{i}a^\dagger, \mathrm{i}a\right) : \quad (9.169)$$

注意到湮灭算符作用于双模压缩真空态相当于产生算符作用的结果，即

$$a^{n-k} \exp\left(a^\dagger b^\dagger \tanh\lambda\right) |00\rangle = \left(b^\dagger \tanh\lambda\right)^{n-k} \exp\left(a^\dagger b^\dagger \tanh\lambda\right) |00\rangle \quad (9.170)$$

所以利用式 (9.167) 和 (9.170) 可得

$$a^n a^{\dagger l} \exp\left(a^\dagger b^\dagger \tanh\lambda\right) |00\rangle$$

$$= (-\mathrm{i})^{n+l} \sum_{k=0}^{\min(l,n)} \frac{l!n!(-1)^k \left(\mathrm{i}a^\dagger\right)^{l-k}(\mathrm{i}b^\dagger \tanh\lambda)^{n-k}}{k!(l-k)!(n-k)!} \exp\left(a^\dagger b^\dagger \tanh\lambda\right) |00\rangle$$

$$= (-\mathrm{i})^{n+l} H_{l,n}\left(\mathrm{i}a^\dagger, \mathrm{i}b^\dagger \tanh\lambda\right) \exp\left(a^\dagger b^\dagger \tanh\lambda\right) |00\rangle \quad (9.171)$$

将式 (9.171) 代入式 (9.166)，并利用算符恒等式 $\mathrm{e}^{-\kappa t a^\dagger a} a^\dagger \mathrm{e}^{\kappa t a^\dagger a} = \mathrm{e}^{-\kappa t} a^\dagger$ 以及真空投影算符的正规乘积 $|00\rangle\langle 00| = \, : \mathrm{e}^{-a^\dagger a - b^\dagger b} : $，可将 $\rho(t)$ 表示为

$$\rho(t) = \frac{\mathrm{sech}^{2(l+1)}\lambda}{l!} \sum_{n=0}^{\infty} \frac{T'^n}{n!} (-\mathrm{i})^{n+l} \mathrm{e}^{-\kappa t a^\dagger a} \exp\left(a^\dagger b^\dagger \tanh\lambda\right) H_{l,n}\left(\mathrm{i}a^\dagger, \mathrm{i}b^\dagger \tanh\lambda\right) |00\rangle$$

$$\times \langle 00| H_{l,n}\left(-\mathrm{i}a, -\mathrm{i}b \tanh\lambda\right) \mathrm{i}^{n+l} \exp\left(ab\tanh\lambda\right) \mathrm{e}^{-\kappa t a^\dagger a}$$

$$= \frac{\mathrm{sech}^{2(l+1)}\lambda}{l!} \mathrm{e}^{a^\dagger b^\dagger \mathrm{e}^{-\kappa t} \tanh\lambda} \sum_{n=0}^{\infty} \frac{T'^n}{n!} H_{l,n}\left(\mathrm{i}\mathrm{e}^{-\kappa t} a^\dagger, \mathrm{i}b^\dagger \tanh\lambda\right)$$

$$\times \, : \mathrm{e}^{-a^\dagger a - b^\dagger b} : H_{l,n}\left(-\mathrm{i}\mathrm{e}^{-\kappa t} a, -\mathrm{i}b \tanh\lambda\right) \mathrm{e}^{ab\mathrm{e}^{-\kappa t} \tanh\lambda}$$

$$= \frac{\mathrm{sech}^{2(l+1)}\lambda}{l!} \mathrm{e}^{a^\dagger b^\dagger \mathrm{e}^{-\kappa t} \tanh\lambda}$$

$$\times \sum_{n=0}^{\infty} \frac{T'^n}{n!} : H_{l,n}\left(\mathrm{i}\mathrm{e}^{-\kappa t}a^\dagger, \mathrm{i}b^\dagger \tanh\lambda\right) H_{l,n}\left(-\mathrm{i}\mathrm{e}^{-\kappa t}a, -\mathrm{i}b\tanh\lambda\right)$$

$$\times \mathrm{e}^{-a^\dagger a - b^\dagger b} : \mathrm{e}^{ab\mathrm{e}^{-\kappa t}\tanh\lambda} \tag{9.172}$$

利用 IWOP 方法, 以及求和公式 (3.172) 或其变形

$$\sum_{n=0}^{\infty} \frac{z^n}{n!} H_{m,n}(x,y) H_{m,n}(x',y')$$

$$= (-z)^m \mathrm{e}^{zyy'} H_{m,m}\left[\mathrm{i}\left(\sqrt{z}y' - \frac{x}{\sqrt{z}}\right), \mathrm{i}\left(\sqrt{z}y - \frac{x'}{\sqrt{z}}\right)\right] \tag{9.173}$$

有

$$\sum_{n=0}^{\infty} \frac{T^n}{n!} : H_{l,n}\left(\mathrm{i}\mathrm{e}^{-\kappa t}a^\dagger, \mathrm{i}b^\dagger \tanh\lambda\right) H_{l,n}\left(-\mathrm{i}\mathrm{e}^{-\kappa t}a, -\mathrm{i}b\tanh\lambda\right) \mathrm{e}^{-a^\dagger a - b^\dagger b} :$$

$$=: (-T)^l \mathrm{e}^{Tb^\dagger b \tanh^2\lambda} H_{l,l}\left(\sqrt{T}b\tanh\lambda + \frac{a^\dagger \mathrm{e}^{-\kappa t}}{\sqrt{T}}, -\sqrt{T}b^\dagger\tanh\lambda - \frac{a\mathrm{e}^{-\kappa t}}{\sqrt{T}}\right) \mathrm{e}^{-a^\dagger a - b^\dagger b} :$$

$$= (-T)^l : \mathrm{e}^{Tb^\dagger b \tanh^2\lambda} H_{l,l}\left(\sqrt{T}b\tanh\lambda + \frac{a^\dagger \mathrm{e}^{-\kappa t}}{\sqrt{T}}, -\sqrt{T}b^\dagger\tanh\lambda - \frac{a\mathrm{e}^{-\kappa t}}{\sqrt{T}}\right) |00\rangle\langle 00| :$$

$$\tag{9.174}$$

将式 (9.174) 代入 (9.172), 并利用双变量 Hermite 多项式与 Laguerre 多项式的关系式 (2.78) 可得

$$\rho(t) = \frac{\mathrm{sech}^{2(l+1)}\lambda}{l!}(-T)^l \exp\left(a^\dagger b^\dagger \mathrm{e}^{-\kappa t}\tanh\lambda\right)$$

$$\times : \mathrm{e}^{Tb^\dagger b \tanh^2\lambda} H_{l,l}\left(\sqrt{T}b\tanh\lambda + \frac{a^\dagger \mathrm{e}^{-\kappa t}}{\sqrt{T}}, -\sqrt{T}b^\dagger\tanh\lambda - \frac{a\mathrm{e}^{-\kappa t}}{\sqrt{T}}\right)|00\rangle\langle 00| :$$

$$\times \exp\left(ab\mathrm{e}^{-\kappa t}\tanh\lambda\right)$$

$$= T^l \mathrm{sech}^{2(l+1)}\lambda \mathrm{e}^{a^\dagger b^\dagger \mathrm{e}^{-\kappa t}\tanh\lambda} : \mathrm{e}^{b^\dagger b\left(1-\mathrm{e}^{-2\kappa t}\right)\tanh^2\lambda}$$

$$\times L_l\left[-\left(\sqrt{T}b\tanh\lambda + \frac{a^\dagger \mathrm{e}^{-\kappa t}}{\sqrt{T}}\right)\left(\sqrt{T}b^\dagger\tanh\lambda + \frac{a\mathrm{e}^{-\kappa t}}{\sqrt{T}}\right)\right]|00\rangle$$

$$\times \langle 00| : \mathrm{e}^{ab\mathrm{e}^{-\kappa t}\tanh\lambda} \tag{9.175}$$

此即一个 Laguerre 多项式权重的双模压缩态. 可见, 当 l-光子增加压缩真空态 $C_l a^{\dagger l} S_2 |00\rangle$ 通过一个单模振幅衰减通道后, 可产生一个 Laguerre 多项式权重的双模压缩态.

1. 保迹性 [即 $\text{Tr}\rho(t) = 1$] 的证明

为验证以上结果的准确性，需要验证 $\text{Tr}\rho(t) = 1$. 实际上，式 (9.175) 中正规乘积内的指数算符可表示为

$$: e^{\left(a^\dagger b^\dagger + ab\right) e^{-\kappa t} \tanh\lambda + b^\dagger b \left(1 - e^{-2\kappa t}\right) \tanh^2\lambda} :$$

$$=\, :\exp\left[\left(\sqrt{T} b \tanh\lambda + \frac{a^\dagger e^{-\kappa t}}{\sqrt{T}}\right)\left(\sqrt{T} b^\dagger \tanh\lambda + \frac{a e^{-\kappa t}}{\sqrt{T}}\right) - \frac{a^\dagger a e^{-2\kappa t}}{T}\right]: \qquad (9.176)$$

因此式 (9.175) 变成

$$\rho(t) = T^l \text{sech}^{2(l+1)}\lambda : e^{-F} L_l(F) e^{-\frac{a^\dagger a e^{-2\kappa t}}{T}} |00\rangle\langle 00| : \qquad (9.177)$$

这里

$$F = -\left(\sqrt{T} b \tanh\lambda + \frac{a^\dagger e^{-\kappa t}}{\sqrt{T}}\right)\left(\sqrt{T} b^\dagger \tanh\lambda + \frac{a e^{-\kappa t}}{\sqrt{T}}\right) \qquad (9.178)$$

故而

$$\begin{aligned}
\text{Tr}\rho(t) &= \text{Tr}\left(\rho(t) \iint \frac{\mathrm{d}^2 z \mathrm{d}^2 z'}{\pi^2} |z, z'\rangle\langle z, z'|\right) \\
&= T^l \text{sech}^{2(l+1)}\lambda \iint \frac{\mathrm{d}^2 z \mathrm{d}^2 z'}{\pi^2} \langle z, z'| : e^{-F} L_l(F) e^{-\frac{a^\dagger a e^{-2\kappa t}}{T}} |00\rangle\langle 00| : |z, z'\rangle \\
&= T^l \text{sech}^{2(l+1)}\lambda \iint \frac{\mathrm{d}^2 z \mathrm{d}^2 z'}{\pi^2} e^{\frac{e^{-2\kappa t}}{T'}\left(e^{\kappa t} T z' \tanh\lambda + z^*\right)\left(e^{\kappa t} T z'^* \tanh\lambda + z\right)} \\
&\quad \times L_l\left[-\frac{e^{-2\kappa t}}{T}\left(e^{\kappa t} T z' \tanh\lambda + z^*\right)\left(e^{\kappa t} T z'^* \tanh\lambda + z\right)\right] e^{-\left(\frac{e^{-2\kappa t}}{T}+1\right)|z|^2 - |z'|^2} \\
&= T^l \text{sech}^{2(l+1)}\lambda \iint \frac{\mathrm{d}^2 z'' \mathrm{d}^2 z'}{\pi^2} e^{\frac{e^{-2\kappa t}}{T}|z''|^2} L_l\left(-\frac{e^{-2\kappa t}|z''|^2}{T}\right) \\
&\quad \times e^{-\left(\frac{e^{-2\kappa t}}{T}+1\right)|z'' - e^{\kappa t} T z'^* \tanh\lambda|^2 - |z'|^2}
\end{aligned} \qquad (9.179)$$

注意到 $T = 1 - e^{-2\kappa t}$, $\frac{e^{-2\kappa t}}{T} + 1 = \frac{1}{T}$, 则式 (9.179) 对 $\mathrm{d}^2 z'$ 积分为

$$\begin{aligned}
&\int \frac{\mathrm{d}^2 z'}{\pi} e^{-\left(1 + e^{2\kappa t} T \tanh^2\lambda\right)|z'|^2 - \tanh\lambda e^{\kappa t}\left(z' z'' + z'^* z''^*\right)} \\
&= \frac{1}{1 + e^{2\kappa t} T \tanh^2\lambda} \exp\left(\frac{e^{2\kappa t} \tanh^2\lambda}{1 + e^{2\kappa t} T \tanh^2\lambda}|z''|^2\right)
\end{aligned} \qquad (9.180)$$

则式 (9.179) 中剩下的积分为

$$\begin{aligned}
&\int \frac{\mathrm{d}^2 z''}{\pi} L_l\left(-\frac{e^{-2\kappa t}|z''|^2}{T}\right) \exp\left[\left(\frac{\tanh^2\lambda e^{2\kappa t}}{1 + e^{2\kappa t} T \tanh^2\lambda} - \frac{1}{T} + \frac{e^{-2\kappa t}}{T}\right)|z''|^2\right] \\
&= \int \frac{\mathrm{d}^2 z''}{\pi} L_l\left(-\frac{e^{-2\kappa t}|z''|^2}{T}\right) \exp\left(\frac{-\text{sech}^2\lambda}{1 + e^{2\kappa t} T \tanh^2\lambda}|z''|^2\right)
\end{aligned}$$

$$= Te^{2\kappa t} \int \frac{d^2 z''}{\pi} L_l\left(-|z''|^2\right) \exp\left(\frac{-Te^{2\kappa t}\text{sech}^2\lambda}{1+e^{2\kappa t}T\tanh^2\lambda}|z''|^2\right)$$

$$= \left(\frac{1}{T\text{sech}^2\lambda}\right)^l \frac{1+e^{2\kappa t}T\tanh^2\lambda}{\text{sech}^2\lambda} \tag{9.181}$$

上式中我们利用了积分公式 (5.72). 将式 (9.181) 代入式 (9.179) 则有

$$\text{Tr}\rho(t) = \left(\frac{1}{T\text{sech}^2\lambda}\right)^l \frac{1+e^{2\kappa t}T\tanh^2\lambda}{\text{sech}^2\lambda} \frac{T^l \text{sech}^{2(l+1)}\lambda}{1+e^{2\kappa t}T\tanh^2\lambda} = 1 \tag{9.182}$$

2. $\rho_{l=0}(t)$ 中的平均光子数

特别地, 当 $l=0$ 时, 利用算符恒等式 $:\exp\left[(f-1)\right]b^\dagger b: = \exp\left(b^\dagger b \ln f\right)$ 有

$$\rho_{l=0}(t) = \text{sech}^2\lambda e^{a^\dagger b^\dagger e^{-\kappa t}\tanh\lambda} |0\rangle\langle 0| e^{b^\dagger b \ln\left[\left(1-e^{-2\kappa t}\right)\tanh^2\lambda\right]} e^{abe^{-\kappa t}\tanh\lambda} \tag{9.183}$$

这里 $\exp\left\{b^\dagger b \ln\left[\left(1-e^{-2\kappa t}\right)\tanh^2\lambda\right]\right\}$ 表示第二模依赖于时间的混沌场. 将式 (9.183) 与双模压缩真空态 $S_2|00\rangle\langle 00|S_2^\dagger = \text{sech}^2\lambda e^{a^\dagger b^\dagger \tanh\lambda}|00\rangle\langle 00|e^{ab\tanh\lambda}$ 进行比较, 我们可清楚看到一个纯态是如何演化成一个混合态的, 即压缩参数 $\tanh\lambda$ 演化成 $e^{-\kappa t}\tanh\lambda$, 真空态 $|00\rangle\langle 00|$ 演化成

$$|0\rangle_{aa}\langle 0|\exp\left\{b^\dagger b\ln\left[\left(1-e^{-2\kappa t}\right)\tanh^2\lambda\right]\right\} \tag{9.184}$$

下面, 计算 $\rho_{l=0}(t)$ 中 a 模的平均光子数. 利用双模相干态的完备性关系可得

$$\text{Tr}\left[\rho_{l=0}(t)a^\dagger a\right]$$

$$= \text{sech}^2\lambda \text{Tr}\left\{\int \frac{d^2 z d^2 z'}{\pi^2} |z,z'\rangle\langle z,z'|a^\dagger a e^{a^\dagger b^\dagger e^{-\kappa t}\tanh\lambda}|0\rangle\right.$$
$$\left.\times \langle 0|e^{b^\dagger b \ln\left[\left(1-e^{-2\kappa t}\right)\tanh^2\lambda\right]} e^{abe^{-\kappa t}\tanh\lambda}\right\}$$

$$= \text{sech}^2\lambda \int \frac{d^2 z d^2 z'}{\pi^2} \langle z,z'|a^\dagger a e^{a^\dagger b^\dagger e^{-\kappa t}\tanh\lambda}|0\rangle\langle 0|e^{b^\dagger b \ln\left[\left(1-e^{-2\kappa t}\right)\tanh^2\lambda\right]}$$
$$\times e^{abe^{-\kappa t}\tanh\lambda}|z,z'\rangle$$

$$= \text{sech}^2\lambda \int \frac{d^2 z d^2 z'}{\pi^2} z^* \langle z,z'|e^{a^\dagger b^\dagger e^{-\kappa t}\tanh\lambda}e^{-a^\dagger b^\dagger e^{-\kappa t}\tanh\lambda}a e^{a^\dagger b^\dagger e^{-\kappa t}\tanh\lambda}|0\rangle$$
$$\times \langle 0|e^{b^\dagger b \ln\left[\left(1-e^{-2\kappa t}\right)\tanh^2\lambda\right]} e^{zz'e^{-\kappa t}\tanh\lambda}|z,z'\rangle$$

$$= \text{sech}^2\lambda \int \frac{d^2 z d^2 z'}{\pi^2} z^* e^{z^* z'^* e^{-\kappa t}\tanh\lambda} \langle z,z'|\left(a+b^\dagger e^{-\kappa t}\tanh\lambda\right)|0\rangle$$
$$\times \langle 0|e^{b^\dagger b \ln\left[\left(1-e^{-2\kappa t}\right)\tanh^2\lambda\right]}|z,z'\rangle e^{zz'e^{-\kappa t}\tanh\lambda}$$

$$= \text{sech}^2\lambda e^{-\kappa t}\tanh\lambda \int \frac{\mathrm{d}^2z\mathrm{d}^2z'}{\pi^2} z^*z'^* e^{(z^*z'^*+zz')e^{-\kappa t}\tanh\lambda-|z|^2}$$
$$\times \langle z'|e^{b^\dagger b \ln[(1-e^{-2\kappa t})\tanh^2\lambda]}|z'\rangle \tag{9.185}$$

其中利用到

$$\langle z'|e^{b^\dagger b \ln[(1-e^{-2\kappa t})\tanh^2\lambda]}|z'\rangle = \langle z'|:e^{b^\dagger b[(1-e^{-2\kappa t})\tanh^2\lambda-1]}:|z'\rangle$$
$$= e^{[(1-e^{-2\kappa t})\tanh^2\lambda-1]|z'|^2} \tag{9.186}$$

在式 (9.185) 中对 d^2z 积分有

$$\int \frac{\mathrm{d}^2z}{\pi} z^* e^{(z^*z'^*+zz')e^{-\kappa t}\tanh\lambda-|z|^2} = z'e^{-\kappa t}\tanh\lambda e^{e^{-2\kappa t}\tanh^2\lambda|z'|^2} \tag{9.187}$$

将式 (9.187) 代入式 (9.185) 并利用积分公式

$$\int \frac{\mathrm{d}^2z}{\pi}|z|^2 e^{-\lambda|z|^2} = \frac{1}{\lambda^2} \tag{9.188}$$

可得

$$\text{Tr}\left[\rho_{l=0}(t)a^\dagger a\right] = \text{sech}^2\lambda\left(e^{-\kappa t}\tanh\lambda\right)^2 \int \frac{\mathrm{d}^2z'}{\pi} z'^* z' e^{(\tanh^2\lambda-1)|z'|^2} = \left(e^{-\kappa t}\sinh\lambda\right)^2 \tag{9.189}$$

与初始时刻的平均光子数 $\text{Tr}\left[\rho_{l=0}(0)a^\dagger a\right]$ 相比, 由式 (9.189) 有一个衰减因子 $e^{-2\kappa t}$. 对于 $l\neq 0$, 情况更为复杂, 这里不详细讨论.

附录 积分公式 (9.152) 的证明

证明 利用

$$(-1)^n e^{\mu\nu}\int \frac{\mathrm{d}^2z}{\pi} z^n z^{*m} e^{-|z|^2+\mu z-\nu z^*} = H_{m,n}(\mu,\nu) \tag{A1}$$

有

$$(-1)^n \int \frac{\mathrm{d}^2z}{\pi} z^n z^{*m} e^{-f|z|^2+\mu z-\nu z^*} = \frac{1}{\sqrt{f}^{m+n+2}}e^{-\mu\nu/f}H_{m,n}\left(\mu/\sqrt{f},\nu/\sqrt{f}\right) \tag{A2}$$

则

$$\int \frac{\mathrm{d}^2\xi}{\pi} H_{m,n}(\xi,\xi^*)\exp(-h|\xi|^2+f\xi+g\xi^*)$$
$$= \int \frac{\mathrm{d}^2\xi}{\pi}\exp(-h|\xi|^2+f\xi+g\xi^*)(-1)^n e^{|\xi|^2}\int \frac{\mathrm{d}^2z}{\pi}z^n z^{*m}e^{-|z|^2+\xi z-\xi^*z^*}$$

$$\begin{aligned}
&= (-1)^n \int \frac{\mathrm{d}^2 z}{\pi} z^n z^{*m} \mathrm{e}^{-|z|^2} \int \frac{\mathrm{d}^2 \xi}{\pi} \exp[-(h-1)|\xi|^2 + (f+z)\xi + (g-z^*)\xi^*] \\
&= \frac{(-1)^n}{h-1} \int \frac{\mathrm{d}^2 z}{\pi} z^n z^{*m} \mathrm{e}^{-|z|^2 + \frac{1}{h-1}(f+z)(g-z^*)} \\
&= \frac{(-1)^n}{h-1} \int \frac{\mathrm{d}^2 z}{\pi} z^n z^{*m} \mathrm{e}^{-|z|^2 \frac{h}{h-1} + \frac{zg-fz^*}{h-1} + \frac{fg}{h-1}} \\
&= \frac{1}{h}\left(\frac{h-1}{h}\right)^{\frac{m+n}{2}} H_{m,n}\left[\frac{g}{\sqrt{h(h-1)}}, \frac{f}{\sqrt{h(h-1)}}\right] \exp\left(\frac{fg}{h}\right) \quad (A3)
\end{aligned}$$

证毕.

第 10 章

衰减的光子计数公式及Wigner函数演化

本章讨论在耗散通道中,光子计数分布及 Wigner 函数是如何演化的.

10.1 光子计数公式的积分形式

量子力学光子计数分布公式最早由 Kelley 和 Kleiner 导出. 对于单模场, 在时间间隔 T 内检测到 m 个光电子的概率 $\mathfrak{p}(m,T)$ 为

$$\mathfrak{p}(m,T) = \text{Tr}\left[\rho : \frac{\left(\xi a^\dagger a\right)^m}{m!} e^{-\xi a^\dagger a} :\right] \tag{10.1}$$

其中, $\xi \propto T$ 为探测器的探测器的测量效率, $::$ 表示正规排序, ρ 为单模光场的密度算符. 在粒子数表象中, 密度算符 $\rho = \sum\limits_{n=0}^{\infty} \mathcal{P}_n |n\rangle \langle n|$, $|n\rangle = a^{\dagger n}|0\rangle/\sqrt{n!}$, 则式 (10.1) 可表示

场 Bernoulli 分布

$$\mathfrak{p}(m,T) = \sum_{n=m}^{\infty} \mathcal{P}_n \binom{n}{m} \xi^m (1-\xi)^{n-m} \tag{10.2}$$

例如, 当 ρ 为相干态光场时, $\rho_0 \equiv |\alpha\rangle\langle\alpha|$, $|\alpha\rangle = \exp\left(-\dfrac{|\alpha|^2}{2} + \alpha a^\dagger\right)|0\rangle$, 则由式 (10.1) 得

$$\mathfrak{p}(n) = \mathrm{Tr}\left[|\alpha\rangle\langle\alpha| : \dfrac{(\xi a^\dagger a)^n}{n!} \mathrm{e}^{-\xi a^\dagger a} :\right] = \dfrac{(\xi|\alpha|^2)^n}{n!} \mathrm{e}^{-\xi|\alpha|^2} \tag{10.3}$$

显然, 对于理想探测情况即 $\xi \to 1$, 上式就是泊松分布.

用 ρ 对应的热真空态 $|\psi\rangle_\beta$ ($\rho = \mathrm{tr}_{\tilde a}|\psi\rangle_\beta\langle\psi|$) 则可以把式 (10.1) 改成

$$\mathfrak{p}(m,T) = {}_\beta\langle\psi| : \dfrac{(\xi a^\dagger a)^m}{m!} \mathrm{e}^{-\xi a^\dagger a} : |\psi\rangle_\beta \tag{10.4}$$

例如对应负二项式态的热真空态为 (见前面相关章节)

$$|\psi(\beta)\rangle_s = \sum_{n=0}^{\infty} \sqrt{\binom{n+s}{n} \gamma^{s+1}(1-\gamma)^n} |n, \tilde s + \tilde n\rangle \tag{10.5}$$

则相应的光子计数分布为

$$\begin{aligned}
\mathfrak{p}(m,T) &= \sum_{n=0}^{\infty} \binom{n+s}{n} \gamma^{s+1}(1-\gamma)^n \dfrac{\xi^m}{m!} \langle n| a^{\dagger m} : \mathrm{e}^{-\xi a^\dagger a} : a^m |n\rangle \\
&= \sum_{n=0}^{\infty} \binom{n+s}{n} \gamma^{s+1}(1-\gamma)^n \dfrac{\xi^m}{m!} \langle n-m| (1-\xi)^{a^\dagger a} |n-m\rangle \dfrac{n!}{(n-m)!} \\
&= \sum_{n=0}^{\infty} \gamma^{s+1}(1-\gamma)^n \dfrac{\xi^m (1-\xi)^{n-m}}{m!} \dfrac{(n+s)!}{s!(n-m)!}
\end{aligned} \tag{10.6}$$

下面, 我们来推导光子计数分布公式的积分形式. 为此, 先推导式 (10.1) 中正规乘积算符的反正规乘积表示. 利用将任意算符转化为反正规乘积公式 (2.73), 可得

$$\begin{aligned}
: (a^\dagger a)^m \mathrm{e}^{-\xi a^\dagger a} : &= \vdots \int \dfrac{\mathrm{d}^2 z}{\pi} \langle -z| : (a^\dagger a)^m \mathrm{e}^{-\xi a^\dagger a} : |z\rangle \exp(|z|^2 + z^* a - za^\dagger + aa^\dagger) \vdots \\
&= \vdots \int \dfrac{\mathrm{d}^2 z}{\pi} (-1)^m |z|^{2m} \exp\left[-(1-\xi)|z|^2 + z^* a - za^\dagger + aa^\dagger\right] \vdots
\end{aligned} \tag{10.7}$$

其中, $|z\rangle$ 为相干态. 利用数学公式

$$\begin{aligned}
&\int \dfrac{\mathrm{d}^2 z}{\pi} z^n z^{*m} \mathrm{e}^{k|z|^2 + Bz + Cz^*} \\
&= \mathrm{e}^{-BC/k} \sum_{l=0}^{\min(m,n)} \dfrac{n! m! B^{m-l} C^{n-l}}{l!(n-l)!(m-l)!(-k)^{n+m-l+1}}, \quad \mathrm{Re}\, k < 0
\end{aligned} \tag{10.8}$$

对上式进行积分可得

$$:(a^\dagger a)^m \mathrm{e}^{-\xi a^\dagger a}: = :\mathrm{e}^{\xi a a^\dagger/(\xi-1)} \sum_{l=0}^{m} \frac{(-)^l m! m! a^{m-l} (a^\dagger)^{m-l}}{l!(m-l)!(m-l)!(1-\xi)^{2m-l+1}}: \tag{10.9}$$

利用 Laguerre 多项式的定义式

$$L_m(x) = \sum_{l=0}^{m} (-1)^l \binom{m}{l} \frac{x^l}{l!} = \sum_{l'=0}^{m} (-1)^{m-l'} \binom{m}{m-l'} \frac{x^{m-l'}}{(m-l')!} \tag{10.10}$$

将式 (10.9) 变成

$$:(a^\dagger a)^m \mathrm{e}^{-\xi a^\dagger a}: = \frac{(-)^m m!}{(1-\xi)^{m+1}} :\mathrm{e}^{\xi a a^\dagger/(\xi-1)} L_m\left(\frac{a a^\dagger}{1-\xi}\right): \tag{10.11}$$

这是一个新的算符恒等式.

当已知算符的反正规排序后, 利用 P-表示可知

$$\vdots A(a, a^\dagger) \vdots = \int \frac{\mathrm{d}^2 z}{\pi} A(z, z^*) |z\rangle\langle z| \tag{10.12}$$

这里 $|z\rangle$ 为相干态, 因而将式 (10.11) 代入式 (10.1) 得

$$\begin{aligned}
\mathfrak{p}(m, T) &= \frac{(-\xi)^m}{(1-\xi)^{m+1}} \mathrm{Tr}\left[\rho \vdots \mathrm{e}^{\xi a a^\dagger/(\xi-1)} L_m\left(\frac{a a^\dagger}{1-\xi}\right) \vdots\right] \\
&= \left(\frac{\xi}{\xi-1}\right)^m \mathrm{Tr}\left[\rho \int \frac{\mathrm{d}^2 z}{(1-\xi)\pi} \mathrm{e}^{-\xi|z|^2/(1-\xi)} L_m\left(\frac{|z|^2}{1-\xi}\right) |z\rangle\langle z|\right] \\
&= \left(\frac{\xi}{\xi-1}\right)^m \int \frac{\mathrm{d}^2 z}{\pi} \mathrm{e}^{-\xi|z|^2} L_m(|z|^2) \left\langle\sqrt{1-\xi}z\right|\rho\left|\sqrt{1-\xi}z\right\rangle
\end{aligned} \tag{10.13}$$

这是一个计算光子计数分布的新公式. 可把

$$:\frac{(\xi a^\dagger a)^n}{n!} \mathrm{e}^{-\xi a^\dagger a}: \equiv M_a(\xi) \tag{10.14}$$

称为量子效率为 ξ 的探测器的计数算子.

10.2　热场动力学中的光子计数公式

本节中, 我们将式 (10.1) 的热统计平均值的计算转化为一个纯态下的矩阵元, 也即我们希望从一个新的角度解释 $\mathfrak{p}(m, T)$: 利用 Takahashi 和 Umezawa 提出的热场动力

学理论给予 $\mathfrak{p}(m,T)$ 以新的解释. 该理论的基本点在于: 通过双倍扩大真实态空间, 即单模数态空间 $|m\rangle$ 扩展为双模数态空间 $|m,\tilde{m}\rangle$, 其中 $|\tilde{m}\rangle = \frac{\tilde{a}^{\dagger m}}{\sqrt{m!}}|\tilde{0}\rangle$ 是与实模空间相对应的虚模数态, $\tilde{a}^{\dagger}$ 为与实模 $a^{\dagger}$ 相对应的虚模产生算符, 满足 $[\tilde{a},\tilde{a}^{\dagger}]=1$, $\tilde{a}|0\tilde{0}\rangle=0$. 基于热场动力学理论思想, 我们将场算符

$$:e^{-\xi a^{\dagger} a}:\ =(1-\xi)^{a^{\dagger} a} \tag{10.15}$$

用热压缩算符 $e^{(1-\xi)a^{\dagger}\tilde{a}^{\dagger}}$ 取代, 密度算符 ρ 用态矢量 $\langle \rho|$ 取代, 其中

$$\langle \rho| = \langle I|\rho, \quad \langle I| = \sum_{l}^{\infty}\langle l,\tilde{l}| = \langle 0,\tilde{0}|e^{a\tilde{a}} \tag{10.16}$$

则光子计数公式 $\mathfrak{p}(m,T)$ 可解释为热压缩算符 $e^{(1-\xi)a^{\dagger}\tilde{a}^{\dagger}}$ 在纯态 $\langle \rho|$ 与 $|m,\tilde{m}\rangle \equiv |m\rangle|\tilde{m}\rangle$ 中的矩阵元, 即

$$\mathfrak{p}(m,T) = \xi^{m}\langle \rho|e^{(1-\xi)a^{\dagger}\tilde{a}^{\dagger}}|m,\tilde{m}\rangle \tag{10.17}$$

利用热纠缠态表象 (5.49) 上式又可表示成

$$\mathfrak{p}(m,T) = \xi^{m}\int\frac{d^2\eta}{\pi}\chi(\eta)\langle \eta|e^{(1-\xi)a^{\dagger}\tilde{a}^{\dagger}}|m,\tilde{m}\rangle \tag{10.18}$$

下面我们将证明式 (10.17) 以及式 (10.18), 并计算矩阵元 $\langle \eta|e^{(1-\xi)a^{\dagger}\tilde{a}^{\dagger}}|m,\tilde{m}\rangle$.

10.2.1 式 (10.17) 的证明

实际上, 利用 Fock 态的完备性 $1 = \sum_{k}^{\infty}|k\rangle\langle k|$ 以及 $\langle \tilde{k}|\tilde{l}\rangle = \delta_{l,k}$, 可将式 (10.1) 改写成

$$\begin{aligned}\mathfrak{p}(m,T) &= \text{Tr}\left[\sum_{k}^{\infty}|k\rangle\langle k|\rho : \frac{(\xi a^{\dagger}a)^{m}}{m!}e^{-\xi a^{\dagger}a}:\right] \\ &= \sum_{k}^{\infty}\langle k|\rho : \frac{(\xi a^{\dagger}a)^{m}}{m!}e^{-\xi a^{\dagger}a}:|k\rangle \\ &= \frac{\xi^{m}}{m!}\sum_{k}^{\infty}\langle k,\tilde{k}|\rho a^{\dagger m}:e^{-\xi a^{\dagger}a}:a^{m}\sum_{l}^{\infty}|l,\tilde{l}\rangle \\ &= \frac{\xi^{m}}{m!}\langle \rho|a^{\dagger m}(1-\xi)^{a^{\dagger}a}a^{m}|I\rangle \end{aligned} \tag{10.19}$$

利用式 (10.16) 可知 (参见 6.3 节)

$$a^{m}|I\rangle = a^{m}\sum_{l}^{\infty}|l,l\rangle = a^{m}e^{a^{\dagger}\tilde{a}^{\dagger}}|0,\tilde{0}\rangle = \tilde{a}^{\dagger}|I\rangle \tag{10.20}$$

因此, 式 (10.19) 变成

$$\begin{aligned}\mathfrak{p}(m,T) &= \frac{\xi^m}{m!}\langle\rho|a^{\dagger m}(1-\xi)^{a^\dagger a}\widetilde{a}^{\dagger m}|I\rangle \\ &= \frac{\xi^m}{m!}\langle\rho|a^{\dagger m}\widetilde{a}^{\dagger m}\sum_{l}^{\infty}(1-\xi)^{a^\dagger a}\left|l,\widetilde{l}\right\rangle \\ &= \frac{\xi^m}{m!}\langle\rho|a^{\dagger m}\widetilde{a}^{\dagger m}\sum_{l}^{\infty}(1-\xi)^l\frac{a^{\dagger l}\widetilde{a}^{\dagger l}}{l!}|0,\widetilde{0}\rangle \\ &= \xi^m\langle\rho|\mathrm{e}^{(1-\xi)a^\dagger\widetilde{a}^\dagger}|m,\widetilde{m}\rangle\end{aligned} \quad (10.21)$$

可见, 在热场动力学理论下光子计数分布公式 $\mathfrak{p}(m,T)$ 被解释成热纠缠算符 $\mathrm{e}^{(1-\xi)a^\dagger\widetilde{a}^\dagger}$ 在纯态 $\langle\rho|$ 与 $|m,\widetilde{m}\rangle\equiv|m\rangle|\widetilde{m}\rangle$ 间的矩阵元.

利用热纠缠态表象 $|\eta\rangle$(参见 4.9 节式（4.108）和式（4.109）) 并注意到 $[(a-\widetilde{a}^\dagger),(a^\dagger-\widetilde{a})]=0$, 即 $|\eta\rangle$ 为算符 $(a-\widetilde{a}^\dagger)$ 与 $(\widetilde{a}-a^\dagger)$ 的共同本征态. 由式 (4.109), 不难证明 $|\eta\rangle$ 是正交的, 即满足

$$\langle\eta'|\eta\rangle = \pi\delta(\eta'-\eta)\delta(\eta'^*-\eta^*) \quad (10.22)$$

利用真空投影算符的正规乘积 $|0\widetilde{0}\rangle\langle0\widetilde{0}|=:\exp(-a^\dagger a-\widetilde{a}^\dagger\widetilde{a}):$, 以及 IWOP 方法, 可直接证明 $|\eta\rangle$ 是完备的, 即

$$\begin{aligned}&\int\frac{\mathrm{d}^2\eta}{\pi}|\eta\rangle\langle\eta| \\ &= \int\frac{\mathrm{d}^2\eta}{\pi}:\exp(-|\eta|^2+\eta a^\dagger-\eta^*\widetilde{a}^\dagger+\eta^*a-\eta\widetilde{a}+a^\dagger\widetilde{a}^\dagger+a\widetilde{a}-a^\dagger a-\widetilde{a}^\dagger\widetilde{a}):=1\end{aligned} \quad (10.23)$$

注意到

$$|\eta\rangle = D(\eta)|I\rangle, \quad D(\eta) = \mathrm{e}^{\eta a^\dagger-\eta^*a} \quad (10.24)$$

所以

$$\begin{aligned}\langle\rho|\eta\rangle &= \langle\rho|D(\eta)|I\rangle = \sum_{n,m}^{\infty}\langle n,\widetilde{n}|\rho D(\eta)|m,\widetilde{m}\rangle \\ &= \sum_{n}^{\infty}\langle n|D(\eta)\rho|n\rangle = \mathrm{Tr}[\rho D(\eta)] = \chi(\eta)\end{aligned} \quad (10.25)$$

可见, 内积 $\langle\rho|\eta\rangle$ 恰好就是密度算符 ρ 的特征函数. 因此, 利用式 (10.23) 和式 (10.25), 可将式 (10.21) 改写为

$$\begin{aligned}\mathfrak{p}(m,T) &= \xi^m\int\frac{\mathrm{d}^2\eta}{\pi}\langle\rho|\eta\rangle\langle\eta|\mathrm{e}^{(1-\xi)a^\dagger\widetilde{a}^\dagger}|m,\widetilde{m}\rangle \\ &= \xi^m\int\frac{\mathrm{d}^2\eta}{\pi}\chi(\eta)\langle\eta|\mathrm{e}^{(1-\xi)a^\dagger\widetilde{a}^\dagger}|m,\widetilde{m}\rangle\end{aligned} \quad (10.26)$$

10.2.2 矩阵元 $\langle \eta | e^{(1-\xi)a^\dagger \tilde{a}^\dagger} | m, \tilde{m} \rangle$ 的计算

为计算以上矩阵元, 引入热纠缠态的共轭纠缠态, 即

$$|\zeta\rangle = \exp\left(-\frac{1}{2}|\zeta|^2 + \zeta a^\dagger + \zeta^* \tilde{a}^\dagger - a^\dagger \tilde{a}^\dagger\right) |0\tilde{0}\rangle \tag{10.27}$$

不难证明 $|\xi\rangle$ 是完备的,

$$\int \frac{d^2\zeta}{\pi} |\zeta\rangle \langle\zeta| = 1 \tag{10.28}$$

且二者内积为

$$\langle \zeta | \eta \rangle = \frac{1}{2} \exp\left[\frac{1}{2}(\eta \zeta^* - \eta^* \zeta)\right] \tag{10.29}$$

此外, 热压缩算符 $S \equiv e^{\sigma(a^\dagger \tilde{a}^\dagger - a\tilde{a})}$ 在热纠缠态表象中有其自然表示, 即

$$S \equiv \int \frac{d^2\eta}{\pi\mu} |\eta/\mu\rangle \langle\eta| = \mu \int \frac{d^2\zeta}{\pi} |\mu\zeta\rangle \langle\zeta| \quad (\mu = e^\sigma) \tag{10.30}$$

实际上, 利用 IWOP 方法可直接积分得

$$\begin{aligned}
S &= \int \frac{d^2\eta}{\pi\mu} |\eta/\mu\rangle \langle\eta| \\
&= \int \frac{d^2\eta}{\pi} : \exp\left[-\frac{|\eta|^2}{2}\left(1 + \frac{1}{\mu^2}\right) + \frac{\eta}{\mu} a^\dagger - \frac{\eta^*}{\mu} \tilde{a}^\dagger + \eta^* a - \eta \tilde{a} \right. \\
&\quad \left. + a^\dagger \tilde{a}^\dagger + a\tilde{a} - a^\dagger a - \tilde{a}^\dagger \tilde{a}\right] : \\
&= \exp\left(-a^\dagger \tilde{a}^\dagger \tanh\sigma\right) \exp\left[(a^\dagger a + \tilde{a}^\dagger \tilde{a} + 1) \ln\text{sech}\,\sigma\right] \exp(a\tilde{a} \tanh\sigma) \tag{10.31}
\end{aligned}$$

故而热压缩真空态 (此前也称热真空态) 为

$$\begin{aligned}
S |0\tilde{0}\rangle &= \text{sech}\,\lambda\, e^{-a^\dagger \tilde{a}^\dagger \tanh\lambda} |0\tilde{0}\rangle = \mu \int \frac{d^2\zeta}{\pi} |\mu\zeta\rangle \langle\zeta | 0\tilde{0}\rangle \\
&= \mu \int \frac{d^2\zeta}{\pi} |\mu\zeta\rangle e^{-|\xi|^2/2} \tag{10.32}
\end{aligned}$$

令 $1 - \xi = f$, 并引入实参数 g, 则上述矩阵元可表示为

$$\langle \eta | e^{(1-\xi)a^\dagger \tilde{a}^\dagger} | m, \tilde{m}\rangle = \frac{1}{m!} \frac{d^m}{dg^m} \langle \eta | e^{(f+g)a^\dagger \tilde{a}^\dagger} | 0\tilde{0}\rangle |_{g=0} \tag{10.33}$$

将上式中 $e^{(f+g)a^\dagger \tilde{a}^\dagger} |0\tilde{0}\rangle$ 与式 (10.33) 中 $e^{-a^\dagger \tilde{a}^\dagger \tanh\lambda} |0\tilde{0}\rangle$ 进行比较, 可设

$$f + g \equiv g' = -\tanh\lambda = \frac{e^{-\lambda} - e^\lambda}{e^{-\lambda} + e^\lambda} = \frac{1-\mu^2}{1+\mu^2} \tag{10.34}$$

以及 $\text{sech}^2\lambda = 1 - g'^2$，则有
$$\mu^2 = \frac{1-g'}{1+g'} \tag{10.35}$$

故而利用式 (10.32) 可得
$$\begin{aligned}
\mathrm{e}^{(f+g)a^\dagger \tilde{a}^\dagger} |0\tilde{0}\rangle &= \mathrm{e}^{g' a^\dagger \tilde{a}^\dagger} |0\tilde{0}\rangle \\
&= \sqrt{\frac{1}{1-g'^2}} \sqrt{\frac{1-g'}{1+g'}} \int \frac{\mathrm{d}^2\zeta}{\pi} \left| \sqrt{\frac{1-g'}{1+g'}} \zeta \right\rangle \mathrm{e}^{-|\zeta|^2/2} \\
&= \frac{1}{1+g'} \int \frac{\mathrm{d}^2\zeta}{\pi} \left| \sqrt{\frac{1-g'}{1+g'}} \zeta \right\rangle \mathrm{e}^{-|\zeta|^2/2}
\end{aligned} \tag{10.36}$$

利用完备性关系 (10.28) 以及内积关系 (10.29) 可得
$$\begin{aligned}
\langle \eta | \mathrm{e}^{g' a^\dagger a} |0\tilde{0}\rangle &= \frac{1}{1+g'} \int \frac{\mathrm{d}^2\zeta}{\pi} \left\langle \eta \left| \sqrt{\frac{1-g'}{1+g'}} \zeta \right\rangle \mathrm{e}^{-|\zeta|^2/2} \right. \\
&= \frac{1}{2(1+g')} \int \frac{\mathrm{d}^2\zeta}{\pi} \exp\left[\sqrt{\frac{1-g'}{1+g'}} \frac{\eta^*\zeta - \zeta^*\eta}{2} - \frac{|\zeta|^2}{2} \right] \\
&= \frac{1}{1+g'} \exp\left[-\frac{1-g'}{2(1+g')} |\eta|^2 \right] \\
&= \frac{1}{1+g'} \mathrm{e}^{-|\eta|^2/2} \exp\left(\frac{g'}{1+g'} |\eta|^2 \right)
\end{aligned} \tag{10.37}$$

注意到
$$\frac{g'}{1+g'} = \frac{f+g}{1+f+g} = \frac{g}{1+f+g} \frac{1}{1+f} + \frac{f}{1+f} \tag{10.38}$$

以及 Laguerre 多项式的母函数公式
$$L_n(x) = \frac{1}{n!} \frac{\partial^n}{\partial t^n} \left[(1-t)^{-1} \exp\left(\frac{-xt}{1-t} \right) \right] \bigg|_{t=0} \tag{10.39}$$

则式 (10.33) 变成
$$\begin{aligned}
&\langle \eta | \mathrm{e}^{(1-\xi)a^\dagger a} | m, \tilde{m} \rangle \\
&= \frac{1}{m!} \frac{\mathrm{d}^m}{\mathrm{d}g^m} \langle \eta | \mathrm{e}^{(f+g) a^\dagger \tilde{a}^\dagger} |0\tilde{0}\rangle \big|_{g=0} \\
&= \frac{1}{m!} \frac{\mathrm{d}^m}{\mathrm{d}g^m} \left[\mathrm{e}^{\frac{f|\eta|^2}{1+f} - |\eta|^2/2} \frac{1}{1+f+g} \exp\left(\frac{g}{1+f+g} \frac{|\eta|^2}{1+f} \right) \right] \bigg|_{g=0} \\
&= \frac{1}{m!} \mathrm{e}^{\frac{f-1}{2(1+f)}|\eta|^2} \frac{\mathrm{d}^m}{\mathrm{d}g^m} \left[\frac{1}{1+f+g} \exp\left(\frac{g}{1+f+g} \frac{|\eta|^2}{1+f} \right) \right] \bigg|_{g=0} \\
&= \frac{1}{m!} \frac{1}{(1+f)^{m+1}} \mathrm{e}^{\frac{f-1}{2(1+f)}|\eta|^2} \frac{\mathrm{d}^m}{\mathrm{d}\left(\frac{g}{1+f}\right)^m} \left[\frac{1}{1+\frac{g}{1+f}} \exp\left(\frac{\frac{-g}{1+f}}{1+\frac{g}{1+f}} \frac{-|\eta|^2}{1+f} \right) \right] \bigg|_{g=0}
\end{aligned}$$

$$= \frac{1}{(1+f)^{m+1}} (-1)^m e^{\frac{f-1}{2(1+f)}|\eta|^2} L_m\left(\frac{-|\eta|^2}{1+f}\right) \tag{10.40}$$

将定义式 $1-\xi = f$ 以及式 (10.40) 代入式 (10.18) 可得

$$\begin{aligned}\mathfrak{p}(m,T) &= \frac{(-\xi)^m}{(1+f)^{m+1}} \int \frac{\mathrm{d}^2\eta}{\pi} \langle \rho|\eta\rangle e^{\frac{f-1}{2(1+f)}|\eta|^2} L_m\left(\frac{-|\eta|^2}{1+f}\right) \\ &= \frac{(-\xi)^m}{(2-\xi)^{m+1}} \int \frac{\mathrm{d}^2\eta}{\pi} \chi(\eta) e^{\frac{-\xi}{2(2-\xi)}|\eta|^2} L_m\left(\frac{-|\eta|^2}{2-\xi}\right)\end{aligned} \tag{10.41}$$

此即当已知密度算符 ρ 的特征函数 $\chi(\eta)$ 时求解光子计数分布的新积分公式.

例如, 对于纯相干态 $|\alpha\rangle\langle\alpha|$, 其特征函数为

$$\chi(\eta) = \mathrm{Tr}(|\alpha\rangle\langle\alpha| D(\eta)) = \langle\alpha| D(\eta) |\alpha\rangle = e^{-|\eta|^2/2 + \alpha^*\eta - \alpha\eta^*} \tag{10.42}$$

将式 (10.42) 代入式 (10.41) 积分得

$$\begin{aligned}\mathfrak{p}_{|\alpha\rangle\langle\alpha|}(m,T) &= \frac{(-\xi)^m}{(2-\xi)^{m+1}} \int \frac{\mathrm{d}^2\eta}{\pi} e^{-|\eta|^2/2 + \alpha^*\eta - \alpha\eta^*} e^{\frac{-\xi}{2(2-\xi)}|\eta|^2} L_m\left(\frac{-|\eta|^2}{2-\xi}\right) \\ &= \frac{\left(\xi|\alpha|^2\right)^m e^{-\xi|\alpha|^2}}{m!}\end{aligned} \tag{10.43}$$

这与此前的计算结果是完全一致的.

总之, 基于热场动力学理论, 我们将光子计数分布公式转化成热纠缠算符 (压缩算符) $e^{(1-\xi)a^\dagger\tilde{a}^\dagger}$ 在态 $\langle\rho|$ 与 $|m,\tilde{m}\rangle$ 中的矩阵元. 通过引入热纠缠态表象, 推导了一个已知特征函数计算光子计数分布的新积分公式. 这对于计算量子态, 特别是具有复杂形式密度算符的光子数分布是方便的.

10.3 对双模压缩态的单模光子计数

一个有趣的问题是: 当对双模压缩真空态的一个模进行计数时, 另一个模会处于什么态下呢? 或者说对双模中的一个模有 n 个光子的计数, 另一模会怎样塌缩呢? 双模压缩真空态为

$$\rho_{a,b} \equiv \mathrm{sech}^2\lambda\, e^{a^\dagger b^\dagger \tanh\lambda} |00\rangle\langle 00| e^{ab\tanh\lambda} \quad (|00\rangle \equiv |0\rangle_a |0\rangle_b) \tag{10.44}$$

若只对双模态 $\rho_{a,b}$ 中的 a 模进行计数, 则式 (10.1) 自然地变成了部分求迹

$$\mathfrak{p}_a(n) \to \mathrm{tr}_a\left[\rho_{a,b} : \frac{\left(\xi a^\dagger a\right)^n}{n!} \mathrm{e}^{-\xi a^\dagger a} : \right] = \rho_b \tag{10.45}$$

可见, 对 a 模的计数操作对于 b 模而言就相当于一个算子. 将式 (10.13) 代入式 (10.45) 并利用真空投影算符的正规乘积 $|0\rangle_{22}\langle 0| =: \mathrm{e}^{-b^\dagger b} :$, 得

$$\begin{aligned}
\rho_b &= \frac{\xi^n \mathrm{sech}^2\lambda}{(\xi-1)^{n+1}} \int \frac{\mathrm{d}^2\beta}{\pi} \langle -\beta| \mathrm{e}^{a^\dagger b^\dagger \tanh\lambda} |00\rangle\langle 00| \mathrm{e}^{ab\tanh\lambda} |\beta\rangle \mathrm{e}^{\frac{\xi-2}{\xi-1}|\beta|^2} L_n\left(\frac{|\beta|^2}{\xi-1}\right) \\
&= \frac{\xi^n \mathrm{sech}^2\lambda}{(\xi-1)^{n+1}} \int \frac{\mathrm{d}^2\beta}{\pi} \mathrm{e}^{-\beta^* b^\dagger \tanh\lambda} |0\rangle_{22}\langle 0| \mathrm{e}^{\beta b\tanh\lambda} \mathrm{e}^{\left(\frac{\xi-2}{\xi-1}-1\right)|\beta|^2} L_n\left(\frac{|\beta|^2}{\xi-1}\right) \\
&= \frac{\xi^n \mathrm{sech}^2\lambda}{(\xi-1)^{n+1}} \int \frac{\mathrm{d}^2\beta}{\pi} : \mathrm{e}^{\frac{-1}{\xi-1}|\beta|^2 + \left(\beta b - \beta^* b^\dagger\right)\tanh\lambda - b^\dagger b} L_n\left(\frac{|\beta|^2}{\xi-1}\right) : \\
&= \frac{\xi^n \mathrm{sech}^2\lambda}{n!(\xi-1)^{n+1}} \frac{\partial^n}{\partial t^n} : \int \frac{\mathrm{d}^2\beta}{\pi(1-t)} \mathrm{e}^{\frac{|\beta|^2}{(\xi-1)(t-1)} + \left(\beta b - \beta^* b^\dagger\right)\tanh\lambda - b^\dagger b} \Big|_{t=0} :
\end{aligned} \tag{10.46}$$

在上式最后一步, 利用了 Laguerre 多项式的母函数公式

$$\sum_{n=0}^\infty L_n(x) t^n = \frac{\exp\left(\frac{-xt}{1-t}\right)}{1-t} \tag{10.47}$$

或式（10.39）.

借助 IWOP 方法积分式 (10.46) 可得

$$\begin{aligned}
\rho_b &= \frac{\xi^n \mathrm{sech}^2\lambda}{n!(\xi-1)^n} \frac{\partial^n}{\partial t^n} : \mathrm{e}^{\left[(\xi-1)(t-1)\tanh^2\lambda - 1\right]b^\dagger b} : \big|_{t=0} \\
&= \frac{\xi^n \mathrm{sech}^2\lambda}{n!(\xi-1)^n} \frac{\partial^n}{\partial t^n} : \mathrm{e}^{\left[(\xi-1)t\tanh^2\lambda - \xi\tanh^2\lambda - \mathrm{sech}^2\lambda\right]b^\dagger b} : \big|_{t=0} \\
&= \xi^n \mathrm{sech}^2\lambda \tanh^{2n}\lambda : \frac{1}{n!} b^{\dagger n} b^n \mathrm{e}^{\left(-\xi\tanh^2\lambda - \mathrm{sech}^2\lambda\right)b^\dagger b} :
\end{aligned} \tag{10.48}$$

令

$$\xi' = \xi\tanh^2\lambda + \mathrm{sech}^2\lambda \tag{10.49}$$

则式 (10.49) 可改写成

$$\rho_b = \frac{\left(\xi\tanh^2\lambda\right)^n \mathrm{sech}^2\lambda}{\xi'^n} : \frac{\left(\xi' b^\dagger b\right)^n}{n!} \mathrm{e}^{-\xi' b^\dagger b} : = \frac{\left(\xi\tanh^2\lambda\right)^n \mathrm{sech}^2\lambda}{\xi'^n} M_b(\xi') \tag{10.50}$$

可见, 若对双模压缩真空态的 a 模计数, 则 b 模塌缩为一个新的计数算子, 它的计数效率为 ξ', 由式 (10.49) 决定.

此外, 利用算符恒等式——将正规乘积转换成反正规乘积表示：

$$b^{\dagger k+n} b^{k+n} = \vdots H_{k+n,k+n}(b, b^\dagger) \vdots \tag{10.51}$$

以及求和公式

$$\sum_{k=0}^{\infty} \frac{f^k}{k!} H_{k+m,k+n}(x,y) = (f+1)^{-(m+n+2)/2} e^{fxy/(f+1)} H_{m,n}\left(\frac{x}{\sqrt{f+1}}, \frac{y}{\sqrt{f+1}}\right) \tag{10.52}$$

则式 (10.48) 可改写成

$$\begin{aligned}
\rho_b &= \xi^n \mathrm{sech}^2 \lambda \tanh^{2n} \lambda \vdots \frac{1}{n!} b^{\dagger n} b^n e^{(-\xi \tanh^2 \lambda - \mathrm{sech}^2 \lambda) b^\dagger b} \vdots \\
&= \frac{\xi^n}{n!} \mathrm{sech}^2 \lambda \tanh^{2n} \lambda \sum_{k=0}^{\infty} b^{\dagger k+n} b^{k+n} \frac{(-\xi \tanh^2 \lambda - \mathrm{sech}^2 \lambda)^k}{k!} \\
&= \frac{\xi^n}{n!} \mathrm{sech}^2 \lambda \tanh^{2n} \lambda \sum_{k=0}^{\infty} \vdots H_{k+n,k+n}(b, b^\dagger) \vdots \frac{(-\xi \tanh^2 \lambda - \mathrm{sech}^2 \lambda)^k}{k!} \\
&= \frac{\xi^n}{n! \sinh^2 \lambda (1-\xi)^n} \vdots e^{(-\xi \tanh^2 \lambda - \mathrm{sech}^2 \lambda) b b^\dagger / [(1-\xi) \tanh^2 \lambda]} \\
&\quad \times H_{n,n}\left(\frac{b}{\tanh \lambda \sqrt{1-\xi}}, \frac{b^\dagger}{\tanh \lambda \sqrt{1-\xi}}\right) \vdots
\end{aligned} \tag{10.53}$$

此即 b 模密度算符 ρ_b 的反正规乘积. 因此 ρ_b 的 P- 表示为

$$e^{-(\xi \tanh^2 \lambda + \mathrm{sech}^2 \lambda)|\alpha|^2 / [(1-\xi)\tanh^2 \lambda]} L_n\left[\frac{|\alpha|^2}{\tanh^2 \lambda (1-\xi)}\right] \tag{10.54}$$

这对进一步计算 b 模相关的量是有益的.

10.4 衰减通道中的光子计数公式

本节考察量子系统经过耗散环境的光子计数分布公式. 当密度算符 $\rho(0)$ 经过振幅衰减通道后, 系统态密度算符 $\rho(t)$ 由算符和表示给出即式 (9.131). 故将式 (9.131) 代入式 (10.1) 可得

$$\mathfrak{p}(n,t) = \mathrm{Tr}\left[\rho(t) : \frac{(\xi a^\dagger a)^n}{n!} e^{-\xi a^\dagger a} :\right]$$

$$= \text{Tr}\left[\rho_0 \hat{O}(t)\right] \tag{10.55}$$

其中
$$\hat{O}(t) = \sum_{m=0}^{\infty} M_m^\dagger : \frac{(\xi a^\dagger a)^n}{n!} e^{-\xi a^\dagger a} : M_m \tag{10.56}$$

利用算符恒等式
$$: e^{-\xi a^\dagger a} : = \exp\left[a^\dagger a \ln(1-\xi)\right] = (1-\xi)^{a^\dagger a}$$
$$a^\dagger e^\lambda = e^{\lambda a^\dagger a} a^\dagger e^{-\lambda a^\dagger a}$$
$$a e^{-\lambda} = e^{\lambda a^\dagger a} a e^{-\lambda a^\dagger a} \tag{10.57}$$

可将式 (10.56) 变成正规乘积形式:
$$\hat{O}(t) = \sum_{m=0}^{\infty} \frac{T^m}{m!} a^{\dagger m} e^{-\kappa t a^\dagger a} : \frac{(\xi a^\dagger a)^n}{n!} e^{-\xi a^\dagger a} : e^{-\kappa t a^\dagger a} a^m$$
$$= \sum_{m=0}^{\infty} \frac{T^m}{m!} a^{\dagger m} e^{-\kappa t a^\dagger a} \frac{\xi^n a^{\dagger n}}{n!} (1-\xi)^{a^\dagger a} a^n e^{-\kappa t a^\dagger a} a^m$$
$$= \frac{\xi^n}{n!} e^{-2n\kappa t} \sum_{m=0}^{\infty} \frac{T^m}{m!} a^{\dagger n+m} e^{-\kappa t a^\dagger a} e^{a^\dagger a \ln(1-\xi)} e^{-\kappa t a^\dagger a} a^{n+m}$$
$$= \frac{\xi^n}{n!} e^{-2\kappa t n} \sum_{m=0}^{\infty} \frac{T^m}{m!} a^{\dagger n+m} : e^{\left[e^{[\ln(1-\xi)-2\kappa t]}-1\right]a^\dagger a} : a^{n+m} \tag{10.58}$$

注意到 $T = 1 - e^{-2\kappa t}$ 以及正规乘积内的求和方法 (正规乘积内算符 a 和 $a^\dagger$ 是可对易的), 则有
$$\hat{O}(t) = \frac{\xi^n}{n!} e^{-2\kappa t n} a^{\dagger n} : \sum_{m=0}^{\infty} \frac{(T a^\dagger a)^m}{m!} e^{\left\{e^{[\ln(1-\xi)-2\kappa t]}-1\right\}a^\dagger a} : a^n$$
$$= \frac{(\xi e^{-2\kappa t})^n}{n!} a^{\dagger n} : \exp(-\xi e^{-2\kappa t} a^\dagger a) : a^n$$
$$= : \frac{(\xi e^{-2\kappa t} a^\dagger a)^n}{n!} e^{-\xi e^{-2\kappa t} a^\dagger a} : \tag{10.59}$$

将式 (10.59) 代入式 (10.55) 可得
$$\mathfrak{p}(n,t) = \text{Tr}\left[\rho_0 : \frac{(\xi e^{-2\kappa t} a^\dagger a)^n}{n!} e^{-\xi e^{-2\kappa t} a^\dagger a} :\right] \tag{10.60}$$

将式 (10.60) 与式 (10.1) 进行比较可得耗散通道中光子计数分布规律, 即
$$\mathfrak{p}(n,0) = \text{Tr}\left[\rho(0) : \frac{(\xi a^\dagger a)^n}{n!} e^{-\xi a^\dagger a} :\right]$$

$$\to \mathfrak{p}(n,t) = \mathrm{Tr}\left[\rho_0 : \frac{\left(\xi\mathrm{e}^{-2\kappa t}a^\dagger a\right)^n}{n!} \mathrm{e}^{-\xi\mathrm{e}^{-2\kappa t}a^\dagger a} : \right] \tag{10.61}$$

因此,这公式展现的规律可以看成是探测器的探测效率由原来的 ξ 变成 $\xi\mathrm{e}^{-2\kappa t}$,探测效率变得更低. 从式 (10.61) 可知在耗散通道中,光子计数分布是与量子检测效率 $\xi' = \xi\mathrm{e}^{-2\kappa t}$ 的衰减相联系的.

下面,通过例子来验证上述公式的正确性.

当初始态为数态时,$\rho(0) = |m\rangle\langle m|$,利用算符恒等式 $a^{\dagger m}a^m = N(N-1)\cdots(N-m+1)$ ($N = a^\dagger a$) 可得光子计数分布为

$$\begin{aligned}
\mathfrak{p}(n,0) &= \langle m| : \frac{(\xi a^\dagger a)^n}{n!} \mathrm{e}^{-\xi a^\dagger a} : |m\rangle \\
&= \frac{\xi^n}{n!} \sum_{l=0}^{\infty} \frac{(-\xi)^l}{l!} \langle m|a^{\dagger n+l}a^{n+l}|m\rangle \\
&= \frac{\xi^n}{n!} \sum_{l=0}^{\infty} \frac{(-\xi)^l}{l!} \langle m|N(N-1)\cdots(N-n-l+1)|m\rangle \\
&= \sum_{l=0}^{m-n} \frac{(-\xi)^l}{l!} \frac{\xi^n}{n!} \frac{m!}{(m-n-l)!} \\
&= \frac{m!}{n!(m-n)!} \xi^n (1-\xi)^{m-n}
\end{aligned} \tag{10.62}$$

式中,ξ 表示 $\Delta\tau$ 时间间隔内一个光子被检测到的概率,因此 m 个光子中有 n 个被检测到的概率正比于测到 n 个光子的概率 ξ^n 乘 $m-n$ 个光子未被测到的概率 $(1-\xi)^{m-n}$. 按照新公式 (10.61) 立即得数态经一段时间耗散后的数分布为

$$\begin{aligned}
\mathfrak{p}(n,t) &= \mathrm{Tr}\left[\rho_0 : \frac{\left(\xi\mathrm{e}^{-2\kappa t}a^\dagger a\right)^n}{n!} \mathrm{e}^{-\xi\mathrm{e}^{-2\kappa t}a^\dagger a} : \right] \\
&= \frac{m!(\xi\mathrm{e}^{-2\kappa t})^n}{n!(m-n)!} \left(1-\xi\mathrm{e}^{-2\kappa t}\right)^{m-n}
\end{aligned} \tag{10.63}$$

下面,用另一种方法来验证式 (10.63). 利用式 (9.131) 可知初始数态 $|m\rangle\langle m|$ 在耗散通道中演化为二项式态,即

$$|m\rangle\langle m| \to \mathrm{e}^{-2m\kappa t} \sum_{l=0}^{m} \frac{m!(\mathrm{e}^{2\kappa t}-1)^l}{l!(m-l)!} |m-l\rangle\langle m-l| = \rho(t) \tag{10.64}$$

将式 (10.64) 代入式 (10.1) 得

$$\mathfrak{p}(n,t) = \sum_{l=0}^{m} \frac{m!(\mathrm{e}^{2\kappa t}-1)^l}{l!(m-l)!\mathrm{e}^{2m\kappa t}} \langle m-l| : \frac{(\xi a^\dagger a)^n}{n!} \mathrm{e}^{-\xi a^\dagger a} : |m-l\rangle$$

$$= e^{-2m\kappa t} \sum_{l=0}^{m-n} \frac{m! \left(e^{2\kappa t}-1\right)^l}{l!n!(m-n-l)!} \xi^n (1-\xi)^{m-l-n}$$

$$= \frac{m!\xi^n e^{-2m\kappa t}}{n!(m-n)!} \sum_{l=0}^{m} \binom{m-n}{m-n-l} \left(e^{2\kappa t}-1\right)^l (1-\xi)^{m-n-l}$$

$$= \frac{m!\left(\xi e^{-2\kappa t}\right)^n}{n!(m-n)!} \left(1-\xi e^{-2\kappa t}\right)^{m-n} \tag{10.65}$$

式 (10.65) 与式 (10.63) 式相同的, 这表明了公式 (10.61) 的正确性.

总之, 对于光子衰减的耗散通道, 任意时间的光子计数分布与初始时刻的计数分布公式形式完全相同, 只是检测效率由原来的 ξ 变成 $\xi e^{-2\kappa t}$, 即由初始时刻的计数分布做替换 $\xi \to \xi e^{-2\kappa t}$ 可得任意时刻的计数分布. 这一规律大大简化了量子光场的光子计数分布的理论研究. 此外, 我们在文献中推导了两个光子计数分布的新公式, 它们将光子计数分布和 Wigner 函数、Q 函数联系了起来. 因此, 以上规律可直接应用到此类情况.

10.5 衰减通道中的 Wigner 函数的演化

本节考察 Wigner 函数在热纠缠态表象中的表示, 并由此进一步考察衰减通道的 Wigner 函数的演化.

10.5.1 Wigner 函数在热态表象中的表示

注意到密度算符 ρ 的定义为

$$W(\alpha) = \text{Tr}\left[\Delta(\alpha)\rho\right] \tag{10.66}$$

其中, $\Delta(\alpha)$ 为 Wigner 算符, 即

$$\Delta(\alpha) = \frac{1}{\pi} D(2\alpha)(-1)^{a^\dagger a} \tag{10.67}$$

利用热场动力学理论, 可将 Wigner 函数的定义式 (10.66) 改成

$$W(\alpha) = \sum_{m,n}^{\infty} \langle n, \tilde{n}| \Delta(\alpha)\rho |m, \tilde{m}\rangle$$

$$= \frac{1}{\pi} \langle \eta = 0 | D(2\alpha)(-1)^{a^\dagger a} | \rho \rangle$$
$$= \frac{1}{\pi} \langle \eta = -2\alpha |(-1)^{a^\dagger a} | \rho \rangle$$
$$= \frac{1}{\pi} \langle \zeta = 2\alpha | \rho \rangle \tag{10.68}$$

其中, $|\rho\rangle \equiv \rho |I\rangle$, $\langle \zeta = 2\alpha|$ 为热纠缠态 $\langle\eta|$ 的共轭表象, 具体形式见 (10.27). 利用纠缠态表象的内积关系 (10.29) 以及完备性关系 (10.23) 可得

$$W(\alpha) = \int \frac{\mathrm{d}^2\eta}{\pi^2} \langle \nu_{=2\alpha} | \eta \rangle \langle \eta | \rho \rangle = \int \frac{\mathrm{d}^2\eta}{2\pi^2} \exp(\alpha^*\eta - \alpha\eta^*) \langle \eta | \rho \rangle \tag{10.69}$$

可见, 一旦知道内积 $\langle \eta | \rho \rangle$, 则可通过 $\langle \eta | \rho \rangle$ 的 Fourier 变换得到系统的 Wigner 函数.

10.5.2 振幅衰减通道中的 Wigner 函数的演化

下面, 考察振幅衰减通道中 Wigner 函数的演化. 振幅衰减通道中密度算符的演化由密度算符主方程描述, 即

$$\frac{\mathrm{d}\rho}{\mathrm{d}t} = \kappa \left(2a\rho a^\dagger - a^\dagger a \rho - \rho a^\dagger a\right) \tag{10.70}$$

其中, κ 为衰减率. 为了获得任意时刻 Wigner 函数 $W(\alpha,t)$ 与初始时刻 Wigner 函数 $W(\alpha,0)$ 的关系, 将上式右作用于态 $|I\rangle$ 上, 注意到 $|\rho\rangle = \rho|I\rangle$ 可得

$$\frac{\mathrm{d}}{\mathrm{d}t} |\rho\rangle = \kappa \left(2a\rho a^\dagger - a^\dagger a \rho - \rho a^\dagger a\right) |I\rangle \tag{10.71}$$

注意到 $(a^\dagger, a)$ 与 $(\tilde{a}^\dagger, \tilde{a})$ 之间是可对易的, 且由式 (6.9) 可将上式改写成

$$\frac{\mathrm{d}}{\mathrm{d}t} |\rho\rangle = \kappa \left(2a\tilde{a} - a^\dagger a - \tilde{a}^\dagger \tilde{a}\right) |\rho\rangle \tag{10.72}$$

上式的解为

$$|\rho(t)\rangle = \exp[\kappa t \left(2a\tilde{a} - a^\dagger a - \tilde{a}^\dagger \tilde{a}\right)] |\rho_0\rangle$$
$$= \exp\{\kappa t \left[-\left(a^\dagger - \tilde{a}\right)\left(a - \tilde{a}^\dagger\right) + a\tilde{a} - \tilde{a}^\dagger a^\dagger + 1\right]\} |\rho_0\rangle \tag{10.73}$$

其中, $|\rho_0\rangle \equiv \rho_0 |I\rangle$, ρ_0 初始时刻密度算符.

注意到对易关系

$$[a\tilde{a} - \tilde{a}^\dagger a^\dagger, -\left(a^\dagger - \tilde{a}\right)\left(a - \tilde{a}^\dagger\right)] = -2\left[-\left(a^\dagger - \tilde{a}\right)\left(a - \tilde{a}^\dagger\right)\right] \tag{10.74}$$

以及算符恒等式

$$\mathrm{e}^{\lambda(A+\sigma B)} = \mathrm{e}^{\lambda A} \exp\left[\sigma \left(1 - \mathrm{e}^{-\lambda\tau}\right) B/\tau\right] \tag{10.75}$$

(注意 $[A,B] = \tau B$), 可将式 (10.73) 解纠缠为

$$|\rho(t)\rangle = e^{\kappa t(a\tilde{a} - \tilde{a}^\dagger a^\dagger + 1)} \exp\left[\left(1 - e^{2\kappa t}\right)\left(a^\dagger - \tilde{a}\right)\left(a - \tilde{a}^\dagger\right)/2\right]|\rho_0\rangle \tag{10.76}$$

将上式投影于纠缠态表象 $\langle\eta|$, 且注意到 $\exp\left[\kappa t\left(a\tilde{a} - \tilde{a}^\dagger a^\dagger\right)\right]$ 实际上是双模压缩算符就有

$$\langle\eta|\exp\left[\kappa t\left(a\tilde{a} - \tilde{a}^\dagger a^\dagger\right)\right] = e^{-\kappa t}\langle\eta e^{-\kappa t}| \tag{10.77}$$

故而式 (10.76) 可进一步改写为

$$\langle\eta|\rho(t)\rangle = e^{-\frac{1}{2}T|\eta|^2}\langle\eta e^{-\kappa t}|\rho_0\rangle \tag{10.78}$$

这里, $T = 1 - e^{-2\kappa t}$.

将式 (10.78) 代入式 (10.69), 则任意时刻的 Wigner 函数可表示成

$$W(\alpha, t) = \int \frac{d^2\eta}{2\pi^2} \exp\left(\alpha^*\eta - \alpha\eta^*\right) e^{-\frac{1}{2}T|\eta|^2}\langle\eta e^{-\kappa t}|\rho_0\rangle \tag{10.79}$$

注意到初始时刻的 Wigner 函数可表示成 $W(\beta, 0) = \langle\eta_{=2\beta}|\rho_0\rangle$, 故而可在上式中利用纠缠态表象的完备性关系 (10.23) 可得

$$\begin{aligned}
W(\alpha, t) &= \int \frac{d^2\nu'}{\pi}\int \frac{d^2\eta}{2\pi^2}\exp\left(\alpha^*\eta - \alpha\eta^* - \frac{1}{2}T|\eta|^2\right)\langle\eta e^{-\kappa t}|\nu'_{=2\beta}\rangle\langle\nu'_{=2\beta}|\rho_0\rangle \\
&= \int \frac{d^2\beta}{\pi}\int \frac{d^2\eta}{\pi}\exp\left[-\frac{T}{2}|\eta|^2 + \eta\left(\alpha^* - \beta^* e^{-\kappa t}\right) + \eta^*\left(\beta e^{-\kappa t} - \alpha\right)\right]W(\beta, 0) \\
&= \frac{2}{T}\int \frac{d^2\beta}{\pi}\exp\left(-\frac{2}{T}\left|\alpha - \beta e^{-\kappa t}\right|^2\right)W(\beta, 0) \tag{10.80}
\end{aligned}$$

其中, $W(\beta, 0)$ 就是量子态初始时刻的 Wigner 函数. 为方便, 可取变量代换, 即 $\frac{\alpha - \beta e^{-t\kappa}}{\sqrt{T}} \to \beta$, 则有

$$\begin{aligned}
W(\alpha, t) &= \frac{2}{T}\int \frac{d^2\beta}{\pi}\exp\left(-\frac{2}{T}\left|\alpha - \beta e^{-\kappa t}\right|^2\right)W(\beta, 0) \\
&= 2e^{2\kappa t}\int d^2\beta W_{|0\rangle\langle 0|}(\beta)W\left[e^{\kappa t}(\alpha - \sqrt{T}\beta), 0\right] \tag{10.81}
\end{aligned}$$

其中, $W_{|0\rangle\langle 0|}$ 为真空态的 Wigner 函数, $W_{|0\rangle\langle 0|} = \frac{1}{\pi}e^{-2|\beta|^2}$. 对于系统处于其他类型的环境中, Wigner 函数的时间演化关系也可通过类似方法获得.

第 11 章

Hermite多项式激发态及相应的新母函数

11.1 Hermite 多项式激发相干态

Hermite 多项式的产生算符函数 $H_m(ga^\dagger)$ 作用于相干态

$$|\psi\rangle = \mathfrak{N}^{-\frac{1}{2}} H_m(ga^\dagger) D(\alpha) |0\rangle \tag{11.1}$$

这里，$D(\alpha) = \mathrm{e}^{\alpha a^\dagger - \alpha^* a}$ 是平移算符，g 是实数，$\mathfrak{N}$ 待定的归一化常数，我们称 $|\psi\rangle$ 是 Hermite 多项式激发相干态.

为了求出 $\mathfrak{N}$,需要置 $H_n(fa)H_m(ga^\dagger)$ 为正规乘积,为此考虑其母函数

$$\sum_{n=0}^{\infty}\sum_{m=0}^{\infty}\frac{t^n s^m}{n!m!}H_n(fa)H_m(ga^\dagger)$$

$$=\mathrm{e}^{-t^2+2tfa}\mathrm{e}^{-s^2+2sga^\dagger}=\mathrm{e}^{4ftsg}:\mathrm{e}^{-t^2+2tfa-s^2+2sga^\dagger}:$$

$$=\sum_{k=0}^{\infty}\frac{(4ftsg)^k}{k!}:\mathrm{e}^{-t^2+2tfa-s^2+2sga^\dagger}:$$

$$=\sum_{k=0}^{\infty}\frac{1}{k!}:\left(\frac{\partial}{\partial a^\dagger}\right)^k\left(\frac{\partial}{\partial a}\right)^k\mathrm{e}^{-t^2+2tfa-s^2+2sga^\dagger}:$$

$$=\sum_{k=0}^{\infty}\frac{(fg)^k}{k!}:\left(\frac{\partial}{g\partial a^\dagger}\right)^k\left(\frac{\partial}{f\partial a}\right)^k\sum_{n=0}^{\infty}\sum_{m=0}^{\infty}\frac{t^n s^m}{n!m!}H_m(ga^\dagger)H_n(fa): \quad (11.2)$$

利用 Hermite 多项式的递推关系式

$$\frac{\mathrm{d}^l}{\mathrm{d}x^l}H_n(x)=\frac{2^l n!}{(n-l)!}H_{n-l}(x) \quad (11.3)$$

可得

$$\sum_{n=0}^{\infty}\sum_{m=0}^{\infty}\frac{t^n s^m}{n!m!}H_n(fa)H_m(ga^\dagger)$$

$$=\sum_{n=0}^{\infty}\sum_{m=0}^{\infty}\frac{t^n s^m}{n!m!}\sum_{k=0}^{\min(n,m)}\frac{(fg)^k}{k!}:\frac{4^k n!m!}{(m-k)!(n-k)!}H_{m-k}(ga^\dagger)H_{n-k}(fa): \quad (11.4)$$

比较上式左右相同次幂有

$$H_n(fa)H_m(ga^\dagger)$$

$$=\sum_{k=0}^{\min(n,m)}\frac{(4fg)^k}{k!}\frac{n!m!}{(n-k)!(m-k)!}H_{m-k}(ga^\dagger)H_{n-k}(fa) \quad (11.5)$$

利用式 (11.5) 可得归一化系数满足方程

$$1=|C|^2\langle\alpha|H_m(g^*a)H_m(ga^\dagger)|\alpha\rangle$$

$$=|C|^2\sum_{k=0}^{m}\frac{\left(4|g|^2\right)^k}{k!}\frac{m!m!}{(m-k)!(m-k)!}|H_{m-k}(g\alpha^*)|^2 \quad (11.6)$$

则

$$C=1\bigg/\sqrt{\sum_{k=0}^{m}\frac{\left(4|g|^2\right)^k}{k!}\frac{m!m!}{[(m-k)!]^2}|H_{m-k}(g\alpha^*)|^2} \quad (11.7)$$

另一方面, 利用相干态完备性式 (3.136) 和 P-表示

$$\rho = \int \frac{\mathrm{d}^2 z}{\pi} P(z) |z\rangle \langle z|$$

可知

$$\begin{aligned}
& H_n(fa) H_m(ga^\dagger) \\
&= \int \frac{\mathrm{d}^2 z}{\pi} H_n(fz) |z\rangle \langle z| H_m(gz^*) \\
&= \int \frac{\mathrm{d}^2 z}{\pi} : H_n(fz) H_m(gz^*) \exp\left[-\left(z^* - a^\dagger\right)(z - a)\right] :
\end{aligned} \tag{11.8}$$

比较式 (11.5) 和式 (11.8) 可得一个新的积分公式

$$\begin{aligned}
& \int \frac{\mathrm{d}^2 z}{\pi} H_n(fz) H_m(gz^*) \exp\left[-(z^* - \lambda)(z - \sigma)\right] \\
&= \sum_{k=0}^{\min(n,m)} \frac{(4fg)^k}{k!} \frac{n!m!}{(n-k)!(m-k)!} H_{n-k}(f\sigma) H_{m-k}(g\lambda)
\end{aligned} \tag{11.9}$$

接下来, 考虑算符 $\mathrm{e}^{\beta a} H_n(fa) H_m(ga^\dagger) \mathrm{e}^{\gamma a^\dagger}$ 的正规乘积形式. 利用推导式 (11.8) 相同的方法可得

$$\begin{aligned}
& \mathrm{e}^{\beta a} H_n(fa) H_m(ga^\dagger) \mathrm{e}^{\gamma a^\dagger} \\
&= \int \frac{\mathrm{d}^2 z}{\pi} \mathrm{e}^{\beta z} H_n(fz) |z\rangle \langle z| H_m(gz^*) \mathrm{e}^{\gamma z^*} \\
&= \int \frac{\mathrm{d}^2 z}{\pi} : H_n(fz) H_m(gz^*) \exp\left[-|z|^2 + z\left(a^\dagger + \beta\right) + z^*(a + \gamma) - a^\dagger a\right] : \\
&= \int \frac{\mathrm{d}^2 z}{\pi} : H_n(fz) H_m(gz^*) \exp\left\{-\left[\left(z^* - \left(a^\dagger + \beta\right)\right)\right][z - (a + \gamma)] + \beta a + \gamma a^\dagger + \beta \gamma\right\} : \\
&= \sum_{k=0}^{\min(n,m)} \frac{(4fg)^k}{k!} \frac{n!m!}{(n-k)!(m-k)!} : H_{m-k}\left[g\left(a^\dagger + \beta\right)\right] H_{n-k}[f(a + \gamma)] \mathrm{e}^{\beta a + \gamma a^\dagger + \beta \gamma} : \\
&= \mathrm{e}^{\alpha a^\dagger} \sum_{k=0}^{\min(n,m)} \frac{(4fg)^k}{k!} \frac{n!m!}{(n-k)!(m-k)!} H_{m-k}\left[g\left(a^\dagger + \beta\right)\right] H_{n-k}[f(a + \gamma)] \mathrm{e}^{\beta \gamma}
\end{aligned} \tag{11.10}$$

利用式 (11.5) 或式 (11.6) 可获得一些新的恒等式. 取 $g = \mathrm{i}/\sqrt{2}, \alpha = 0$ 则有

$$\langle 0 | H_m\left(\frac{-\mathrm{i}a}{\sqrt{2}}\right) H_m\left(\frac{\mathrm{i}a^\dagger}{\sqrt{2}}\right) |0\rangle = \sum_{k=0}^{m} \frac{1}{k!} \frac{m!m!}{[(m-k)!]^2} |H_{m-k}(0)|^2 \tag{11.11}$$

利用算符恒等式

$$X^n = (2\mathrm{i})^{-n} : H_n(\mathrm{i}X) : \tag{11.12}$$

其中，$X=(a+a^\dagger)/\sqrt{2}$，上式可通过比较如下式同次幂得：

$$\sum_{n=0}^{\infty}\frac{(2t)^n}{n!}X^n=\mathrm{e}^{2tX}=\mathrm{e}^{\sqrt{2}t(a+a^\dagger)}$$

$$=:\mathrm{e}^{2(-\mathrm{i}t)\mathrm{i}X-(-\mathrm{i}t)^2}:=\sum_{n=0}^{\infty}\frac{(-\mathrm{i}t)^n}{n!}:H_n(\mathrm{i}X):\tag{11.13}$$

且注意到

$$X^m|0\rangle=(2\mathrm{i})^{-m}:H_m(\mathrm{i}X):|0\rangle=(2\mathrm{i})^{-m}H_m\left(\frac{\mathrm{i}a^\dagger}{\sqrt{2}}\right)|0\rangle\tag{11.14}$$

所以对照式 (11.11) 和式 (11.14) 有

$$\langle 0|X^{2m}|0\rangle=\langle 0|X^m X^m|0\rangle$$

$$=(4)^{-m}\langle 0|H_m\left(\frac{-\mathrm{i}a}{\sqrt{2}}\right)H_m\left(\frac{\mathrm{i}a^\dagger}{\sqrt{2}}\right)|0\rangle$$

$$=(4)^{-m}\sum_{k=0}^{m}\frac{1}{k!}\frac{m!m!}{[(m-k)!]^2}|H_{m-k}(0)|^2\tag{11.15}$$

另一方面，利用算符恒等式

$$X^{2n}=:n!L_n^{-1/2}\left(-X^2\right):\tag{11.16}$$

有

$$\langle 0|X^{2m}|0\rangle=\langle 0|:m!L_m^{-1/2}\left(-X^2\right):|0\rangle=m!L_m^{-1/2}(0)\tag{11.17}$$

所以比较式 (11.15) 和式 (11.17) 可得恒等式

$$(4)^{-m}\sum_{k=0}^{m}\frac{1}{k!}\frac{m!m!}{(m-k)!(m-k)!}|H_{m-k}(0)|^2=m!L_m^{-1/2}(0)\tag{11.18}$$

此外，算符 X^{2n} 的正规乘积又可表示为

$$X^{2n}=(2\mathrm{i})^{-2n}:H_{2n}(\mathrm{i}X):\tag{11.19}$$

比较式 (11.16) 和式 (11.19) 可得

$$(2\mathrm{i})^{-2n}:H_{2n}(\mathrm{i}X):=:n!L_n^{-1/2}\left(-X^2\right):\tag{11.20}$$

注意到上式两边均在正规乘积之内，所以有恒等式

$$(2\mathrm{i})^{-2n}H_{2n}(\mathrm{i}x)=n!L_n^{-1/2}\left(-x^2\right)\tag{11.21}$$

11.2 Hermite 多项式激发压缩态

通常双模压缩真空态为

$$S_2(r)|00\rangle = \exp\left[r\left(ab - a^\dagger b^\dagger\right)\right]|00\rangle = \operatorname{sech} r \exp\left(a^\dagger b^\dagger \tanh r\right)|00\rangle \tag{11.22}$$

相应的积分形式为

$$S_2(r)|00\rangle = (\sinh r)^{-1} \int \frac{\mathrm{d}^2 z}{\pi} \exp\left(-|z|^2/\tanh r + z a^\dagger + z^* b^\dagger\right)|00\rangle \tag{11.23}$$

若将双模压缩真空态作为光束分离器的两个输入端的输入态，则输出量子态为

$$\begin{aligned}
RS_2(r)|00\rangle &= (\sinh r)^{-1} \int \frac{\mathrm{d}^2 z}{\pi} \mathrm{e}^{-|z|^2/\tanh r} R \mathrm{e}^{z a^\dagger + z^* b^\dagger} R^{-1} R |00\rangle \\
&= (\sinh r)^{-1} \int \frac{\mathrm{d}^2 z}{\pi} \mathrm{e}^{-|z|^2/\tanh r} \exp\left[b^\dagger\left(z^* \cos\theta - z \sin\theta\right)\right.\\
&\quad\left. + a^\dagger\left(z \cos\theta + z^* \sin\theta\right)\right]|00\rangle
\end{aligned} \tag{11.24}$$

上式中利用了光束分离器算符 R 的变换关系

$$R a^\dagger R^{-1} = a^\dagger \cos\theta - b^\dagger \sin\theta, \quad R b^\dagger R^{-1} \to b^\dagger \cos\theta + a^\dagger \sin\theta \tag{11.25}$$

若对输出端的 b-模进行测量，测量结果为相干态 ${}_b\langle\alpha|$，则另一端的输出态为平移压缩态，即

$$\begin{aligned}
&{}_b\langle\alpha| R S_2(r)|00\rangle \\
&= (\sinh r)^{-1}\, {}_b\langle\alpha| \int \frac{\mathrm{d}^2 z}{\pi} \mathrm{e}^{-|z|^2/\tanh r} \exp\left[b^\dagger\left(z^* \cos\theta - z \sin\theta\right)\right.\\
&\quad\left. + a^\dagger\left(z \cos\theta + z^* \sin\theta\right)\right]|0\rangle_a |0\rangle_b \\
&= (\sinh r)^{-1}\, {}_b\langle 0| \int \frac{\mathrm{d}^2 z}{\pi} \mathrm{e}^{-|z|^2/\tanh r} \mathrm{e}^{\alpha^* b} \exp\left[b^\dagger\left(z^* \cos\theta - z \sin\theta\right)\right.\\
&\quad\left. + a^\dagger\left(z \cos\theta + z^* \sin\theta\right)\right]|0\rangle_a |0\rangle_b \\
&= (\sinh r)^{-1} \int \frac{\mathrm{d}^2 z}{\pi} \mathrm{e}^{-|z|^2/\tanh r} \mathrm{e}^{\alpha^*(z^* \cos\theta - z \sin\theta)} \exp\left[a^\dagger\left(z \cos\theta + z^* \sin\theta\right)\right]|0\rangle_a \\
&= (\sinh r)^{-1} \int \frac{\mathrm{d}^2 z}{\pi} \exp\left[-\frac{|z|^2}{\tanh r} + z\left(a^\dagger \cos\theta - \alpha^* \sin\theta\right)\right.
\end{aligned}$$

$$+z^* \left(\alpha^* \cos\theta + a^\dagger \sin\theta\right)\right] |0\rangle_a$$

$$= (\cosh r)^{-1} \exp\left[\tanh r \left(a^\dagger \cos\theta - \alpha^* \sin\theta\right)\left(\alpha^* \cos\theta + a^\dagger \sin\theta\right)\right] |0\rangle_a$$

$$= (\cosh r)^{-1} \exp\left[\left(\frac{a^{\dagger 2}}{2} - \frac{\alpha^{*2}}{2}\right) \tanh r \sin 2\theta + \alpha^* a^\dagger \cos 2\theta \tanh r\right] |0\rangle_a \qquad (11.26)$$

若 b-模测量到数态 ${}_b\langle m|$，则输出量子态为

$${}_b\langle m| RS_2(r) |00\rangle = {}_b\langle 0| \frac{b^m}{\sqrt{m!} \sinh r} \int \frac{\mathrm{d}^2 z}{\pi} \mathrm{e}^{-|z|^2/\tanh r}$$

$$\times \exp\left[b^\dagger \left(z^* \cos\theta - z\sin\theta\right) + a^\dagger \left(z\cos\theta + z^*\sin\theta\right)\right] |0\rangle_a |0\rangle_b \qquad (11.27)$$

其中

$${}_b\langle 0| b^m \mathrm{e}^{b^\dagger(z^*\cos\theta - z\sin\theta)} |0\rangle_b = \left(\frac{\partial}{\partial f}\right)^m {}_b\langle 0| \mathrm{e}^{fb} \mathrm{e}^{b^\dagger(z^*\cos\theta - z\sin\theta)} |0\rangle_b |_{f=0}$$

$$= \left(\frac{\partial}{\partial f}\right)^m \exp[f(z^*\cos\theta - z\sin\theta)]|_{f=0} \qquad (11.28)$$

将式 (11.28) 代入式 (11.27) 可得

$${}_b\langle m| RS_2(r) |00\rangle$$

$$= \frac{1}{\sqrt{m!}\sinh r} \left(\frac{\partial}{\partial f}\right)^m \int \frac{\mathrm{d}^2 z}{\pi} \mathrm{e}^{-|z|^2/\tanh r} \exp\left[a^\dagger(z\cos\theta + z^*\sin\theta)\right.$$

$$\left.+ f(z^*\cos\theta - z\sin\theta)\right] |0\rangle_a |_{f=0}$$

$$= \frac{1}{\sqrt{m!}\cosh r} \left(\frac{\partial}{\partial f}\right)^m \exp\left[\tanh r \left(a^\dagger \cos\theta - f\sin\theta\right)\left(f\cos\theta + a^\dagger\sin\theta\right)\right] |0\rangle_a |_{f=0}$$

$$= \frac{1}{\sqrt{m!}\cosh r} \left(\frac{\partial}{\partial f}\right)^m \exp\left[\left(\frac{a^{\dagger 2}}{2} - \frac{f^2}{2}\right) \tanh r \sin 2\theta + f a^\dagger \cos 2\theta \tanh r\right] |0\rangle_a |_{f=0}$$

$$= \frac{\left(\sqrt{\frac{\tanh r \sin 2\theta}{2}}\right)^m}{\sqrt{m!}\cosh r} \mathrm{e}^{\frac{a^{\dagger 2}}{2} \tanh r \sin 2\theta} \left(\frac{\partial}{\partial f \sqrt{\frac{\tanh r \sin 2\theta}{2}}}\right)^m$$

$$\times \exp\left[-\left(f\sqrt{\frac{\tanh r \sin 2\theta}{2}}\right)^2 + 2\left(f\sqrt{\frac{\tanh r \sin 2\theta}{2}}\right) a^\dagger \frac{\cos 2\theta \tanh r}{\sqrt{2\tanh r \sin 2\theta}}\right] |0\rangle_a |_{f=0}$$

$$= \frac{1}{\sqrt{m!}\cosh r} \left(\sqrt{\frac{\tanh r \sin 2\theta}{2}}\right)^m H_m\left(a^\dagger \frac{\sqrt{\tanh r \cos 2\theta}}{\sqrt{2\tan 2\theta}}\right) \mathrm{e}^{\frac{a^{\dagger 2}}{2}\tanh r \sin 2\theta} |0\rangle_a$$

$$(11.29)$$

上式最后一步利用了 Hermite 多项式的母函数关系（1.93），即

$$H_m(x) = \left(\frac{\partial}{\partial t}\right)^m \mathrm{e}^{-t^2 + 2tx}|_{t=0} \qquad (11.30)$$

式 (11.29) 中, $\mathrm{e}^{\frac{a^{\dagger 2}}{2}\tanh r \sin 2\theta}|0\rangle_a$ 表示一个单模压缩真空态, 压缩参数为 $\tanh r \sin 2\theta$ (与原实模压缩真空态压缩参数 $\tanh r$ 相比更小), 因此

$$H_m\left(a^{\dagger}\frac{\sqrt{\tanh r \cos 2\theta}}{\sqrt{2\tan 2\theta}}\right)\mathrm{e}^{\frac{a^{\dagger 2}}{2}\tanh r \sin 2\theta}|0\rangle_a$$

实际上就是一个 Hermite 多项式激发压缩真空态.

当 $\theta = \dfrac{\pi}{4}$ 时, 即光束分离器是对称的, 则式 (11.29) 变成单模压缩真空态, 即

$$\begin{aligned}
{}_b\langle m|RS_2(r)|00\rangle &= \frac{1}{\sqrt{m!\cosh r}}\left(\frac{\partial}{\partial f}\right)^m \exp\left[\left(\frac{a^{\dagger 2}}{2}-\frac{f^2}{2}\right)\tanh r\right]|0\rangle_a\Big|_{f=0} \\
&= \frac{1}{\sqrt{m!\cosh r}}\left(\frac{\partial}{\partial f}\right)^m \exp\left(-\frac{f^2}{2}\tanh r\right)\exp\left(\frac{a^{\dagger 2}}{2}\tanh r\right)|0\rangle_a\Big|_{f=0} \\
&\to \left[\frac{1}{\sqrt{\cosh r}}\exp\left(\frac{a^{\dagger 2}}{2}\tanh r\right)|0\rangle_a\right]
\end{aligned} \tag{11.31}$$

这是因为, 当实模压缩真空态经过对称光束分离器后, 输出态不再为纠缠态, 而是两个单模压缩态的直积态. 因此, 对一个输出模测量, 不会对另一端的输出模产生任何影响. 或者说, 产生 Hermite 多项式激发压缩态要求所使用的光束分离器为非对称的.

众所周知, 相干态与 Bargmann 空间通过基函数相联系

$$\frac{z^n}{\sqrt{n!}} = \langle z|n\rangle \tag{11.32}$$

其中, $|n\rangle = \dfrac{a^{\dagger m}}{\sqrt{m!}}|0\rangle$ 为 Fock 态. 基函数张成一个正交完备的函数空间, 即

$$\int \frac{\mathrm{d}^2 z}{\pi}\frac{z^n z^{*m}}{\sqrt{n!m!}}\mathrm{e}^{-|z|^2} = \delta_{n,m} \tag{11.33}$$

这里 $\mathrm{e}^{-|z|^2}$ 是积分权重. 利用式 (11.33) 可得

$$\begin{aligned}
&\int \frac{\mathrm{d}^2 z}{\pi}(z+\mathrm{i}\sigma)^m(z^*+\mathrm{i}\lambda)^n \mathrm{e}^{-|z|^2} \\
&= \sum_{l=0}^{\infty}\sum_{k=0}^{\infty}\binom{n}{l}\binom{m}{k}(\mathrm{i}\lambda)^{n-l}(\mathrm{i}\sigma)^{m-k}\int \frac{\mathrm{d}^2 z}{\pi}z^{*l}z^k \mathrm{e}^{-|z|^2} \\
&= \sum_{l=0}^{\infty}\sum_{k=0}^{\infty}\binom{n}{l}\binom{m}{k}(\mathrm{i}\lambda)^{n-l}(\mathrm{i}\sigma)^{m-k}\sqrt{l!k!}\delta_{l,k} \\
&= \mathrm{i}^{m+n}\sum_{l=0}^{\min(m,n)}\frac{(-1)^l m!n!}{l!(m-l)!(n-l)!}\sigma^{m-l}\lambda^{n-l}
\end{aligned} \tag{11.34}$$

式 (11.35) 启示我们可以定义一个双变量 Hermite 多项式 $H_{m,n}(\xi,\xi^*)$,

$$H_{m,n}(\xi,\xi^*) = \sum_{l=0}^{\min(m,n)}\frac{(-1)^l m!n!}{l!(m-l)!(n-l)!}\xi^{m-l}\xi^{*n-l} \tag{11.35}$$

因此, 式 (11.34) 可写成

$$\int \frac{\mathrm{d}^2 z}{\pi} (z+\mathrm{i}\sigma)^m (z^* + \mathrm{i}\lambda)^n \mathrm{e}^{-|z|^2} = \mathrm{i}^{m+n} H_{m,n}(\sigma, \lambda) \tag{11.36}$$

或

$$\int \frac{\mathrm{d}^2 z}{\pi} z^m z^{*n} \mathrm{e}^{-(z^*-\mathrm{i}\lambda)(z-\mathrm{i}\sigma)} = \mathrm{i}^{m+n} H_{m,n}(\sigma, \lambda) \tag{11.37}$$

以上两式就是从 Bargamann 空间到新的函数空间的积分变换. 利用相干态完备关系 (3.136) 及式 (11.37) 可得

$$\begin{aligned} a^n a^{\dagger m} &= \int \frac{\mathrm{d}^2 z}{\pi} a^n |z\rangle \langle z| a^{\dagger m} \\ &= \int \frac{\mathrm{d}^2 z}{\pi} z^n z^{*m} : \exp\left[-(z^* - a^\dagger)(z - a)\right] : \\ &= (-\mathrm{i})^{m+n} : H_{m,n}(\mathrm{i}a^\dagger, \mathrm{i}a) : \end{aligned} \tag{11.38}$$

可见, 利用新积分变换关系可简洁有效地获得反正规乘积算符 $a^n a^{\dagger m}$ 的正规乘积形式. 另一方面, 对算符 $a^n a^{\dagger m}$ 做求和得

$$\sum_{n,m=0}^{\infty} \frac{\tau^n t^m}{n! m!} a^n a^{\dagger m} = \mathrm{e}^{\tau a} \mathrm{e}^{t a^\dagger} =: \exp\left(\tau a + t a^\dagger + \tau t\right) :$$
$$=: \exp\left[(-\mathrm{i}\tau)(\mathrm{i}a) + (-\mathrm{i}t)(\mathrm{i}a^\dagger) - (-\mathrm{i}\tau)(-\mathrm{i}t)\right] : \tag{11.39}$$

由式 (11.38) 可知,

$$\sum_{n,m=0}^{\infty} \frac{\tau^n t^m}{n! m!} a^n a^{\dagger m} = \sum_{n,m=0}^{\infty} \frac{(-\mathrm{i}\tau)^n (-\mathrm{i}t)^m}{n! m!} : H_{m,n}(\mathrm{i}a^\dagger, \mathrm{i}a) : \tag{11.40}$$

比较式 (11.39) 和式 (11.40), 可得双变量 Hermite 多项式的母函数

$$\sum_{n,m=0}^{\infty} \frac{t^n \tau^m}{n! m!} H_{n,m}(x, y) = \exp(tx + \tau y - t\tau) \tag{11.41}$$

注意到 $a^\dagger$ 与 $b^\dagger$ 是可对易的, 故由式 (11.41) 可知

$$\sum_{n,m=0}^{\infty} \frac{a^{\dagger n} b^{\dagger m}}{n! m!} H_{n,m}(\xi, \xi^*) = \exp\left(a^\dagger \xi + b^\dagger \xi^* - a^\dagger b^\dagger\right) \tag{11.42}$$

比较式 (11.32) 与式 (11.41) 可知, $H_{n,m}(\xi, \xi^*)$ 是双模函数空间的基 (正交完备的). 因此, 当基函数 $\frac{z^n}{\sqrt{n!}}$ 扩展为 $\frac{1}{\sqrt{n!m!}} H_{n,m}(\xi, \xi^*)$ 时, 自然就伴随着相干态到纠缠态的扩展.

注意到

$$H_{n,m}(x, y) = \frac{\partial^{n+m}}{\partial t^n \partial \tau^m} \exp(tx + \tau y - t\tau)|_{t,\tau=0} \tag{11.43}$$

因此单变量 Hermite 多项式的母函数（11.30）就是式 (11.43) 的简并情况.

利用算符的 Baker-Hausdorff 公式以及式 (11.41) 可得算符 $\mathrm{e}^{ta^\dagger}\mathrm{e}^{\tau a}$ 的反正规乘积为

$$\begin{aligned}\mathrm{e}^{ta^\dagger}\mathrm{e}^{\tau a} &= \,\vdots\exp\left(\tau a + ta^\dagger - \tau t\right)\vdots \\ &= \sum_{n,m=0}^{\infty}\frac{t^n\tau^m}{n!m!}\vdots H_{n,m}\left(a^\dagger,a\right)\vdots \\ &= \sum_{n,m=0}^{\infty}\frac{t^n\tau^m}{n!m!}a^{\dagger n}a^m\end{aligned} \tag{11.44}$$

比较上式后两式可得算符 $a^{\dagger n}a^m$ 的反正规乘积为

$$a^{\dagger n}a^m = \,\vdots H_{n,m}\left(a^\dagger,a\right)\vdots \tag{11.45}$$

作为应用, 利用算符恒等式推导一个数学积分公式. 利用算符等式

$$\begin{aligned}\vdots H_{m,n}\left(a^\dagger,a\right)\vdots &= \int\frac{\mathrm{d}^2z}{\pi}\vdots H_{m,n}\left(a^\dagger,a\right)\vdots|z\rangle\langle z| \\ &= \,:\int\frac{\mathrm{d}^2z}{\pi}H_{m,n}\left(z^*,z\right)\exp\left[-\left(z^*-a^\dagger\right)\left(z-a\right)\right]: \\ &= a^{\dagger m}a^n\end{aligned} \tag{11.46}$$

上式后两式均处于正规乘积内, 故而将 $a^\dagger$ 和 a 分别用数 λ 和 σ 替代即可获得一个新的数学积分公式

$$\int\frac{\mathrm{d}^2z}{\pi}H_{m,n}\left(z^*,z\right)\exp\left[-\left(z^*-\lambda\right)\left(z-\sigma\right)\right] = \lambda^m\sigma^n \tag{11.47}$$

它实际上是式 (11.37) 的逆关系.

11.3 新的特殊函数 1

利用双变量 Hermite 多项式母函数式 (11.43), 将两可对易的坐标算符 $[X,Y] = 0$ 分别取代式中 x,y, 即 $x \to X, y \to Y$ 则有算符等式

$$\mathrm{e}^{-ts+tX+sY} = \sum_{n,m=0}^{\infty}\frac{s^nt^m}{n!m!}H_{n,m}(X,Y) \tag{11.48}$$

及

$$H_{n,m}(X,Y) = \frac{\partial^{n+m}}{\partial s^n \partial t^m} e^{-ts+tX+sY}|_{t=s=0} = \sum_{l=0}^{\min(m,n)} \frac{n!m!(-1)^l}{l!(n-l)!(m-l)!} X^{n-l}Y^{m-l} \quad (11.49)$$

将式 (11.19) 代入式 (11.49) 可得

$$\frac{\partial^{n+m}}{\partial s^n \partial t^m} e^{-ts+tX+sY}|_{t=s=0} = (2\mathrm{i})^{-n-m} \sum_{l=0}^{\min(m,n)} \frac{4^l n!m!}{l!(n-l)!(m-l)!} : H_{n-l}(\mathrm{i}X) H_{m-l}(\mathrm{i}Y) :$$

(11.50)

另一方面, 有

$$\mathrm{e}^{-ts+tX+sY} =: \exp\left(sX + \frac{s^2}{4} + tY + \frac{t^2}{4} - st\right): \quad (11.51)$$

因此由式 (11.50) 和式 (11.51) 可得

$$\frac{\partial^{n+m}}{\partial s^n \partial t^m} : \exp\left(sX + \frac{s^2}{4} + tY + \frac{t^2}{4} - st\right):|_{t=s=0}$$

$$= (2\mathrm{i})^{-n-m} \sum_{l=0}^{\min(m,n)} \frac{4^l n!m!}{l!(n-l)!(m-l)!} : H_{n-l}(\mathrm{i}X) H_{m-l}(\mathrm{i}Y) : \quad (11.52)$$

上式左右均在正规乘积内, 故有

$$\exp\left(sx + ty - st + \frac{s^2}{4} + \frac{t^2}{4}\right) = \sum_{n,m=0}^{\infty} \frac{s^n t^m}{n!m!} \mathfrak{F}_{n,m}(x,y) \quad (11.53)$$

其中

$$\mathfrak{F}_{n,m}(x,y) = (2\mathrm{i})^{-n-m} \sum_{l=0}^{\min(m,n)} \frac{4^l n!m!}{l!(n-l)!(m-l)!} H_{n-l}(\mathrm{i}x) H_{m-l}(\mathrm{i}y) \quad (11.54)$$

是新的特殊函数, 其母函数为 $\exp\left(sx + ty - st + \frac{s^2}{4} + \frac{t^2}{4}\right)$.

利用单变量 Hermite 多项式微商关系:

$$H_n'(\mathrm{i}x) = 2\mathrm{i}n H_{n-1}(\mathrm{i}x) \quad (11.55)$$

对式 (11.54) 求微商得

$$\frac{\partial}{\partial x} \mathfrak{F}_{n,m}(x,y) = (2\mathrm{i})^{-n-m} \sum_{l=0}^{\min(m,n)} \frac{4^l n!m!}{l!(n-l)!(m-l)!} 2\mathrm{i}(n-l) H_{n-l-1}(\mathrm{i}x) H_{m-l}(\mathrm{i}y)$$

$$= n(2\mathrm{i})^{-n-m+1} \sum_{l=0}^{\min(m,n)} \frac{4^l (n-1)!m!}{l!(n-l-1)!(m-l)!} H_{n-l-1}(\mathrm{i}x) H_{m-l}(\mathrm{i}y)$$

$$= n\mathfrak{F}_{n-1,m}(x,y) \tag{11.56}$$

又

$$\frac{\partial}{\partial y}\mathfrak{F}_{n,m}(x,y) = (2\mathrm{i})^{-n-m}\sum_{l=0}^{\min(m,n)}\frac{4^l n!m!}{l!(n-l)!(m-l)!}H_{n-l}(\mathrm{i}x)H'_{m-l}(\mathrm{i}y)$$

$$= m\mathfrak{F}_{n,m-1}(x,y) \tag{11.57}$$

故而

$$\frac{\partial^2}{\partial x \partial y}\mathfrak{F}_{n,m}(x,y) = nm\mathfrak{F}_{n-1,m-1}(x,y) \tag{11.58}$$

此即新特殊函数的微分关系.

下面, 利用新特殊函数建立新的算符恒等式和积分公式.

由式 (11.49)、式 (11.51) 和式 (11.53) 可得新的算符恒等式:

$$H_{n,m}(X,Y) = :\mathfrak{F}_{n,m}(X,Y): \tag{11.59}$$

此外, 从式 (11.53) 知

$$\sum_{n,m=0}^{\infty}\frac{s^n t^m}{n!m!}\mathfrak{F}_{n,m}(\mathrm{i}X,\mathrm{i}Y) = \exp\left(\mathrm{i}sX + \mathrm{i}tY - st + \frac{s^2}{4} + \frac{t^2}{4}\right)$$

$$=:\exp(\mathrm{i}sX + \mathrm{i}tY - st):$$

$$= \sum_{n,m=0}^{\infty}\frac{s^n t^m}{n!m!}:H_{n,m}(\mathrm{i}X,\mathrm{i}Y): \tag{11.60}$$

比较上式左右两端即得另一个算符恒等式

$$\mathfrak{F}_{n,m}(\mathrm{i}X,\mathrm{i}Y) =: H_{n,m}(\mathrm{i}X,\mathrm{i}Y): \tag{11.61}$$

利用坐标态的完备性关系, 即

$$\int_{-\infty}^{\infty}\mathrm{d}x\,|x\rangle\langle x| = \int_{-\infty}^{\infty}\frac{\mathrm{d}x}{\sqrt{\pi}}:\mathrm{e}^{-(x-X)^2}: = 1 \tag{11.62}$$

这里 $|x\rangle$ 坐标算符的本征态, 有

$$H_{n,m}(X,Y) = \iint_{-\infty}^{\infty}\frac{\mathrm{d}x\mathrm{d}y}{\pi}:\mathrm{e}^{-(x-X)^2-(y-Y)^2}:H_{n,m}(x,y) =:\mathfrak{F}_{n,m}(X,Y): \tag{11.63}$$

由于上式中间和右侧的算符表示均在正规乘积之内, 故有新的积分公式

$$\frac{1}{\pi}\iint_{-\infty}^{\infty}\mathrm{d}x'\mathrm{d}y'\mathrm{e}^{-(x'-x)^2-(y'-y)^2}H_{n,m}(x',y') = \mathfrak{F}_{n,m}(x,y) \tag{11.64}$$

另一方面, 利用式 (11.17) 和式 (11.62) 有

$$\mathfrak{F}_{n,m}(\mathrm{i}X,\mathrm{i}Y) = \iint_{-\infty}^{\infty} \mathrm{d}x\mathrm{d}y \mathfrak{F}_{n,m}(\mathrm{i}x,\mathrm{i}y)|x,y\rangle\langle x,y|$$
$$= \frac{1}{\pi}\iint_{-\infty}^{\infty} \mathrm{d}x\mathrm{d}y: \mathrm{e}^{-(x-X)^2-(y-Y)^2}:\mathfrak{F}_{n,m}(\mathrm{i}x,\mathrm{i}y)$$
$$=:H_{n,m}(\mathrm{i}X,\mathrm{i}Y): \tag{11.65}$$

这即意味着有另一个积分公式：

$$\frac{1}{\pi}\iint_{-\infty}^{\infty}\mathrm{d}x'\mathrm{d}y'\mathrm{e}^{-(x'-x)^2-(y'-y)^2}\mathfrak{F}_{n,m}(\mathrm{i}x,\mathrm{i}y) = H_{n,m}(\mathrm{i}x,\mathrm{i}y) \tag{11.66}$$

以下是应用部分。

利用双变量 Hermite 多项式算符式 (11.54) 和式 (11.63), 可得双变量 Hermite 多项式激发真空态：

$$H_{n,m}(X,Y)|00\rangle = \frac{1}{(2\mathrm{i})^{n+m}}\sum_{l=0}^{\min(m,n)}\frac{4^l n!m!}{l!(n-l)!(m-l)!}H_{n-l}\left(\frac{\mathrm{i}a^\dagger}{\sqrt{2}}\right)H_{m-l}\left(\frac{\mathrm{i}b^\dagger}{\sqrt{2}}\right)|00\rangle \tag{11.67}$$

这是一个纠缠态. 此外, 注意到算符的对易性, 即 $\left[(a+b^\dagger),(b+a^\dagger)\right]=0$, 则由式 (11.53) 可知

$$\exp\left[s\left(a+b^\dagger\right)+t\left(b+a^\dagger\right)-st+\frac{s^2}{4}+\frac{t^2}{4}\right] = \sum_{n,m=0}^{\infty}\frac{s^n t^m}{n!m!}\mathfrak{F}_{n,m}\left(a+b^\dagger,b+a^\dagger\right) \tag{11.68}$$

利用 Baker-Hausdorff 公式, 式 (11.68) 左边可写成

$$\exp\left[s\left(a+b^\dagger\right)+t\left(b+a^\dagger\right)-st+\frac{s^2}{4}+\frac{t^2}{4}\right]$$
$$=:\exp\left[s\left(a+b^\dagger\right)+t\left(b+a^\dagger\right)-\left(\frac{-\mathrm{i}s}{2}\right)^2-\left(\frac{-\mathrm{i}t}{2}\right)^2\right]:$$
$$=\sum_{n,m=0}^{\infty}\frac{\left(\frac{-\mathrm{i}s}{2}\right)^n\left(\frac{-\mathrm{i}t}{2}\right)^m}{n!m!}:H_n\left[\mathrm{i}\left(a+b^\dagger\right)\right]H_m\left[\mathrm{i}\left(b+a^\dagger\right)\right]: \tag{11.69}$$

比较式 (11.69) 和式 (11.68), 可得算符恒等式：

$$\mathfrak{F}_{n,m}\left(a+b^\dagger,b+a^\dagger\right) = \left(\frac{-\mathrm{i}}{2}\right)^{m+n}:H_n\left[\mathrm{i}\left(a+b^\dagger\right)\right]H_m\left[\mathrm{i}\left(b+a^\dagger\right)\right]: \tag{11.70}$$

将算符 $\mathfrak{F}_{n,m}\left(a+b^\dagger,b+a^\dagger\right)$ 作用于双模真空态上, 则有

$$\mathfrak{F}_{n,m}\left(a+b^\dagger,b+a^\dagger\right)|00\rangle = \left(\frac{-\mathrm{i}}{2}\right)^{m+n}H_n\left(\mathrm{i}b^\dagger\right)H_m\left(\mathrm{i}a^\dagger\right)|00\rangle \tag{11.71}$$

即 Hermite 多项式激发真空态.

另一方面, 由式 (11.53) 又有

$$:\exp\left[s\left(a+b^\dagger\right)+t\left(b+a^\dagger\right)-st+\frac{s^2}{4}+\frac{t^2}{4}\right]:$$
$$=\sum_{n,m=0}^{\infty}\frac{s^n t^m}{n!m!}:\mathfrak{F}_{n,m}\left(a+b^\dagger,b+a^\dagger\right): \tag{11.72}$$

利用 Baker-Hausdorff 公式和式 (11.69) 前两式, 则式 (11.72) 左边等价于

$$:\exp\left[s\left(a+b^\dagger\right)+t\left(b+a^\dagger\right)-st+\frac{s^2}{4}+\frac{t^2}{4}\right]:$$
$$=\exp\left[s\left(a+b^\dagger\right)+t\left(b+a^\dagger\right)+\frac{s^2}{4}+\frac{t^2}{4}\right]$$
$$=\sum_{n,m=0}^{\infty}\frac{\left(\frac{-\mathrm{i}s}{2}\right)^n\left(\frac{-\mathrm{i}t}{2}\right)^m}{n!m!}H_n\left[\mathrm{i}\left(a+b^\dagger\right)\right]H_m\left[\mathrm{i}\left(b+a^\dagger\right)\right] \tag{11.73}$$

比较式 (11.72) 和式 (11.73) 得新的算符恒等式

$$H_n\left[\mathrm{i}\left(a+b^\dagger\right)\right]H_m\left[\mathrm{i}\left(b+a^\dagger\right)\right]=(2\mathrm{i})^{m+n}:\mathfrak{F}_{n,m}\left(a+b^\dagger,b+a^\dagger\right): \tag{11.74}$$

则将上式作用于双模真空态有

$$H_n\left[\mathrm{i}\left(a+b^\dagger\right)\right]H_m\left[\mathrm{i}\left(b+a^\dagger\right)\right]|00\rangle=(2\mathrm{i})^{m+n}\mathfrak{F}_{n,m}\left(b^\dagger,a^\dagger\right)|00\rangle \tag{11.75}$$

此即新特殊函数形式下激发真空态.

借助于双模纠缠态表象 $|\xi\rangle$ 的完备性, 即

$$\int\frac{\mathrm{d}^2\xi}{\pi}|\xi\rangle\langle\xi|=\int\frac{\mathrm{d}^2\xi}{\pi}:\mathrm{e}^{-[\xi-(a+b^\dagger)][\xi^*-(a^\dagger+b)]}:=1 \tag{11.76}$$

其中纠缠态 $|\xi\rangle$ 为

$$|\xi\rangle=\exp\left(-\frac{|\xi|^2}{2}+a^\dagger\xi+b^\dagger\xi^*-a^\dagger b^\dagger\right)|00\rangle \tag{11.77}$$

满足本征方程:

$$\left(a+b^\dagger\right)|\xi\rangle=\xi|\xi\rangle,\ \left(b+a^\dagger\right)|\xi\rangle=\xi^*|\xi\rangle \tag{11.78}$$

以及方程式 (11.74) 可得

$$H_n\left[\mathrm{i}\left(a+b^\dagger\right)\right]H_m\left[\mathrm{i}\left(b+a^\dagger\right)\right]$$
$$=H_n\left[\mathrm{i}\left(a+b^\dagger\right)\right]H_m\left[\mathrm{i}\left(b+a^\dagger\right)\right]\int\frac{\mathrm{d}^2\xi}{\pi}|\xi\rangle\langle\xi|$$

$$= \int \frac{d^2\xi}{\pi} H_n(i\xi) H_m(i\xi^*) : e^{-[\xi-(a+b^\dagger)][\xi^*-(a^\dagger+b)]} :$$
$$= (2i)^{m+n} : \mathfrak{F}_{n,m}(a+b^\dagger, b+a^\dagger) : \tag{11.79}$$

由此得积分公式：

$$\int \frac{d^2\xi}{\pi} H_n(i\xi) H_m(i\xi^*) e^{-(\xi-\lambda)(\xi^*-\lambda^*)} = (2i)^{m+n} \mathfrak{F}_{n,m}(\lambda, \lambda^*) \tag{11.80}$$

作为积分公式 (11.80) 的应用，考虑 Hermite 多项式激发态 $H_m(ia^\dagger)|0\rangle$ 的归一化. 利用相干态的完备性关系 (3.136) 及式 (11.80)，可得

$$H_m(-ia) H_m(ia^\dagger) = (-1)^m H_m(ia) H_m(ia^\dagger)$$
$$= (-1)^m \int \frac{d^2z}{\pi} H_m(iz) |z\rangle\langle z| H_m(iz^*)$$
$$= (-1)^m \int \frac{d^2z}{\pi} H_n(iz) H_m(iz^*) : e^{-(z^*-a^\dagger)(z-a)} :$$
$$= 4^m : \mathfrak{F}_{m,m}(a^\dagger, a) : \tag{11.81}$$

则 Hermite 多项式激发态 $H_m(ia^\dagger)|0\rangle$ 的归一化为

$$\langle 0| H_m(-ia) H_m(ia^\dagger) |0\rangle = 4^m \mathfrak{F}_{m,m}(0,0) \tag{11.82}$$

本节利用算符 Hermite 多项式方法和 IWOP 方法，我们发现了一类新的特殊函数，它与单变量、双变量 Hermite 多项式紧密联系.

11.4 新的特殊函数 2

上一节中，我们引入了一类特殊函数 $\mathfrak{F}_{n,m}(x,y)$，母函数及其简单应用. 实际上，$\mathfrak{F}_{n,m}(x,y)$ 可看成是通过双变量 Hermite 多项式定义式 (11.35) 或式 (11.83)

$$H_{n,m}(x,y) = \frac{\partial^{n+m}}{\partial s^n \partial t^m} e^{-ts+tx+sy} \big|_{t=s=0}$$
$$= \sum_{l=0}^{\min(m,n)} \frac{n! m! (-1)^l}{l!(n-l)!(m-l)!} x^{n-l} y^{m-l} . \tag{11.83}$$

中将 $x^{n-l} y^{m-l}$ 替换为多项式 $H_{n-l}(ix) H_{m-l}(iy)$ 而引进的. 这样的特殊函数 $\mathfrak{F}_{n,m}(x,y)$ 出现在量子光学理论的有关计算中.

另一个有趣的问题是：若用更一般的单变量 Hermite 多项式取代上式中的 x^{n-l} 和 y^{m-l}, 如 $x^{n-l} \to H_{n-l}(fx), y^{m-l} \to H_{m-l}(y)$, 即

$$\sum_{l=0}^{\min(m,n)} \frac{n!m!(-1)^l}{l!(n-l)!(m-l)!} x^{n-l} y^{m-l}$$

$$\to \sum_{l=0}^{\min(m,n)} \frac{n!m!(-1)^l}{l!(n-l)!(m-l)!} H_{n-l}(fx) y^{m-l} \equiv \mathfrak{G}_{n,m}(fx, y) \tag{11.84}$$

那么，这样引入的新特殊函数 $\mathfrak{G}_{n,m}(x,y)$ 是否是个有意义的特殊函数呢? 若是, 它的母函数是什么? 有什么应用呢?

首先, 来看看在什么物理情形下会出现这样的特殊函数 $\mathfrak{G}_{n,m}(x,y)$. 例如, 当计算 Hermite 多项式激发态 $H_n\left(\sqrt{g}a^\dagger\right)|0\rangle$ 的光子数分布时, 需计算

$$\langle l| H_n\left(\sqrt{g}a^\dagger\right)|0\rangle = \frac{1}{\sqrt{l!}} \langle 0| a^l H_n\left(\sqrt{g}a^\dagger\right)|0\rangle \tag{11.85}$$

这里 $\langle l| = \frac{1}{\sqrt{l!}} \langle 0| a^l$ 为数态. 利用积分公式

$$\int_{-\infty}^{\infty} \frac{\mathrm{d}x}{\sqrt{\pi}} H_n(fx) \mathrm{e}^{-(x-y)^2} = (1-f^2)^{n/2} H_n\left(fy/\sqrt{1-f^2}\right) \tag{11.86}$$

以及正规乘积内算符的积分方法有

$$\begin{aligned} H_n(fX) &= H_n(fX) \int_{-\infty}^{\infty} \mathrm{d}x |x\rangle \langle x| \\ &= \int_{-\infty}^{\infty} \frac{\mathrm{d}x}{\sqrt{\pi}} H_n(fx) : \mathrm{e}^{-(x-X)^2} : \\ &= (1-f^2)^{n/2} : H_n\left(fX/\sqrt{1-f^2}\right) : \end{aligned} \tag{11.87}$$

式中, $\int_{-\infty}^{\infty} \mathrm{d}x |x\rangle \langle x| = 1$ 为坐标态的完备性关系. 令

$$f = \sqrt{\frac{2g}{1+2g}}$$

则

$$\begin{aligned} H_n\left(\sqrt{\frac{2g}{1+2g}} X\right) &= \left(\frac{1}{1+2g}\right)^{n/2} : H_n\left(\sqrt{2g} X\right) : \\ &= \left(\frac{1}{1+2g}\right)^{n/2} : H_n\left[\sqrt{g}\left(a+a^\dagger\right)\right] : \end{aligned} \tag{11.88}$$

因此, 将上式右端作用于真空态 $|0\rangle$、左端作用于数态 $\langle l|$, 可得

$$\langle l| H_n\left(\sqrt{g}a^\dagger\right)|0\rangle = (1+2g)^{n/2} \frac{1}{\sqrt{l!}} \langle 0| a^l H_n\left(\sqrt{\frac{2g}{1+2g}} X\right)|0\rangle \tag{11.89}$$

可见，在计算矩阵元 $\langle l| H_n(\sqrt{g}a^\dagger)|0\rangle$ 时，形为 $a^l H_n(fX)$ 算符出现了，其 Hermite 共轭算符为 $H_n(fX)a^{\dagger l}$.

接下来，考察算符 $H_n(fX)a^{\dagger l}$ 的正规乘积表示. 利用算符恒等式

$$\mathrm{e}^{fX}a^\dagger\mathrm{e}^{-fX}=a^\dagger+\left[f\frac{a+a^\dagger}{\sqrt{2}},a^\dagger\right]=a^\dagger+\frac{f}{\sqrt{2}} \tag{11.90}$$

则有

$$\begin{aligned}H_n(fX)a^{\dagger l}&=\frac{\mathrm{d}^n}{\mathrm{d}t^n}\mathrm{e}^{-t^2+2tfX}|_{t=0}a^{\dagger l}\\&=\frac{\mathrm{d}^n}{\mathrm{d}t^n}\left(a^\dagger+\sqrt{2}tf\right)^l\mathrm{e}^{-t^2+2tfX}|_{t=0}\\&=\sum_{k=0}^n\binom{n}{k}\frac{\mathrm{d}^k}{\mathrm{d}t^k}\left(a^\dagger+\sqrt{2}tf\right)^l\frac{\mathrm{d}^{n-k}}{\mathrm{d}t^{n-k}}\mathrm{e}^{-t^2+2tfX}|_{t=0}\end{aligned} \tag{11.91}$$

这里

$$\begin{aligned}\frac{\mathrm{d}^k}{\mathrm{d}t^k}\left(a^\dagger+\sqrt{2}tf\right)^l|_{t=0}&=\frac{\mathrm{d}^k}{\mathrm{d}t^k}\sum_{j=0}^l\binom{l}{j}a^{\dagger l-j}\left(\sqrt{2}tf\right)^j|_{t=0}\\&=\sum_{j=0}^l\binom{l}{j}a^{\dagger l-j}\left(\sqrt{2}f\right)^j\delta_{kj}k!\\&=\left(\sqrt{2}f\right)^k k!a^{\dagger l-k}\binom{l}{k}\end{aligned} \tag{11.92}$$

所以，算符 $H_n(fX)a^{\dagger l}$ 的正规乘积表示为

$$\begin{aligned}H_n(fX)a^{\dagger l}&=\sum_{k=0}^n\binom{n}{k}\left(\sqrt{2}f\right)^k k!a^{\dagger l-k}\binom{l}{k}H_{n-k}(fX)\\&=\sum_{k=0}^n\frac{n!l!\left(\sqrt{2}f\right)^k}{(l-k)!k!(n-k)!}a^{\dagger l-k}H_{n-k}(fX)\\&=\left(-\sqrt{2}f\right)^l\left(1-f^2\right)^{n/2}\sum_{k=0}^{\min(l,n)}\frac{n!l!(-1)^k}{(l-k)!k!(n-k)!}\\&\quad\times\left(\frac{-1}{\sqrt{2}f}\right)^{l-k}:a^{\dagger l-k}H_{n-k}\left(fX/\sqrt{1-f^2}\right):\end{aligned} \tag{11.93}$$

由上式与特殊函数 $\mathfrak{G}_{n,m}(x,y)$ 的定义式 (11.84) 可得

$$H_n(fX)a^{\dagger l}=\left(-\sqrt{2}f\right)^l\left(1-f^2\right)^{n/2}:\mathfrak{G}_{n,l}\left(\frac{fX}{\sqrt{1-f^2}},\frac{-1}{\sqrt{2}f}a^\dagger\right): \tag{11.94}$$

由此可见，当计算 Hermite 多项式激发态的光子数分布时，将碰到新的特殊函数 $\mathfrak{G}_{n,m}(x,y)$.

类似地, 可以导出算符 $H_n(X)a^l$ 的反正规乘积, 即

$$\begin{aligned}H_n(X)a^l &= \frac{\mathrm{d}^n}{\mathrm{d}t^n}\mathrm{e}^{-t^2+2tX}|_{t=0}a^l = \frac{\mathrm{d}^n}{\mathrm{d}t^n}\left(a-\sqrt{2}t\right)^l\mathrm{e}^{-t^2+2tX}|_{t=0}\\&= \sum_{k=0}^{n}\binom{n}{k}\frac{\mathrm{d}^k}{\mathrm{d}t^k}\left(a-\sqrt{2}t\right)^l\frac{\mathrm{d}^{n-k}}{\mathrm{d}t^{n-k}}\mathrm{e}^{-t^2+2tX}\bigg|_{t=0}\\&= \sum_{k=0}^{n}\frac{n!l!\left(-\sqrt{2}\right)^k}{(l-k)!k!(n-k)!}a^{l-k}H_{n-k}(X)\end{aligned} \quad (11.95)$$

进一步利用算符 $H_n(X)$ 的反正规乘积表示

$$H_n(X) = 2^{n/2} \colon H_n\left(\frac{X}{\sqrt{2}}\right)\colon \quad (11.96)$$

代入式 (11.96) 并利用特殊函数 $\mathfrak{G}_{n,m}(x,y)$ 定义式 (11.84) 可得

$$H_n(X)a^l = 2^{n/2}\sum_{k=0}^{n}\frac{n!l!(-1)^k}{(l-k)!k!(n-k)!}a^{l-k}\colon H_{n-k}\left(\frac{X}{\sqrt{2}}\right)\colon \equiv \colon\mathfrak{G}_{n,l}\left(a,\frac{X}{\sqrt{2}}\right)\colon \quad (11.97)$$

下面, 进一步考察特殊函数 $\mathfrak{G}_{n,m}(x,y)$ 的母函数. 按照算符 Hermite 多项式方法的思想, 考虑求和式

$$\begin{aligned}\sum_{l=0}^{\infty}\sum_{n=0}^{\infty}\frac{t^n\tau^l}{n!l!}H_n(X)a^l &= \mathrm{e}^{-t^2+2tX}\mathrm{e}^{\tau a} = \mathrm{e}^{-t^2+\sqrt{2}t(a+a^\dagger)}\mathrm{e}^{\tau a}\\&= \mathrm{e}^{-t^2+\sqrt{2}ta}\mathrm{e}^{\sqrt{2}ta^\dagger}\mathrm{e}^{\tau a}\mathrm{e}^{-t^2} = \mathrm{e}^{-2t^2-\sqrt{2t\tau}}\mathrm{e}^{\tau a+\sqrt{2}ta}\mathrm{e}^{\sqrt{2}ta^\dagger}\end{aligned} \quad (11.98)$$

将式 (11.97) 代入式 (11.98) 可得

$$\sum_{n,l=0}^{\infty}\frac{t^n\tau^l}{n!l!}\colon\mathfrak{G}_{n,l}\left(a,\frac{X}{\sqrt{2}}\right)\colon = \mathrm{e}^{-2t^2-\sqrt{2t\tau}}\colon\mathrm{e}^{\tau a+2tX}\colon \quad (11.99)$$

上式两边均处于反正规乘积之内, 故令 $\frac{X}{\sqrt{2}}\to x, a\to y, \sqrt{2}t\to t$, 可得函数 $\mathfrak{G}_{n,l}$ 的母函数为

$$\sum_{n,l=0}^{\infty}\frac{t^n\tau^l}{n!l!}\mathfrak{G}_{n,l}(x,y) = \mathrm{e}^{-2t^2-\sqrt{2t\tau}}\mathrm{e}^{\tau x+2\sqrt{2}ty} \quad (11.100)$$

或

$$\mathfrak{G}_{n,l}(x,y) = \frac{\partial^{n+l}}{\partial t^n \partial \tau^l}\mathrm{e}^{-2t^2-\sqrt{2t\tau}}\mathrm{e}^{\tau x+2\sqrt{2}ty}\bigg|_{t=\tau=0} \quad (11.101)$$

总之, 利用算符 Hermite 多项式方法以及有 IWOP 方法, 我们提出了一种新的特殊函数 $\mathfrak{G}_{n,l}(x,y)$, 该类函数包含了幂级数以及 Hermite 多项式. 它在量子理论中计算物理量时会出现.

第 12 章

混沌光在激光通道中的演化

本章研究混沌光在激光通道中的演化问题. 此类通道有密度算符主方程描述, 即

$$\frac{\mathrm{d}\rho(t)}{\mathrm{d}t} = g\left[2a^\dagger \rho(t) a - aa^\dagger \rho(t) - \rho(t) aa^\dagger\right]$$
$$+ \kappa \left[2a\rho(t) a^\dagger - a^\dagger a\rho(t) - \rho(t) a^\dagger a\right] \tag{12.1}$$

其中, $\rho(t)$ 为 t 时刻系统的密度算符, g 和 κ 分别代表增益和损失. 当 $g = 0$ 时, 上式退化为振幅衰减通道 [式 (9.130)] 或

$$\frac{\mathrm{d}\rho(t)}{\mathrm{d}t} = \kappa \left[2a\rho(t) a^\dagger - a^\dagger a\rho(t) - \rho(t) a^\dagger a\right] \tag{12.2}$$

而当 $\kappa = 0$ 时, 式 (12.1) 变成描述只有增益的主方程

$$\frac{\mathrm{d}\rho(t)}{\mathrm{d}t} = g\left[2a^\dagger \rho(t) a - aa^\dagger \rho(t) - \rho(t) aa^\dagger\right] \tag{12.3}$$

这里主要关心以下几个问题: ① 若初始量子态处于混沌光 $(1-\mathrm{e}^f)\mathrm{e}^{fa^\dagger a} = \rho(0)$ 系统会演化成什么态, 并推导包含在密度算符 $\rho(t)$ 中的参数满足的微分方程; ② 求解相应的微分方程, 并给出 $\rho(t)$ 的精确解, 从而明确混沌光的演化规律.

12.1 混沌光的演化

设初态为热态为 $\rho(0) = \left(1-\mathrm{e}^f\right)\mathrm{e}^{fa^\dagger a}$, 有理由认为在增益和衰减过程中任意时刻态 $\rho(t)$ 保持热态的形式 (Bose distribution in average photon numbers still holds). 在此过程中, 既无压缩也无非线性效应, 故终态可设为

$$\rho(t) = \left(1-\mathrm{e}^{f'}\right)\mathrm{e}^{f'a^\dagger a} \tag{12.4}$$

其中, $f' = f'(t)$ 是待定的时间函数. 式 (12.4) 代入方程 (12.1) 左端, 得

$$\begin{aligned}\frac{\mathrm{d}}{\mathrm{d}t}\left(1-\mathrm{e}^{f'}\right)\mathrm{e}^{f'a^\dagger a} &= \mathrm{e}^{f'a^\dagger a}\frac{\mathrm{d}}{\mathrm{d}t}\left(1-\mathrm{e}^{f'}\right) + \left(1-\mathrm{e}^{f'}\right)\frac{\mathrm{d}}{\mathrm{d}t}\mathrm{e}^{f'a^\dagger a} \\ &= \left[\left(1-\mathrm{e}^{f'}\right)a^\dagger a - \mathrm{e}^{f'}\right]\mathrm{e}^{f'a^\dagger a}\frac{\mathrm{d}f'}{\mathrm{d}t}\end{aligned} \tag{12.5}$$

式 (12.4) 代入方程 (12.1) 右端, 得

式 (12.1) 右端
$$= 2\left(1-\mathrm{e}^{f'}\right)\left\{g\left[a^\dagger a\mathrm{e}^{-f'} - aa^\dagger\right] + \kappa\left[aa^\dagger\mathrm{e}^{f'} - a^\dagger a\right]\right\}\mathrm{e}^{f'a^\dagger a}$$
$$= 2\left(1-\mathrm{e}^{f'}\right)\left\{a^\dagger a\left[g\left(\mathrm{e}^{-f'}-1\right) + \kappa\left(\mathrm{e}^{f'}-1\right)\right]' + \kappa\mathrm{e}^{f'} - g\right\}\mathrm{e}^{f'a^\dagger a} \tag{12.6}$$

联立式 (12.5) 和 (12.6), 并比较左右项 $a^\dagger a\mathrm{e}^{f'a^\dagger a}$ 或 $\mathrm{e}^{f'a^\dagger a}$, 可得两个新的微分方程

$$\frac{\mathrm{d}f'}{\mathrm{d}t} = 2\left[g\left(\mathrm{e}^{-f'}-1\right) + \kappa\left(\mathrm{e}^{f'}-1\right)\right] \tag{12.7}$$

和

$$2\left(1-\mathrm{e}^{f'}\right)\left(\kappa\mathrm{e}^{f'}-g\right) = -\mathrm{e}^{f'}\frac{\mathrm{d}f'}{\mathrm{d}t} \tag{12.8}$$

上两式是相同的, 故只需求解其中之一. 由式 (12.8) 可得

$$\int \frac{\mathrm{d}f'}{g\left(\mathrm{e}^{-f'}-1\right) + \kappa\left(\mathrm{e}^{f'}-1\right)} = 2\int \mathrm{d}t + c \tag{12.9}$$

其中, c 为积分常数. 利用积分公式

$$\int \frac{\mathrm{d}x}{g\left(\mathrm{e}^{-x}-1\right) + \kappa\left(\mathrm{e}^{x}-1\right)} = \frac{\ln\left[(\kappa\mathrm{e}^x - g)/(1-\mathrm{e}^x)\right]}{g-\kappa} + c' \tag{12.10}$$

则有
$$\ln\left[\frac{(\kappa e^{f'} - g)}{(1 - e^{f'})}\right] = 2(g-\kappa)t + c'' \tag{12.11}$$

c'' 为新积分常数. 当 $t = 0$ 时, $f' \to f$, 故积分常数 c'' 为
$$c'' = \ln \frac{\kappa e^f - g}{1 - e^f} \tag{12.12}$$

且
$$\frac{\kappa e^{f'} - g}{1 - e^{f'}} = \frac{\kappa e^f - g}{1 - e^f} e^{2(g-\kappa)t} \tag{12.13}$$

将式 (12.2) 和式 (12.3) 代入式 (12.11) 可得
$$f' = \ln \frac{g(1-e^f) + (\kappa e^f - g)e^{2(g-\kappa)t}}{\kappa(1-e^f) + (\kappa e^f - g)e^{2(g-\kappa)t}} \tag{12.14}$$

故混沌场在增益-衰减共存通道中, 密度算符演化为
$$\rho(t) = \frac{(\kappa - g)(1 - e^f)}{\kappa(1-e^f) + (\kappa e^f - g)e^{2(g-\kappa)t}} \left[\frac{g(1-e^f) + (\kappa e^f - g)e^{2(g-\kappa)t}}{\kappa(1-e^f) + (\kappa e^f - g)e^{2(g-\kappa)t}}\right]^{a^\dagger a} \tag{12.15}$$

特别地, 当 $\kappa = 0$ 时, 即无损失情况, 式 (12.14) 变成
$$f' = \ln[(e^f - 1)e^{-2gt} + 1] \tag{12.16}$$

t 时刻增益过程中的密度算符为
$$\begin{aligned}\rho(t) &= \left(1 - e^{f'}\right) e^{f' a^\dagger a} \\ &= e^{-2gt}\left(1 - e^f\right) e^{a^\dagger a \ln\left[1 - e^{-2gt}\left(1-e^f\right)\right]} \\ &= e^{-2gt}\left(1 - e^f\right) \left[1 - e^{-2gt}\left(1 - e^f\right)\right]^{a^\dagger a} \end{aligned} \tag{12.17}$$

而当 $g = 0$ 即无增益时, 类似有
$$f' = \ln \frac{1}{1 + (e^{-f} - 1)e^{2t\kappa}} \tag{12.18}$$

和
$$\rho(t) = \frac{(e^{-f} - 1)e^{2\kappa t}}{(e^{-f} - 1)e^{2\kappa t} + 1} \left[\frac{1}{(e^{-f} - 1)e^{2\kappa t} + 1}\right]^{a^\dagger a} \tag{12.19}$$

为验证以上结果 (12.14), 将式 (12.14) 代入式 (12.7) 右端可得
$$2\left[g\left(e^{-f'} - 1\right) + \kappa\left(e^{f'} - 1\right)\right]$$

$$= \frac{2\left(e^f-1\right)(g-\kappa)^2\left(\kappa e^f-g\right)e^{2(g-\kappa)t}}{\left[g\left(1-e^f\right)+\left(\kappa e^f-g\right)e^{2(g-\kappa)t}\right]\left[\kappa\left(1-e^f\right)+\left(\kappa e^f-g\right)e^{2(g-\kappa)t}\right]} \tag{12.20}$$

另一方面, 将式 (12.14) 代入式 (12.7) 左端可得

$$\frac{\mathrm{d}f'}{\mathrm{d}t} = \frac{\kappa\left(1-e^f\right)+\left(\kappa e^f-g\right)e^{2(g-\kappa)t}}{g\left(1-e^f\right)+\left(\kappa e^f-g\right)e^{2(g-\kappa)t}}\frac{\mathrm{d}}{\mathrm{d}t}\frac{g\left(1-e^f\right)+\left(\kappa e^f-g\right)e^{2(g-\kappa)t}}{\kappa\left(1-e^f\right)+\left(\kappa e^f-g\right)e^{2(g-\kappa)t}}$$

$$= \frac{2\left(e^f-1\right)(g-\kappa)^2 e\left(\kappa e^f-g\right)^{2(g-\kappa)t}}{\left[g\left(1-e^f\right)+\left(\kappa e^f-g\right)e^{2(g-\kappa)t}\right]\left[\kappa\left(1-e^f\right)+\left(\kappa e^f-g\right)e^{2(g-\kappa)t}\right]} \tag{12.21}$$

显然, 式 (12.20) 和式 (12.21) 相等. 故式 (12.14) 就是式 (12.7) 的正确解.

至此, 我们以一种直接且简洁的方式求解了混沌光在既有增益又有衰减的通道中的主方程. 该方法不同于其他论文中必须知道 Kraus 算符和的表示形式.

12.2 激光通道主方程的算符和形式解

本节考虑激光通道主方程的算符和形式解. 为此, 引入虚模算符 $\tilde{a}$, $[\tilde{a},\tilde{a}^\dagger]=1$, 构造热纠缠态表象 [参见式 (4.108) 及式 (5.25)]

$$|\eta\rangle = \exp\left(-\frac{1}{2}|\eta|^2 + \eta a^\dagger - \eta^*\tilde{a}^\dagger + a^\dagger\tilde{a}^\dagger\right)|0\tilde{0}\rangle \tag{12.22}$$

利用有序算符内的积分方法可以证明 $|\eta\rangle$ 是正交完备的, 即

$$\langle\eta'|\eta\rangle = \pi\delta\left(\eta'-\eta\right)\delta\left(\eta'^*-\eta^*\right) \tag{12.23}$$

$$1 = \int\frac{\mathrm{d}^2\eta}{\pi}|\eta\rangle\langle\eta| \tag{12.24}$$

压缩变换 $|\eta\rangle \to \frac{1}{\mu}|\eta/\mu\rangle$ 实际上由双模压缩算符 S 来实现

$$S \equiv \int\frac{\mathrm{d}^2\eta}{\pi\mu}|\eta/\mu\rangle\langle\eta| = \exp\left[\lambda\left(a^\dagger\tilde{a}^\dagger-a\tilde{a}\right)\right], \quad \mu = e^\lambda \tag{12.25}$$

利用 (12.23) 可知

$$S|\eta\rangle = \frac{1}{\mu}|\eta/\mu\rangle \tag{12.26}$$

将式 (12.1) 左右两端作用于态 $|I\rangle = |\eta=0\rangle$, 并记 $|\rho\rangle \equiv \rho|I\rangle$, 则有

$$\frac{\mathrm{d}}{\mathrm{d}t}|\rho\rangle = \left[g\left(2a^\dagger\rho a - aa^\dagger\rho - \rho aa^\dagger\right) + \kappa\left(2a\rho a^\dagger - a^\dagger a\rho - \rho a^\dagger a\right)\right]|I\rangle \tag{12.27}$$

利用式 (6.8) 和式 (6.9) 可得方程 (12.27) 的形式解为

$$|\rho(t)\rangle = \exp\left[gt\left(2a^\dagger\tilde{a}^\dagger - aa^\dagger - \tilde{a}\tilde{a}^\dagger\right) + \kappa t\left(2a\tilde{a} - a^\dagger a - \tilde{a}^\dagger\tilde{a}\right)\right]|\rho_0\rangle \tag{12.28}$$

其中, $|\rho_0\rangle \equiv \rho_0|I\rangle$, ρ_0 为初态的密度算符. 因此, $\rho(t)$ 的无限算符和表示形式为 [与推导式 (6.21) 相似]

$$\rho(t) = \sum_{n,j=0}^{\infty} T_3 \frac{\kappa^n g^j T_1^{n+j}}{n!j!T_2^{2j}} e^{a^\dagger a \ln T_2} a^{\dagger j} a^n \rho_0 a^{\dagger n} a^j e^{a^\dagger a \ln T_2} = \sum_{n,j=0}^{\infty} M_{n,j} \rho_0 M_{n,j}^\dagger \tag{12.29}$$

这里

$$\begin{cases} T_1 = \dfrac{1 - e^{-2(\kappa-g)t}}{\kappa - g e^{-2t(\kappa-g)}} \\ T_2 = \dfrac{(\kappa-g)e^{-(\kappa-g)t}}{\kappa - g e^{-2t(\kappa-g)}} \\ T_3 = \dfrac{\kappa - g}{\kappa - g e^{-2t(\kappa-g)}} = 1 - gT_1 \end{cases} \tag{12.30}$$

以及

$$M_{n,j} = \sqrt{\frac{T_3 \kappa^n g^j}{n!j!T_2^{2j}}} T_1^{n+j} e^{a^\dagger a \ln T_2} a^{+j} a^n \tag{12.31}$$

可验证

$$\sum_{n,j=0}^{\infty} M_{n,j}^\dagger M_{n,j} = 1 \tag{12.32}$$

所以式 (12.29) 表示的 $\rho(t)$ 确实是一个密度算符, 即

$$\text{Tr}\rho(t) = \text{Tr}\left(\sum_{n,j=0}^{\infty} M_{n,j}\rho_0 M_{n,j}^\dagger\right) = \text{Tr}\rho_0 \tag{12.33}$$

因此, 对于任意给定的初始密度算符 ρ_0, 任意时刻密度算符 $\rho(t)$ 可直接由式 (12.29) 导出. 推导过程中, 纠缠态表象为我们提供了一个优美的推导密度算符和表示的途径.

12.3　负二项式态在激光通道中的演化

本节考察负二项式态 $\rho_\gamma(0)$[参见 (7.17)] 在激光通道中的演化. 为方便, 将负二项式态 $\rho_\gamma(0)$ 再次写出

$$\rho_\gamma(0) = \frac{1}{s!(n_c)^s} a^s \gamma e^{a^\dagger a \ln(1-\gamma)} a^{\dagger s}, \quad n_c = \frac{1-\gamma}{\gamma} \tag{12.34}$$

将式 (12.34) 代入式 (12.29), 得

$$\rho(t) = \frac{T_3\gamma}{s!n_c^s} \sum_{j=0}^{\infty}\sum_{n=0}^{\infty} \frac{\kappa^n g^j}{n!j!T_2^{2j}} T_1^{n+j} e^{a^\dagger a \ln T_2} a^{\dagger j} a^{n+s} e^{a^\dagger a \ln(1-\gamma)} a^{\dagger n+s} a^j e^{a^\dagger a \ln T_2}$$

$$= \frac{T_3\gamma}{s!n_c^s} \sum_{j=0}^{\infty} \frac{g^j T_1^j}{j!T_2^{2j}} \sum_{n=0}^{\infty} \frac{(\kappa T_1)^n}{n!} \left(a^\dagger T_2\right)^j e^{a^\dagger a \ln T_2} a^{n+s} e^{a^\dagger a \ln(1-\gamma)} a^{\dagger n+s} e^{a^\dagger a \ln T_2} (aT_2)^j$$

$$= \frac{T_3\gamma}{s!n_c^s T_2^{2s}} \sum_{j=0}^{\infty} \frac{g^j T_1^j}{j!T_2^{2j}} \left(a^\dagger T_2\right)^j \sum_{n=0}^{\infty} \frac{(\kappa T_1/T_2^2)^n}{n!} a^{n+s} e^{a^\dagger a \ln\left[(1-\gamma)T_2^2\right]} a^{\dagger n+s} (aT_2)^j$$

$$= \frac{T_3\gamma}{s!n_c^s T_2^{2s}} \sum_{j=0}^{\infty} \frac{g^j T_1^j}{j!T_2^{2j}} \left(a^\dagger T_2\right)^j \sum_{n=0}^{\infty} \frac{(\kappa T_1/T_2^2)^n (n+s)!}{n!}$$

$$\times \left[(1-\gamma)T_2^2\right]^{n+s} : e^{\left[(1-\gamma)T_2^2-1\right]a^\dagger a} L_{n+s}\left[a^\dagger a(\gamma-1)T_2^2\right] : (aT_2)^j \tag{12.35}$$

进一步, 利用 Laguerre 多项式的新母函数公式 (推导见本章附录):

$$\sum_{n=0}^{\infty} \frac{(n+s)!(-\lambda)^n}{n!s!} L_{n+s}(z) = (1+\lambda)^{-s-1} e^{\frac{\lambda z}{1+\lambda}} L_s\left(\frac{z}{1+\lambda}\right) \tag{12.36}$$

并注意到 $n_c = \dfrac{1-\gamma}{\gamma}$, 对式 (12.35) 中 n 求和, 可得

$$\rho(t) = T_3 \frac{\gamma}{n_c^s T_2^{2s}} \sum_{j=0}^{\infty} \frac{g^j T_1^j}{j!T_2^{2j}} : \left(a^\dagger a T_2^2\right)^j \left[(1-\gamma)T_2^2\right]^s e^{\left[(1-\gamma)T_2^2-1\right]a^\dagger a}$$

$$\times \left[1-\kappa T_1(1-\gamma)\right]^{-s-1} e^{\frac{\kappa T_1(1-\gamma)^2 T_2^2}{1-\kappa T_1(1-\gamma)}a^\dagger a} L_s\left[\frac{a^\dagger a(\gamma-1)T_2^2}{1-\kappa T_1(1-\gamma)}\right] :$$

$$= G : \gamma'^{s+1} e^{(gT_1-\gamma')a^\dagger a} L_s\left[a^\dagger a(\gamma'-1)\right] : \tag{12.37}$$

其中

$$G \equiv \left[\frac{\gamma}{1-(\kappa T_1+T_2^2)(1-\gamma)}\right]^{s+1} (1-gT_1) \tag{12.38}$$

以及

$$\gamma' = 1 - \frac{T_2^2(1-\gamma)}{1-\kappa T_1(1-\gamma)} \tag{12.39}$$

为更清楚地看到密度算符 $\rho(t)$ 的意义, 由式 (12.37) 得

$$\rho(t) = G \sum_{n=0}^{\infty} \frac{(gT_1)^n}{n!} a^{\dagger n} : \gamma'^{s+1} e^{-\gamma' a^\dagger a} L_s\left[a^\dagger a(\gamma'-1)\right] : a^n$$

$$= G \sum_{n=0}^{\infty} \frac{(gT_1)^n}{n!} a^{\dagger n} \rho_{\gamma'} a^n \tag{12.40}$$

其中

$$\rho_{\gamma'} = \gamma'^{s+1} : e^{-\gamma' a^\dagger a} L_s\left[(\gamma'-1)a^\dagger a\right] : \tag{12.41}$$

实际上,上式一个新负二项式态,与初始的二项式态 (12.34) 参数不同. 因此, 二项式态经过增益-衰减通道后, 变成了光子增加负二项式态的无限算符和表示形式.

利用相干态完备性关系以及式 (12.37) 可验证 $\text{Tr}[\rho(t)] = 1$, 即

$$\begin{aligned}
\text{Tr}[\rho(t)] &= G\gamma'^{s+1} \int \frac{\mathrm{d}^2 z}{\pi} \langle z| : \mathrm{e}^{(gT_1-\gamma')a^\dagger a} L_s \left[a^\dagger a(\gamma'-1)\right] : |z\rangle \\
&= G\gamma'^{s+1} \sum_{l=0}^{s} \frac{(1-\gamma')^l s!}{(l!)^2 (s-l)!} \int \frac{\mathrm{d}^2 z}{\pi} |z|^{2l} \mathrm{e}^{(gT_1-\gamma')|z|^2} \\
&= G\gamma'^{s+1} \sum_{l=0}^{s} \frac{(1-\gamma')^l s!}{(l!)^2 (s-l)!} \frac{l!}{(\gamma'-gT_1)^{l+1}} \\
&= \left[\frac{\gamma}{1-(\kappa T_1+T_2^2)(1-\gamma)}\right]^{s+1} \frac{\gamma'^{s+1}(1-gT_1)}{\gamma'-gT_1} \left(\frac{1-\gamma'}{\gamma'-gT_1}+1\right)^s \\
&= 1
\end{aligned} \tag{12.42}$$

下面, 计算在密度算符式 (12.40) 中的平均光子数. 初始负二项式态 (12.34) 下的平均光子数为

$$\begin{aligned}
\langle N \rangle_0 &= \text{Tr}\left[a^\dagger a \rho_\gamma(0)\right] \\
&= \text{Tr}\left[\sum_{n=0}^{\infty} \frac{(n+s)!}{n!s!} \gamma^{s+1}(1-\gamma)^n n |n\rangle\langle n|\right] \\
&= \sum_{n=1}^{\infty} \frac{(n+s)!}{(n-1)!s!} \gamma^{s+1}(1-\gamma)^n \\
&= \frac{(1+s)(1-\gamma)}{\gamma}
\end{aligned} \tag{12.43}$$

利用式 (12.37) 以及算符公式 $\left[a, : f(a,a^\dagger) : \right] = \frac{\partial}{\partial a^\dagger} : f(a,a^\dagger) :$, 则任意时刻态 (12.40) 的平均光子数为

$$\begin{aligned}
\langle N \rangle_t &= \text{Tr}[a^\dagger a \rho(t)] \\
&= G\gamma'^{s+1} \int \frac{\mathrm{d}^2 z}{\pi} \langle z|a^\dagger a : \mathrm{e}^{(gT_1-\gamma')a^\dagger a} L_s \left[a^\dagger a(\gamma'-1)\right] : |z\rangle \\
&= G\gamma'^{s+1} \int \frac{\mathrm{d}^2 z}{\pi} \langle z|a^\dagger : \mathrm{e}^{(gT_1-\gamma')a^\dagger a} L_s \left[a^\dagger a(\gamma'-1)\right] : a|z\rangle \\
&\quad + G\gamma'^{s+1} \int \frac{\mathrm{d}^2 z}{\pi} \langle z|a^\dagger : \frac{\partial}{\partial a^\dagger} \left\{\mathrm{e}^{(gT_1-\gamma')a^\dagger a} L_s \left[a^\dagger a(\gamma'-1)\right]\right\} : |z\rangle \\
&= G\gamma'^{s+1} \left\{(1+gT_1-\gamma') \int |z|^2 \mathrm{e}^{(gT_1-\gamma')|z|^2} L_s \left[|z|^2(\gamma'-1)\right] \frac{\mathrm{d}^2 z}{\pi} \right. \\
&\quad \left. + \int \mathrm{e}^{(gT_1-\gamma')|z|^2} \sum_{l=0}^{s} \frac{l|z|^{2l}(1-\gamma')^l s!}{(l!)^2 (s-l)!} \frac{\mathrm{d}^2 z}{\pi}\right\}
\end{aligned}$$

$$= G\gamma'^{s+1} \sum_{l=0}^{s} \frac{(1-\gamma')^l s!}{l!(s-l)!} \left[\frac{(gT_1 + 1 - \gamma')(l+1) + l(\gamma' - gT_1)}{(\gamma' - gT_1)^{l+2}} \right]$$

$$= \frac{(1+s)(1-\gamma)}{\gamma} e^{-2(\kappa-g)t} \tag{12.44}$$

比较式 (12.43) 和式 (12.44) 有

$$\langle N \rangle_t = \langle N \rangle_0 e^{-2(\kappa-g)t} \tag{12.45}$$

可见, 任意时刻的平均光子数是指数衰减或增益的, 具体依赖于衰减 κ 和增益系数 g 的大小.

至此, 我们讨论了一个负二项式态在激光通道中是如何演化的. 通过利用新推导的 Laguerre 多项式的母函数公式, 研究表明终态恰好可表示成光子增加负二项式态的无限和表示形式. 终态中的平均光子数是指数增加或衰减依赖于衰减和增益系数之间的大小.

附录　新 Laguerre 多项式母函数关系式 (12.36) 的推导

为推导 Laguerre 多项式母函数公式, 首先计算以下无限级数和:

$$\sum_{n=0}^{\infty} \frac{\lambda^n}{n!} H_{n+m,n+s}(x,y) \tag{B1}$$

其中

$$H_{m,s}(x,y) = \sum_{n=0}^{\min(m,s)} \frac{m!s!}{n!(m-n)!(s-n)!} (-1)^n x^{m-n} y^{s-n} \tag{B2}$$

是双变量 Hermite 多项式. 这里不直接计算式 (B1), 而是考虑其算符对应

$$\sum_{n=0}^{\infty} \frac{\lambda^n}{n!} (-\mathrm{i})^{m+s+2n} H_{n+m,n+s}(\mathrm{i}a^\dagger, \mathrm{i}a) \tag{B3}$$

利用之前推导的算符恒等式

$$a^s a^{\dagger m} = (-\mathrm{i})^{m+s} : H_{m,s}(\mathrm{i}a^\dagger, \mathrm{i}a) : \tag{B4}$$

有

$$\sum_{n=0}^{\infty} \frac{\lambda^n}{n!} (-\mathrm{i})^{m+s+2n} H_{n+m,n+s}(\mathrm{i}a^\dagger, \mathrm{i}a)$$

$$= \sum_{n=0}^{\infty} \frac{\lambda^n}{n!} a^{n+s} \left(a^\dagger\right)^{n+m}$$

$$= a^s : e^{\lambda a a^\dagger} : a^{\dagger m} \tag{B5}$$

进一步利用 IWOP 方法和相干态的完备性关系:

$$\int \frac{\mathrm{d}^2 z}{\pi} |z\rangle\langle z| = \int \frac{\mathrm{d}^2 z}{\pi} : \exp\left(-|z|^2 + za^\dagger + z^* a - a^\dagger a\right) : = 1 \tag{B6}$$

其中, $|z\rangle = \exp\left(-\dfrac{|z|^2}{2} + za^\dagger\right)|0\rangle$ 为相干态, 则式 (B5) 变成

$$a^s : e^{\lambda a a^\dagger} : a^{\dagger m} = \int \frac{\mathrm{d}^2 z}{\pi} z^s e^{\lambda|z|^2} z^{*m} |z\rangle\langle z|$$

$$= \int \frac{\mathrm{d}^2 z}{\pi} z^s z^{*m} |z\rangle\langle z| : e^{-(1-\lambda)|z|^2 + za^\dagger + z^* a - a^\dagger a} :$$

$$= (-\mathrm{i})^{m+s} (1-\lambda)^{-\frac{(s+m)}{2} - 1} : e^{\frac{\lambda a^\dagger a}{1-\lambda}} H_{m,s}\left(\frac{\mathrm{i}a^\dagger}{\sqrt{1-\lambda}}, \frac{\mathrm{i}a}{\sqrt{1-\lambda}}\right) : \tag{B7}$$

比较式 (B5) 和 (B7) 可得算符恒等式

$$\sum_{n=0}^{\infty} \frac{(-\lambda)^n}{n!} : H_{n+m,n+s}(\mathrm{i}a^\dagger, \mathrm{i}a) :$$

$$= (1-\lambda)^{-\frac{(s+m)}{2} - 1} : e^{\frac{\lambda a^\dagger a}{1-\lambda}} H_{m,s}\left(\frac{\mathrm{i}a^\dagger}{\sqrt{1-\lambda}}, \frac{\mathrm{i}a}{\sqrt{1-\lambda}}\right) : \tag{B8}$$

注意到上式左右均在正规乘积内, 故可回到经典 c-数情形, 即做取代 $x \to \mathrm{i}a^\dagger$, $y \to \mathrm{i}a$, 有

$$\sum_{n=0}^{\infty} \frac{\lambda^n}{n!} H_{n+m,n+s}(x,y) = (1+\lambda)^{-\frac{(s+m)}{2} - 1} e^{\frac{\lambda xy}{1+\lambda}} H_{m,s}\left(\frac{x}{\sqrt{1+\lambda}}, \frac{y}{\sqrt{1+\lambda}}\right) \tag{B9}$$

此即关于双变量 Hermite 多项式 $H_{n+m,n+s}(x,y)$ 的新的母函数公式. 特别地, 当 $m = s$ 时, 式 (B9) 变成

$$\sum_{n=0}^{\infty} \frac{\lambda^n}{n!} H_{n+s,n+s}(x,y) = (1+\lambda)^{-s-1} e^{\frac{\lambda xy}{1+\lambda}} H_{s,s}\left(\frac{x}{\sqrt{1+\lambda}}, \frac{y}{\sqrt{1+\lambda}}\right) \tag{B10}$$

进一步利用双变量 Hermite 多项式与 Laguerre 多项式的关系

$$L_s(xy) = \frac{(-1)^s}{s!} H_{s,s}(x,y) \tag{B11}$$

可得式 (12.36).

后记

写科教方面的书有两种题材,一种是编写,即把已有的材料重新组织以后加上自己的体会和理解;另一种几乎全是作者自己的科研教学心得. 我的科研著作属于后一种,有诗为证:

> 从来著书费时光,奈何人老镜影恍.
> 学子懵懂百回教,师尊自学一世忙.
> 应学鲁班斧斤工,休问关公刀称量.
> 写书应从厚敛薄,段落无处不自创.

一个人发表的论文越多,积累的素材能自成系列,则其可写的书越丰. 大文豪老舍曾说:"一个作家,他箱子里存的做成的或还没有做成的衣服越多,他的本事就越大. 他可以把人物打扮成红袄绿裤,也可改扮成黑袄白裤. 他的箱子里越阔,他就越游刃有余. 箱子里贫乏,他就捉襟见肘."

一个好的作家,嬉笑怒骂皆可以成文章;一个好的小提琴家在演奏时,断弦一根照样拉下去. 意大利小提琴家尼哥罗·帕格尼尼有一次在舞台上表演,突然,小提琴的第二弦(A弦)断了,帕格尼尼没有中断演奏,而是尽情发挥,听众报以热烈的掌声并要求他加演节目. 帕格尼尼一时痛快, 从口袋里拿出一把小刀, 干脆把琴的第三弦和第一弦都割断, 只靠第四弦（G 弦）用"人工泛音"绝技演奏, 全场观众欢声雷动, 激动不已. 后来, 他据此创作了一首《G 弦上的咏叹调》, 这首曲子成为世界名曲. 同样, 一个水平高的科学家就一个专题他也可以展开话题写成书.

写专著不只是将已发表的系列论文连成章回, 也是一个整理思想、简化步骤的工作. 我和胡利云在写书过程中, 常有新问题出现, 便思索以新方法写论文. 往往是一部专著写完, 附带着有几篇论文投稿.

于是作诗一首为自己庆贺：

> 脱颖经典奇量子, 波粒两象理兼诗.
> 邂逅纠缠终难解, 怎叫爱翁肯离世.
> 顾我卅载辟蹊径, 落笔有缘添新知.
> 著书不愁无人赏, 但开先河不为师.

范洪义

2019 年 4 月